腐　食　の
電気化学と
測　定　法

TOORU TSURU
水流　徹 著

丸善出版

はじめに

金属材料の腐食現象は，多種多様な材料とさまざまな環境との組み合わせにおいて生じる複雑な現象であり，それらについて統一的に理解し対応策や予防策を講じるのは容易なことではない。そのためには，多くの腐食事例・防食対策を経験し，知識を積み重ねることが必要である。たとえば，多くの患者に接し多様な症例や処置を経験したベテランの医師であっても，基礎的な医学の知識と最新の情報がなければ，的確な判断や処方・処置は難しいであろう。腐食についても同様で，豊富な事例・対策の知識や経験とともに，現象に対する基礎的な理解と知識が必要であるといえる。

腐食現象を理解するうえでの基礎的な学問分野の一つは電気化学である。筆者は学部 3 年生のときに恩師 春山志郎先生の講義 “ 金属化学 ” で電気化学と腐食の手ほどきを受け，その後春山先生のもとで腐食の研究を続けてきた。当時の腐食に関する参考書といえば，Uhlig の『腐食反応とその制御』（松田精吾，松島巖 訳）や『腐食科学と防食技術』（伊藤伍郎 著）のみであり，電気化学に関しては電極反応や分析化学を主眼とするものばかりであった。最近では，腐食に関する入門書や解説書が多く刊行されるようになってきているが, 多種多様な腐食現象の紹介や説明に追われ, ちょっと面倒な（と思われている）電気化学的な説明や解釈にまで手が回っていないようである。

パーソナルコンピュータなどの入門書は中学生でもわかるように書かれているが，ハードウェアやプログラムを自分でつくろうと少し専門的な本を読むと，とたんによくわからない専門用語の羅列に出くわし，結局諦めてしまうということはないだろうか？　腐食あるいは腐食の電気化学においても，入門書や初歩の解説書を読む段階と専門書や学術論文などを読む段階とのギャップが大きいように思われる。

本書の目的の一つは，腐食を理解するための電気化学を学ぶうえでこのギャップを埋めるべく，やや煩雑かもしれないが，電気化学の基礎的な事項から腐食現象の電気化学的解釈まで，できるだけ丁寧に説明することを試みた。また，本文中に数式が多くて一見して難しそうに思う読者もいるかもしれないが，数式の意味を考えながら読み進めればかえって理解が深く，また早まるものと思う。学生時代に先輩から“電気化学は log と exp の使い方がわかれば，数学は十分”といわれたように，それほど難しい数学は含まれていないので，安心していただきたい。できたら時間があるときに，筆者のミスや印刷ミスを探すつもりで，自分で鉛筆を取って計算や式の導出を試みてもらえると，より理解が深まるのではないだろうか。本書では，多くの計算図面を使用しているが，最近の Excel では複雑な関数や複素関数の計算もできるので，電流，電位，周波数あるいは時間などをパラメータや変数として，数値計算することを勧める。複雑な数値解析モデルやシミュレータではなく，数式に含まれるパラメータの変化で電流－電位曲線やインピーダンス特性がどのように変化するかを実感できると思う。

本書のもう一つの目的は，多種多様な腐食の電気化学的測定法について，測定法と測定結果の解析･解釈を含めて，できるだけわかりやすく説明することである。筆者の研究室では，春山先生の時代から現在の西方先生･多田先生に至るまで，まるで“測定法のデパート”のように数多くの電気化学的測定法を試みてきた。それらの実験手法･解析法の詳細を紹介することは，これから腐食の電気化学的測定を使おうとする場合の極めて有用な指針となると思ったからである。ただ，残念ながら基本的な電気化学測定と代表的ともいえる腐食の電気化学的測定法だけでもかなりの分量となってしまい，全体を見渡すものにはならなかったのが実情である。測定法，とくに測定技術に関しては電子技術やデータ処理技術の進歩が格段の速度で進んでおり，本書で取り上げた測定法も読者による改良や新しい技術の導入でさらに進歩することを期待している。

本書は，公益財団法人 JFE 21 世紀財団で制作した『腐食読本』の筆者の執筆分を中心に改訂，加筆を行ったもので，出版の許可をいただいた財団および共同執筆者で当時の JFE スチール株式会社スチール研究所の藤田　栄氏，木村光男氏，水野大輔氏，出版にご尽力いただいた湯下憲吉氏，山口　広氏，JFE テクノリサーチ株式会社の高尾研治氏，川端文丸氏，大塚英恵氏に感謝いたします。また，原稿について助言をいただいた東京工業大学の西方　篤教授，多田英司准教授および出版にご尽力いただいた丸善出版株式会社の小野栄美子氏，長見裕子氏に感謝いたします。

2017 年　晩　秋

水　流　　徹

目　次

1
腐食現象と電気化学

1.1　腐 食 現 象

金，白金などの貴金属あるいは銅などを除くほとんどすべての金属元素は，自然界においては酸化物あるいは硫化物などの状態で存在している。そのことは，大部分の金属元素は酸化物，硫化物などの状態のほうが酸化数 0 の金属の状態よりも安定であることを示している。元素（酸化数 0）の状態に対して酸化物や硫化物の状態がどれくらい安定であるかの指標は，それらの酸化物などの標準生成ギブズエネルギー（ΔG°_{MO}）で判定される。このエネルギーが低い（負の値で絶対値が大きい）ほどその状態が安定であるといえ，それよりも高いエネルギー状態にある金属（純粋な金属の ΔG°_M は基準状態（一般には 298 K，1 bar＝0.1 MPa または 1 atm）で 0 と定義されている）は，時間とともに自発的により安定な酸化物などの状態に変化する。金属の腐食現象は，人類が使用している金属･合金がより安定な自然の状態に戻ろうとする現象であって，それを完全に止めるという試みは自然の摂理に反することとなる。ただ幸いなことに，熱力学が示しているのはどの状態が安定であるかであって，安定な状態に至る速度については直接的には何も示していない。それゆえ，金属製品が最終的には酸化物などの安定な状態に戻るとしても，実用的に使用される時間の範囲内でその機能を果たせるように製品を設計し，合金を開発し，あるいは環境を制御することが私たちのなすべき腐食の対策であるといえる。

人類の道具使用の歴史は，石器時代，青銅器時代，鉄器時代と区分されているが，日本では青銅器と鉄器はほぼ同時代から使用が始まったとされている。人類と金属との長い付き合いの中で，興味深いのは遺跡から出土する青銅器や銅剣の多くは腐食が少なくほとんど原形をとどめているのに対して，鉄器や鉄剣はさびの塊となって原形をとどめていないことである。熱力学が示すように，酸素遮断に近い条件での水の還元によるカソード反応では，金属銅は安定で鉄は酸化されることと対応している。また，金象嵌(ぞうがん)された埼玉県稲荷山の鉄剣で，金と接触している付近の鉄が残っているのも，異種金属接触腐食の常識からは不思議である。たぶん，カソード過電圧や土壌抵抗などの違いによるものであろう。一方，昔は田舎道にあった赤茶けたトタン屋根やさびだらけの自動車などは最近の社会ではその姿をほとんど消し，新車同様の自動車があふれ，家庭の内外でも大量のステンレス鋼や亜鉛系表面処理鋼板を使用することによって，腐食した器物を見る機会はほとんどなくなりつつある。

しかしながら，10年以上前に硫黄島で目撃した図1-1のような光景[1)]は，インフラストラクチャーの適切な保守・管理に手が回らなくなると想定される日本や多くの国で，今後起こらないといえるだろうか。

写真は，硫黄島を占領した米軍が，戦後鉄筋コンクリート船を海岸に座礁させ簡便に港湾施設を建設することを試みたものの，火山島である硫黄島では海岸の隆起が激しく，港湾施設として利用されることなく半世紀近く放置された結果である。亜熱帯の海浜という厳しい環境とはいえ，無残に剥離したコンクリートやぼろぼろの鉄筋の状態が，港湾設備，海峡橋，高速道路などで起こらないといえるであろうか。2007年に起こった米国ミネアポリス・鉄橋崩落事故が，日本の国道，高速道路でも起こる可能性がないとはいえない。

1970年代の高度成長期から整備・拡充された日本の高速道路，新幹線，港湾設備などのインフラストラクチャーは整備後40年を越え，今後は順次老朽化するため，その保守・管理・更新に関する費用は着実に増加し，安全・安心な社会の維持と財政的負担が大きな危惧となっている。

金属材料の腐食の進行を抑え，必要な期間にわたって材料の機能を維持させるとい

図1-1　戦後，硫黄島に放置された鉄筋コンクリート船のコンクリートの剥離と鉄筋の腐食

う腐食との闘いは，省資源，省エネルギーなどの昨今流行のキーワード以上に，人類の長年の努力と叡智を継続・維持し，いっそう推し進め拡げようとする闘いでもある。

腐食現象は，材料と環境の相互作用による材料の劣化現象であり，たんに金属が酸化（溶解，酸化物などの形成）するという化学反応だけでなく，表面性状や機械的性質の劣化，あるいは脆化，割れ，破断などの多様な現れ方をする。使用中の金属材料の機械的性質の劣化においては，腐食を伴うことによって劣化現象が加速される場合が多くみられる。応力腐食割れ，腐食疲労，水素脆化などの機械的応力による劣化現象は，応力単独の作用では劣化が進行しない場合でも，腐食が同時に進行することによって著しく低い応力や繰返し数で破断に至る。その過程における腐食の役割は，たんに腐食に伴う有効断面積の減少（有効負荷応力の増加）だけでなく，応力付加に伴う変形が腐食を加速する，あるいは腐食に伴う溶解や水素発生などが機械的性質の劣化を加速するなど，応力と腐食の相互作用による劣化の加速がみられるのが普通である。あるいは，流体中の固形物が酸化皮膜や金属表面を擦り取るエロージョンコロージョンや気泡の発生・壊裂に伴うキャビテーションコロージョンなども機械的な作用と腐食との相互作用であるといえる。

このような劣化の加速現象は，腐食環境（温度，溶液中のイオン種と濃度，pH，酸化剤の種類と濃度など）および材料の金属組織や合金元素の種類と濃度，あるいは熱・加工履歴などにも依存する。これらの事情から，腐食現象は材料の種類やその特性と種々の環境との組合せによって，膨大な数の現象論と対応策が存在するのが実情である。

腐食にかかわる化学反応は，以下で詳細に述べるようにそのほとんどが電気化学反応として理解することができる。それゆえ，腐食状況の判定，腐食速度の測定，腐食機構の解明あるいはその防止法の開発・設定には，腐食状況の電気化学的な計測・測定が必要である。そのために，多くの電気化学的測定法が適用されてきたが，電気化学反応を積極的に利用する電解合成・採取，電解めっき，電池，電気化学分析などのほぼ均一で制御された反応場での電気化学反応とは異なり，腐食反応の多くは制御されていない環境下で自発的に進行するため，腐食事故の解析や実験室の再現試験では十分に解明できない場合がある。

本書は，腐食反応機構の解析，環境の腐食性や材料の耐食性を評価するために用いられている多様な電気化学測定法について，その基礎となる電気化学および腐食反応について解説し，測定方法の背景となる電気化学およびその腐食解析への応用の実際についてまとめていく。

1.2　金属・化合物の安定性と熱力学

腐食反応は金属材料と環境との化学反応によって進行する。ここで，化学反応の熱力学について簡単に復習しておこう。ただし，化学熱力学の基本的な部分は物理化学の教科書に戻ってもらうこととして，ここではギブズエネルギーから始めよう。

化合物 A_nB の標準状態におけるギブズエネルギー（標準生成ギブズエネルギー）は式（1.1）で表され，$\Delta H^\circ_{f,A_nB}$ と $\Delta S^\circ_{f,A_nB}$ は A_nB の標準生成エンタルピーと標準生成エントロピーである。

$$\Delta G^\circ_{f,A_nB} = \Delta H^\circ_{f,A_nB} - T\Delta S^\circ_{f,A_nB} \ (\mathrm{J/mol}) \tag{1.1}$$

元素である純金属や安定な気体分子（たとえば，H_2，O_2 など）の標準生成ギブズエネルギーは 0 である。標準生成ギブズエネルギーは，一般には標準生成エンタルピーおよびエントロピーの便覧などの文献値を用いて計算される。さらに，化合物から次の化合物が生成する場合の標準生成ギブズエネルギーは，関与する物質の ΔG°_f によって計算される。たとえば，FeO から Fe_3O_4 が生成する標準生成ギブズエネルギーは，式（1.2），式（1.3）によって求められる。

$$3\,\mathrm{FeO} + \frac{1}{2}\mathrm{O_2} \longrightarrow \mathrm{Fe_3O_4} \tag{1.2}$$

$$\Delta G^\circ_{f,Fe_3O_4} = 3\,\Delta G^\circ_{f,FeO} + \frac{1}{2}\Delta G^\circ_{f,O_2} = 3\,\Delta G^\circ_{f,FeO} \tag{1.3}$$

標準生成ギブズエネルギーの値が負である場合には，反応系の物質よりも生成した化合物のエネルギーが低いこと，すなわち生成した化合物のほうが安定であることを示している。

ここまでは，反応に関与する物質がすべて標準状態にあるとしてきたが，標準状態にない場合の生成ギブズエネルギーは，式（1.4）で表される。

$$\Delta G_{f,A} = \Delta G^\circ_{f,A} + RT\ln\frac{a_A}{a^\circ_A} \quad \text{または} \quad \Delta G_{f,A} = \Delta G^\circ_{f,A} + RT\ln\frac{p_A}{p^\circ_A} \tag{1.4}$$

ここで，R はガス定数，T は絶対温度，a_A は溶液や固溶体における A の活量，p_A は気体における A の分圧，a°_A と p°_A はそれぞれの標準状態における活量と分圧である。通常は，標準状態における活量は 1，分圧は 1 atm を用いているため式（1.5）と書かれる場合が多いが，対数内の項は本来は無次元になっていることに留意する必要がある。

$$\Delta G_{f,A}=\Delta G^{\circ}_{f,A}+RT\ln a_A \quad または \quad \Delta G_{f,A}=\Delta G^{\circ}_{f,A}+RT\ln p_A \tag{1.5}$$

次に，反応のギブズエネルギー変化について考える。

$$a\,A+b\,B \longrightarrow c\,C+d\,D \tag{1.6}$$

式 (1.6) の反応におけるギブズエネルギー変化 ΔG は，生成系と反応系のギブズエネルギーの差で表される。

$$\Delta G=\sum\Delta G_{生成系}-\sum\Delta G_{反応系}=\{c\Delta G_{f,C}+d\Delta G_{f,D}\}-\{a\Delta G_{f,A}+b\Delta G_{f,B}\} \tag{1.7}$$

平衡状態では両者が釣り合うことから $\Delta G=0$ であり，$\Delta G<0$ ならば生成系のエネルギーが反応系より低いため 式 (1.6) の反応は正方向 (右向き) に進み，$\Delta G>0$ ならば反応は逆方向 (左向き) に進むことになる。

ここで，イオンの標準生成ギブズエネルギーについて考える。1 種類のイオン (たとえば，Na^+) のみを含む溶液はつくり出すことはできないため，つねに対イオンを含む溶液 (たとえば，Na^+ と Cl^-，K^+ と Cl^- など) となる。それぞれのイオン間の標準生成ギブズエネルギー, エンタルピー, エントロピーの相対的な差は求められても，絶対値は決めることができない。そのため，物理化学では H^+ の $\Delta H^{\circ}_{f,H^+}$，$\Delta S^{\circ}_{f,H^+}$ および $\Delta G^{\circ}_{f,H^+}$ を 0 とすることを約束し，これを基準に各イオンのそれぞれの値を決めている。

1.3 腐 食 反 応

金属材料の腐食反応は，金属と環境との化学反応であり，自発的に進む (外部からエネルギーを加える必要のない) 反応である。たとえば，酸性溶液中で鉄が Fe^{2+} として溶解する腐食反応を考える。すべてが標準状態の場合には, 式 (1.8) および式 (1.9) となり，$\Delta G^{\circ}<0$ より式 (1.8) の反応は自発的に右向きに進行することがわかる。

$$Fe+2H^+ \longrightarrow Fe^{2+}+H_2 \tag{1.8}$$

$$\Delta G^{\circ}=\Delta G^{\circ}_{f,Fe^{2+}}+\Delta G^{\circ}_{f,H_2}-\Delta G^{\circ}_{f,Fe}-2\,\Delta G^{\circ}_{f,H^+}=\Delta G^{\circ}_{f,Fe^{2+}}=-89.1\ (\mathrm{kJ/mol}) \tag{1.9}$$

一方，標準状態にない場合の反応のギブズエネルギー変化は，式 (1.10) で表されるため，Fe および Fe^{2+} の活量，水素ガス分圧，水素イオン濃度の値によって ΔG が正または負になる可能性があることを示している。

$$\Delta G = \Delta G^{\circ}_{f,Fe^{2+}} + RT \ln a_{Fe^{2+}} + RT \ln p_{H_2} - RT \ln a_{Fe} - 2RT \ln a_{H^+} \tag{1.10}$$

中性の水溶液中で Fe が水溶液中の酸素によって腐食し水酸化鉄(Ⅱ)を生じる場合の ΔG を求めてみよう。

$$Fe + \frac{1}{2}O_2 + H_2O \longrightarrow Fe(OH)_2 \tag{1.11}$$

$$\Delta G = \Delta G^{\circ}_{f,Fe(OH)_2} + RT \ln a_{Fe(OH)_2} - RT \ln a_{Fe} - \frac{1}{2}RT \ln p_{O_2} - \Delta G^{\circ}_{f,H_2O} - RT \ln a_{H_2O}$$

$$= \Delta G^{\circ}_{f,Fe(OH)_2} - \Delta G^{\circ}_{f,H_2O} - \frac{1}{2}RT \ln p_{O_2} \tag{1.12}$$

ここで，固体は純物質として活量を1に，水についても溶媒であることから活量を1とした。$Fe(OH)_2$ および H_2O の標準生成ギブズエネルギーはそれぞれ－486.6, －237.2 kJ/mol であることから，25℃において式(1.13)と表され，かなり小さな酸素分圧でも $\Delta G<0$ となり，式(1.11)の反応が右に進むことを示している。

$$\Delta G = -486.6 - (-237.2) - \frac{1}{2} \times 5.706 \log p_{O_2} = -249.4 - 2.853 \log p_{O_2} \tag{1.13}$$

式(1.8)および 式(1.11)の反応はどのように進むのであろうか。式(1.8)の反応は次のように二つの反応に分けることができる。

$$Fe \longrightarrow Fe^{2+} + 2\,e^- \tag{1.8a}$$

$$2H^+ + 2\,e^- \longrightarrow H_2 \tag{1.8b}$$

前者がアノード反応で，後者がカソード反応である。式(1.11)については三つに分けられ，それぞれ，アノード反応，カソード反応，後続化学反応である。

$$Fe \longrightarrow Fe^{2+} + 2\,e^- \tag{1.11a}$$

$$\frac{1}{2}O_2 + H_2O + 2\,e^- \longrightarrow 2\,OH^- \tag{1.11b}$$

$$Fe^{2+} + 2\,OH^- \longrightarrow Fe(OH)_2 \tag{1.11c}$$

式(1.8)および式(1.11)の腐食反応が進むためには，アノード反応で生じた電子がカソード反応によって消費され，金属中の電子に過不足が生じないこと，および溶液中でも正・負のイオンの電荷がバランスした状態で進行することが必要である。また, 通常の金属中の電子密度は極めて大きいため, アノード反応が起こる場所(アノードサイト)とカソードサイトは同一の場所である必要はない。このように反応サイトが異なる場合には，金属中ではアノードサイトからカソードサイトへ電子の流れが生じ，溶液中ではアノードサイトからカソードサイトへ溶液中のイオン（反応に関与するイオンでも，反応に無関係なイオンでもよい）によって正味の正電荷が移動することが必要となる。

1.4　電気化学反応と電気化学測定の特徴

腐食反応は金属が環境中の酸化剤（前節の例では H^+，溶液中の O_2）により酸化されるという自発的に進行する化学反応である。では，なぜこの化学反応をアノード反応とカソード反応からなる電気化学反応として理解し，解析しようとするのだろうか。

電極反応および腐食の電気化学的説明（混成電位説 mixed potential theory）については次節以降で詳述することにして，ここでは，電気化学反応の特徴と電気化学測定および解析の利点を見ておこう。

電気化学反応は，電子伝導体である電極（金属，半導体など）とイオン伝導体である溶液，酸化物などの界面で電子の移行を伴う反応で，溶液と金属電極との内部電位差を駆動力として反応が進行する。さらに，外部の電極を使用して，たとえば注目する電極にアノード反応が起こるように電流を流した場合，流れた電流（アノード電流）はファラデーの法則（Faraday's law）によってアノード反応の速度に換算することができ，溶液と金属電極との電位差を測定すれば，それが反応の駆動力に相当する。言い換えれば，電気化学反応は，反応の駆動力と反応の速度を溶液と金属電極の電位差と流れる電流によって容易に制御または測定できる反応系であるといえる。また，図1-2に示すように，アノード電流はアノード反応に伴い電極で酸化反応が進行する速度に対応しており，正の電荷が電極から溶液側へ流れることに対応し，電流の符号を正とする。一方，カソード反応に伴う電流はアノード反応と逆であるため，電流の符号は負とする。

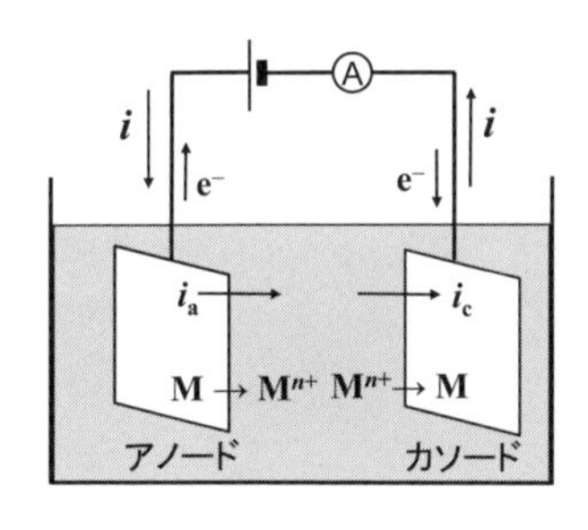

図 1-2　電極反応と電流の流れ

前節で述べたように，自然な腐食の状態ではアノード反応とカソード反応が同時に進行しており，その速度は等しい。そのため，アノード反応の特性を調べる場合，対象とする電極の電位（溶液と電極の電位差，電極電位という）を正の電位の方向へ変化させる（アノード分極という）と，アノード反応の速度が増し，カソード反応の速度が減少し，電極から溶液側へ正味で正の電荷が流れる速度（単位時間あたりの電荷移動量）が増加する。すなわち，アノード電流が増加する。さらにアノード分極を大きくするとカソード反応の速度（カソード電流）はアノード電流に対して無視できるほど小さくなり，ほぼアノード反応による電流だけを測定することができる。あるいは測定する環境からカソード反応を起こす物質（酸化剤）を除去できる場合には，カソード反応の影響を受けないアノード反応のみの電流を測定できる。同様のことがカソード反応の測定においても成立するため，アノード反応とカソード反応の特性を，駆動力である電極電位あるいは反応速度である電流を外部から変化させることによって，別々に測定･比較できることは電気化学測定の大きな特徴であるといえる。

さらに，一般の化学反応では反応の駆動力を変化させることは容易でなく，もっとも一般的な方法は反応系および生成系の濃度（圧力の場合もある）を変化させるもので，連続的に駆動力を変化させることは難しい。また，反応速度の測定でも，反応系または生成系の濃度の時間変化を測定するのが一般的で，簡便な測定や連続的な測定は難しい。電気化学測定の場合には，系の濃度変化に伴う電位･電流の変化から駆動力や反応速度を知ることが可能であるが，さらに電極電位の変化に伴う電流の変化から駆動力と反応速度が容易に関係づけられる。電極電位または電流を外部から制御することによって反応自体を制御することが可能である点は，電気化学反応および電気化学測定の大きな特徴である。

電気化学測定では，駆動力や反応速度をかなり精密に制御･測定することができる。たとえば，酸性溶液中の Fe 電極上での水素発生反応速度（水素発生電流）は，電極電位が 120 mV 卑になる（電位を負の方向にする）と電流は約 10 倍に増加する。電極電位を $\pm 1 \sim 2$ mV の精度で制御することは容易であることから，かなり正確な駆動力の制御が可能であることを示している。また，電流値についても，1 $\mu A/cm^2$ の制御･測定はさほど難しくない。この電流密度を Fe の溶解速度に換算すると，2.89×10^{-10} $g/cm^2 s = 1.04$ $\mu g/cm^2 h = 9.11$ $mg/cm^2 y$ となり，単位面積当たり 1 年間に 11.6 μm の Fe の厚さの減少に相当する極めて遅い反応速度である。最近では 1 nA（10^{-9} A）以下の電流を測定する技術も普及しつつあり，極めて高い精度での電流の制御･測定が可能になっているといえる。

以降の章では，腐食反応を電気化学的に測定し解析するために，多くの場合アノード反応のみを取りあげたり，カソード反応のみに注視した検討を記述しているが，実際の腐食反応はその両者が釣り合いながら進行していることをつねに考慮して，腐食反応の解析を進めることが重要である。

引用文献

1）水流　徹：材料と環境，**59**, 89 (2010).

2
電極電位，電極反応と電位－pH 図

金属材料の劣化・腐食現象は，金属と環境との電気化学反応によって進行するものが大部分であり，金属材料の割れや脆化などの現象も腐食に伴って進行するものが多くみられる。本章では，常温の水溶液環境での腐食現象を理解するために必要な電気化学の基礎的な事項として，電極電位と電極反応の関係および水溶液中における金属の安定性を示す電位－pH 図について整理する。

2.1　電極電位と電極反応

2.1.1　電極電位の概念

(1)　**電　極**：電極または電極系は，広義には異なる電荷輸送担体 (charge carrier) の相が接する界面およびそのような系として定義され，たとえば電子伝導体の金属や半導体とイオン伝導体である水溶液や溶融塩などが接する系のほか，電子伝導性がほとんど無視できるイオン伝導性の酸化物 (たとえば，ZrO_2) と金属が接する場合も電極とみなされる。このような界面を横切って電荷が流れる場合には，界面においてそれぞれの電荷輸送担体の間で電荷の移行，すなわち電極反応が起こることが必要である。たとえば，電子伝導体である金属とイオン伝導体である水溶液中のイオンまたは分子との間で電子移行に伴う反応が起こり，それらの界面を横切って電流が流れることになる。

電極のこのような広義の定義に対して，一般的にはイオン伝導体に接する電子伝導体 (たとえば，金属や半導体) を電極とよんでいる。以下では，この電子伝導体である金属を電極あるいは金属電極とよび，イオン伝導体は原則として電解質を含む水溶液とする。

(2)　**アノードとカソード**：電極に電流を流すことによって，電極 / 電解液界面で電極反応が起こる。電極から溶液へ正味の正電荷が流れるときその電極をアノードとよび，そこでの電極反応をアノード反応という。一方，溶液から電極へ正味の正電荷が流れる電極をカソードとよび電極反応をカソード反応という。金属の溶解・析出反応では，アノード反応は電極が溶液側から電子を受け取る反応で，たとえば $Fe \longrightarrow Fe^{2+} + 2\,e^-$ などの酸化反応がアノード反応であり，カソード反応は $Cu^{2+} + 2\,e^- \longrightarrow Cu$ などの還元反応である。

なお，アノードとカソードに対して，従来から陽極と陰極の用語が用いられてきたが，陽・陰と正・負，プラス・マイナスの連想が誤解を生じやすいことから，できるだけ用いないほうがよい。たとえば電池については，放電する状態で他方に対してプラスになる電極を正極 (positive pole)，他の電極を負極 (negative pole) というよび方が一般に許容されているが，正極の放電ではカソード反応が，充電ではアノード反応が起きていることに留意する必要がある。

(3)　**電気化学ポテンシャルと電極電位**：空間内のある点の電位 (静電ポテンシャル) ϕ は，基準の電位 (一般には真空無限遠を電位 0 としている) の点からその点まで単位の電荷を運ぶときになす仕事として定義される。すなわち，1 C の電荷を運ぶ場合に 1 J の仕事をしたとき，その間の電位差は 1 V である。すなわち，電荷量を Q (C)，仕事を W(J) としたとき，次式で表される。

$$\phi(\mathrm{V}) = W(\mathrm{J})\,/\,Q(\mathrm{C}) \quad \text{または} \quad W = Q \times \phi \tag{2.1}$$

同様に，ある相 J の内部電位 ϕ_J は基準の点からその相内に単位電荷を運ぶときになす電気的な仕事である。電位 ϕ_J の相に z 価のイオン 1 個を運ぶときになす電気的な仕事は $w_{ele} = ze \times \phi_J$，1 モルの場合は $w_{ele} = zF \times \phi_J$ である (ここで，e は電子 1 個の電荷量，すなわち電荷素量 $e = 1.60 \times 10^{-19}$ C，F はファラデー定数 96 485 C/mol，アボガドロ数が N_{av} のとき $e \times N_{av} = F$)。これらのことから，w_{ele} は電位 ϕ_J におけるイオンの静電ポテンシャルとみなすことができる。そこで，イオンのポテンシャルを化学的なポテンシャル (化学ポテンシャル μ_{chem}) と静電的なポテンシャル w_{ele} の和で表すことができると考えると，J 相内の z 価のイオンの電気化学ポテンシャル μ_{EC} は次式で表される。

$$\mu_{EC} = \mu_{chem} + w_{ele} = \mu_{chem} + zF\phi_J \tag{2.2}$$

金属電極および水溶液のそれぞれ内部電位が ϕ_M および ϕ_{sol} のとき，水溶液からみた金属電極との内部電位差を電極電位 $\Delta\phi$ と定義する。

$$\Delta\phi = \phi_{M} - \phi_{sol} \tag{2.3}$$

しかしながら，ここで定義された電極電位 $\Delta\phi$ は異なる電荷輸送担体間の内部電位差であるため，一般には測定することはできない。測定可能な電極電位とその定義については後述する。

2.1.2　電極反応の速度と電流

電極反応量と電気量の関係はファラデーの法則としてよく知られている。たとえば Fe の溶解は次式で表される。

$$\mathrm{Fe} \longrightarrow \mathrm{Fe^{2+}} + 2\,\mathrm{e^-} \tag{2.4}$$

1 モルの Fe の溶解によって 2 モルの電子が生じ，$Q = 2\,eN_{\mathrm{av}} = 2\,F\,\mathrm{C}$ の正電荷が金属から溶液に向かって流れたことになる。電流は電荷の流れる速度に対応し，1 s に 1 C の電荷が流れるとき 1 A と定義される。通過電気量 Q と電流 i の関係は次式で表される。

$$Q = \int i\,\mathrm{d}t \quad \text{または} \quad i = \frac{\mathrm{d}Q}{\mathrm{d}t} \tag{2.5}$$

通過電気量 Q が反応量に対応することから，その時間微分である電流 i は反応の速度を表していることになる。

前章でも述べたように，電流の測定感度は極めて高く微小な電流の測定が可能である。以下の記述では，腐食速度の表示を腐食電流密度で表している場合が多いが，1 $\mu\mathrm{A/cm^2}$ の腐食電流密度は Fe の均一な腐食では 11.6 $\mu\mathrm{m/y}$ の腐食速度（侵食度）であることを念頭に，腐食速度の大きさを想定してほしい。

2.1.3　電池の起電力と電極電位

腐食の電気化学測定においては，電極電位あるいは腐食電位を測定する場合が多くみられる。先に定義した電極電位は理論的には測定できないものであった。それでは実際の測定のためにはどのような工夫がされているのであろうか。

ここで，図 2-1 に示すように内部電位が ϕ_{sol} の溶液に金属電極 M と Pt を浸漬した場合を考える。各電極の内部電位は ϕ_{M} および ϕ_{Pt} で，左側および右側の電極の電極電位はそれぞれ $\Delta\phi_{L}$，$\Delta\phi_{R}$ である。左および右側の電極で次の反応が起こっているとき，

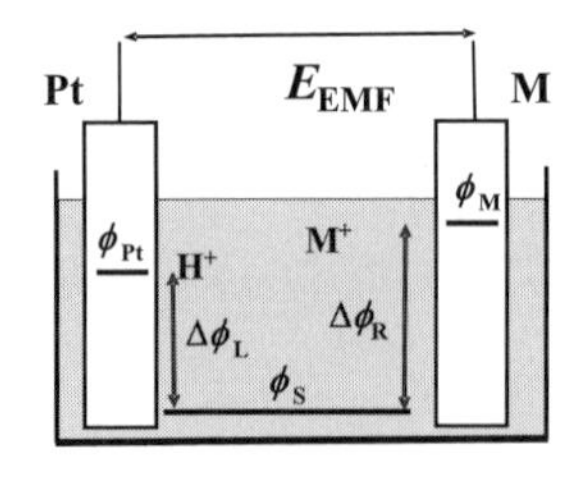

図 2-1　溶液に M および Pt を浸漬したときのそれぞれの内部電位 ϕ_M，ϕ_{Pt}，ϕ_{sol} および電極電位 $\Delta\phi_R$ と $\Delta\phi_L$

$$左側：\quad H^+(aq)+e^- \longrightarrow \frac{1}{2}H_2(g) \tag{2.6a}$$

$$右側：\quad M^+(aq)+e^- \longrightarrow M(s) \tag{2.6b}$$

全体の反応は，式 (2.6c) となり，$Pt|H_2(g)|H^+(aq)||M^+(aq)|M(s)$ の電池が構成される。

$$M^+(aq)+\frac{1}{2}H_2(g) \longrightarrow M(s)+H^+(aq) \tag{2.6c}$$

左側の半電池 (half cell) の静電エネルギーを含む反応のギブズエネルギー変化ΔG_Lは，中性物質 (たとえば，式 (2.6c) 中の $H_2(g)$，M(s)) の電気化学ポテンシャルが化学ポテンシャルに等しい ($\mu_{EC}=\mu_{chem}$) ことを考慮に入れると，式 (2.7) となる。

$$\begin{aligned}\Delta G_L &= \frac{1}{2}\mu_{EC}(H_2)-\{\mu_{EC}(H^+)+\mu_{EC}(e)\}\\ &= \frac{1}{2}\mu_{chem}(H_2)-\{\mu_{chem}(H^+)+F\phi_{sol}+\mu_{chem}(e)-F\phi_{Pt}\}\\ &= \frac{1}{2}\mu_{chem}(H_2)-\mu_{chem}(H^+)-\mu_{chem}(e)+F\Delta\phi_L\end{aligned} \tag{2.7}$$

右側の半電池についても式 (2.8) となり，

$$\begin{aligned}\Delta G_R &= \mu_{EC}(M)-\{\mu_{EC}(M^+)+\mu_{EC}(e)\}\\ &= \mu_{chem}(M)-\{\mu_{chem}(M^+)+F\phi_{sol}+\mu_{chem}(e)-F\phi_M\}\\ &= \mu_{chem}(M)-\mu_{chem}(M^+)-\mu_{chem}(e)-F\Delta\phi_R\end{aligned} \tag{2.8}$$

電池反応全体の静電エネルギーを含む反応のギブズエネルギー変化 ΔG_{cell} は，次式で表される。

$$\begin{aligned}\Delta G_{cell} &= \Delta G_R-\Delta G_L\\ &= \mu_{chem}(M)+\mu_{chem}(H^+)-\mu_{chem}(M^+)-\frac{1}{2}\mu_{chem}(H_2)+F(\Delta\phi_R-\Delta\phi_L)\\ &= \Delta G_{chem}+F(\Delta\phi_R-\Delta\phi_L)\end{aligned} \tag{2.9}$$

$$\Delta G_{chem}=\mu_{chem}(M)+\mu_{chem}(H^+)-\mu_{chem}(M^+)-\frac{1}{2}\mu_{chem}(H_2) \tag{2.10}$$

ここで，ΔG_{chem} は式 (2.7) および式 (2.8) からわかるように，電池反応の化学的なギブズエネルギー変化に対応する。電池が開回路で電流が流れないときの両電極の電位差を電池の起電力 (electromotive force，EMF) という。先に示した電池の起電力 E_{EMF} は両電極の内部電位の差に等しく次式で表される。

$$E_{EMF}=\phi_M-\phi_{Pt}=(\phi_M-\phi_{sol})-(\phi_{Pt}-\phi_{sol})=\Delta\phi_R-\Delta\phi_L \tag{2.11}$$

一方,電流が流れない状態では式 (2.9) の ΔG_{cell} は 0 であることから式 (2.12) となる。

$$\Delta G_{chem}=-F(\Delta\phi_R-\Delta\phi_L)=-FE_{EMF} \tag{2.12}$$

ここで，図 2-1 をもう一度見直してみよう。図に示したように E_{EMF} は電子伝導体の内部電位差 ($\Delta\phi_R-\Delta\phi_L=\phi_M-\phi_{Pt}$) であることから，電圧計で測定することが可能である。後述するような電極反応に駆動力として直接的に寄与する電極 / 溶液界面の電位差 $\Delta\phi_R$ は計測できなくても，$\Delta\phi_L$ がつねに一定であれば E_{EMF} を比較することによって $\Delta\phi_R$ の相対的な大きさの違いや変化を知ることができる。そこで，電気化学においては，式 (2.6a) の反応について，$p_{H_2}=1$ atm，$a_{H^+}=1$，25 ℃において，式 (2.9) における $\Delta G_L=0$，$\Delta\phi_L=0$ と定義している。この定義は，1.2 節で述べた H^+ の $\Delta H^\circ_{f,H^+}$，$\Delta S^\circ_{f,H^+}$ および $\Delta G^\circ_{f,H^+}$ を 0 とすることにつながるものである。この定義に従えば，図中の測定可能な E_{EMF} は数値としても $\Delta\phi_R$ に等しく，この $Pt/H_2/H^+$ の半電池と組み合わせて電位 (起電力) を測定すれば，式 (2.3) で定義した電極電位が測定できたことになる。このような基準とする電極を標準水素電極 (standard または normal hydrogen electrode，SHE または NHE) とよんでいる。

水溶液の電気化学の取り扱いにおいては，式 (2.6a) に示す水素電極反応を基準に注目する反応との電池をつくり，その起電力を注目する反応の電極電位であるとしている。以下の記述においては，基準とする水素電極反応についてほとんど触れていないが，つねにこの反応を基準としていることに留意する必要がある。

2.2　標準電極電位と平衡電位

2.2.1　標 準 電 極 電 位

金属 M がそのイオン M^{n+} を含む水溶液に浸漬され平衡状態にある場合を考える。

表 **2-1**　水溶液系におけるいくつかの金属の標準電極電位
（標準水素電極（NHE）電位基準，25 ℃）

電極反応	標準電極電位 E°（V）	電極反応	標準電極電位 E°（V）
$Au^{3+}+3e \longrightarrow Au$	＋1.50	$Cr^{2+}+2e \longrightarrow Cr$	－0.74
$Ag^{+}+e \longrightarrow Ag$	＋0.7991	$Zn^{2+}+2e \longrightarrow Zn$	－0.763
$Hg_2^{2+}+2e \longrightarrow 2Hg$	＋0.798	$Al^{3+}+3e \longrightarrow Ni$	－1.66
$Cu^{2+}+2e \longrightarrow Cu$	＋0.337	$Mg^{2+}+2e \longrightarrow Mg$	－2.37
$2H^{+}+2e \longrightarrow H_2$	0.000	$Na^{+}+e \longrightarrow Na$	－2.714
$Pb^{2+}+2e \longrightarrow Pb$	－0.126	$K^{+}+e \longrightarrow K$	－2.925
$Ni^{2+}+2e \longrightarrow Ni$	－0.250	$Li^{+}+e \longrightarrow Li$	－3.045
$Fe^{2+}+2e \longrightarrow Fe$	－0.440		

言い換えると，次式の反応の右と左向きの反応速度が等しい状態である。

$$M^{n+}+ne^{-} \rightleftharpoons M \tag{2.13}$$

この反応の標準ギブズエネルギー変化が $\Delta G^\circ_{M^{n+}/M}$ で，M および M^{n+} が標準状態（それぞれの活量が $a_M=a_{M^{n+}}=1$）にあるとき，その電極電位（標準電極電位）$E^\circ_{M^{n+}/M}$ は次式で表される。

$$E^\circ_{M^{n+}/M}=\frac{-\Delta G^\circ_{M^{n+}/M}}{nF} \quad \text{または} \quad \Delta G^\circ_{M^{n+}/M}=-nFE^\circ_{M^{n+}/M} \tag{2.14}$$

前節で述べたように $Pt/H_2/H^+$ の半電池と組み合わせて E_{EMF} を測定すれば，式（2.12）と同様の電極電位と反応のギブズエネルギー変化との関係になることがわかる。

標準電極電位 $E^\circ_{M^{n+}/M}$ は反応の標準ギブズエネルギー変化 $\Delta G^\circ_{M^{n+}/M}$ に対応するものであることから，電極反応の種類に対応した特定の値となる。一部の電極反応の NHE を基準とした標準電極電位を表 2-1 に示す。『電気化学便覧』や多くのハンドブックなどを参照すると各種の反応の標準電極電位がまとめられている。表において，標準電極電位が正で絶対値が大きいほど金属への還元反応（式（2.13）の右向きの反応）の標準ギブズエネルギーが負の大きな絶対値であることに対応し，水素のガス発生 / イオン化反応に比べて金属状態が安定であることを示している。一方，標準電極電位が負でその絶対値が大きい反応はイオンの状態が安定であることを示している。

2.2.2　電位差と化学的仕事

式（2.12）あるいは式（2.14）は，電極電位あるいは標準電極電位が反応のギブズエネルギー変化と対応していることを示している。ここで，式（2.14）の物理的意味を

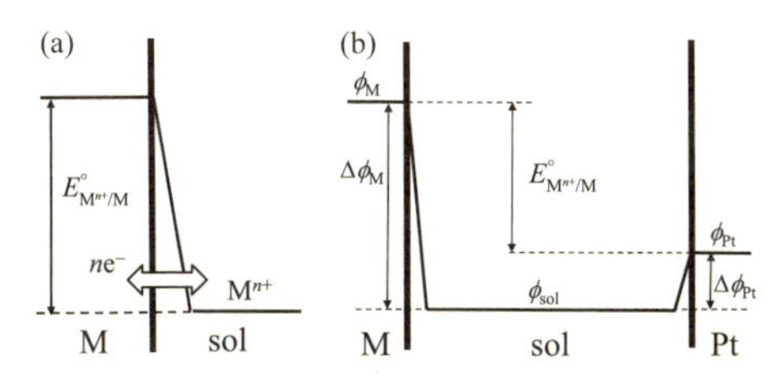

図 2-2 水素電極を基準にした電極電位(a)と実際の電極に生じる電位差(b)

考えてみよう。

式 (2.13) の反応においては，図 2-2(a) に示すように n モルの電子が電位差 $E^\circ_{M^{n+}/M}$ の界面を横切って移動する。この反応に伴う電子の電気的仕事 w_{ele} は次式であり，これが化学的な仕事 $\Delta G^\circ_{M^{n+}/M}$(J/mol) と等しいことを表している。

$$w_{ele}(\mathrm{J/mol}) = -nF(\mathrm{C/mol}) \times E^\circ_{M^{n+}/M}(\mathrm{V})$$

言い換えると，化学的な仕事と電気的な仕事とが等価で変わり得ることを示している。ここで少しややこしいのだが，重要な点は標準電極電位も標準ギブズエネルギー変化も，いずれも水素発生 / イオン化の反応を基準とした相対値になっていることである。このことは図(b) に示すように $\Delta\phi_{Pt}=0$ とする規約に従っているために生じており，後述する反応の駆動力となるのは電極電位 E ではなく，本来の溶液 / 金属界面の電位差 $\Delta\phi_M$ と考えるべきである。

2.2.3 平衡電位とネルンスト式

式 (2.13) の反応において，金属 M とそのイオン M^{n+} がそれぞれが標準状態にない（活量が 1 でない）場合で，反応が平衡状態にある系について考える。反応のギブズエネルギー変化 ΔG は，それぞれの標準状態における活量を a°_M，$a^\circ_{M^{n+}}$ とし $a^\circ_J=1$，平衡状態での活量を a_M，$a_{M^{n+}}$ とすると，式 (2.15) で表されることから，式 (2.13) が平衡にあるときの電位（平衡電位 E_{eq}）は式 (2.16) となり，この式はネルンスト式とよばれる。

$$\Delta G = G^\circ_{M^{n+}/M} - RT \ln \frac{(a_{M^{n+}}/a^\circ_{M^{n+}})}{(a_M/a^\circ_M)} = G^\circ_{M^{n+}/M} - RT \ln \frac{a_{M^{n+}}}{a_M} \tag{2.15}$$

$$E_{eq} = -\frac{\Delta G}{nF} = -\frac{\Delta G^\circ_{M^{n+}/M}}{nF} + \frac{RT}{nF} \ln \frac{a_{M^{n+}}}{a_M} = E^\circ_{M^{n+}/M} + \frac{RT}{nF} \ln \frac{a_{M^{n+}}}{a_M} \tag{2.16}$$

金属 M が純金属の場合には $a_{\mathrm{M}}=1$ とおけるので式 (2.16) は次式となる。

$$E_{\mathrm{eq}}=E^{\circ}_{\mathrm{M}^{n+}/\mathrm{M}}+\frac{RT}{nF}\ln a_{\mathrm{M}^{n+}} \tag{2.17}$$

反応種と生成種がイオンである場合にも同様にして次式が得られる。

$$\mathrm{A}^{n_1+}+m\mathrm{e}^-\rightleftarrows\mathrm{B}^{n_2+},\quad m=n_2-n_1$$
$$E_{\mathrm{eq,A}^{n_1+}/\mathrm{B}^{n_2+}}=E^{\circ}_{\mathrm{A}^{n_1+}/\mathrm{B}^{n_2+}}+\frac{RT}{mF}\ln\frac{a_{\mathrm{A}^{n_1+}}}{a_{\mathrm{B}^{n_2+}}} \tag{2.18}$$

ここで，標準ギブズエネルギー変化 $\Delta G^{\circ}_{\mathrm{M}^{n+}/\mathrm{M}}$ は反応種または生成種 1 モル当たりで表される量であるのに対して，標準電極電位 $E^{\circ}_{\mathrm{M}^{n+}/\mathrm{M}}$ は電子 1 モル当たりの量であることに注意する必要がある。

2.2.4　平衡電位からのずれと反応の方向

$$\mathrm{Ox}+n\mathrm{e}^-\rightleftarrows\mathrm{Red} \tag{2.19}$$

の反応で，電極の電位が平衡電位からずれた場合にはどのようになるであろうか。新たな電位 E' $(E'-E_{\mathrm{eq}}>0)$ において，Ox と Red の活量が a'_{Ox}，a'_{Red} になったとする。

$$E'=E^{\circ}_{\mathrm{Ox/Red}}+\frac{RT}{nF}\ln\frac{a'_{\mathrm{Ox}}}{a'_{\mathrm{Red}}}$$
$$E'-E_{\mathrm{eq}}=E^{\circ}_{\mathrm{Ox/Red}}+\frac{RT}{nF}\ln\frac{a'_{\mathrm{Ox}}}{a'_{\mathrm{Red}}}-\left(E^{\circ}_{\mathrm{Ox/Red}}+\frac{RT}{nF}\ln\frac{a_{\mathrm{Ox}}}{a_{\mathrm{Red}}}\right)$$
$$=\frac{RT}{nF}\ln\frac{a'_{\mathrm{Ox}}}{a'_{\mathrm{Red}}}-\frac{RT}{nF}\ln\frac{a_{\mathrm{Ox}}}{a_{\mathrm{Red}}}>0,\quad\frac{a'_{\mathrm{Ox}}}{a'_{\mathrm{Red}}}>\frac{a_{\mathrm{Ox}}}{a_{\mathrm{Red}}} \tag{2.20}$$

式 (2.20) は，新たな電位 E' では Ox の濃度（活量）a'_{Ox} は平衡状態の a_{Ox} よりも濃度（活量）が増加し，Red の濃度（活量）が減少することを示している。言い換えると，電位が平衡電位よりも正に変化することによって Ox が Red よりも安定となり，式 (2.19) で左向きの反応（酸化反応）が増加し，右向きの反応（還元反応）が減少することに対応している。すなわち，平衡電位より電位が高くなると酸化反応速度（アノード反応速度，アノード電流）が増加し，平衡電位よりも電位が低くなると還元反応速度（カソード反応速度，カソード電流）が増加することになる。

2.2.5　基準電極（参照電極）

前節で定義された $\mathrm{Pt/H_2/H^+}$ の半電池の起電力を 0 V ($\Delta\phi_{\mathrm{L}}=0$) とし，この半電池と

目的の電極反応を組み合わせた電池の起電力を測定すれば，目的の反応の電極電位を測定することができる。この基準の電極（半電池）を標準水素電極といい，多くの教科書などに掲載された各種電極反応の標準電極電位は NHE を基準に示されている。

しかしながら，実験における NHE の取り扱いは煩雑で管理も容易ではないことから，NHE に対してつねに安定な起電力を示す第 3 の半電池を用いて，この電池に対して測定された起電力を NHE に対する起電力に換算して表示すること，あるいはこの電池に対する起電力で直接表示する場合が多い。たとえば，難溶性の AgCl で覆われた Ag 電極（銀 / 塩化銀電極，silver-silver chloride electrode，SSE）は，Cl^-を含む溶液中で式 (2.21) の反応が平衡し，その NHE に対する電位 $E_{AgCl/Ag}$ は次節に述べるように Cl^-の濃度に依存して式 (2.22) で示される。

$$AgCl + e^- \rightleftarrows Ag + Cl^- \tag{2.21}$$

$$E_{AgCl/Ag} = E^\circ_{AgCl/Ag} - \frac{RT}{F} \ln a_{Cl^-} \tag{2.22}$$

それゆえ，Cl^-の濃度を一定にすることができれば，安定な基準の起電力を得ることができる。このように，安定な電極電位を示すいくつかの半電池が NHE に代わる基準電極として使用され，参照電極とよばれている。代表的な参照電極とその NHE に対する電位を表 2-2 にまとめて示す[1]。以上のことから，電極電位の測定は二つの半電池間の起電力，電位差の測定であるが，これらの基準電極に対する起電力あるいは電位差をたんに " 電位 " " 電極電位 " とよんでいる。以下ではこのような一般的な表

表 2-2　代表的な参照電極とその NHE に対する電位 (25 ℃)

参照電極	電極の構成	電極電位 E (V *vs.* NHE)
水素電極	$Pt(Pt)/H_2/HCl(a_{H^+}=1)$	0.000
飽和カロメル電極	$Hg/Hg_2Cl_2/$ 飽和 KCl	0.2444
	$Hg/Hg_2Cl_2/$1 M KCl	0.2801
銀・塩化銀電極	Ag/AgCl/ 飽和 KCl	0.196
	$Ag/AgCl/1\ M\ KCl(a_{Cl^-}=1)$	0.2223
水銀・硫酸第 1 水銀電極	$Hg/Hg_2SO_4/$ 飽和 K_2SO_4	0.64
	$Hg/Hg_2SO_4/$ 飽和 K_2SO_4	0.6152
水銀・酸化水銀電極	Hg/HgO/1 M NaOH	0.1135
	Hg/HgO/1 M KOH	0.1100

M はモル濃度，mol/L
[逢坂哲彌，小山　昇，大坂武男：" 電気化学法——基礎測定マニュアル "，p.8，講談社サイエンティフィク (1989)]

現を使用する。

2.3　水溶液中での金属の安定性と電位－pH 図

水溶液中における金属，金属の酸化物・水酸化物，金属イオンの安定性は，電極電位，溶液の pH および溶液中のイオン，とくに錯化剤（金属イオンと錯化合物を形成する分子，イオン）の種類や濃度によって変化する。ここでは，H^+およびOH^-を除くイオンや錯化剤を考慮に入れない単純な金属 M－H_2O 系における熱力学的な安定性について検討し，電位－pH 図の構成とその使い方について述べる。

2.3.1　金属，金属イオン，酸化物の安定性

金属 M，金属イオン M^{2+}および水酸化物 $M(OH)_2$ が水溶液中で安定である系について考える。それぞれの化学種間の反応は次式で表される。

$$M^{2+}+2\,e^- \rightleftharpoons M \tag{2.23a}$$

$$M(OH)_2+2\,H^++2\,e^- \rightleftharpoons M+2\,H_2O \tag{2.23b}$$

$$M(OH)_2 \rightleftharpoons M^{2+}+2\,OH^- \tag{2.23c}$$

金属と金属イオンが平衡にあるときその平衡電位 $E_{eq,M^{2+}/M}$ は式 (2.24) となり，金属 M が純金属でその活量が $a_M=1$ であるとき，式 (2.25) となる。

$$E_{eq,M^{2+}/M}=E^{\circ}_{M^{2+}/M}+\frac{RT}{2F}\ln\frac{a_{M^{2+}}}{a_M} \tag{2.24}$$

$$E_{eq,M^{2+}/M}=E^{\circ}_{M^{2+}/M}+\frac{RT}{2F}\ln a_{M^{2+}} \tag{2.25}$$

平衡電位は溶液中の金属イオンの濃度に依存し，その濃度の増加によって平衡電位は高くなる。水溶液中に金属イオンがほとんど溶解していない濃度として 10^{-6} M（モル濃度，kmol/m^3=mol/dm^3=mol/L，以下では記号 M で表示する）をとるのが一般的に行われており，図 2-3 の電位－pH 図で pH に依存しない a の直線を引くことができる。この直線より高い電位域では，式 (2.23a) の反応が左向きに進行し，金属イオン濃度が増加する。言い換えると，この直線よりも高い電位領域では金属イオン M^{2+}が安定であり，直線よりも低い電位領域では金属 M が安定であることを示している。さらに，a′の直線は金属イオン濃度を 1 M にしたときの平衡電位を示している。

次に，金属 M と水酸化物 $M(OH)_2$ の平衡を考える。この反応の平衡電位は，次式

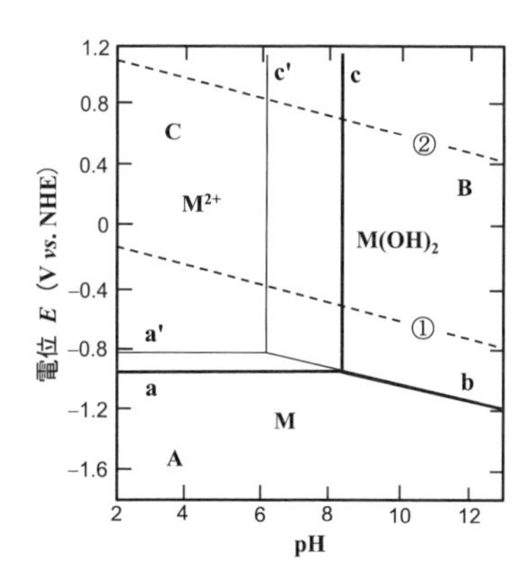

図 2-3　M－H_2O 系の電位－pH 図

で表されるが，金属とその水酸化物が純粋の固体でその活量が 1 とみなせるときには，式 (2.26) となる。

$$E_{eq,M(OH)_2/M} = E^{\circ}_{M(OH)_2/M} + \frac{RT}{2F} \ln \frac{a_{M(OH)_2} a^2_{H^+}}{a_M}$$

$$E_{eq,M(OH)_2/M} = E^{\circ}_{M(OH)_2/M} + \frac{RT}{F} \ln a_{H^+} = E^{\circ}_{M(OH)_2/M} + \frac{2.303RT}{F} \log a_{H^+}$$

$$= E^{\circ}_{M(OH)_2/M} - 0.0591 \text{ pH} \tag{2.26}$$

図 2-3 中の b の直線がその平衡電位を表しており，この直線より高い電位では水酸化物が，低い電位では金属が安定である。

溶解度積：AX という塩が A^+ および X^- として水に溶解する反応で，それらのイオンと塩が平衡にあるとき，言い換えると飽和溶解度に達したとき，それぞれの濃度（活量）は平衡定数 K_c により固体である AX の活量を $a_{AX}=1$ とみなすと式(2.27)となる。

$$AX \rightleftharpoons A^+ + X^-$$

$$K_c = \frac{a_{A^+} a_{X^-}}{a_{AX}} = a_{A^+} a_{X^-} = K_{sp,AX} \tag{2.27}$$

この平衡定数を AX の溶解度積 K_{sp} (solubility product) とよんでいる。

式 (2.23c) の水酸化物の溶解では，$M(OH)_2$ の溶解度積を $K_{sp,M(OH)_2}$ とすると，式 (2.28) となる。

$$K_{sp,M(OH)_2} = \frac{a_{M^{2+}} a^2_{OH^-}}{a_{M(OH)_2}} = a_{M^{2+}} a^2_{OH^-} \tag{2.28}$$

水のイオン積 $K_W = a_{H^+} a_{OH^-} / a_{H_2O} = 10^{-14}$ を用いると，式 (2.29) となる。

$$a_{M^{2+}}=\frac{K_{sp,M(OH)_2}}{a_{OH^-}^2}=\frac{K_{sp,M(OH)_2}a_{H^+}^2}{K_W^2}$$

$$\log a_{M^{2+}}=\log\frac{K_{sp,M(OH)_2}}{K_W^2}+2\log a_{H^+}=\log K'_{sp}-2\,pH \tag{2.29}$$

K_{sp} は温度依存する定数であることから，温度と pH が決まれば水酸化物と平衡する金属イオンの濃度が決まり，金属イオンの濃度が決まれば平衡する溶液の pH が決まることになる。図 2-3 中の c の直線は金属イオン濃度が 10^{-6} M のとき，c′の直線は濃度 1 M のときの pH を表しており，この直線より右側では水酸化物が，左側では金属イオンが安定であることを示している。なお，水の解離平衡を考えているので，式 (2.23) は次のように書いても等価である。

$$M(OH)_2+2\,H^+ \rightleftharpoons M^{2+}+2\,H_2O \tag{2.30}$$

以上のことから，図 2-3 において直線 a および b よりも電位が低い領域 A では金属 M が安定な不感態 (immunity) 域とよばれ，直線 a よりも電位が高く直線 c よりも pH が低い領域 C では金属イオン M^{2+} が安定な腐食 (corrosion) 域とよばれる。水酸化物 (酸化物) が安定な領域 B では，水酸化物 (酸化物) が金属の表面を覆ってしまい，反応がほとんど進行しなくなるため不働態 (passivity) 域とよんでいる。

図中の破線①と②は,腐食のカソード反応となる次の反応の平衡電位を示している。

$$2\,H^+ +2\,e^- \rightleftharpoons H_2(g)$$

$$E_{eq,H^+/H_2}=E^{\circ}_{H^+/H_2}+\frac{RT}{2F}\ln\frac{a_{H^+}^2}{p_{H_2}}=-0.0591\,pH-0.0296\log p_{H_2} \tag{2.31}$$

$$O_2(g)+2\,H_2O+4\,e^- \rightleftharpoons 4\,OH^-$$

$$E_{eq,O_2/OH^-}=E^{\circ}_{O_2/OH^-}+\frac{RT}{4F}\ln\frac{a_{OH^-}^4}{a_{H_2O}^2 a_{O_2}}=1.229-0.0591\,pH-0.0148\log p_{O_2} \tag{2.32}$$

酸素の還元反応について式 (2.32) では気相中の酸素との平衡を考えているが，溶液中に溶解した酸素との平衡を考える際は酸素分圧 p_{O_2} を溶解した酸素の濃度 (活量) C_{O_2} で置き換えればよい。

2.2.4 項で述べたように，平衡電位より高い電位では注目する反応のアノード反応 (酸化反応) が優勢になり，平衡電位より低い電位では逆にカソード反応 (還元反応) が優勢になる。それゆえ，図中の破線①よりも低い電位では，①の反応が右に進み H_2 ガスが安定 (水素ガス発生のカソード反応が起こる) であり，破線②より低い電位では溶液中の O_2 が還元される反応 (カソード反応) が起こることを示している。

2.3.2　電位－pH 図

図 2-3 に示した電位－pH 平面に金属，金属イオン，酸化物・水酸化物の安定領域を示した図を電位－pH 図，あるいは Pourbaix 図とよんでいる。これは，Pourbaix によってほとんどすべての元素の電位－pH 図が集大成され出版[2)]されたことによっている。

ここで，Zn–H_2O 系の電位－pH 図を見てみよう (図 2-4)。金属亜鉛 Zn，亜鉛イオン Zn^{2+}，水酸化亜鉛 $Zn(OH)_2$ に加えて，両性金属である Zn はアルカリ性領域で亜鉛酸イオン ZnO_2^{2-} として溶解する腐食域が現れ，不働態域が狭くなって中性領域のみになっているのがわかる。

一方, Fe の場合にはやや複雑である。Fe–H_2O 系では考慮すべき酸化物, 水酸化物, イオン種が増え考慮すべき反応式，電極電位の式が多くなる。以下では X イオンの濃度を [X] で表記する。

$$Fe = Fe^{2+} + 2\,e^- \qquad [1]$$
$$E_{Fe^{2+}/Fe} = -0.440 + 0.0295 \log [Fe^{2+}]$$

$$Fe + 2\,H_2O = Fe(OH)_2 + 2\,H^+ + 2\,e^- \qquad [2]$$
$$E_{Fe(OH)_2/Fe} = -0.0470 - 0.0295\,pH$$

$$Fe + 2\,H_2O = HFeO_2^- + 3\,H^+ + 2\,e^- \qquad [3]$$
$$E_{HFeO_2^-/Fe} = 0.493 - 0.0886\,pH + 0.0295 \log [HFeO_2^-]$$

$$Fe^{2+} + 2\,H_2O = Fe(OH)_2 + 2\,H^+ \qquad [4]$$
$$pH = 6.65 - 0.5 \log [Fe^{2+}]$$

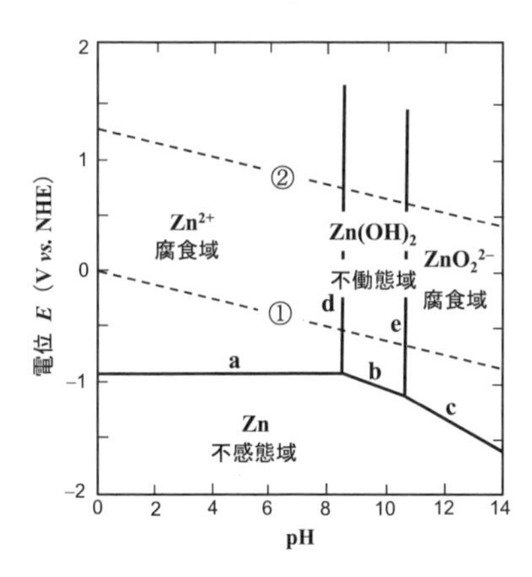

図 2-4　Zn–H_2O 系の電位－pH 図

$$Fe(OH)_2 = HFeO_2^- + H^+ \quad [5]$$
$$pH = 14.30 + \log[HFeO_2^-]$$

$$Fe^{2+} + 3H_2O = Fe(OH)_3 + 3H^+ + e^- \quad [6]$$
$$E_{Fe(OH)_3/Fe^{2+}} = 1.057 - 0.1773\,pH - 0.0591\log[Fe^{2+}]$$

$$Fe^{3+} + 3H_2O = Fe(OH)_3 + 3H^+ \quad [7]$$
$$pH = 1.613 - (1/3)\log[Fe^{3+}]$$

$$HFeO_2^- + H_2O = Fe(OH)_3 + 2e^- \quad [8]$$
$$E_{Fe(OH)_3/HFeO_2^-} = -0.810 - 0.0591\log[HFeO_2^-]$$

$$Fe(OH)_2 + H_2O = Fe(OH)_3 + H^+ + e^- \quad [9]$$
$$E_{Fe(OH)_3/Fe(OH)_2} = 0.271 - 0.0591\,pH$$

これら 9 種類の考慮すべき反応と，その平衡電位または溶解度の関係を使って電位−pH 図にまとめたものが図 2-5 である。溶解するイオン種の濃度が 1 M の場合と 10^{-6} M の場合について示してある。Fe の場合には，三価の Fe 酸化物，水酸化物の安定領域がかなり広く，pH が高い領域では $HFeO_2^-$ の安定な領域がアルカリ性側での腐食域となるが，その領域はそれほど広くはない。

電位−pH 図は“熱力学的に安定な相”を示しているものであって，“いつまでにすべてが安定相になるか”の時間的な尺度（反応の速度）についての情報を与えるも

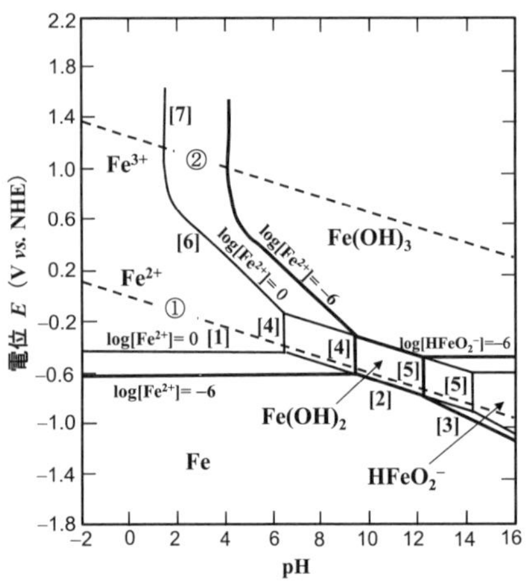

図 2-5　Fe−H_2O 系の電位−pH 図
図中の直線に付された番号［*n*］は本文中の各式に対応する。

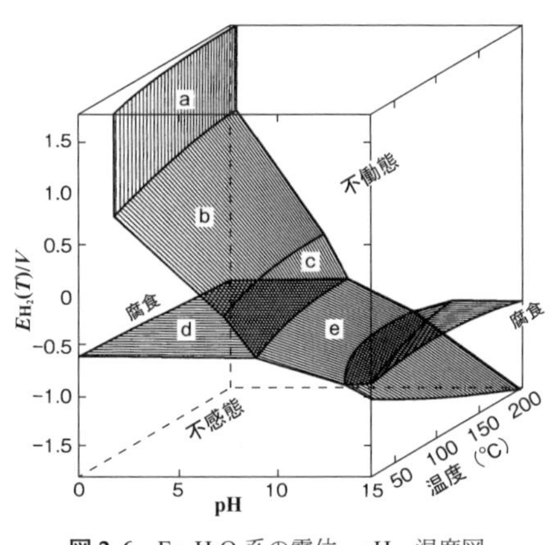

図 2-6　Fe−H_2O 系の電位−pH−温度図
［H. E. Townsent：*Corros. Sci.*, **10**, 343（1970）］

のではない。一般に使用されている電位－pH 図は金属と水との反応についてのみ描かれており，温度，溶液中のアニオン，溶液の撹拌などの効果については取り入れられていない。図 2-6 は Fe-H_2O 系の電位－pH 図に温度軸を加えたもの[3]であり，温度の上昇によってイオン種の溶解度が大きくなることから腐食域が広がっているのがわかる。アニオンの影響については，アニオンの種類と濃度によって変化し，とくに錯イオンを形成する場合には不働態域と考えられた領域で，たとえば Cl^-，NH_4^+ や CN^- を含む溶液中の Cu のように錯イオンが安定となって腐食する場合や，腐食域が広がる場合がある。また，合金の場合には合金相内の各成分の活量以外に，金属組織の影響もあって複雑すぎてうまく表されていないのが現状である。なお，『腐食防食ハンドブック CD-ROM 版』ではより簡便にこれらの電位－pH 図を参照することができる[4]。

なお，電位－pH 図は環境中での金属の安定性を判断する第 1 歩として重要であるが，多くの腐食現象ではさまざまな要因が関与しており，電位－pH 図だけでは最終的な安定性を決められない場合が多いことに留意する必要がある。

引用文献

1）逢坂哲彌，小山　昇，大坂武男：“電気化学法――基礎測定マニュアル”，p.8，講談社サイエンティフィク（1989）.
2）M. Pourbaix：“Atlas of Electrochemical Equilibria in Aqueous Solutions”, NACE（1974）.
3）H. E. Townsent：*Corros. Sci.*, **10**, 343（1970）.
4）腐食防食協会 編：“腐食防食ハンドブック 第 2 版，CD-ROM 版”，丸善（2005）.

3
電極反応の速度

電極反応はおもに電極表面で反応が進行する不均一化学反応の一種であり，基本的には化学反応の規則に従って進行する。本章では，まず化学反応の速度をどのように理解するかについて復習し，その拡張として電極反応速度を考える。

3.1　化学反応と電極反応の速度

3.1.1　反応の速度と活性化エネルギー

まず化学反応における活性化エネルギーと反応速度の関係を復習しよう。

化学反応の速度は，単位時間あたりの反応種の消費速度または生成種の生成速度で定義される。$A+B \rightleftharpoons C$ の反応で，それぞれの濃度を C_J で表し，右向きと左向きの反応速度を ν_+ と ν_-，反応の速度定数を k_+ と k_- としたとき，反応速度は次式で表される。

$$v_+ = -\frac{dC_A}{dt} = -\frac{dC_B}{dt} = \frac{dC_C}{dt} = k_+ C_A C_B \tag{3.1}$$

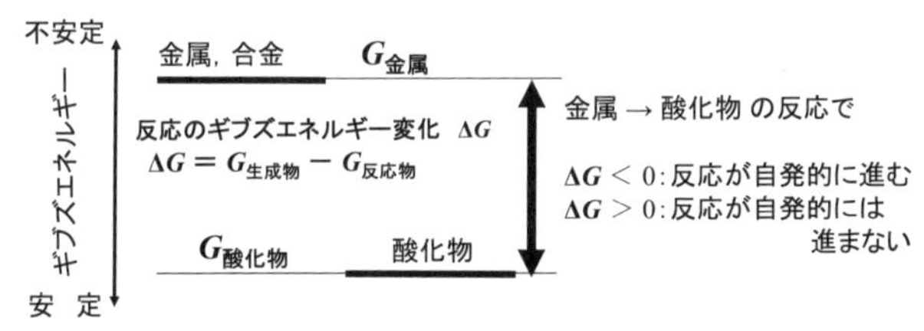

図 3-1　反応のギブズエネルギー変化と反応の進行

$$v_{-} = -\frac{\mathrm{d}C_{\mathrm{C}}}{\mathrm{d}t} = \frac{\mathrm{d}C_{\mathrm{A}}}{\mathrm{d}t} = \frac{\mathrm{d}C_{\mathrm{B}}}{\mathrm{d}t} = k_{-}C_{\mathrm{C}} \tag{3.2}$$

化学熱力学では，反応が進行するか否かはその反応のギブズエネルギー変化 ΔG の正負によって判断される。すなわち，図 3-1 に示すように $\Delta G<0$ ならば反応は右向きに進行し，$\Delta G>0$ では右向きの反応は進行せず，左向きの反応が進行する。

しかしながら，化学熱力学では反応が自発的に進むことがわかっても，その反応速度に関する情報は得られない。一般に，A+B ⟶ C の反応では，A と B がたんに出会っただけでは反応は進行しない。A と B が衝突し，$AB^{\neq}$ というエネルギーの高い状態（活性錯合体 activated complex）を経て，その一部が生成物 C となる。図 3-2 に示すように，右向きの反応の活性化エネルギー $E_{a,+}$ 以上のエネルギーをもつ $AB^{\neq}$ がエネルギーの障壁を越えて生成物 C に変化する可能性があり，逆反応についても $E_{a,-}$ 以上のエネルギーをもつ $AB^{\neq}$ が A+B に解離する可能性がある。また，図に示すように，右向きと左向きの活性化エネルギーの差はこの反応のギブズエネルギー変化 ΔG に等しい。

$$|E_{a,+} - E_{a,-}| = \Delta G \tag{3.3}$$

活性化エネルギーを越えるエネルギーをもつ粒子（分子）はどれくらい存在するのだろうか。気体分子運動論では，気体分子の運動速度の分布を Maxwel の速度分布として計算することができる。図 3-3 は，各温度における N_2 分子の速度分布を表したもので，温度が高いほど大きな速度の分子の割合が増加しているのがわかる。また，分子の速度の 2 乗はその分子の運動エネルギーにほぼ対応するので，温度上昇に伴って大きなエネルギーをもつ分子が増加するといえる。一般に，温度 T(K) において，E_a 以上のエネルギーをもつ分子の割合は次式（ボルツマン因子）で表される。

$$f(E_a) = \exp\left(\frac{-E_a}{RT}\right) \tag{3.4}$$

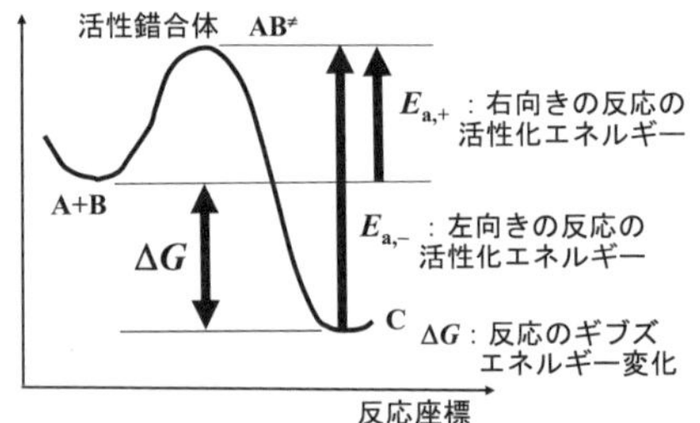

図 3-2　反応の進行と活性化エネルギー

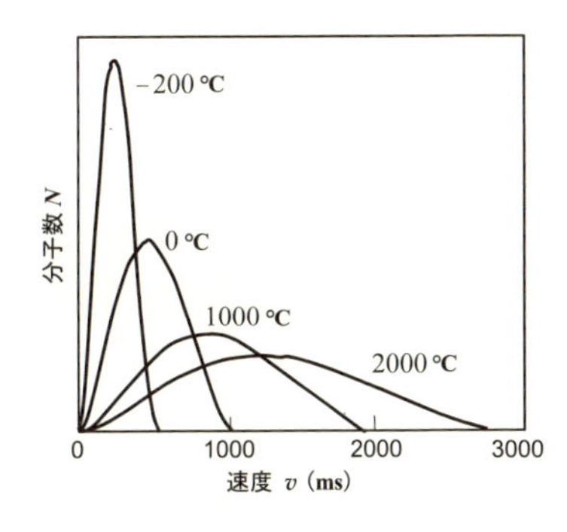

図 3-3 温度による N_2 分子の速度分布の変化（Maxwell の分布関数）

反応する系の分子の数を N とすると，$N \cdot f(E_a)$ がエネルギーの条件満たす分子数で，反応が単位時間(1 s)に A 回起こるとする[*1] と単位時間に反応する分子数は $A \cdot N \cdot f(E_a)$ となる。A は振動数の次元 (1/s) であり，振動数因子または前指数因子とよばれる。A＋B ⟶ C の反応で，それぞれの濃度を C_J (mol/cm^3) とすると単位体積当たりの J の分子数は $N_J = N_{av} C_J$ (N_{av} はアボガドロ数) で与えられ，右向きの反応に寄与する単位体積当たりの粒子数 N は $C_A \cdot C_B$，左向きの反応の N は C_C にそれぞれ比例する。右向きおよび左向きの反応速度は次式のように書くことができる。

$$v_+ = k_+ C_A C_B = A_+ C_A C_B \exp\left(\frac{-E_{a,+}}{RT}\right),$$

$$v_- = k_- C_C = A_- C_C \exp\left(\frac{-E_{a,-}}{RT}\right)$$

これより，それぞれの反応速度定数 k_+ と k_- は式 (3.5) となる。

$$k_+ = A_+ \exp\left(\frac{-E_{a,+}}{RT}\right), \quad k_- = A_- \exp\left(\frac{-E_{a,-}}{RT}\right) \tag{3.5}$$

すなわち，活性化エネルギーが大きくなるに従って，反応速度および反応速度定数が小さくなることがわかる。

また，平衡状態では右向きと左向きの反応速度が等しいので，式 (3.6) が成立する。

$$v_+ = v_- = k_+ C_A C_B = k_- C_C, \quad \frac{k_+}{k_-} = \frac{C_C}{C_A C_B} = K \tag{3.6}$$

ここで，K は平衡定数である。

＊1 A は $\kappa k_B T/h$ (κ：遷移係数，k_B：ボルツマン定数，h：プランク定数) に対応するが，本書では詳細については扱わない。

3.1.2 化学ポテンシャルと電気化学ポテンシャル

2.1.3 項でも述べたように，電極反応においては，荷電粒子（イオン，電子）が反応に含まれることから，それぞれの粒子がもつ化学的なエネルギー(化学ポテンシャル，ギブズエネルギー）に静電的なエネルギー（静電ポテンシャル）を加えたものが電気化学的なエネルギー（電気化学ポテンシャル）となる。静電的なエネルギーは電位 ϕ と粒子の電荷量 q の積で表され，電位 ϕ におかれた 1 モルの電子と 1 モルの z 価のイオンの静電的なエネルギー G_{ele} は，電子については金属電極の電位 ϕ_{M} を用いて $G_{\mathrm{ele}}=-F\phi_{\mathrm{M}}$，イオンについては溶液の電位 ϕ_{sol} を用いて $G_{\mathrm{ele}}=zF\phi_{\mathrm{sol}}$ となる。それゆえ，電子および z 価のイオンの電気化学的エネルギー G_{EC} は，化学的なエネルギー G_{chem} と静電的なエネルギー G_{ele} の和として，式 (3.7) で表されることとなる。

$$G_{\mathrm{EC}}=G_{\mathrm{chem}}+G_{\mathrm{ele}} \tag{3.7}$$

3.1.3 電極反応の活性化過程

$\mathrm{M^{+}+e^{-}\rightleftarrows M}$ の電極反応において，電場がないときの化学的なポテンシャルを反応座標に対して描くと化学反応の場合と同様に，図 3-4 で表される。

一方，静電的なエネルギーだけを考えると，金属電極の内部電位を ϕ_{M}，溶液の内部電位を ϕ_{sol}，電極電位を $\Delta\phi_{\mathrm{M}}=\phi_{\mathrm{M}}-\phi_{\mathrm{sol}}$ とすると図 3-5 で表される。反応座標の $\mathrm{M-M^{+}}$ 間の α の位置に活性錯合体 $\mathrm{M^{\neq}}$ が存在するとき，$\mathrm{M^{\neq}}$ は金属電極からみると

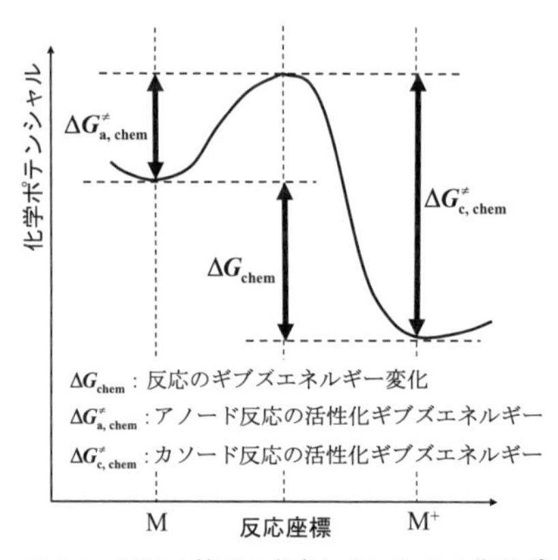

図 3-4　電場の効果を考慮しないときの化学ポテンシャル

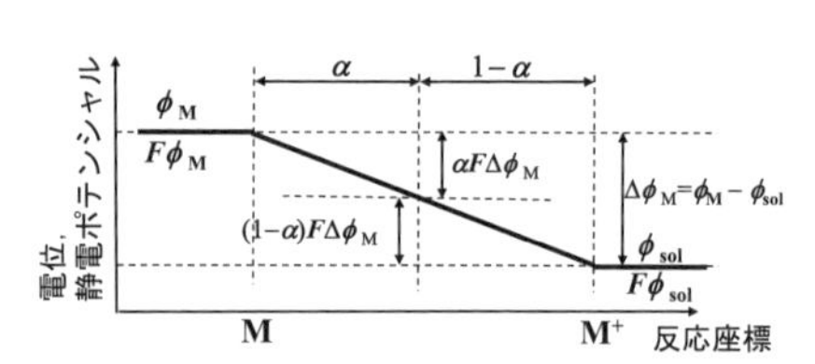

図 3-5　電極反応における電位と静電ポテンシャル

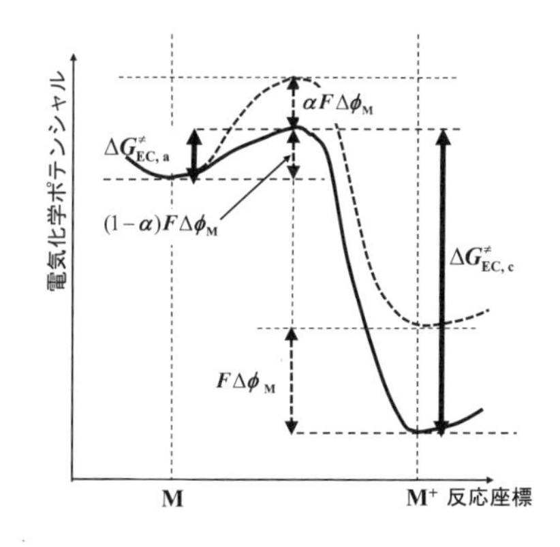

図 3-6　電極反応における電気化学ポテンシャル
破線は静電エネルギーを考慮しないとき。

$\alpha F\Delta\phi_M$ だけ静電エネルギーが低下して，溶液側からみると $(1-\alpha)F\Delta\phi_M$ だけ静電エネルギーが増加した状態にあることがわかる。ここで，α は通過係数（透過係数）とよばれ，$0<\alpha<1$ の値で通常は $\alpha=0.5$ としている。電気化学ポテンシャルは化学的エネルギーと静電的エネルギーの和で表されるため，両者を合成すると図 3-6 の実線の曲線が得られる。

図に示すように，アノードおよびカソード反応についての電気化学的な活性化エネルギー $\Delta G^{\neq}_{EC,a}$ と $\Delta G^{\neq}_{EC,c}$ は，化学的な活性化エネルギー $\Delta G^{\neq}_{chem}$ と静電エネルギーによって次式となる。

$$\Delta G^{\neq}_{EC,a}=\Delta G^{\neq}_{chem,a}-\alpha F\Delta\phi_M, \qquad \Delta G^{\neq}_{EC,c}=\Delta G^{\neq}_{chem,c}+(1-\alpha)F\Delta\phi_M$$

すなわち，電位差 $\Delta\phi_M$ が正の場合には，アノード反応の活性化エネルギーが $\alpha F\Delta\phi_M$ だけ小さくなりアノード反応が起こりやすくなり，カソード反応については活性化エネルギーが $(1-\alpha)F\Delta\phi_M$ だけ大きくなり反応が起こりにくくなることを示している。

アノードおよびカソード反応の速度定数を k_a，k_c とすると反応速度は $v_a=k_aC_M$，$v_c=k_cC_{M^+}$ となる。反応速度定数 k_a にアレニウス式の形式が成立するとして，電気化学的活性化エネルギーが $\Delta G^{\neq}_{EC,a}$ であることから，以下のように書くことができる。

$$\begin{aligned} k_a&=A_a\exp\left(\frac{-\Delta G^{\neq}_{EC,a}}{RT}\right)=A_a\exp\left(\frac{-\Delta G^{\neq}_{chem,a}+\alpha F\Delta\phi_M}{RT}\right)\\ &=A_a\exp\left(\frac{-\Delta G^{\neq}_{chem,a}}{RT}\right)\exp\left(\frac{\alpha F\Delta\phi_M}{RT}\right)=B_a\exp\left(\frac{\alpha F\Delta\phi_M}{RT}\right) \end{aligned} \tag{3.8}$$

カソード反応についても同様に式 (3.9) となる。

$$k_c = B_c \exp\left(\frac{-(1-\alpha)F\Delta\phi_M}{RT}\right) \tag{3.9}$$

ここで，B_a，B_c は次式で表され，電位の影響を除いた，いわば純粋に化学的な反応速度定数とみなすことができる。

$$B_a = A_a \exp\left(\frac{-\Delta G^{\neq}_{chem,a}}{RT}\right),\quad B_c = A_c \exp\left(\frac{-\Delta G^{\neq}_{chem,c}}{RT}\right) \tag{3.10a, b}$$

ファラデーの法則より（電子 1 個の反応であることから）アノード電流およびカソード電流は $i_a = \nu_a F$，$i_c = -\nu_c F$ で表される。

$$\begin{aligned} i_a &= k_a C_M F = F B_a C_M \exp\left(\frac{\alpha F\Delta\phi_M}{RT}\right), \\ i_c &= -k_c C_{M^+} F = -F B_c C_{M^+} \exp\left\{\frac{-(1-\alpha)F\Delta\phi_M}{RT}\right\} \end{aligned} \tag{3.11a, b}$$

また，電極電位 E は，$E = \Delta\phi_M$ で定義されているので，$\Delta\phi_M$ は E で置き換えることができる[*2]。電極反応をより一般的に扱うために，n 個の電子が移動する反応（$M^{n+} + ne^- \rightleftarrows M$）とし，濃度を活量 a_M，$a_{M^{n+}}$ で表すと，式（3.12a, b）と書き直すことができる。

$$\begin{aligned} i_a &= nF\nu_a = nFa_M B_a \exp\left(\frac{\alpha nFE}{RT}\right), \\ i_c &= -nF\nu_c = -nFa_{M^{n+}} B_c \exp\left(\frac{-(1-\alpha)nFE}{RT}\right) \end{aligned} \tag{3.12a, b}$$

式（3.11）および式（3.12）から，アノード電流およびカソード電流は電極電位 E の指数関数となっていること，電極電位が上昇するに従ってアノード電流が増加しカソード電流は減少し，電極電位が低下するに従ってアノード電流が減少しカソード電流が増加することがわかる。

＊2　ここで，金属電極の電位 $\Delta\phi_M$ から電極電位 E への書き換えで違和感をもった読者もいるだろう。$\Delta\phi_M$ は，もともと $\Delta\phi_M = \phi_M - \phi_{sol}$ で定義された溶液と電極の間の電位差であり，反応の駆動力として理解することができる。一方，電極電位は $E = \Delta\phi_M - \Delta\phi_{Pt}$ であって，定義のうえで $\Delta\phi_{Pt} = 0$ としたことによって見かけ上 $E = \Delta\phi_M$ になっているにすぎない。現実には基準となる水素電極反応において，$\Delta\phi_{Pt} = 0$ である保証はなく，おそらく $\Delta\phi_{Pt} \neq 0$ と考えられるが，絶対的な電位差 $\Delta\phi_M$ が簡単に測定できない現在では，この違いを十分に考慮に入れて考える必要がある。

3.2　Butler–Volmer 式と交換電流密度

3.2.1　Butler–Volmer 式

$M^{n+}+ne^- \rightleftarrows M$ の反応が平衡状態にある場合には，電位は平衡電位 $E_{eq,\,M/M^{n+}}$（以下では E_{eq} と表示する）となり，アノード反応の速度 v_a および電流 i_a はカソード反応の v_c および $|i_c|$ と等しくなる。平衡状態で流れるアノード反応の電流とカソード反応の電流を交換電流密度 i_0 とよんでいる。

$$v_a=v_c,\quad i_a=|i_c| \tag{3.13}$$

$$i_a=|i_c|=nFa_M B_a \exp\left(\frac{\alpha nFE_{eq}}{RT}\right)=nFa_{M^{n+}}B_c \exp\left(\frac{-(1-\alpha)nFE_{eq}}{RT}\right)\equiv i_0 \tag{3.14}$$

式 (3.12a, b) を i_0 を用いて書き直すと，ある電位 E におけるアノード，カソード電流は，式 (3.15a, b) と表すことができる。

$$i_a=i_0 \exp\left(\frac{\alpha nF(E-E_{eq})}{RT}\right),\quad i_c=-i_0 \exp\left(\frac{-(1-\alpha)nF(E-E_{eq})}{RT}\right) \tag{3.15a, b}$$

反応が平衡状態からずれた場合には，正反応と逆反応の差が見かけの反応速度 v となる。電流については，電極から外部に出入りする電流（外部電流）i_{ex} は，電流の符号（カソード電流は負の値）を考慮するとアノード電流とカソード電流の和となる。

$$v=v_a-v_c,\quad i_{ex}=i_a+i_c$$

式 (3.15a, b) を代入し，平衡電位からのずれである過電圧 $\eta=E-E_{eq}$ を用いると外部電流 i_{ex} は次式となる。

$$\begin{aligned} i_{ex}=i_a+i_c&=i_0\left\{\exp\left(\frac{\alpha nF(E-E_{eq})}{RT}\right)-\exp\left(\frac{-(1-\alpha)nF(E-E_{eq})}{RT}\right)\right\} \\ &=i_0\left\{\exp\left(\frac{\alpha nF\eta}{RT}\right)-\exp\left(\frac{-(1-\alpha)nF\eta}{RT}\right)\right\} \end{aligned} \tag{3.16}$$

式 (3.16) は，電気化学測定において測定される外部電流と過電圧の関係を示す重要な関係式で，Butler–Volmer 式とよばれている。この式から，① $\eta=0$，すなわち平衡電位 ($E=E_{eq}$) では，$i_{ex}=0$ であること，② $\eta>0$，$E>E_{eq}$ では，$i_{ex}>0$ であり，η の増加で i_{ex} も増加すること，③ $\eta<0$，$E<E_{eq}$ では，$i_{ex}<0$ となり，η の負の絶対値が大きくなると i_{ex} の負の値も増加することがわかる。また，平衡電位からのずれを表す過電圧 η は反応の駆動力に対応し，正または負の方向への駆動力の増加に対し

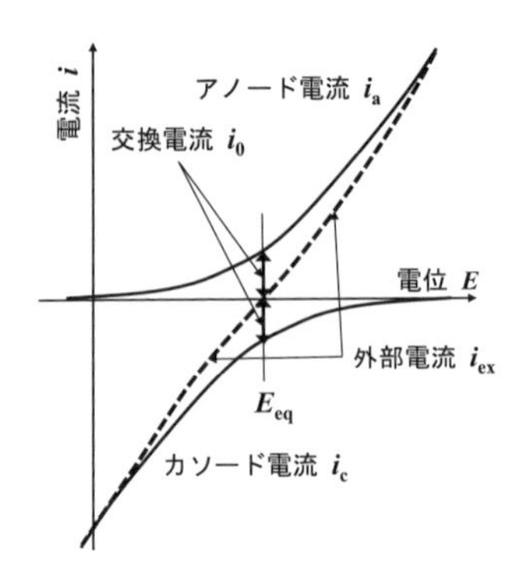

図 3–7　平衡電位近傍での電流と電位の関係

て，それぞれの反応速度に対応する電流が過電圧の指数関数によって変化することを示している。

平衡電位近傍での電流－電位の関係を図 3–7 に示す。アノード電流 i_a およびカソード電流 i_c はともに平衡電位から離れるに従ってそれぞれの絶対値が大きくなり，外部電流 i_{ex} は平衡電位から離れるに従って逆反応の電流の影響が小さくなり，i_a または i_c とほぼ重なってくるのがわかる。

ここで，式 (3.14) に戻ってこの式を E_{eq} について整理すると，式 (3.17) と書くことができる。

$$\frac{a_{M^{n+}}}{a_M}\cdot\frac{B_c}{B_a}=\exp\left(\frac{nFE_{eq}}{RT}\right),\qquad E_{eq}=\frac{RT}{nF}\ln\frac{B_c}{B_a}+\frac{RT}{nF}\ln\frac{a_{M^{n+}}}{a_M} \tag{3.17}$$

式 (3.10a, b) において，$A_a=A_c$ とおける場合には，正および負方向の化学的活性化エネルギー差は反応のギブズエネルギー変化に等しいので (図 3–2)，式 (3.18) となり，式 (2.16) で熱力学的に求めたネルンスト式が速度論からも得られることがわかる。

$$\begin{aligned} E_{eq}&=\frac{RT}{nF}\cdot\frac{(-\Delta G_{chem,c}+\Delta G_{chem,a})}{RT}+\frac{RT}{nF}\ln\frac{a_{M^{n+}}}{a_M} \\ &=-\frac{\Delta G^{\circ}_{M^{n+}/M}}{nF}+\frac{RT}{nF}\ln\frac{a_{M^{n+}}}{a_M}=E^{\circ}_{M^{n+}/M}+\frac{RT}{nF}\ln\frac{a_{M^{n+}}}{a_M} \end{aligned} \tag{3.18}$$

3.2.2　Tafel 式と Tafel 係数 (過電圧が大きな領域)

式 (3.16) の Butler–Volmer 式において，$|\eta|\gg 0$ のアノードまたはカソード反応の過電圧が大きい状態について検討する。

正の過電圧が大きい場合 ($\eta\gg 0$) には，式 (3.16) の右辺の第 2 項 (カソード電流に対応する項）が0に近づき第1項に対して無視できるようになるため次式で表すことができる。

$$i_{ex}=i_a=i_0\exp\left(\frac{\alpha nF\eta}{RT}\right),\qquad \ln i_{ex}=\ln i_0+\frac{\alpha nF\eta}{RT} \tag{3.19a}$$

過電圧が負でその絶対値が大きい場合（$\eta\ll 0$）には，同式の右辺の第1項が第2項に対して無視できるようになる。

$$i_{ex}=-i_c=-i_0\exp\left(\frac{-(1-\alpha)nF\eta}{RT}\right),\qquad \ln|i_{ex}|=\ln i_0-\frac{(1-\alpha)nF\eta}{RT} \tag{3.19b}$$

高過電圧の領域では，外部電流の対数と過電圧との間に直線関係が成立することがわかる。両式をアノード過電圧 η_a およびカソード過電圧 η_c で整理すると，式(3.20a, b)となる。

$$\eta_a=\frac{-RT}{\alpha nF}\ln i_0+\frac{RT}{\alpha nF}\ln i_{ex}=a_a+b_a\log i_{ex}$$
$$\eta_c=\frac{RT}{(1-\alpha)nF}\ln i_0-\frac{RT}{(1-\alpha)nF}\ln|i_{ex}|=a_c-b_c\log|i_{ex}| \tag{3.20a, b}$$

上式の過電圧 η と電流の対数の関係はTafel式，a，b はTafel係数とよばれる。図3-8に示すように外部電流の対数（$\log|i_{ex}|$）を電位に対してプロットすると図中の太線のようになり，それぞれの勾配 b_a，b_c をTafel勾配という。

図中の細い実線はそれぞれ式（3.19a）および式（3.19b）のアノード電流，カソード電流のみを示したもので，アノードおよびカソード部分分極曲線ともいう。測定された電流 i_{ex}（図中の太破線）の対数を過電圧 η に対してプロットし，平衡電位から十分に離れたプロットの直線部を外挿すると平衡電位 E_{eq} で交わり，その交点の電流が交換電流密度 i_0 となる。これによって交換電流密度を求める方法をTafel外挿法という。

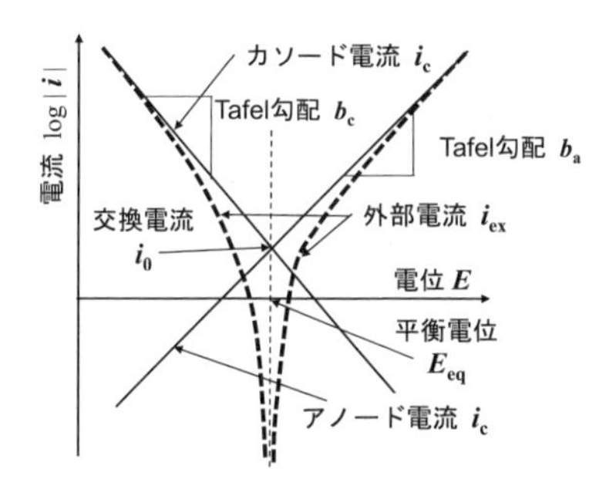

図3-8　平衡電位近傍での電流と電位の関係（Tafelプロット）

3.2.3　分極抵抗法（過電圧が小さな領域）

式 (3.16) の Butler–Volmer 式において，過電圧が小さい場合について検討する。

過電圧が十分に小さい ($|\eta| \fallingdotseq 0$) 場合には，右辺の指数項を展開し，二次以上の項を無視することができる。

$$
\begin{aligned}
i_{ex} &= i_0\left\{1+\frac{\alpha nF\eta}{RT}+\frac{1}{2}\left(\frac{\alpha nF\eta}{RT}\right)^2+\cdots\right\} \\
&\quad - i_0\left\{1-\frac{(1-\alpha)nF\eta}{RT}+\frac{1}{2}\left(\frac{(1-\alpha)nF\eta}{RT}\right)^2-\cdots\right\} \\
&= i_0\times\frac{\alpha nF\eta+(1-\alpha)nF\eta}{RT}=\frac{nF\,i_0}{RT}\times\eta
\end{aligned}
\tag{3.21}
$$

$$\left(\exp x = 1+x+\frac{1}{2!}x^2+\frac{1}{3!}x^3+\cdots\cdot \quad \fallingdotseq 1+x,\quad x \fallingdotseq 0\right)$$

電気回路において電圧変化と電流変化の比は電気抵抗であることから，式 (3.22) で表される。

$$\left(\frac{\partial\eta}{\partial i_{ex}}\right)_{\eta=0} \equiv R_p = \frac{RT}{nF}\frac{1}{i_0} \tag{3.22}$$

式 (3.22) を分極抵抗 R_p とよび，測定された過電圧変化と電流変化との比から，交換電流密度 i_0 を求めることができる。一般には，10 mV 以下の過電圧の変化を与えたときの電流値を求め，その比から分極抵抗 R_p を求めている。

3.2.4　交換電流密度と分極性，分極曲線

電極系に外部から電流を印加したときの電位のずれを一般に分極といい，“分極が大きい”“分極が小さい”と表現する。交換電流密度が大きな電極反応の場合には，

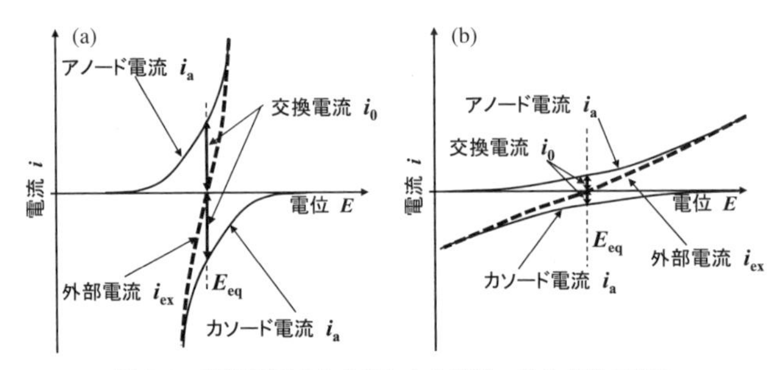

図 3-9　交換電流の大きさによる電流－電位曲線の変化

図 3-9(a) に示すように電流－電位曲線の立ち上がりが急になり，小さな過電圧の変化で大きな電流が流れる。言い換えると，多少大きな電流を流しても電位の変化が少なく(分極が小さい)，非分極性電極ともいう。一方，交換電流密度が小さい場合には，図(b) に示すように電流－電位曲線の立ち上がりは緩やかで，大きな電流を流すには過電圧を大きくする必要がある。小さな電流を印加することで過電圧が大きく変化する (分極が大きい) ため分極性電極という。交換電流密度の大きさは，電極反応の起こりやすさを支配しており，過電圧の大きさを決める要因となる。

表 3-1 は水素発生反応と酸素発生反応が 1 mA/cm^2 の電流密度で起こっているときの過電圧 (水素過電圧，酸素過電圧ともいう) を示す[1]。これらの値から，たとえば酸性溶液中の Pt 上での水素発生反応は Hg に比べて格段に起こりやすい反面，アルカリ性水溶液中の Pt 上での酸素発生反応は RuO_2 に比べて極めて起こりにくいことを示している。また，酸性溶液中における種々の金属上での水素発生の交換電流密度について，Kita らは多くの金属元素について交換電流密度を調べ，元素の周期律表によって整理し，電極である金属の電子配置が水素発生反応を支配すると報告している[2]。これまでに報告されている水素発生反応の交換電流密度のオーダーは，Pt などの貴金属では 10^{-3} A/cm^2 であるのに対して，Hg や Pb は 10^{-12} A/cm^2 と 9 桁くらい小さい。このような水素発生反応の交換電流密度の大小は，酸性溶液中での腐食のカソード反応の大きさ (起こりやすさ) を支配し，また異種金属接触腐食 (Galvanic corrosion) でもカソードとしての効果を決める要因となる。

ここで，交換電流密度 i_0 と通過係数 α の違いによる分極曲線 (電流－電位曲線) の形状を見ておこう。

交換電流密度 i_0 の違いによる分極曲線の変化を図 3-10 に示す。$\alpha = 0.5$，$n = 1$ で i_0

表 3-1　水素発生反応と酸素発生反応の過電圧
($i = 1$ mA/cm^2 での概略値)

水素発生 (酸性溶液中)		酸素発生 (アルカリ性溶液中)	
電　極	過電圧の絶対値	電　極	過電圧の絶対値
Pt	0.10 V	RuO_2	0.20 V
Fe	0.40 V	Fe	0.45 V
Cu	0.60 V	Ni	0.55 V
Zn	0.70 V	黒鉛	0.60 V
Pb	0.40 V	Ag	0.60 V
Hg	1.00 V	Pt	0.75 V

[渡辺　正 編著，金村理志，益田秀樹，渡辺正義：“基礎化学コース 電気化学”，p. 67，丸善 (2001)]

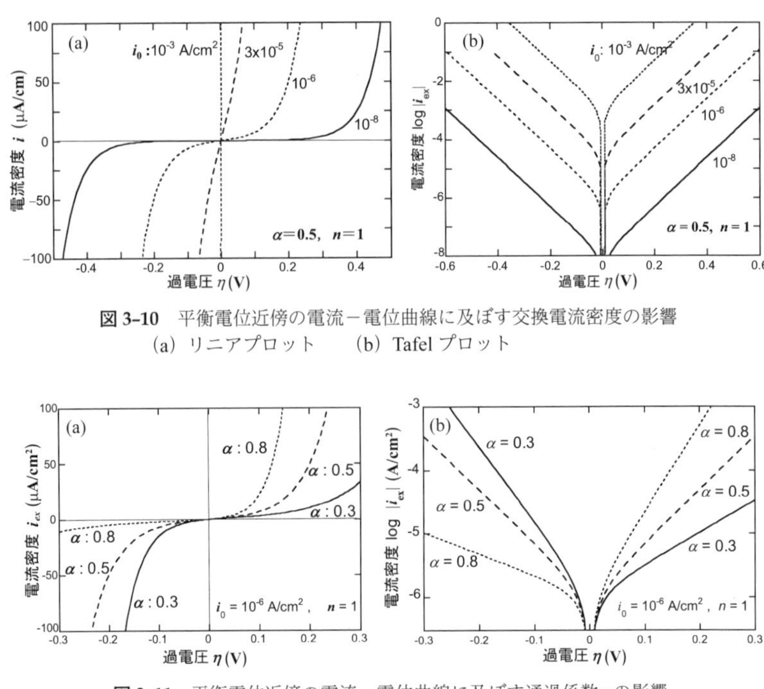

図 3-10　平衡電位近傍の電流－電位曲線に及ぼす交換電流密度の影響
（a）リニアプロット　　（b）Tafel プロット

図 3-11　平衡電位近傍の電流－電位曲線に及ぼす通過係数αの影響
（a）リニアプロット　　（b）Tafel プロット

が 1 mA/cm^2 から 10 nA/cm^2 まで変化したとき，リニアプロットでは電流－電位曲線の極端な違いが表されている。i_0=1 mA/cm^2 では平衡電位からの微少なずれで 100 μA/cm^2 以上の電流変化が生じるのに対して，i_0=10 nA/cm^2 では，電位が 200 mV 以上ずれても数 μA/cm^2 の電流変化しか起こらないことがわかる。一方，Tafel プロット（図 3-10(b)）では，交換電流密度の増加に従って直線が上に平行移動していることがわかる。一方，交換電流密度が一定で，電荷移行の通過係数 α を 0.3 から 0.8 まで変えた場合の電流－電位曲線を図 3-11 に示す。α=0.5 では過電圧 η=0 に対して対称な曲線となっているが, 0.5 からずれるに従って非対称性が大きくなる。Tafel プロットでも直線部の勾配（Tafel 係数）がアノード部とカソード部で大きく違うことが理解できる。

3.3　逐次反応と電極反応のパラメータ

3.3.1　律速段階と反応次数

ここまでの化学反応，電極反応については，単純な化学反応あるいは 1 個または n 個の電子移行が 1 回の反応で進むものを取り扱ってきた。しかしながら，多くの反応は反応の原料である反応種がいくつかの段階を経て最終生成物に至る場合が多い。また，複数個の電子移動によって電極反応が進む場合にも，何回かの電子移行を経て最終的な反応生成物に至る場合が多い。ここでは，複数の素反応を経由して反応（全反応 total reaction）が進む場合について検討する。

全反応が $A_1 \longrightarrow P$ で表される化学反応が，A_1 から A_2 を生じ，A_2 が A_3 に変化し，……，A_n が最終生成物 P に変化する反応を考える。この反応において，A_n から P になる素反応の速度がもっとも小さく，全体の反応速度を決めているもの（律速段階 rate determining step，RDS）とする。この場合，律速段階以前の各素反応の反応速度は速いため，平衡にあると考えることができ，それぞれの素反応 j の正・逆方向の反応速度定数を k_j，k_{-j}，平衡定数を K_j とすると，それぞれの中間体の濃度は以下のように表される。

$$A_1 \underset{k_{-1}}{\overset{k_1}{\rightleftarrows}} A_2 \underset{k_{-2}}{\overset{k_2}{\rightleftarrows}} A_3 \cdots\cdots A_{n-1} \underset{k_{-(n-1)}}{\overset{k_{n-1}}{\rightleftarrows}} A_n \overset{k_n}{\longrightarrow} P$$

$$\frac{[A_2]}{[A_1]} = \frac{k_1}{k_{-1}} = K_1, \quad \frac{[A_3]}{[A_2]} = \frac{k_2}{k_{-2}} = K_2, \cdots\cdots$$

$$[A_2] = K_1[A_1], \quad [A_3] = K_2[A_2], \quad \cdots\cdots$$

律速段階より前の各素反応に平衡が仮定できると，その平衡定数によって各中間生成物の濃度を最初の反応物の濃度で表すことができる。それゆえ，全体の反応速度 v_P は以下の式となる。

$$[A_2] = K_1[A_1], \quad [A_3] = [A_2]K_2 = [A_1]K_1K_2, \cdots\cdots$$

$$v_P = k_n[A_n] = k_nK_{n-1}[A_{n-1}] = \cdots\cdots = k_nK_1K_2\cdots\cdots K_{n-1}[A_1] \tag{3.23}$$

化学反応や電極反応の反応機構を解析する場合には，反応種の濃度や pH（H^+の濃度に対応）に対する反応速度の依存性などを用いる場合が多い。たとえば，以下の化学反応において，反応速度を v，反応速度定数を k とすると，次式が成り立つ。

$$n_A A + n_B B \xrightarrow{v,\,k} n_C C + n_D D \tag{3.24}$$

$$v = k[A]^{n_A}[B]^{n_B} \tag{3.25}$$

A および B についての反応次数 n_A および n_B は次式で定義される。

$$\left(\frac{\partial \log v}{\partial \log [A]}\right) = n_A, \quad \left(\frac{\partial \log v}{\partial \log [B]}\right) = n_B \tag{3.26}$$

やや複雑な $n_A A + n_B B \longrightarrow n_C C + n_D D + e^-$ の電極反応では，アノード，カソード電流は，化学種 J のバルク（bulk）の濃度を $[J]_0$，表面の濃度を $[J]$ とすれば，

$$i_a = i_0 \frac{[A]^{n_A}[B]^{n_B}}{[A]_0^{n_A}[B]_0^{n_B}} \exp\left(\frac{\alpha F\eta}{RT}\right) \tag{3.27a}$$

$$i_c = -i_0 \frac{[C]^{n_C}[D]^{n_D}}{[C]_0^{n_C}[D]_0^{n_D}} \exp\left(\frac{-(1-\alpha)F\eta}{RT}\right) \tag{3.27b}$$

A および B の反応次数は次式で表される。

$$\left(\frac{\partial \log v_a}{\partial \log [A]}\right) = \left(\frac{\partial \log i_a}{\partial \log [A]}\right) = n_A, \quad \left(\frac{\partial \log i_a}{\partial \log [B]}\right) = n_B \tag{3.28}$$

3.3.2　多電子移行反応

全反応で複数の電子が移行する反応を多電子移行反応（multi-electron transfer reaction）とよんでいる。たとえば，全反応で 2 電子が移行する反応（$M \longrightarrow M^{2+} + 2\,e^-$ など）において，必ずしも一度に 2 個ずつの電子が移動して反応が進むとは限らない。たとえば，次の 2 電子移行反応が①と②の素反応からなる 2 段階で進行し，律速段階が①の場合と②の場合について検討する。

$$A + 2\,e^- \longrightarrow C$$

$$A + e^- \longrightarrow B \quad ①, \qquad B + e^- \longrightarrow C \quad ②$$

a.　②の反応が律速段階の場合

②が律速段階であることから，①の反応は速く平衡にあるとみなすことができる。

$$A \underset{v_{-1}}{\overset{v_1}{\rightleftarrows}} B + e^- \quad ①, \qquad B \xrightarrow{v_2} C + e^- \quad ②$$

①の反応の電荷移行の透過係数を β_1 とすると，①の正・逆反応についての反応速度は，

$$v_1 = k_1[A]\exp\left(\frac{\beta_1 F\eta}{RT}\right), \quad v_{-1} = k_{-1}[B]\exp\left(\frac{-(1-\beta_1)F\eta}{RT}\right)$$

この素反応は平衡状態にあることから $v_1 = v_{-1}$ とおけるので，B の濃度 [B] を求める

と，式 (3.29) で表される。

$$[B]=\frac{k_1}{k_{-1}}[A]\exp\left[\frac{[\beta_1+(1-\beta_1)]F\eta}{RT}\right]=K_1[A]\exp\left(\frac{F\eta}{RT}\right) \tag{3.29}$$

一方，②について透過係数を β_2 とすると，

$$v_2=k_2[B]\exp\left(\frac{\beta_2F\eta}{RT}\right)=k_2K_1[A]\exp\left(\frac{F\eta}{RT}\right)\exp\left(\frac{\beta_2F\eta}{RT}\right)$$
$$=k_2K_1[A]\exp\left(\frac{(1+\beta_2)F\eta}{RT}\right)$$

この反応の電流 i_a は，全反応に含まれる電子数が 2 であることから式 (3.30) で表されることがわかる。

$$i_a=2Fv_2=2Fk_2K_1[A]\exp\left(\frac{(1+\beta_2)F\eta}{RT}\right) \tag{3.30}$$

この場合に $\beta_2=0.5$ としたときの Tafel 係数 b_a は次式となる。

$$b_a=\left(\frac{\partial\eta}{\partial\log i_a}\right)=\left[\frac{F}{2.303(1+\beta_2)RT}\right]=\left(\frac{0.0591}{(1+\beta_2)}\right)\Rightarrow 0.0591\times\frac{2}{3}\approx 0.04\ (\mathrm{V/dec})$$

b.　①の反応が律速段階の場合

①の反応が遅く，②は速いとみなすことができる。

$$\mathrm{A}\xrightarrow{v_1}\mathrm{B}+\mathrm{e}^-\quad ①,\qquad \mathrm{B}\xrightarrow{v_2}\mathrm{C}+\mathrm{e}^-\quad ②,\qquad v_1\ll v_2$$

全体の反応速度は，

$$v_1=k_1[A]\exp\left(\frac{\beta_1F\eta}{RT}\right) \tag{3.31}$$

全体の反応の電流 i_b は電子数が 2 であることから，式 (3.32) で表される。

$$i_b=2Fv_1=2Fk_1[A]\exp\left(\frac{\beta_1F\eta}{RT}\right) \tag{3.32}$$

$\beta_1=0.5$ としたときの Tafel 係数 b_b は次式となる。

$$b_b=\left(\frac{\partial\eta}{\partial\log i_a}\right)=\left(\frac{F}{2.303\beta_1RT}\right)=\left(\frac{0.0591}{\beta_1}\right)\Rightarrow 0.0591\times\frac{2}{1}\approx 0.120\ (\mathrm{V/dec})$$

3.3.3　逐次電子移行反応

逐次電子移行反応 (sequential electron transfer reaction) は多電子移行反応とほぼ同義語であるが，多くの素反応の途中に律速段階がある場合および途中に化学反応 (電

(a)

$A \rightleftarrows B + e^-$　(1)
$B \rightleftarrows C + e^-$　(2)
$C \rightleftarrows D + e^-$　(3)
……
$P \xrightarrow{v_P} Q + e^-$　(n)
$Q \rightleftarrows R + e^-$　(n+1)

(b)

$A \rightleftarrows B + e^-$　(1)
$B \rightleftarrows C$
$C \rightleftarrows D + e^-$　(2)
$D \rightleftarrows P$
$P \xrightarrow{v_P} Q + e^-$　(3)
$Q \rightleftarrows R$

図 3-12　逐次電子移行反応
(a) すべての素反応が電子移行反応の場合，(b) 化学反応が含まれる場合。(　) 内の数字はその反応までに移行する電子の数。

子移行を伴わない反応) が含まれる場合について考える (図 3-12)。

a.　すべての素反応が電子移行反応である場合

全反応が $A \longrightarrow R+(n+1)e^-$ である逐次電子移行反応 (図 3-12(a)) において，n 番目の電子移行反応である $P \longrightarrow Q+e^-$ の反応が律速段階であるとする。最初の反応について，

$$v_1=k_1[A]\exp\left(\frac{\beta_1 F\eta}{RT}\right),\qquad v_{-1}=k_{-1}[B]\exp\left(\frac{-(1-\beta_1)F\eta}{RT}\right)$$

この反応が平衡であることから $v_1=v_{-1}$ より，$[B]=K_1[A]\exp\left(\frac{F\eta}{RT}\right)$ となる。
次の反応についても，

$$v_2=k_2[B]\exp\left(\frac{\beta_2 F\eta}{RT}\right),\qquad v_{-2}=k_{-2}[C]\exp\left(\frac{-(1-\beta_2)F\eta}{RT}\right)$$

$$[C]=K_2[B]\exp\left(\frac{F\eta}{RT}\right)=K_1K_2[A]\exp\left(\frac{2F\eta}{RT}\right)$$

同様の扱いを律速段階の前の反応まで続けると，

$$[P]=K'[A]\exp\left\{\frac{(n-1)F\eta}{RT}\right\},\qquad K'=K_1K_2\cdots\cdots K_{n-1}$$

律速段階 (すなわち全体) の反応の速度 v_n は，

$$v_n=k_n[P]\exp\left(\frac{\beta_n F\eta}{RT}\right)=k_nK'[A]\exp\left\{\frac{(n-1+\beta_n)F\eta}{RT}\right\} \tag{3.33}$$

全反応のアノード電流は，(n+1) 個の電子移行の反応であることから，

$$i_a=(n+1)Fv_n=(n+1)Fk_nK'[A]\exp\left\{\frac{(n-1+\beta_n)F\eta}{RT}\right\} \tag{3.34}$$

この場合のアノード反応の Tafel 勾配は次式となる。

$$b_a=\left(\frac{\partial\eta}{\partial\log i_a}\right)=\frac{RT}{2.3\times(n-1+\beta_n)F}=\frac{0.0591}{n-1+\beta_n} \tag{3.35}$$

b. 電子移行反応と化学反応が組み合わされている場合

電極反応の全反応において，素反応に電子移行反応と電子移行を伴わない化学反応が入り組んでいる場合（図 3-12(b)）について，たとえば B ⇔ C，D ⇔ P および Q ⇔ R が化学反応である場合を考える。

最初の電荷移行反応については前節と同様に考えると，$[\mathrm{B}]=K_{\mathrm{A}}[\mathrm{A}]\exp\left(\frac{F\eta}{RT}\right)$ と表される。次の化学反応については平衡であることから，

$$v_{\mathrm{B}}=k_{\mathrm{B}}[\mathrm{B}],\quad v_{-\mathrm{B}}=k_{-\mathrm{B}}[\mathrm{C}],\quad v_{\mathrm{B}}=v_{-\mathrm{B}}$$

$$[\mathrm{C}]=\frac{k_{\mathrm{B}}}{k_{-\mathrm{B}}}[\mathrm{B}]=K_{\mathrm{B}}[\mathrm{B}]=K_{\mathrm{A}}K_{\mathrm{B}}[\mathrm{A}]\exp\left(\frac{F\eta}{RT}\right)$$

次の電荷移行反応およびその次の化学反応についても，

$$[\mathrm{D}]=K_{\mathrm{A}}K_{\mathrm{B}}K_{\mathrm{C}}[\mathrm{A}]\exp\left(\frac{2F\eta}{RT}\right),\quad [\mathrm{P}]=K_{\mathrm{A}}K_{\mathrm{B}}K_{\mathrm{C}}K_{\mathrm{D}}[\mathrm{A}]\exp\left(\frac{2F\eta}{RT}\right)$$

律速段階については，

$$v_{\mathrm{P}}=k_{\mathrm{P}}[\mathrm{P}]=k_{\mathrm{P}}K_{\mathrm{A}}K_{\mathrm{B}}K_{\mathrm{C}}K_{\mathrm{D}}[\mathrm{A}]\exp\left(\frac{(2+\beta_{\mathrm{P}})F\eta}{RT}\right)$$

全反応の電流は 3 電子反応であることから，

$$i_{\mathrm{b}}=3Fv_{\mathrm{P}}=3Fk_{\mathrm{P}}K_{\mathrm{A}}K_{\mathrm{B}}K_{\mathrm{C}}K_{\mathrm{D}}[\mathrm{A}]\exp\left(\frac{(2+\beta_{\mathrm{P}})F\eta}{RT}\right) \tag{3.36}$$

ここで，K_{B} と K_{D} は各化学反応の平衡定数である。Tafel 勾配は，式(3.37)で表される。

$$b_{\mathrm{b}}=\left(\frac{\partial\eta}{\partial\log i_{\mathrm{a}}}\right)=\left(\frac{0.0591}{2+\beta_{\mathrm{P}}}\right) \tag{3.37}$$

一般に，律速段階の前までの電子移行数が m の反応のとき，Tafel 勾配は式 (3.38) で表される。

$$b=\left(\frac{\partial\eta}{\partial\log i}\right)=\left(\frac{0.0591}{m+\beta}\right) \tag{3.38}$$

3.3.4 透過係数 α と β

ここまでの式の展開ではあえて触れていなかったが，多くの腐食や電気化学の教科書では電荷移動反応の透過係数を α，反応に関与する電子数を n として，3.2 節で示したように αn および $(1-\alpha)n$ の形で Butler–Volmer 式などの電流と電位の関係式を扱っている。しかしながら，3.3.2 項と 3.3.3 項では，突然電子移行の透過係数を β あるいは β_{j} で表している。いずれの場合も透過係数は律速段階での反応座標におけ

る活性錯合体の位置に対応する因子であるが，前者（3.2節）では多電子（電子数 n）が一時に移行することを前提に透過係数を決めているが，後者（3.3節）では原則として移行する電子数は1に限定されている。全反応として多電子の電子移行が起こる反応において，実際の反応で複数の電子が同時に移行することは極めて考えにくい状況であり，1個ずつの電子が移行する反応が連続的に進行すると考える方が合理的である。それゆえ，電極反応の詳細な解析においては，電極反応の素反応を単電子移行の反応にまで分解し，その中での律速段階を考察すべきである。言い換えると，電極反応の詳細な解析においては律速段階の電子移行反応は単電子移行の素反応に帰すべきであって，透過係数は α ではなく β_j で議論するべきで，Tafel勾配も式（3.35）または式（3.38）のように表すべきである。

では，なぜ高名な教科書までも α と n で記述されているのであろうか。電極反応の全反応に含まれる電子数 n は全反応が決まれば決めることができる。一方，全反応がわかっていても電極反応の素反応と律速段階を決めることは一般には難しい。たとえば，水素発生反応の全反応に含まれる電子数は2であり，Feのアノード溶解反応の全反応でも $n=2$ であるが，反応を構成する素反応と律速段階については多くの場合それ自体が議論，研究の的であることが多い。すなわち，反応機構の詳細が決まらなければ β_j による議論は成立しないわけで，一般的な議論を進める多くの教科書では多数の電子が一括して移行するという α と n で話を進めているのであろう。なお，Bockrisの教科書[3)]では，式（3.38）の（$m+\beta_j$）をアノード反応またはカソード反応の透過係数 α_+，α_- として煩雑さを避けている。

3.4　物質移動速度が関与する系

3.4.1　電極表面濃度と電極電位，濃度過電圧

ここまでの電極反応の理論の展開では，電極反応に伴う反応種と生成種の濃度は電極表面でも変化せず，つねに溶液沖合の濃度と同じである，すなわち電荷移動反応の速度に比べて溶液中の物質移動の速度は十分に大きいことを前提に進めてきた。しかしながら，水溶液中のイオンや分子の移動速度はそれほど大きくはなく，拡散係数はおおむね 10^{-5} ～ 10^{-6} cm^2/s 程度であることから，電荷移動反応の速度が速くなると物質移動の速度が追いつかず，電極表面の濃度と溶液沖合の濃度に差を生じることになる。以下では，表面における濃度の変化および物質移動速度の影響について検討する。

$$\mathrm{Ox} + n\mathrm{e}^- \rightleftarrows \mathrm{Red}$$

の酸化還元反応について，平衡電位（ネルンスト式）は電極表面の溶液に存在する化学種Jの活量a_Jにより，式（3.39）で一般に表される。

$$E_{\mathrm{eq,\,Ox/Red}} = E^{\circ}_{\mathrm{Ox/Red}} + \frac{RT}{nF} \ln \frac{a_{\mathrm{Ox}}}{a_{\mathrm{Red}}} \tag{3.39}$$

化学種Jの溶液沖合（バルク bulk）での濃度を$C_\mathrm{J}^{\mathrm{bulk}}$，活量係数を$\gamma_\mathrm{J}$とすると活量は$a_\mathrm{J} = \gamma_\mathrm{J} C_\mathrm{J}^{\mathrm{bulk}}$で表されることから，次式のように書ける。

$$\begin{aligned} E_{\mathrm{eq,\,Ox/Red}} &= E^{\circ}_{\mathrm{Ox/Red}} + \frac{RT}{nF} \ln \frac{\gamma_{\mathrm{Ox}} C_{\mathrm{Ox}}^{\mathrm{bulk}}}{\gamma_{\mathrm{Red}} C_{\mathrm{Red}}^{\mathrm{bulk}}} \\ &= E^{\circ}_{\mathrm{Ox/Red}} + \frac{RT}{nF} \ln \frac{\gamma_{\mathrm{Ox}}}{\gamma_{\mathrm{Red}}} + \frac{RT}{nF} \ln \frac{C_{\mathrm{Ox}}^{\mathrm{bulk}}}{C_{\mathrm{Red}}^{\mathrm{bulk}}} \end{aligned} \tag{3.40}$$

通常は化学種の活量係数は大幅に変化しないことからγ_Jはほぼ一定とみなされ，$E^{*}_{\mathrm{Ox/Red}}$を式量電位（formal potential）として次式で定義する。

$$E_{\mathrm{eq,\,Ox/Red}} = E^{*}_{\mathrm{Ox/Red}} + \frac{RT}{nF} \ln \frac{C_{\mathrm{Ox}}^{\mathrm{bulk}}}{C_{\mathrm{Red}}^{\mathrm{bulk}}}, \quad E^{*}_{\mathrm{Ox/Red}} = E^{\circ}_{\mathrm{Ox/Red}} + \frac{RT}{nF} \ln \frac{\gamma_{\mathrm{Ox}}}{\gamma_{\mathrm{Red}}} \tag{3.41}$$

Redの濃度が変化せず，Oxの表面濃度が$C_{\mathrm{Ox}}^{\mathrm{S}}$のときの電極電位$E'$は式（3.42）となる。

$$E' = E^{*}_{\mathrm{Ox/Red}} + \frac{RT}{nF} \ln \frac{C_{\mathrm{Ox}}^{\mathrm{S}}}{C_{\mathrm{Red}}^{\mathrm{bulk}}} \tag{3.42}$$

電気化学分析などでは，溶液中のイオン濃度を知りたい場合が多く，$E^{*}_{\mathrm{Ox/Red}}$を用いる場合が多い。また，希薄溶液で活量係数をほぼ1とみなせる場合には，$E^{*}_{\mathrm{Ox/Red}} = E^{\circ}_{\mathrm{Ox/Red}}$とおくことができる。

Oxの電極表面濃度が$C_{\mathrm{Ox}}^{\mathrm{bulk}}$から$C_{\mathrm{Ox}}^{\mathrm{S}}$に変化することに伴う電極電位の変化（濃度過電圧$\eta_{\mathrm{conc}}$）は式（3.41）および式（3.42）から，次式で表される。

$$\eta_{\mathrm{conc}} = E' - E_{\mathrm{eq,\,Ox/Red}} = \frac{RT}{nF} \ln \frac{C_{\mathrm{Ox}}^{\mathrm{S}}}{C_{\mathrm{Ox}}^{\mathrm{bulk}}} \tag{3.43}$$

3.4.2　分極による濃度変化 I：一定電流による分極

電極反応(1) $\mathrm{Ox} + n\mathrm{e}^- \longrightarrow \mathrm{Red}$の還元反応について，電流を流す前には溶液中にOxのみが存在しRedは存在しないとする。初期状態（$t=0$）では$C_{\mathrm{Ox}}^{\mathrm{S}} = C_{\mathrm{Ox}}^{\mathrm{bulk}}$である。

一定のカソード電流i_cが流れると電極表面のOx濃度は徐々に低下し，Red濃度が徐々に増加する。電流は電極表面へのOxが供給されるフラックス（流束）J_{Ox}に比例し，電極表面から拡散によって散逸する Red のフラックス J_{Red} に比例する。

$$(J_{\mathrm{Ox}})_{x=0}=(-J_{\mathrm{Red}})_{x=0}=\frac{-i_{\mathrm{c}}}{nF} \tag{3.44}$$

また，フラックスは Fick の第一法則から電極表面での濃度勾配に比例する。

$$J_{\mathrm{Ox}}=-D_{\mathrm{Ox}}\left(\frac{\mathrm{d}C_{\mathrm{Ox}}}{\mathrm{d}x}\right)_{x=0},\qquad J_{\mathrm{Red}}=D_{\mathrm{Red}}\left(\frac{\mathrm{d}C_{\mathrm{Red}}}{\mathrm{d}x}\right)_{x=0} \tag{3.45}$$

電極近傍の Ox および Red の濃度変化を図 3-13 に模式的に示す。

一定の電流値であることから，電極表面でのフラックスは一定であり，式 (3.45) から電極表面近傍のそれぞれの濃度勾配は一定のまま $C^{\mathrm{S}}_{\mathrm{Ox}}$ は減少し，$C^{\mathrm{S}}_{\mathrm{Red}}$ は増加する。この間の電極電位は上記の電極反応(1) の還元反応の平衡電位 $E_{\mathrm{eq,1}}$ に活性化の過電圧 $\eta(i)$ が加わった電位 $E_1=E_{\mathrm{eq,1}}+\eta(i)$ にほぼ停滞する。言い換えると，反応の種類によって $E_{\mathrm{eq,1}}$ は特定の値を示すこと，過電圧 η の電流に対する Tafel プロットから大まかな $E_{\mathrm{eq,1}}$ を推定し，反応の種類を特定できる場合がある。

拡散 (物質移動) の速度が大きく印加電流に伴う表面濃度が C^{S} で釣り合った場合には，それ以上の電極表面濃度の低下は起こらず (図 3-14；細破線①)，電極電位も一定値に保持される。すなわち，電極面での反応物の消費速度と溶液沖合から拡散により供給される速度が釣り合った場合である。一方，印加電流が大きく，拡散の速度が追いつかない場合には，表面濃度が徐々に低下し，時間 $t=\tau$ で $C^{\mathrm{S}}=0$ になる (図中の実線)。表面の濃度が 0 になった時間 $t=\tau$ 以降はどのようなことになるのであろうか。印加電流を流し続けるためには，引き続きメインの反応が起こるため，その濃度

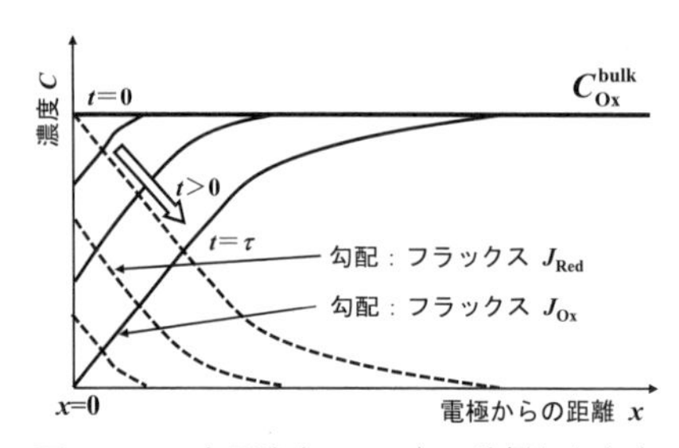

図 3-13　一定電流 ($i=nFJ_{\mathrm{Ox}}$) で分極したときの電極近傍の濃度の時間変化
初期状態での濃度　$C_{\mathrm{Ox}}=C^{\mathrm{bulk}}_{\mathrm{Ox}}, C_{\mathrm{Red}}=0$

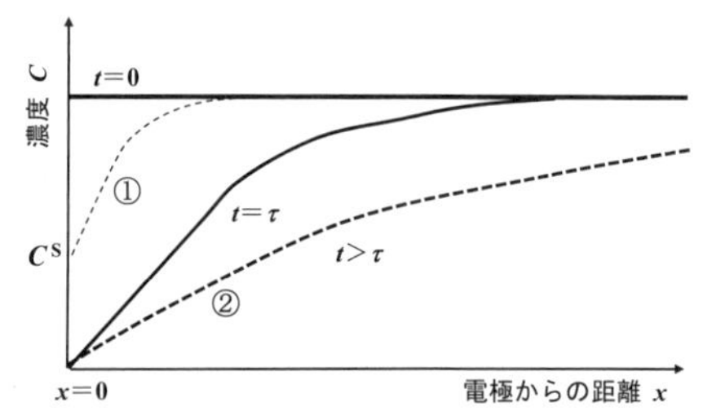

図 3-14　一定の電流で分極したときの電極表面近傍での反応種 Ox の濃度変化
① 拡散の速度がある程度大きく，表面濃度 C^{S} が 0 に達しないで釣り合う場合，② 拡散の速度が遅く，表面濃度 C^{S} が 0 に達した以降の濃度変化。

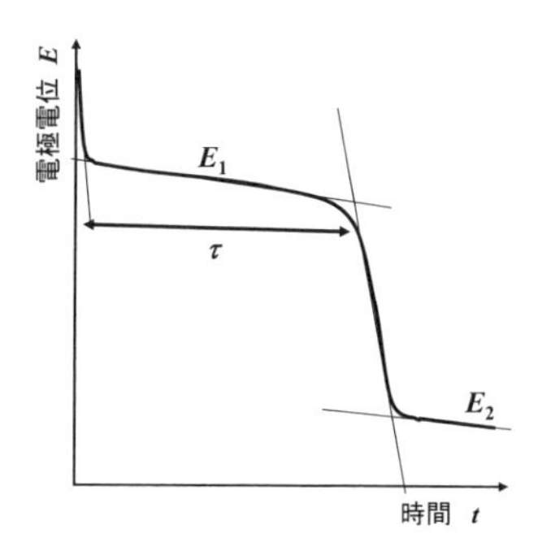

図 3-15　一定電流でカソード分極した場合の電位の時間変化（クロノポテンショグラム）

は図中の太破線②で示すように全体的な濃度低下が継続する。しかしながら，破線②の電極表面での勾配（フラックス）は印加電流よりも小さくなるため，別の電極反応によって電流を補う必要がある。溶液中により大きな過電圧で反応する反応種 Ox2 が存在する場合には，前述の電極反応(1) と並列に電極反応(2) $\mathrm{Ox2} + n_2\mathrm{e}^- \longrightarrow \mathrm{Red2}$ が起こることになる。測定される電極電位は $E_1 = E_{\mathrm{eq},1} + \eta$ から電極反応(2) の反応の平衡電位 $E_{\mathrm{eq},2}$ を反映した $E_2 = E_{\mathrm{eq},2} + \eta$ へ移ることとなる。それゆえ，電極電位の時間変化（クロノポテンショグラム，図3 15）から遷移時間 τ を求めれば，注目する化学種（この場合は Ox）のバルクの濃度を決定することができ，この方法をクロノポテンショメトリーとよんでいる。

電極表面近傍の濃度変化

ここで，定電流分極における電極表面の濃度の変化を求めてみよう。

電極表面近傍での物質移動に対応する微分方程式および境界条件は，

拡散方程式：　$$\frac{\partial C_{\mathrm{Ox}}}{\partial t} = D_{\mathrm{Ox}}\left(\frac{\partial^2 C_{\mathrm{Ox}}}{\partial x^2}\right)$$

初期条件：　$t=0$　　$C_{\mathrm{Ox}}(x,0) = C_{\mathrm{Ox}}^{\mathrm{bulk}}$,　　$C_{\mathrm{Red}}(x,t) = 0$

境界条件：　$x \to \infty$　　$C_{\mathrm{Ox}}(x,t) \to C_{\mathrm{Ox}}^{\mathrm{bulk}}$,　　$C_{\mathrm{Red}}(x,t) \to 0$

$$x=0 : D_{\mathrm{Ox}}\left(\frac{\partial C_{\mathrm{Ox}}(x,t)}{\partial x}\right)_{x=0} + D_{\mathrm{Red}}\left(\frac{\partial C_{\mathrm{Red}}(x,t)}{\partial x}\right)_{x=0} = 0$$

$$D_{\mathrm{Ox}}\left(\frac{\partial C_{\mathrm{Ox}}(x,t)}{\partial x}\right)_{x=0} = -\frac{i}{nF}\quad (i：定電流条件)$$

ここで，$C_{\mathrm{J}}^{\mathrm{bulk}}$ はJのバルクの濃度である。これらの条件で解くと Ox，Red の濃度変化は次式となる。

$$C_{\text{Ox}}(x,t)=C_{\text{Ox}}^{\text{bulk}}-\frac{i}{nFD_{\text{Ox}}}\left[2\sqrt{\frac{D_{\text{Ox}}t}{\pi}}\exp\left(-\frac{x^2}{4D_{\text{Ox}}t}\right)-x\,\text{erfc}\left(\frac{x}{2\sqrt{D_{\text{Ox}}t}}\right)\right]$$

$$C_{\text{Red}}(x,t)=\frac{i}{nFD_{\text{Ox}}}\left[2\sqrt{\frac{D_{\text{Ox}}}{D_{\text{Red}}}}\sqrt{\frac{D_{\text{Ox}}t}{\pi}}\exp\left(-\frac{x^2}{4D_{\text{Red}}t}\right)-x\left(\frac{D_{\text{Ox}}}{D_{\text{Red}}}\right)\text{erfc}\left(\frac{x}{2\sqrt{D_{\text{Red}}t}}\right)\right]$$

電極表面での濃度は上の式に $x=0$ を代入して，

$$C_{\text{Ox}}(0,t)=C_{\text{Ox}}^{\text{bulk}}-\frac{2\sqrt{t}}{nF\sqrt{D_{\text{Ox}}\pi}}\cdot i,\quad C_{\text{Red}}(0,t)=\frac{2\sqrt{t}}{nF\sqrt{D_{\text{Red}}\pi}}\cdot i \tag{3.46, 3.47}$$

上の式で $C_{\text{Ox}}(0,t)$ が 0 になる時間 τ および τ と電解電流 i および $C_{\text{Ox}}^{\text{bulk}}$ の関係は，次式で表される（S は電極面積）。

$$\tau=\left(\frac{C_{\text{Ox}}^{\text{bulk}}\cdot nF\sqrt{D_{\text{Ox}}\pi}}{2i}\right)^2 \tag{3.48}$$

$$\frac{i\sqrt{\tau}}{C_{\text{Ox}}^{\text{bulk}}}=\frac{nF\sqrt{D_{\text{Ox}}\pi}}{2}=85.5\,n\,S\sqrt{D_{\text{Ox}}}\left(\frac{\text{mA}\cdot\text{s}^{-1/2}}{\text{cm}^2\cdot\text{mM}}\right) \tag{3.49}$$

式（3.49）は Sand の式とよばれ，反応物質のバルクでの濃度（$C_{\text{Ox}}^{\text{bulk}}$）が一定であれば $i\sqrt{\tau}$ が一定になることを示している。

3.4.3　分極による濃度変化 II：一定電位による分極

$\text{Ox}+ne^- \longrightarrow \text{Red}$ の還元反応が起こるに十分な電位に分極した場合を考える。一定の電位を印加後，電極表面の Ox は瞬く間に消費されてその濃度は 0 となり，時間とともに濃度の小さい領域は溶液の沖合方向に広がっていく。図 3-16 に示すように，時間の経過により濃度の低下した領域が広がるとともに，電極表面での濃度勾配は小さくなっていくのがわかる。すなわち，一定電位での分極では，電極表面での濃度勾配が時間とともに小さくなるため，電流も時間とともに低下することになり，図 3-17 に示すような電流の減少が観察される。

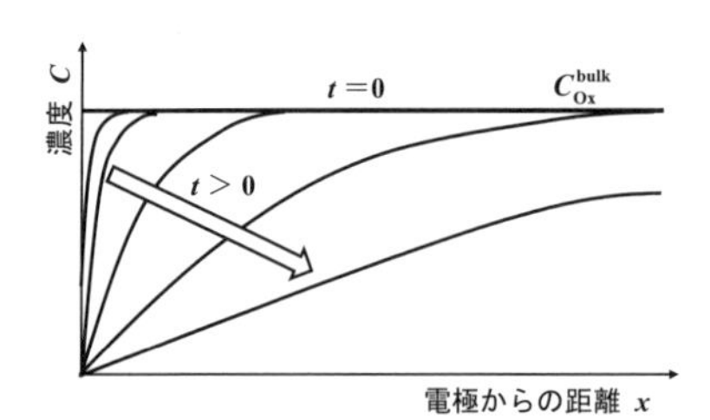

図 3-16　一定電位を印加したときの電極表面近傍の濃度の時間変化

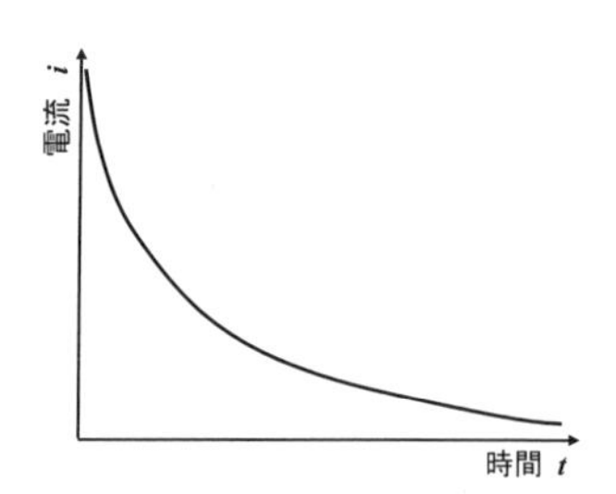

図 3-17　一定電位で分極したときの電流の経時変化

電極表面近傍の濃度変化

電極表面近傍での濃度について，定電流分極の場合と同様の拡散方程式，初期条件が得られる。

拡散方程式：　$\dfrac{\partial C_{\mathrm{Ox}}}{\partial t}=D_{\mathrm{Ox}}\left(\dfrac{\partial^2 C_{\mathrm{Ox}}}{\partial x^2}\right)$

初期条件：　$t=0$　　$C_{\mathrm{Ox}}(x,0)=C_{\mathrm{Ox}}^{\mathrm{bulk}}$,　　$C_{\mathrm{Red}}(x,t)=0$

境界条件：　$x\to\infty$　　$C_{\mathrm{Ox}}(x,t)\to C_{\mathrm{Ox}}^{\mathrm{bulk}}$,　　$C_{Red}(x,t)\to 0$

$x=0$　　$C_{\mathrm{Ox}}(x,t)=0$,　　$C_{\mathrm{Red}}(x,t)=C_{\mathrm{Ox}}^{\mathrm{bulk}}$

$$D_{\mathrm{Ox}}\left(\frac{\partial C_{\mathrm{Ox}}(x,t)}{\partial x}\right)_{x=0}+D_{\mathrm{Red}}\left(\frac{\partial C_{\mathrm{Red}}(x,t)}{\partial x}\right)_{x=0}=0$$

$x=0$，$t>0$ の境界条件は，分極開始と同時にすべての Ox が消費され，Red に変わることを示している。この方程式の解は，次式となる。

$$C_{\mathrm{Ox}}(x,t)=C_{\mathrm{Ox}}^{\mathrm{bulk}}\,\mathrm{erf}\left(\frac{x}{2\sqrt{D_{\mathrm{Ox}}t}}\right) \tag{3.50}$$

$$C_{\mathrm{Red}}(x,t)=C_{\mathrm{Ox}}^{\mathrm{bulk}}\,\mathrm{erfc}\left(\frac{x}{2\sqrt{D_{\mathrm{Red}}t}}\right),\qquad \mathrm{erfc}\,(x)=1-\mathrm{erf}(x) \tag{3.51}$$

上記の 2 式によって計算された電極表面近傍の Ox および Red の濃度変化の様子を図 3-18 に示す。

分極に伴う電流は，電極表面のフラックス $J_{\mathrm{Ox},x=0}$ に比例するので，式 (3.52) で表され，式 (3.50) を x で微分し式 (3.52) に代入して $x=0$ とおくことによって電流 i の時間変化が求まる（式 (3.53)）。

$$i=-nFJ_{\mathrm{Ox},\,x=0}=nFD_{\mathrm{Ox}}\left(\frac{\partial C_{\mathrm{Ox}}(x,t)}{\partial x}\right)_{x=0} \tag{3.52}$$

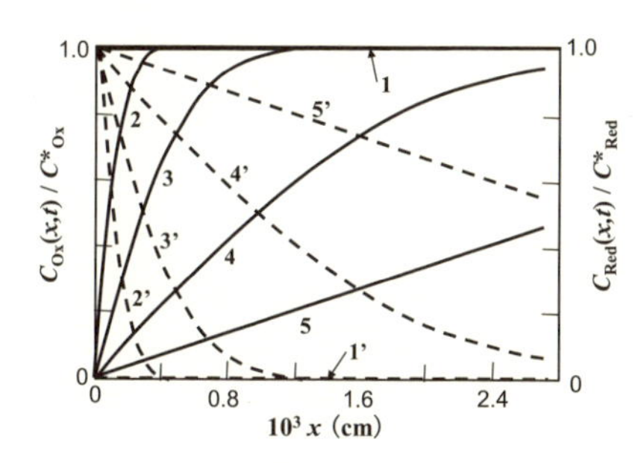

図 3-18　定電位分極における Ox と Red の電極近傍における濃度分布の時間変化
$C_{\mathrm{Ox}}(0,t)=0$ のとき $D_{\mathrm{Ox}}=D_{\mathrm{Red}}=10^{-5}\,\mathrm{cm^2/s}$,
実線：$C_{\mathrm{Ox}}(x,t)/C^*_{\mathrm{Ox}}$，破線：$C_{\mathrm{Red}}(x,t)/C^*_{\mathrm{Red}}$,
分極時間 t：$=0$ s (1,1′)，$=0.001$ s (2,2′)，$=0.01$ s (3,3′)，$=0.1$ s (4,4′)，$=1$ s (5,5′)
［電気化学会 編：“電気化学便覧 第 6 版”，p.163，丸善出版 (2013)］

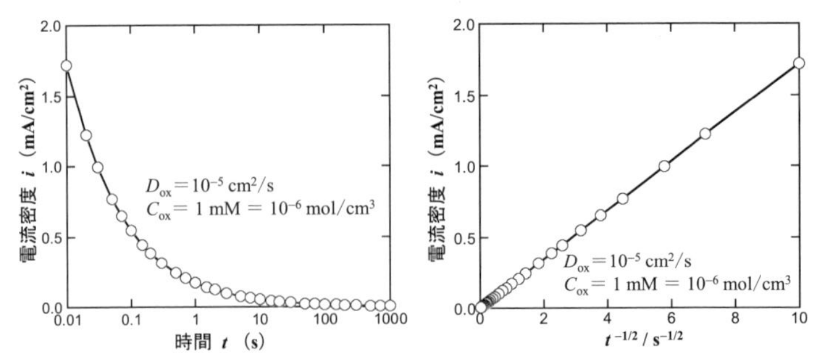

図 3-19　電位分極における電流の時間変化（Cottrell の式，計算値）

$$i = \frac{nF\sqrt{D_{\mathrm{Ox}}}\,C_{\mathrm{Ox}}^{\mathrm{bulk}}}{\sqrt{\pi t}} \tag{3.53}$$

この電流減少を表す式は Cottrell の式とよばれ，図 3-19(a) に示すように電流は時間とともに減衰する。式 (3.53) から，一定電位で分極後の電流の時間変化を $t^{-1/2}$ に対してプロットすれば直線となり（図(b)），その勾配から Ox のバルクにおける濃度 $C_{\mathrm{Ox}}^{\mathrm{bulk}}$ が求められることを示している。

3.4.4　Nernst の拡散層モデルと拡散限界電流

前節における拡散の取り扱いでは，反応に伴う濃度の変化は溶液の沖合に向かって無限に広がるものと考えてきた。しかしながら，水溶液の場合には電極からある程度以上離れた溶液の沖合では自然対流などの影響によって溶液が撹拌され，濃度がほぼ均一になってしまう。このようなより実際的な状況を表すために Nernst の拡散層モデルが用いられている。

図 3-20 に示すように，電極から溶液に向かって距離 δ_{N}（拡散層の厚さ）まで直線的な濃度の変化があり，$x > \delta_{\mathrm{N}}$ の溶液側の濃度は均一で溶液沖合の濃度 C^{bulk} に等しいと考える。この場合のフラックス J および電流 i は，表面での濃度を C^{S} とすると次式で表される。

$$J = \frac{i}{nF} = -D\left(\frac{\partial C}{\partial x}\right)_{x=0} = \frac{-D(C^{\mathrm{S}} - C^{\mathrm{bulk}})}{\delta_{\mathrm{N}}} \tag{3.54}$$

また，図に示したようにフラックスおよび電流が最大になるのは，濃度の勾配が最大になる表面濃度が $C^{\mathrm{S}}=0$ になったときである。

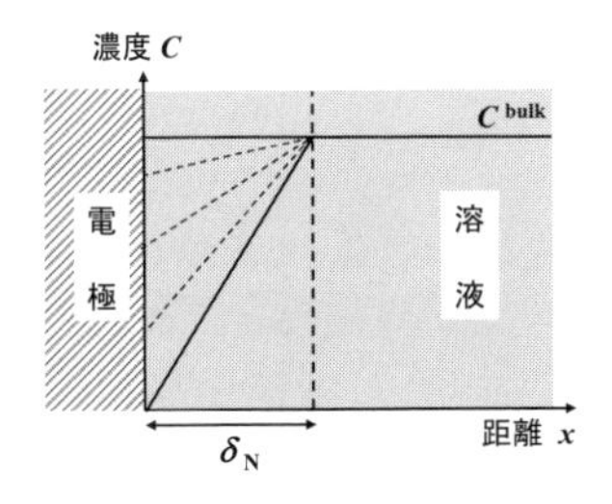

図 3-20 Nernst の拡散層モデルにおける電極近傍の濃度変化
δ_{N} は拡散層の厚さ。

$$i_{\mathrm{lim}} = nFJ_{\mathrm{lim}} = \frac{nFDC^{\mathrm{bulk}}}{\delta_{\mathrm{N}}} \tag{3.55}$$

このときの電流 i_{lim} は拡散限界電流（密度）とよばれている。

Nernst の拡散層が成立しているとき，式 (3.54) から電流値 i における表面濃度および C^{S} と C^{bulk} との比を求めると，次式となる。

$$C^{\mathrm{S}} = \mathrm{C}^{\mathrm{bulk}} - \frac{i\,\delta_{\mathrm{N}}}{nFD} \tag{3.56}$$

$$\frac{C^{\mathrm{S}}}{C^{\mathrm{bulk}}} = 1 - \frac{i\,\delta_{\mathrm{N}}}{nFDC^{\mathrm{bulk}}} = 1 - \frac{i}{i_{\mathrm{lim}}} \tag{3.57}$$

ここで，電流と過電圧の関係に戻って考えてみよう。式 (3.16) の Butler–Volmer 式に戻って，Red の表面濃度が $C^{\mathrm{S}}_{\mathrm{Red}}$ のときのアノード電流は式 (3.58) で表される。

$$i_{\mathrm{a}} = i_0 \frac{C^{\mathrm{S}}_{\mathrm{Red}}}{C^{\mathrm{bulk}}_{\mathrm{Red}}} \exp\left(\frac{\alpha nF\eta}{RT}\right) \tag{3.58}$$

表面濃度 $C^{\mathrm{S}}_{\mathrm{Red}}$ に対してバルクの濃度 $C^{\mathrm{bulk}}_{\mathrm{Red}}$ で割ってあるのは，交換電流密度の式 (3.14) においてすでにバルクの濃度（活量）が a_{M} および $a_{\mathrm{M^+}}$ として組み入れられているためである。上式に式 (3.57) を代入すると式 (3.59) となる。

$$i_{\mathrm{a}} = i_0 \left(1 - \frac{i_{\mathrm{a}}}{i_{\mathrm{lim}}}\right) \exp\left(\frac{\alpha nF\eta}{RT}\right) \tag{3.59}$$

過電圧 η に対して整理し，式 (3.43) と式 (3.57) を考慮すると次式で表される。

$$\eta = \frac{RT}{\alpha nF} \ln \frac{i_{\mathrm{a}}}{i_0} - \frac{RT}{\alpha nF} \ln\left(1 - \frac{i_{\mathrm{a}}}{i_{\mathrm{lim}}}\right) = \eta_{\mathrm{activation}} + \eta_{\mathrm{conc}} \tag{3.60}$$

式 (3.60) の右辺第 1 項が放電（活性化）反応の過電圧 $\eta_{\mathrm{activation}}$（活性化過電圧）で，第 2 項が濃度過電圧 η_{conc} であるとみなせる。この式において，アノード電流 i_{a} が拡散限界電流密度 i_{lim} に近づくに従って右辺第 2 項の対数内の項が 0 に近づき過電圧 η が急速に無限に大きくなることがわかる。カソード電流に対しても同様な議論が成立

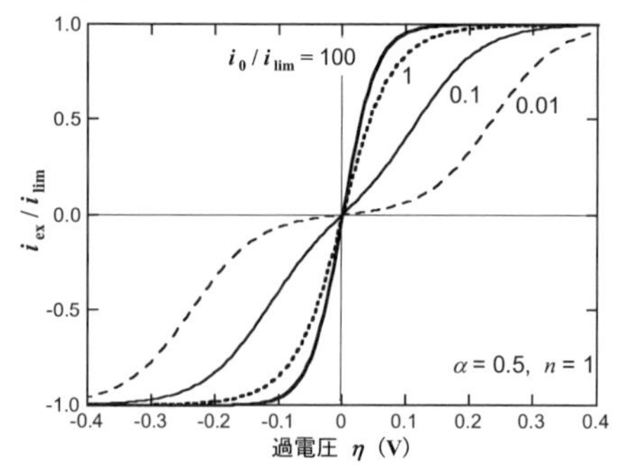

図 3–21　交換電流密度 i_0 と拡散限界電流密度 i_{lim} の比をパラメータにして，外部電流 i_{ex} と i_{lim} の比を過電圧ηに対してプロットした図

する。外部電流 i_{ex} に対するアノードおよびカソードの拡散限界電流密度 i_{lim} との比を縦軸に，横軸に過電圧をとって交換電流密度 i_0 と i_{lim} の比をパラメータにしてプロットした例を図 3–21 に示す。図において $i_0/i_{lim}=0.01$ の曲線は放電（活性化）反応の速度が物質移動（拡散）速度よりも遅い場合で，平衡電位近傍（$\eta \fallingdotseq 0$）では活性化が支配して電流－電位曲線の勾配が小さく，過電圧がかなり大きくなると拡散限界電流密度 i_{lim} に漸近する。一方，放電反応の速度が物質移動速度よりも大きく，i_0 が i_{lim} に対してかなり大きい場合（$i_0/i_{lim}=100$）には，過電圧が小さい範囲でもすぐに電流が大きくなり拡散限界電流密度に近づくことがわかる。交換電流密度 i_0 が拡散限界電流密度 i_{lim} よりもかなり小さい場合（$i_0/i_{lim}=0.05$）で通過係数 α が 0.3 から 0.8 に変化した場合の測定電流と拡散限界電流との比（i_{ex}/i_{lim}）の過電圧による同様の変化を図 3–22 に示す。通過係数が $\alpha=0.5$ から離れるに従って正負の過電圧に対する曲線の対称性が崩れていくのがわかる。たとえば，$\alpha=0.8$ ではアノード反応速度が大きく，過電圧の増加に伴って拡散の影響が表れやすく，小さな過電圧でも拡散の効果が支配的になるのに対して，カソード反応では活性化の影響が大きく，ある程度の過電圧まで放電（活性化）が支配的である。

式(3.60)で示された活性化過電圧 $\eta_{activation}$ と濃度過電圧 η_{conc} の例を図 3–23 に示す。図は交換電流密度 $i_0=10\ \mu A/cm^2$，拡散限界電流密度 $i_{lim}=1\ mA/cm^2$ として計算した例である。図より，活性化過電圧は外部電流 i_{ex} の対数の増加に対して直線的に増加するのに対して，濃度過電圧は外部電流が拡散限界電流に近づくに従って急速に増加し，拡散限界電流に等しくなると計算される過電圧が無限大に増加することがわかる。

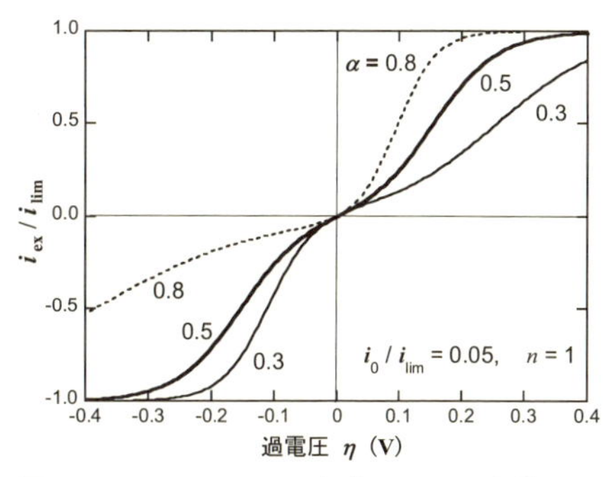

図 3–22　i_0/i_{lim} が 0.05 の条件で，通過係数 α が 0.3 ～ 0.8 まで変化したときの i_{ex}/i_{lim} の過電圧ηによる変化

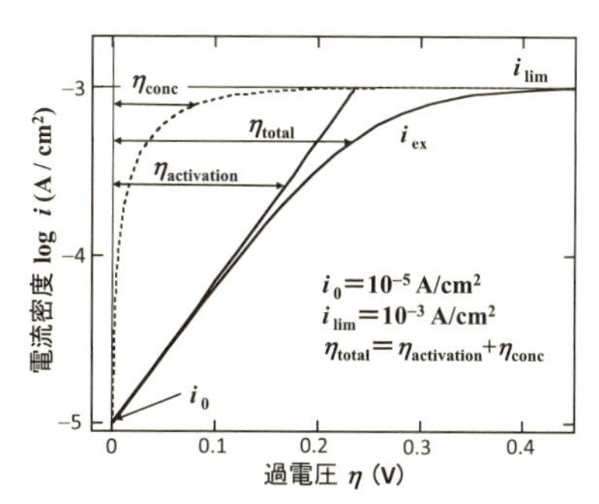

図 3–23　$i_0=10^{-5}$ A/cm²，$i_{lim}=10^{-3}$A/cm² のときの，活性化過電圧 $\eta_{activation}$，濃度過電圧 η_{conc} および全過電圧 η_{total} の過電圧ηと外部電流 i_{ex} の関係

拡散限界電流の制御

式 (3.55) からわかるように，拡散限界電流の大きさは Nernst の拡散層の厚さ δ_N を変化させることによって制御することができる。溶液の流動・撹拌を行った場合には，電極表面の拡散層の厚さが小さくなるため，拡散限界電流および拡散に支配された電流は増加する。拡散層の厚さをより正確に制御するには，円盤または円柱状の電極を回転させる方法(回転電極法)や, 層流状態にした溶液を電極表面に流す方法(チャンネルフロー電極法) などがあり，これらについては 5 章で詳述する。

3.5　腐食と電極反応，混成電位説

腐食反応は，金属の酸化反応 (溶解・酸化物形成反応，アノード反応) とアノード反応で生じた電子を消費するカソード反応との組み合わせが同時に進行する。2 章で述べたように, 腐食が化学反応として自発的に進行するためには, アノード反応とカソード反応に分解された反応が同時に進行することによって，化学反応として完結する。ここでは，腐食の混成電位説 (mixed potential theory) を中心に，腐食反応の電気化学的な考え方，分極曲線の特徴などについて述べる。

3.5.1　腐食のアノード反応とカソード反応

前節までで扱った電極反応は，式 (3.61) のような単一の反応が進行する，または平衡状態にある場合について検討してきた。

$$\mathrm{Ox} + ne^- \rightleftarrows \mathrm{Red} \tag{3.61}$$

この反応では，アノード反応で生じた電子は逆反応であるカソード反応によって消費され平衡が達成される。また，2種類またはそれ以上の酸化還元反応が同時に起こる電極反応についての解析も行われている。一方，アノード反応で生じた電子を別のカソード反応によって消費することによって全体の反応が継続する場合がある。その典型的な例が腐食反応と無電解めっき反応である。酸性溶液中における Fe の腐食では，Fe の溶解のアノード反応と H^+ の還元のカソード反応が同時に進行して腐食反応が継続・進行する。

$$\mathrm{Fe} \longrightarrow \mathrm{Fe}^{2+} + 2\mathrm{e}^- \tag{a}$$

$$2\mathrm{H}^+ + 2\mathrm{e}^- \longrightarrow \mathrm{H}_2 \tag{b}$$

2.3.1 項でも述べたように，式(a)の反応により Fe^{2+} への酸化反応が熱力学的には起こりうる領域であっても，カソード反応である式(b)が起こらない領域では，アノード反応が持続的に進行することは起こらないといえる。

腐食現象は，金属の溶解・酸化反応がその金属の酸化・還元反応とは関係のないカソード反応によって自発的・継続的に起こる化学反応であることに，つねに留意する必要がある。

3.5.2　混成電位説

腐食現象の電気化学を混成電位説によって整理したのは Wagner[4] である。たとえば酸性溶液中における鉄の腐食反応で，次の反応が同時に起こる場合について考える。

$$\mathrm{Fe} \rightleftarrows \mathrm{Fe}^{2+} + 2\,\mathrm{e}^- \tag{3.62a}$$

$$2\,\mathrm{H}^+ + 2\,\mathrm{e}^- \rightleftarrows \mathrm{H}_2 \tag{3.62b}$$

前節で述べたようにそれぞれの反応の全電流は Butler-Volmer 式から次式で表される。

$$\begin{aligned} i_{\mathrm{ex,Fe}} &= i_{\mathrm{a,Fe}} + i_{\mathrm{c,Fe}} \\ &= i_{0,\mathrm{Fe}}\left[\exp\left\{\frac{\alpha_{\mathrm{Fe}} n_{\mathrm{Fe}} F(E - E_{\mathrm{eq,Fe}})}{RT}\right\} - \exp\left\{\frac{-(1-\alpha_{\mathrm{Fe}}) n_{\mathrm{Fe}} F(E - E_{\mathrm{eq,Fe}})}{RT}\right\}\right] \end{aligned} \tag{3.63a}$$

$$
\begin{aligned}
i_{\mathrm{ex,H}} &= i_{\mathrm{a,H}} + i_{\mathrm{c,H}} \\
&= i_{0,\mathrm{H}} \left[\exp\left\{ \frac{\alpha_{\mathrm{H}} n_{\mathrm{H}} F (E - E_{\mathrm{eq,H}})}{RT} \right\} - \exp\left\{ \frac{-(1-\alpha_{\mathrm{H}}) n_{\mathrm{H}} F (E - E_{\mathrm{eq,H}})}{RT} \right\} \right]
\end{aligned}
\tag{3.63b}
$$

ここで，$i_{\mathrm{a,Fe}}$，$i_{\mathrm{c,Fe}}$ は式 (3.62a) の反応の部分アノードおよび部分カソード電流で，$i_{\mathrm{c,H}}$，$i_{\mathrm{c,H}}$ は式 (3.62b) の反応の部分電流で，$i_{\mathrm{ex,Fe}}$，$i_{\mathrm{ex,H}}$ は式 (3.62a, b) の反応のそれぞれの外部電流である。また，$i_{0,\mathrm{j}}$，$E_{\mathrm{eq,j}}$，n_{j}，α_{j} は，それぞれ反応 j の交換電流密度，平衡電位，反応に含まれる電子数および透過係数である。これらの式 (3.62a, b) の反応は鉄試料 (Fe 電極) 上で同時に起こっており，電極電位は両式で同じ E であることから，全体としての外部電流 i_{ex} はそれぞれの外部電流あるいは部分電流の和となり，次式で表される。

$$
i_{\mathrm{ex}} = i_{\mathrm{ex,Fe}} + i_{\mathrm{ex,H}} = i_{\mathrm{a,Fe}} + i_{\mathrm{c,Fe}} + i_{\mathrm{a,H}} + i_{\mathrm{c,H}} \tag{3.64}
$$

これらの関係を図 3-24 に示す。図において外部電流 i_{ex} は式(3.64)に示されるように，すべての部分電流の和として表される。腐食が自発的に進行している状態では，外部との電流の出入りはないため，電極の電位 E は $i_{\mathrm{ex}}=0$ の電位，すなわち図中の腐食電位 E_{cor} となる。

ここで，それぞれのアノード反応 (Fe の溶解) とカソード反応 (H^+ の還元反応) について考えると，腐食電位 E_{cor} はそれぞれの反応の平衡電位 $E_{\mathrm{eq,Fe}}$ と $E_{\mathrm{eq,H}}$ から十分に

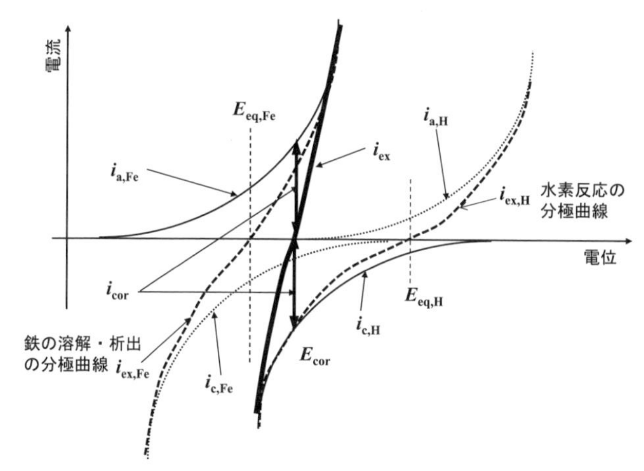

図 3-24　鉄の腐食反応のアノード，カソード反応の各部分分極曲線と合成された全電流 i_{ex}

離れているとみなすことができる。このような場合には，腐食のアノード反応（式(3.62a)）とカソード反応（式(3.62b)）のそれぞれの逆反応の電流は無視することができ，それぞれの電流は $i_{\mathrm{ex,Fe}} \fallingdotseq i_{\mathrm{a,Fe}}$，$i_{\mathrm{ex,H}} \fallingdotseq i_{\mathrm{c,H}}$ とみなすことができる。この条件では式(3.63a, b) および式 (3.64) において腐食のアノードおよびカソード電流 i_{a}，i_{c} は，次式で表される。

$$i_{\mathrm{a}} = i_{\mathrm{ex,Fe}} = i_{0,\mathrm{Fe}} \exp\left\{\frac{\alpha_{\mathrm{Fe}} n_{\mathrm{Fe}} F(E - E_{\mathrm{eq,Fe}})}{RT}\right\} \tag{3.65}$$

$$i_{\mathrm{c}} = i_{\mathrm{ex,H}} = -i_{0,\mathrm{H}} \exp\left\{\frac{-(1-\alpha_{\mathrm{H}}) n_{\mathrm{H}} F(E - E_{\mathrm{eq,H}})}{RT}\right\} \tag{3.66}$$

すなわち，腐食で観測される外部電流 i_{ex} は次式となる。

$$\begin{aligned} i_{\mathrm{ex}} &= i_{\mathrm{a}} + i_{\mathrm{c}} \\ &= i_{0,\mathrm{Fe}} \exp\left\{\frac{\alpha_{\mathrm{Fe}} n_{\mathrm{Fe}} F(E - E_{\mathrm{eq,Fe}})}{RT}\right\} - i_{0,\mathrm{H}} \exp\left\{\frac{-(1-\alpha_{\mathrm{H}}) n_{\mathrm{H}} F(E - E_{\mathrm{eq,H}})}{RT}\right\} \end{aligned} \tag{3.67}$$

腐食電位 E_{cor} では，反応は自発的に進行し外部に電流が流れないことから $i_{\mathrm{ex}} = i_{\mathrm{a}} + i_{\mathrm{c}} = 0$ である。ここで，外部電流はアノード電流とカソード電流がキャンセルされて 0 となるが，アノード反応についてみれば，式 (3.65) の電流が流れ，Fe の溶解反応が持続することを示している。3.2 節で述べた平衡電位においても似たような状況（アノード電流（反応速度）とカソード電流が等しく，外部に電流が流れない）が生じているが，平衡電位における反応はアノード反応の逆反応がカソード反応であるため，実質的に反応は進行しない状態（平衡状態）であるの対して，腐食電位では式 (3.65) に対応するアノード電流が流れ，アノード反応が進行し続ける点が大きな違いである。

腐食電位において流れるアノード電流およびカソード電流が腐食の速度（Fe の溶解反応速度に対応する），すなわち腐食電流密度 i_{cor} である。

$$i_{\mathrm{cor}} \equiv i_{\mathrm{a}} = |i_{\mathrm{c}}| \qquad \text{at} \quad E = E_{\mathrm{cor}} \tag{3.68}$$

3.5.3　腐食電位と腐食電流密度

ここまでは，腐食のアノード反応とカソード反応を式 (3.62a, b) の酸性溶液中における Fe の腐食として扱ってきたが，以下ではより一般化するために，式 (3.67) の添え字 Fe をアノード反応の a に，H をカソード反応の c に置き換えて式 (3.67) に $E = E_{\mathrm{cor}}$ を代入し，i_{cor} を求めると次式となる。

$$i_{cor}=(i_a)_{E=E_{cor}}=i_{0,a}\exp\left(\frac{\alpha_a n_a F(E_{cor}-E_{eq,a})}{RT}\right) \tag{3.69a}$$

$$i_{cor}=(|i_c|)_{E=E_{cor}}=i_{0,c}\exp\left(\frac{-(1-\alpha_c)n_c F(E_{cor}-E_{eq,c})}{RT}\right) \tag{3.69 b}$$

これらの 2 式を使って式 (3.67) を i_{cor} と E_{cor} を基準に書き直し，腐食電位からの電位のずれ（過電圧）を $\eta=E-E_{cor}$ と定義し直すと*3，式 (3.70) と表すことができる。

$$\begin{aligned}i_{ex}=i_a+i_c&=i_{cor}\left\{\exp\left(\frac{\alpha_a n_a F(E-E_{cor})}{RT}\right)-\exp\left(\frac{-(1-\alpha_c)n_c F(E-E_{cor})}{RT}\right)\right\}\\&=i_{cor}\left\{\exp\left(\frac{\alpha_a n_a F\eta}{RT}\right)-\exp\left(\frac{-(1-\alpha_c)n_c F\eta}{RT}\right)\right\}\end{aligned} \tag{3.70}$$

式 (3.70) は電極反応速度で求めた Butler-Volmer 式 (3.16) とよく似た形をしている。しかしながら，右辺の指数項内の η の係数を見ると，第 1 項は $\alpha_a n_a$ と第 2 項は $(1-\alpha_c)n_c$ となっており，可逆の電極反応の αn と $(1-\alpha)n$ とは異なっていることに注意が必要である（第 1 項と第 2 項の係数の和をとると，後者では n になるが前者では n にならない）。

式 (3.70) からアノードおよびカソード電流の Tafel 勾配を求めると次式となる。

$$b_a=\frac{2.3RT}{\alpha_a n_a F},\qquad b_c=\frac{2.3RT}{(1-\alpha_c)n_c F} \tag{3.71a, b}$$

さらに，$E=E_{cor}(\eta=0)$ 近傍での分極抵抗 R_p を求めると式 (3.72) となる。

$$\begin{aligned}i_{ex}&=i_{cor}\left\{1+\frac{\alpha_a n_a F\eta}{RT}+\frac{1}{2}\left(\frac{\alpha_a n_a F\eta}{RT}\right)^2+\cdots\right\}\\&\quad-i_{cor}\left\{1-\frac{(1-\alpha_c)n_c F\eta}{RT}+\frac{1}{2}\left(\frac{(1-\alpha_c)n_c F\eta}{RT}\right)^2-\cdots\right\}\\&=i_{cor}\times\frac{\alpha_a n_a+(1-\alpha_c)n_c}{RT}F\eta\end{aligned}$$

$$\left(\frac{\partial\eta}{\partial i_{ex}}\right)_{\eta=0}\equiv R_p=\frac{RT}{\{\alpha_a n_a+(1-\alpha_c)n_c\}F}\cdot\frac{1}{i_{cor}}=\frac{b_a\cdot b_c}{2.3\times(b_a+b_c)}\cdot\frac{1}{i_{cor}} \tag{3.72}$$

この式は上にも述べたように，反応が可逆である平衡反応の分極抵抗の式である式 (3.22) と異なり，アノード反応の寄与とカソード反応の寄与がそれぞれ含まれてい

＊3　一般には平衡電位からのずれを過電圧 ($\eta=E-E_{eq}$) としているが，本書では腐食電位からのずれも過電圧 ($\eta=E-E_{cor}$) としているので，注意してほしい。

ることに注意が必要である。

3.5.4　腐食電流密度と腐食速度

平衡電位は，ある電極反応の酸化反応の速度（アノード電流）と逆反応である還元反応の速度（カソード電流）が等しい電位であり，平衡電位では反応が停止しているようにみえ，またこの電位は熱力学的に導かれることを示した。これに対して，腐食電位は腐食のアノード反応（たとえば，金属の溶解反応）の速度（電流）とカソード反応（たとえば，水素発生反応）の速度（電流）が等しい電位であり，熱力学的な平衡論というよりも速度論的に決まる電位といえる。平衡電位の場合と同様に外部に流れる電流は0であるが，腐食電流に対応する速度でアノード反応とカソード反応がそれぞれに進行し続けることを示している。

腐食電流密度は，腐食電位におけるアノード電流密度およびカソード電流密度であり，アノード電流密度からファラデーの法則によって単位時間に酸化される金属のモル数あるいは質量に換算することができる。腐食速度（侵食度）は，単位面積，単位時間あたりの金属の質量減少または厚さの減少量として，$mg/dm^2day = mdd$ あるいは mm/y などの単位で表現されるが，腐食電流密度はこれらと等価である。Fe の場合には，$100\ \mu A/cm^2 = 10^{-4}\ A/cm^2$ の腐食電流密度がほぼ 1.16 mm/y の腐食速度（侵食度）に対応する。

なお，本書では腐食速度と腐食電流密度を同義語として扱い，腐食速度を電流密度で表す場合もあるので，注意してほしい。

3.5.5　腐食における電流－電位曲線

平衡状態または腐食している電極に外部から電流を流したときに得られる外部電流と電極電位の関係を分極曲線（電流－電位曲線）とよんでいる。これまでにも示されたように，平衡電位あるいは腐食電位近傍では，測定される外部電流は実際に起こっているアノード反応およびカソード反応の電流よりも小さくなっており，外部電流から直接に交換電流や腐食電流を求めることはできない。腐食反応について，前章で述べた電位－pH 図，アノードとカソードの部分分極曲線および外部電流の片対数の分極曲線（電流－電位曲線）をまとめて図 3-25 に示す。図(a) は $M-H_2O$ 系の電位－pH 図の一部を示したもので，金属の溶解反応（アノード反応）の平衡電位 $E_{eq,M/M^{n+}}$ の直線と水素発生反応（カソード反応）の平衡電位を示す右下がりの直線で示している。溶液の pH が決まり腐食電位 E_{cor} が決まると図中の●が決まり，アノード，カソー

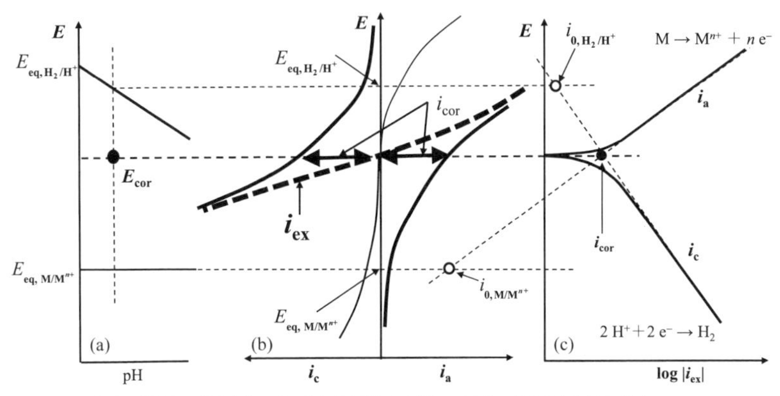

図 3-25　腐食電位と平衡電位および腐食電位と電流－電位の関係（分極曲線）
(a) 電位－pH 図　(b) アノード，カソード反応の部分分極曲線　(c) 実際に観測される電流－電位曲線（log i－E 曲線）

ド反応の電流－電位曲線の対応する電位が決まる。図(b) において，それぞれの平衡電位からそれぞれの反応の部分電流を描くことができる。図 3-24 に示したように，アノードおよびカソード反応の逆反応の電流（図中の細実線）を無視すると，図 3-25 の太い破線に示す外部電流 i_{ex} が腐食電位 E_{cor} で 0 になるように描くことができる。この外部電流 i_{ex} の対数を横軸に表すと図(c) となる。図(c) に示すように，$|\eta| \gg 0$ の領域でのプロットの直線部を外挿すると，アノード部とカソード部の電流の直線の交点は E_{cor} で交わり，その交点の電流が i_{cor} となる（Tafel 外挿法）。また，(c) の細い破線で示すように，i_a および i_c をそれぞれの反応の平衡電位 $E_{eq, M/M^{n+}}$，$E_{eq, H_2/H^+}$ まで延長すると，この系での金属の溶解と水素発生の交換電流密度 $i_{0, M/M^{n+}}$，$i_{0, H_2/H^+}$（図中の○）が求まることがわかる。

腐食反応のアノード反応とカソード反応がわかっている場合には，文献などでそれぞれの反応の平衡電位 $E_{eq,a}$，$E_{eq,c}$ と交換電流密度 $i_{0,a}$，$i_{0,c}$ を求め，腐食電位 E_{cor} と腐食電流密度 i_{cor} を電流（電流の対数）と電位の平面にプロットすると，図 3-26 の Evans 図を作図することができる。図中の三つの丸印と太い実線が Evans 図であり，細い直線はそれらを構成する部分電流，太い破線は実際に測定される外部電流を表している。なお，Evans 図は一般に電位軸上にアノード反応とカソード反応の平衡電位を取り，腐食電位と腐食電流を示す点に直線を引くことが行われているが，より正確にはそれぞれの交換電流密度から直線を引く必要がある。Evans 図は測定できない内部分極曲線で構成されているにもかかわらず，実測の分極曲線と混同される場合があ

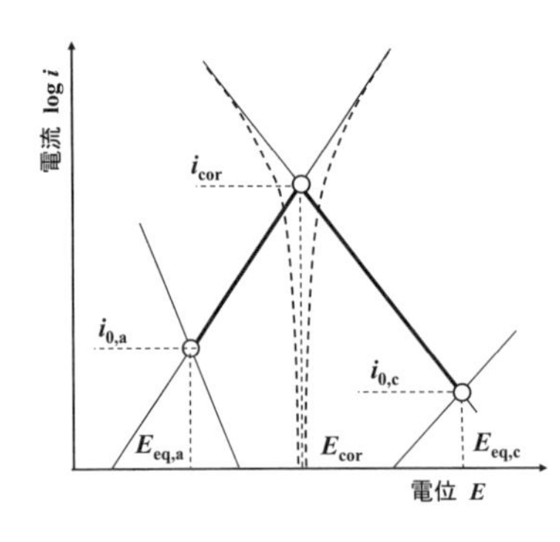

図 3-26　Evans 図の構成
太線と丸印が基本的な Evans 図。

るが，図中の 3 点がわかれば腐食反応へのアノード反応とカソード反応の寄与の程度が容易に理解できるなどの長所がある。

腐食の電気化学測定では，系の電流－電位曲線を測定することは基本的な測定であるといえる。一般的には腐食電位よりも卑な電位から貴な電位へ数 mV/s の遅い走査速度で電位を走査して電流の変化を記録する。ただ，電流－電位曲線（分極曲線）から直接的に腐食速度を求める例は少なく，多くの場合は測定している腐食系の全体的な特徴を把握することを目的としている。

3.5.6　腐食のカソード反応

腐食反応はアノード反応とカソード反応の組み合わせで進行する。腐食のアノード反応については，その反応機構などについて多くの議論や詳しい研究が行われ，また研究者の関心も高いが，カソード反応についてはあまり注意が払われていない。図 3-27 はおもな金属の標準電極電位とカソード反応として起こりうる反応の標準電極電位を並べて示すものである。図において，カソード反応の電位よりも標準電極電位が高い金属ではそのカソード反応との組み合わせによっては腐食が起こらないことを示しており，たとえば Cu では H^+ や Cu^{2+} の還元反応では腐食が起こらないが，I_2 や Fe^{3+} の還元のカソード反応では腐食（アノード溶解反応：$Cu \longrightarrow Cu^{2+}$）が起こることを示している。図より，酸素，塩素および臭素の酸化性は極めて大きく，ほとんどの金属を酸化（腐食）させることを示している。もちろん，この図での議論はそれぞれの反応が標準状態にある電位で比較しており，たとえば図(b) に示す反応について酸化体の濃度が大きくなれば平衡電位が上昇し，酸化能が増大する。また，図(a) についても金属と金属イオンの平衡に対するものであり，Al，Ti，Cr など金属が酸化物で覆われて不働態化している場合には適用できない。

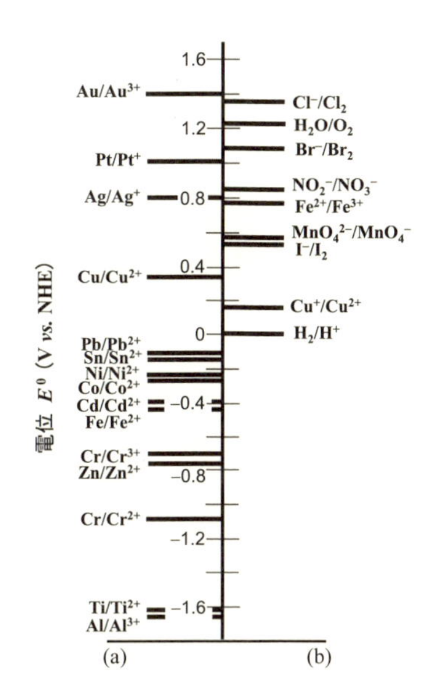

図 3-27 金属と金属イオンの標準電極電位(a)とカソード反応として考えられる反応の標準電極電位(b)

a. カソード反応が放電律速の場合

溶液中に特別な酸化剤が存在しない場合のカソード反応は，酸性溶液中ではおもにH^+の還元反応であり，中性やアルカリ性溶液中では溶液中に溶け込んだ酸素が酸化剤となりカソード反応を担う。

カソード反応が活性化支配（拡散速度が速くその影響が無視できる）の場合，アノード反応に変化がない場合でもカソード反応速度の増加によって腐食電流密度および腐食電位が変化する。図 3-28 はその例を示したもので，カソード反応の交換電流密度が $i_{0,c3}$ から $i_{0,c1}$ に増加しカソード分極曲線が i_{c3} から i_{c1} に変化すると，腐食電流密度は i_{cor3} から i_{cor1} に増加するとともに，腐食電位は E_{cor3} から E_{cor1} へと貴な電位に移ることがわかる。このような例としては，酸性溶液において pH が低下することによってH^+濃度が増加し，カソード電流が増加する例をあげることができる。また，3.2.4 項で取り上げたように，水素発生反応の交換電流密度が大幅に異なる場合には，金属の種類によってカソード反応の大きさが大幅に異なることになる。

カソード反応により腐食速度が大幅に異なる例として，Zn の腐食における不純物の影響を見てみよう。表 3-1 に示したように Zn の水素過電圧は大きく，その水素発生反応の交換電流密度は 10^{-9} A/cm^2 のオーダーで，Fe や Ni の約 10^{-6} A/cm^2 に比べてかなり小さい。そのため，Zn に不純物として Fe，Cu などが含まれる場合には，

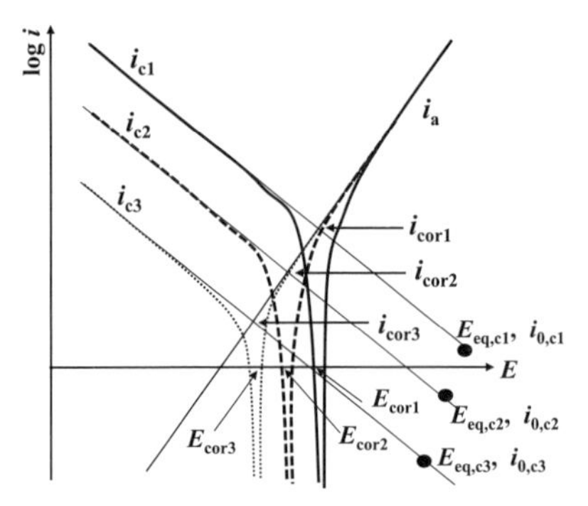

図 3-28　カソード電流が変化した場合の分極曲線と腐食電位および腐食電流の変化

表 3-2　純度の異なる Zn の酸性溶液中における単位面積当たりの水素発生速度

Zn の純度（%）	水素発生速度（cm^3/cm^2 min）
99.997	0.08
99.84	0.27
99.08	2.83

Fe や Cu 上では同一面積の Zn 上よりも数桁大きな速度で水素発生反応が起こることになる。表 3-2 に Zn の純度が 99.08%，99.84% および 99.997% の Zn 板を酸性溶液に浸漬した場合の厚さ 1 mm, 面積 1 cm^2 あたりの水素発生量を示す。純度の低下（不純物 Fe，Cu の増加）によって水素発生量が 30 倍も増加すること，すなわち腐食速度が約 30 倍増加することがわかる。

b.　カソード反応が拡散律速の場合

弱酸性の溶液で H^+濃度が小さい場合，カソード反応種の酸化剤の濃度が小さい場合あるいはカソード反応が酸素の還元反応の場合などでは，カソード電流が酸化剤の拡散に支配され，拡散限界電流になる場合がある。この場合の分極曲線の典型的な形状を図 3-29 に示す。アノード部分分極曲線が拡散限界電流 i_{lim} と交わる場合（図中の M_1 のケース）には，図からわかるように腐食速度 i_{cor1} は拡散限界電流 i_{lim} に等しくなる。一方，図の M_2 のケース（腐食電位 E_{cor2} でカソード反応が完全な拡散限界電流に至っていない場合）の腐食電流密度 i_{cor2} は拡散限界電流よりも小さくなるが，この M_1 のケースと M_2 のケースは，測定された分極曲線（図中のそれぞれの実線）からだけでは判別できない場合があるので，注意が必要である。

拡散限界電流密度 i_{lim} は式 (3.73) で表され，拡散限界電流が反応種の濃度 C^{bulk} に比例し，拡散層の厚さ δ_{N} に反比例する。

$$i_{\mathrm{lim}} = nFJ_{\mathrm{lim}} = \frac{nFDC^{\mathrm{bulk}}}{\delta_{\mathrm{N}}} \qquad (3.73)$$

図 3-30 はアルカリ性溶液（pH 11）中でのステンレス鋼のカソード分極曲線を示したもの[5]で，脱気状態でもいくらかの酸素還元電流が－0.6 V から－1.0 V の範囲でみ

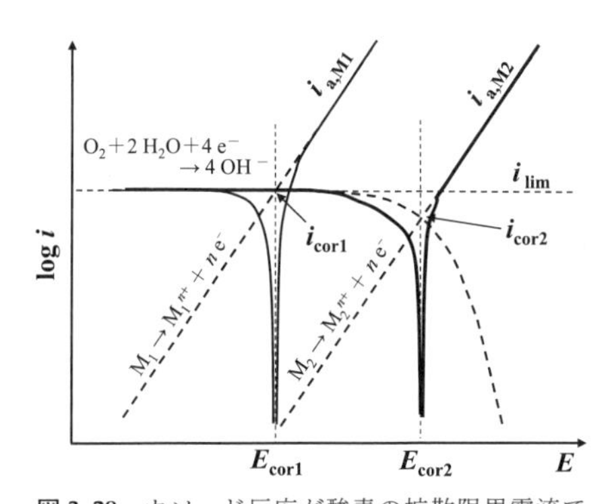

図 3-29 カソード反応が酸素の拡散限界電流である場合の分極曲線
アノード部分分極曲線 i_a が拡散限界電流 i_{lim} と交わる場合（M1 のケース）では腐食電流 i_{cor1} は拡散限界電流 i_{lim} と等しくなる。

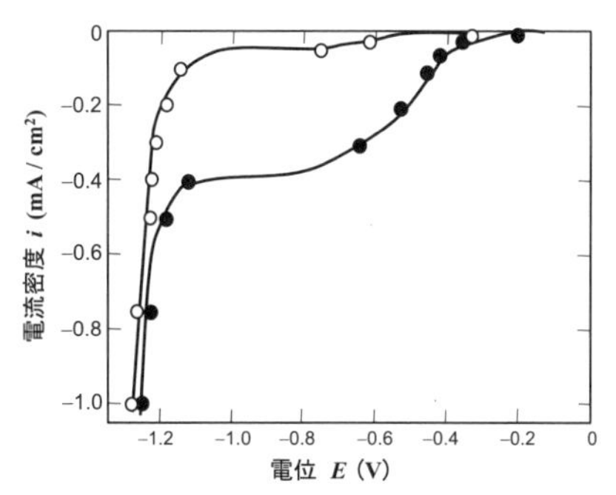

図 3-30 ステンレス鋼（18Cr-8Ni）の NaOH＋0.5 M NaCl 溶液（pH 11）中におけるカソード分極曲線
●：曝気･撹拌状態　○：脱気状態
[H. Kaesche：“Corrosion of Metals”, p.95, Springer (2003)]

られるが，空気飽和で酸素の溶解量 C^{bulk} が増加し，溶液の撹拌を行って拡散層厚さを小さくした場合には－0.4 mA/cm^2 という大きなカソード電流になっていることがわかる。常温の水溶液で酸素の拡散係数を 2×10^{-6} cm^2/s，酸素の溶解量（溶液中の酸素の濃度）を 8 ppm，Nernst の拡散層の厚さを 100 μm としたとき，酸素の拡散限界電流密度はほぼ 20 μA/cm^2 と計算される。実際の水溶液では，撹拌を行わない場合の拡散層の厚さは 100 ~ 500 μm，酸素の拡散係数は 10^{-5} ~ 10^{-6} cm^2/s 程度であることから，拡散限界電流密度は 5 ~ 100 μA/cm^2 前後の値である（この計算では，酸素濃度を ppm から mol/cm^3 に直すなどの単位換算に注意が必要である）。

酸素の水溶液への溶解度は，気相（大気）側の酸素分圧，溶液の温度，溶液中の塩の種類と濃度によっても変化する。一般に（1）酸素分圧の増加で溶解度は増加し，（2）溶質濃度が増加すると溶解度は減少し，（3）温度の上昇によって溶解度は減少する。

図 3-31 は，電極表面付近の溶液の流速を変え，拡散層の厚さを変化させたとき（流速の増加で拡散層厚さ δ_N は薄くなり，拡散限界電流は増加する）の分極曲線の変化（図(a)）と腐食速度の変化（図(b)）を模式的に示したものである。流速が 1 から 5 へ増すにしたがって拡散限界電流が増加する。$M \longrightarrow M^+$ のアノード電流 i_a が流速の影響を受けない場合には，流速の増加に伴って腐食電位および腐食電流を表す両曲線の交点が A→B→C→D と変化し腐食電位は貴の方向に変化し腐食電流も増加すること，しかしながら，図中の数字 4 では流速を増加（拡散限界電流を増加）させても両曲線

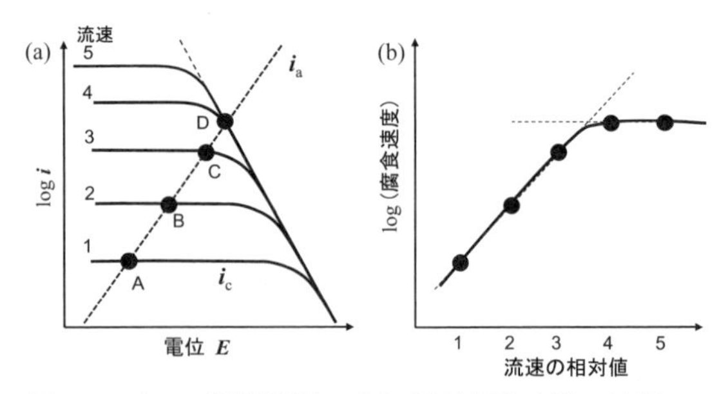

図 3-31　カソード限界電流の変化（電極表面の溶液の流速）に対するカソード電流および腐食速度の依存性

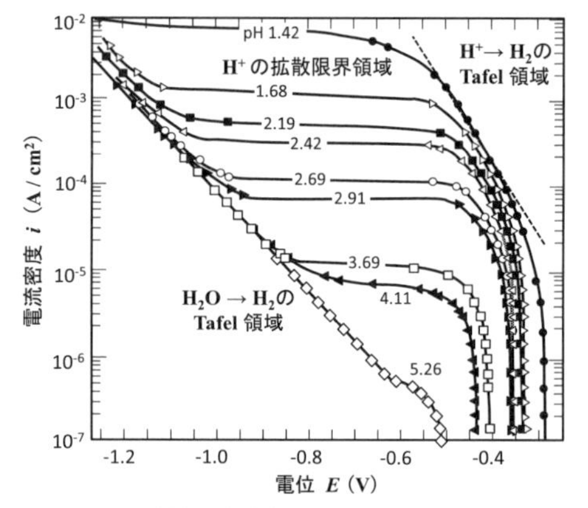

図 3-32　弱酸性の溶液中の純鉄上でのカソード分極曲線

［M. Stern：*J. Electrochem. Soc.*, **102**, 609（1955）］

の交点であるDは動かなくなるため，それ以上の腐食速度の増加は起こらないことがわかる。

一方，H^+濃度に関しては，pHの増加によるH^+濃度の減少に伴う拡散限界電流の変化が考えられる。図3-32に，十分に脱酸素した溶液で溶液のpHを1.42から5.26まで変化させたときのカソード分極曲線を示す[6]。低pHの溶液ではH^+の放電反応（活性化支配，Tafel領域）からH^+の拡散限界電流となること，pHが徐々に高くなった溶液ではH^+の拡散限界電流がみられpHの上昇で限界電流は減少するすることがわかる。さらにpHが高くなるに従って拡散限界電流が表れる領域が狭まり，低い電位領域で水（H_2O）の放電反応（水の還元による水素発生反応）による活性化支配に移り，再びTafel直線が現れることがわかる。

本書でも，また多くの教科書でも，酸性溶液中での腐食のカソード反応は H^+ の還元反応で，中性・アルカリ性溶液では溶存酸素の還元反応であるとしている。中性・アルカリ性溶液中の H^+ 濃度は極めて小さいため，それによる水素発生型のカソード反応はほとんど起こらないであろう（もちろん，H_2O の還元による水素発生反応は電位が十分に卑であれば pH に関係なく起こる）。それでは，酸性，弱酸性の溶液では H^+ の還元反応以外に酸素還元のカソード反応は起こらないのであろうか。図 3–32 は酸素を十分に除去した溶液でのカソード分極曲線であり，酸素の還元による電流は含まれていないといえる。大気開放下で回転電極を用いて拡散層の厚さを一定に制御した条件で H^+ の拡散限界電流 $i_{\mathrm{lim,\,H^+}}$ と O_2 の拡散限界電流 $i_{\mathrm{lim,\,O_2}}$ を測定した場合の pH 依存性を図 3–33 に模式的に示す。図中の●は H^+ の拡散限界電流 $i_{\mathrm{lim,\,H^+}}$ を，○は酸素の拡散限界電流 $i_{\mathrm{lim,\,O_2}}$ を示している。図より，$i_{\mathrm{lim,\,H^+}}$ は pH の上昇に伴って減少するが，$i_{\mathrm{lim,\,O_2}}$ は pH に依存しないことがわかる。また，この撹拌条件では全体のカソード電流（$i_{\mathrm{lim,\,H^+}}+i_{\mathrm{lim,\,O_2}}$）に対する酸素の拡散限界電流 $i_{\mathrm{lim,\,O_2}}$ の寄与は pH 2 においてはかなり小さく，それ以下の pH では $i_{\mathrm{lim,\,H^+}}$ が急速に大きくなり酸素還元電流の寄与は極端に減少する。一方, pH 3.5 では酸素の還元電流の寄与が H^+ のそれとほぼ等しくなり，それ以上の pH では酸素の還元電流の寄与のほうが大きいことがわかる。それゆえ，空気開放された弱酸性の溶液では H^+ による還元電流と溶存酸素の還元によるカソード反応の双方をつねに考慮する必要がある。

図 3–34 は pH 2 から pH 14 の溶液中における Fe の腐食速度の pH 依存性を示すものである[7]。pH<4 の領域では，H^+ 還元のカソード反応が優越するため，pH の減少

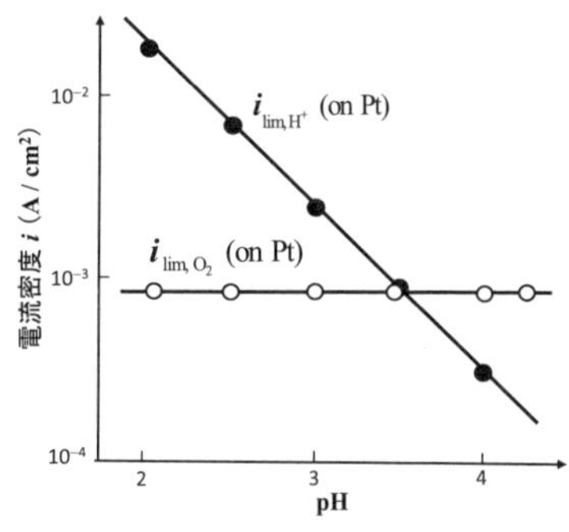

図 3–33 空気飽和の弱酸性溶液での Pt 回転電極による H^+（●）および酸素（○）の拡散限界電流密度の pH 依存性（模式図）

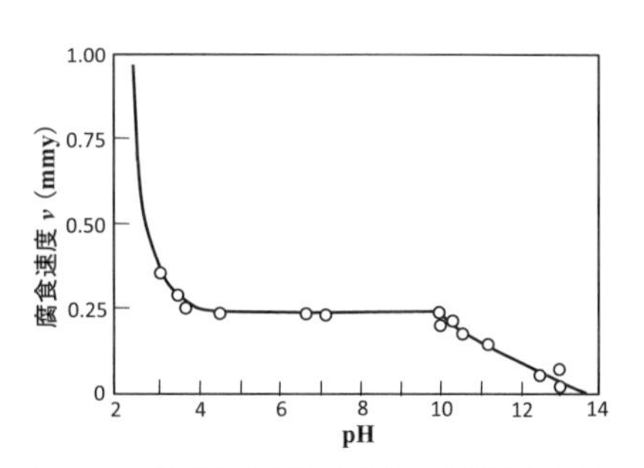

図 3–34 酸性からアルカリ性の溶液中における鉄の腐食速度

[G. W. Whitman, R. P. Russell, V. J. Altieri：*Ind. Eng. Chem.*, **16**, 665(1924)]

に伴って腐食速度が増加する。4＜pH＜10 の pH 範囲でのカソード反応は溶存酸素の還元反応でその拡散限界電流が腐食反応を支配するため，腐食の速度は pH によらず(酸素の溶解度と拡散限界電流が pH 依存しないため)ほぼ一定となる。pH＞10 では，溶解した鉄イオンの溶解度が pH の上昇とともに減少するため，腐食の速度も pH の上昇とともに減少する。このような現象は，溶液の温度，溶解しているアニオンの種類や濃度によって異なってくるが，ほぼ一般的にみられる現象である。

3.5.7　異種金属接触腐食，犠牲防食，カソード防食

異種金属接触腐食（dissimilar metal corrosion，Galvanic corrosion）や犠牲防食作用については，小学校の理科の実験にも組み込まれよく知られた現象である。また，Galvani の実験や Volta の電堆は電気化学ばかりでなく，電気を定常的に得るための電源としてその後の物理学の発展にも大きく寄与した。

（i）　**ガルバニ系列**　　水溶液，たとえば海水に浸漬した金属･合金の腐食電位をその大きさの順に並べたものをガルバニ系列（Galvanic series）とよんでいる。表 3-3 は多くの実用の金属材料･合金について海水中における腐食電位を示したもの[8]で，図中の ▬ は活性態－不働態遷移をする材料の活性態域の電位範囲を示している。これらの腐食電位の比較から，海水または海水に近い環境で組み合される材料のいずれがアノードにあるいはカソードになるかの見当をつけることができる。すなわち，この表で腐食電位が卑（less-noble あるいは active）な金属ほどアノードになりやすく，腐食電位が貴（noble）な金属はカソードになりやすい。表からもわかるように，たとえば Ni やステンレス鋼（18 Cr–8 Ni）では活性態では腐食電位が低くかなり活性であるが，不働態では銅系合金よりも電位が貴であることがわかる。なお，標準電極電位が異なる 2 種類の金属を溶液中に置き両金属を電気的に接続すると，両者の電位差から電位が卑な金属はイオンとして溶解し（アノード反応），貴な金属ではイオンから金属への析出が起こり，いわゆる異種金属接触腐食が起こるという解説がなされる場合がある。しかしながら，この説明は標準電極電位の系列(イオン化列，イオン化傾向)の記憶が鮮明な人々にはわかりやすいかもしれないが，必ずしも適切ではない。標準電極電位が卑な金属のアノード反応は起こり得ても貴な金属側で適切なカソード反応が起こる保証はないこと，アノード反応も不働態化などによりその電位が必ずしも標準電極電位では表し得ないこと，アノードとカソードの面積比によって腐食の速度が大きく異なってくることなどを考慮することが必要である。

（ii）　**異種金属接触腐食**　　電極電位の異なる二つの電極を接続すると自発的に電

表 3-3　種々の実用金属・合金の海水中における腐食電位
（黒い電位範囲は活性態－不働態遷移する材料の活性態の電位）

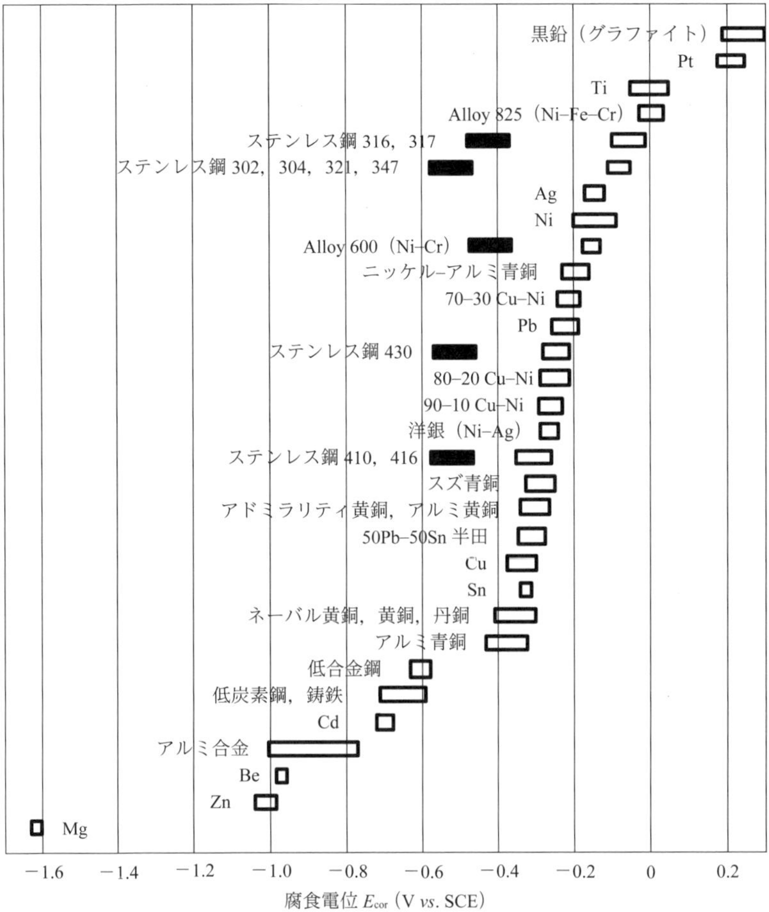

黒鉛（グラファイト）
Pt
Ti
Alloy 825（Ni–Fe–Cr）
ステンレス鋼 316，317
ステンレス鋼 302，304，321，347
Ag
Ni
Alloy 600（Ni–Cr）
ニッケル–アルミ青銅
70–30 Cu–Ni
Pb
ステンレス鋼 430
80–20 Cu–Ni
90–10 Cu–Ni
洋銀（Ni–Ag）
ステンレス鋼 410，416
スズ青銅
アドミラリティ黄銅，アルミ黄銅
50Pb–50Sn 半田
Cu
Sn
ネーバル黄銅，黄銅，丹銅
アルミ青銅
低合金鋼
低炭素鋼，鋳鉄
Cd
アルミ合金
Be
Zn
Mg

−1.6　−1.4　−1.2　−1.0　−0.8　−0.6　−0.4　−0.2　0　0.2

腐食電位 E_{cor}（V *vs.* SCE）

［H. P. Hack：“Metals Handbook, 9th Ed.”, Vol.13, p.234, ASM Intl.（1987）を一部省略］

流が流れる。この電流を外部の仕事に結びつけたものが電池である。電池では，ガス発生や濃度分極に伴う起電力や出力電流の低下を避けるために，これまで多くの努力がなされてきた。一方，異種金属接触腐食ではこの電気的な仕事を外部に取り出すことなく，おそらくは微少な熱発生としてエネルギーを消費しつつ金属の溶解･酸化反応が進行する。以下ではやや煩雑ではあるが，分極曲線を用いて異種金属接触腐食について検討する。

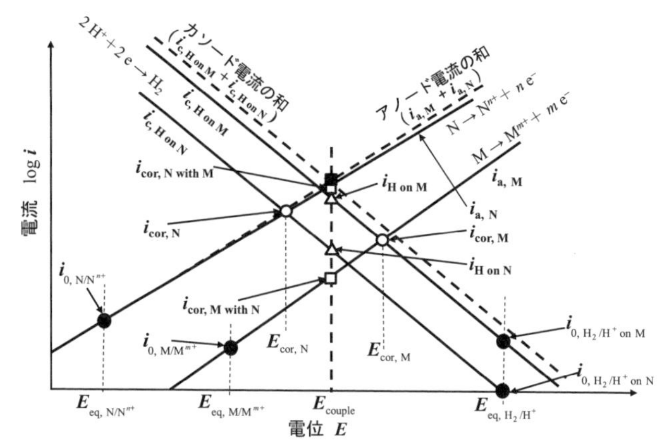

図 3-35　酸性溶液中で腐食している金属 M，N の分極曲線とそれらを短絡したときの分極曲線

金属 M と N が溶液中で腐食している場合の分極曲線の構成を図 3-35 に示す。いずれの反応も活性化支配である（Tafel 直線を引くことができる）と仮定し，それぞれが単位の面積である場合をまず考える。また，以下の分極曲線，電流－電位曲線では，溶液中の IR 降下（溶液抵抗による電圧降下）は考慮していない。

まず，それぞれが単独で腐食している場合，M および N の平衡電位 $E_{eq, M/M^{m+}}$，$E_{eq, N/N^{n+}}$ と交換電流密度 $i_{0, M/M^{m+}}$，$i_{0, N/N^{n+}}$ を●で示し，水素発生の平衡電位を $E_{eq, H_2/H^+}$ として M および N 上での水素発生の交換電流密度 $i_{0, H_2/H^+ on M}$ および $i_{0, H_2/H^+ on N}$ を同様に●で示した。これらの点からそれぞれの反応の Tafel 勾配をもつ直線を引くと，M および N のそれぞれの腐食におけるアノードおよびカソード部分分極曲線となり，その交点が M および N の腐食電位 $E_{cor,M}$ と $E_{cor,N}$ および腐食電流 $i_{cor,M}$ と $i_{cor,N}$（図中の○）となる。金属 M と N を短絡した場合，アノードおよびカソード電流はそれぞれのアノード電流の和（$i_{a,M}+i_{a,N}$）およびカソード電流の和（$i_{c,H on M}+i_{c,H on N}$）となり，図中の 2 本の太い破線となる。

腐食状態では両破線の交点の電位が新たな腐食電位 E_{couple} となり，図中央の■のアノード，カソード電流が流れていることになる。それらを構成する電流は，アノード電流については E_{couple} における□の M および N のアノード電流 $i_{cor,M with N}$ と $i_{cor,N with M}$ の和で，カソード電流についても同様に△の $i_{H on M}$ と $i_{H on N}$ の和となっている。これらのことから，M については N と短絡することによって腐食速度（アノード電流）が $i_{cor,M}$ から $i_{cor,M with N}$ に減少し，N については $i_{cor,N}$ から $i_{cor,N with M}$ に増加することを示している。一方，カソード反応については，N では $i_{cor,N}$ から $i_{H\ on\ N}$ に減少し，M では $i_{cor,M}$ から $i_{H\ on\ M}$ に増加する。

これらのことから，酸性溶液などの活性化支配の環境で，腐食電位の異なる二つの金属を短絡すると腐食電位の卑な金属がアノードとなり腐食速度が単独の場合よりも増加し，腐食電位が貴な金属は腐食速度が減少することがわかる。これは，卑な金属 (N) を Zn，貴な金属 (M) を Fe の組み合わせにした場合には，Zn の腐食を加速することによって Fe の腐食を抑制するカソード防食の原理であり，Zn は犠牲アノードとよばれる。一方，卑な金属を Fe，貴な金属を Cu とした組み合わせでは，Fe の腐食が加速されることになり異種金属接触腐食とよばれる。なお，カソード防食についてはさらに後述する。

次に金属 M と N の面積の効果を検討する。簡単のために金属 M を不溶性の Pt に置き換えた場合を考える。一般にはアノードとカソードの面積が異なるため，それぞれの全電流 I（電流密度×面積）で考える必要がある。ここでは，N に対する Pt の面積比を S とする ($S=S_{Pt}/S_N$)。図 3-36 に示すように Pt と接続しない場合の N の腐食速度 (●) $I_{cor,N}$ に対して，面積比が $S=1$ の Pt を接続すると，Pt 上での H_2 発生反応の交換電流 $I_{0,H\ on\ Pt,S=1}$ が $I_{0,H\ on\ N}$ より大きい場合には N の腐食電流は○の $I_{cor,S=1}$ に増加し，Pt の面積が 10 倍 ($S=10$) になると N のアノード電流は $I_{cor,S=10}$ に増加し，腐食電位 E_{couple} も貴の方向へ移行する。N の腐食速度はカソード反応を分担する金属の面積が大きくなるとそれに依存して増加することがわかる。また，図には示していないが，N の面積に対してカソードとなる Pt の面積が極端に小さい場合には，カソード電流の和がほとんど増加しないため，腐食速度の加速はほとんど生じないといえる。

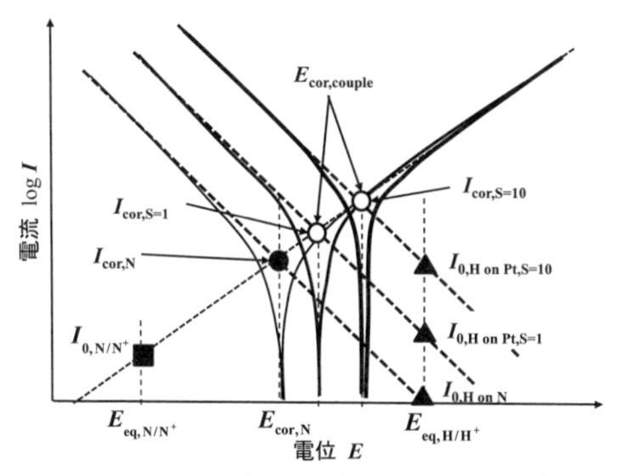

図 3-36　金属 N に対して面積比 S が異なる Pt ($S=1$, 10) を接続した場合の電流－電位曲線

ここまでの議論では，アノード，カソード反応ともに活性化支配である系（たとえば，酸性溶液）を念頭に解析してきたが，中性溶液の場合はどのように考えればいいだろうか。中性溶液ではカソード反応は溶存酸素の還元反応で，多くの場合はその拡散限界電流が現れる。また，カソード分極が大きくなると水の還元による水素発生反応が同時に起こり，分極が増すと水の還元が優勢になる。さらに，カソード反応である酸素の拡散限界電流の大きさは金属の種類にはほとんど依存せずその面積に依存するため，酸性溶液の場合とやや様子が異なってくる。

腐食のカソード反応がいずれも酸素の拡散限界電流である同一面積の金属MとNについて考える。図3-37に示すように，それぞれ単独での腐食電位は$E_{cor,M}$と$E_{cor,N}$でいずれの腐食速度も●で示す$I_{lim,\ O_2}$である。両者を短絡すると，アノード電流は破線で示す$I_{a,M}+I_{a,N}$となり，カソード電流は$I_{lim,\ O_2}$の2倍となる。短絡した状態でのNの腐食速度は$I_{lim,\ O_2}$から△の$I_{cor,N\ with\ M}$に増加し，Mの腐食速度（△）は$I_{cor,M\ with\ N}$に減少する。また，図よりそれぞれの腐食電位が拡散限界電流の範囲にあり両者が同一面積である場合には腐食の加速は2倍までしか増加しないことがわかる。しかしながら，$E_{cor,N}<E_{cor,M}$が保持された状態でカソードとなる金属Mの面積がNの5倍，10倍と増加すると，カソード電流の和もそれに従って増加するため，Nの腐食速度も面積比に従って増加することになる。中性・アルカリ性の溶液で異種金属接触腐食が起こる場合には，それぞれの腐食電位の差とともにアノードとカソードの面積比が重要であることを示している。カソードとなる金属Mが中性の溶液中ではほとんど腐食しない（アノード電流が流れない）Pt，Cuやステンレス鋼の場合では，図3-37の細い実

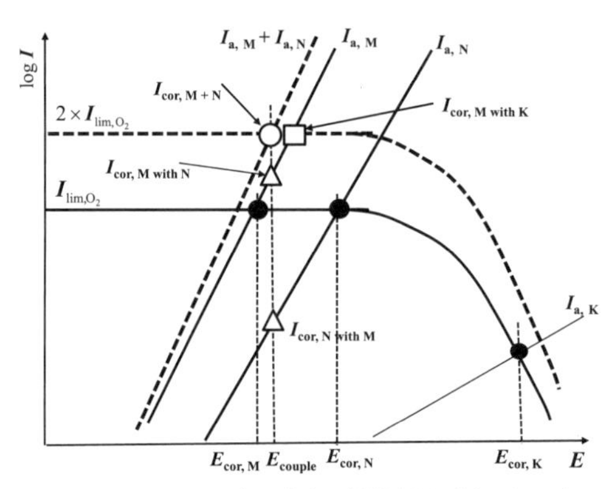

図3-37　カソード反応が酸素の拡散限界電流である金属MとNの異種金属接触腐食の電流－電位曲線

線で示すように $I_{a,K}$ は右に移動するか，傾きの小さなものとなる。このケースではアノード電流の和はほぼ $I_{a,N}$ に等しいが，カソード反応は N および K で同様に起こるため，アノード金属（N）とカソード金属（K）が同一面積であれば，カソード電流は $I_{lim,\ O_2}$ の 2 倍となる。それゆえ，N の腐食速度は図中の□で示すように $I_{cor,N\ with\ K}=2\times I_{lim,\ O_2}$ に増加し，カソードとなる K の面積増加で N の腐食速度が加速されることがわかる。

亜鉛めっき鋼板はもっともよく知られた Zn の犠牲防食作用の例である。中性の環境における防食機構を部分分極曲線から検討してみよう。ここでも，単純化のために Fe，Zn ともに単位の面積であるとする。図 3-38 に各部分分極曲線とその合成を模式的に示す。Fe が単独の場合には，図中の太い実線で示すように酸素の拡散限界電流 $i_{lim,\ O_2}$ に Fe のアノード曲線 i_a が交わる点（●）が腐食電位 $E_{cor,Fe}$ であり，腐食電流 $i_{cor,Fe}$ は酸素拡散の限界電流に等しい。Fe 上でのカソード電流 $i_{c,Fe}$ は分極が大きくなると水の還元による水素発生電流となりその Tafel 領域がみられる。また，この腐食電位 $E_{cor,Fe}$ での Fe 上での水素発生電流は■で示す $i_{H,on\ Fe}$ である。一方，Zn 単独の場合も図中の実線で示すように同様な構成となるが，Zn の腐食電位は Fe に比べてかなり低いこと，および Zn 上での水素発生の交換電流密度が Fe より数桁小さいことから，かなり低い電位にならなければ Zn 上での水素発生による電流増加はみられない。

Fe と Zn を短絡した場合には，太い破線で示すように，アノード電流の和（$i_{a,Zn}+i_{a,Fe}$）はほぼ $i_{a,Zn}$ と重なり，カソード電流の和（$i_{c,Fe}+i_{c,Zn}$）の拡散限界電流に相当する領域では $2\times i_{lim,\ O_2}$ となる。短絡した場合の腐食電位は破線の交点の E_{couple} となり，Zn の腐食電流は $i_{cor,Zn}=i_{lim,\ O_2}$（●）から $i_{cor,Zn\ with\ Fe}$（○）に増加し，Fe の腐食電流は $i_{cor,Fe}=i_{lim,\ O_2}$（●）から $i_{cor,Fe\ with\ Zn}$（○）に減少する。ここで注目するべきは，Fe 上での水素発生電流である。Fe 単独ではその電流は■の $i_{H,on\ Fe}$ でほとんどのカソード電流は酸素の

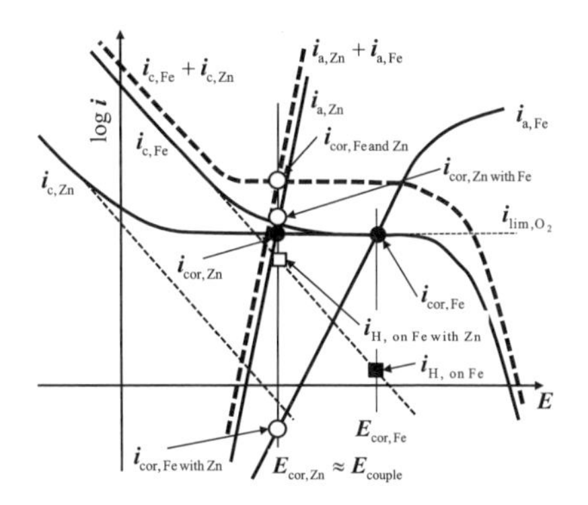

図 3-38 中性溶液中での Fe，Zn の部分分極曲線と両者を短絡したときの腐食電位，腐食電流，水素発生電流の変化
太い破線は短絡時の合成電流，細い破線は Fe，Zn 上での水素発生のカソード電流。

還元反応であるが，短絡状態ではFeのカソード電流は□の $i_{\mathrm{H,\ on\ Fe\ with\ Zn}}$ まで増加し水素発生電流の寄与が大幅に増加することである。このことは，Znにより犠牲防食されたFeでは，通常の腐食状態よりも大量の水素発生反応がFe上で起こることを示している。

実際の亜鉛めっき鋼板などの腐食では，大面積のZn表面に対して，めっきの傷や切断端面で露出されるFeの表面積は極めて小さい場合が多い。このようなケースでは，いわゆるカソード/アノード面積比が大きくなるため，アノードはそれほど大きな腐食速度（アノードの損耗）になることなく，カソードも十分に防食される。ただ，水素吸収，脆化を考えると，防食されたFeでのカソード反応（水素発生反応）が大幅に増加することを十分に考慮しておく必要がある。

以上述べてきたように，腐食電位（平衡電位ではなく）の異なる2種類の金属を短絡すると，卑な腐食電位を示す金属（たとえば，N）の腐食速度が増加し，貴な腐食電位を示す金属（たとえば，M）の腐食速度は減少する。金属Nに着目するとMとの接触によって腐食が加速されたことになり，金属Mに着目するとNの腐食増加によってMの腐食が軽減されたことになる。前者が異種金属接触腐食であり，後者が金属Nの犠牲アノードによる犠牲防食作用である。また，異種金属接触腐食では，MとNの面積比が重要であり，大面積のNと小面積のMとの組み合わせではNの腐食の加速は軽微であるが，小面積のNが大面積のMと組み合わされるとNの腐食が著しく加速される。後者の実例としては，Cu板やステンレス鋼板に鉄釘を使用するような場合でごく短期間で鉄釘は溶出してしまうが，前者の例に対応する鉄板にステンレス鋼釘や銅釘を使用しても釘のまわりの鋼板が少々さびる程度ですむことが多い。また，亜鉛めっき鋼板の犠牲防食作用も，大面積のZnめっき層において傷などの小面積のFeの露出である場合が多く，Feに対する有効な犠牲防食が作用している。

外部電流によるカソード防食(外部電源法，外部電源防食法)について簡単に述べる。図3-39(a)はアノード反応およびカソード反応がいずれも活性化支配の場合で，外部から E_{prot} になるように電位を与える（定電位法）とアノード反応の電流は i_{cor} から $i_{\mathrm{a,prot}}$ まで減少する。このとき系に流れる電流はほぼ $i_{\mathrm{c,prot}}$ に等しい。定電位法では電位制御装置や基準電極の設置法，保守などに手間がかかる。一方，環境の変動が少ない場合には，印加する電流によって大まかな E_{prot} が決まるため，外部から印加する電流を $i_{\mathrm{c,prot}}$ に制御（一定電流の場合が多い）する定電流法が多く用いられている。中性溶液環境では図(b)に示すように酸素の拡散限界電流と水の分解による水素発生の電流がカソード電流となる。このような場合も，E_{prot} の電位を与える定電位法と $i_{\mathrm{c,prot}}$ を

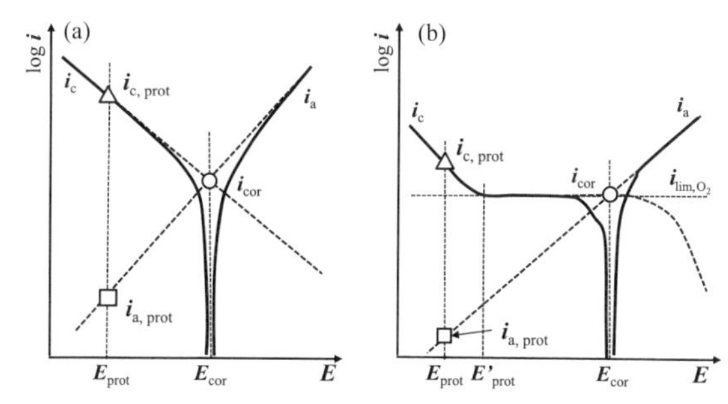

図 3-39　酸性溶液中(a)および中性溶液中(b)における外部電流によるカソード防食

与える定電流法があるが，図中の破線で示したように酸素の拡散限界電流にほぼ等しい防食電流を印加するだけで防食電位は E'_{prot} に移行して十分な防食効果が得られる場合がある。

異種金属接触腐食は最初にも述べたようによく知られた現象である。最後にいくつかの興味深い例を紹介する[9]。英国海軍では 1761 年に 32 門の砲をもつ小型快速船(フリゲート艦) を建造し，木部を蝕む害虫から木製の船体を守ることと海洋生物の付着によって船速が落ちることを避けるために，船体を薄い銅板で覆うことを試みた。この艦では銅板は鉄釘で止められていた。2 年後に西インドから帰港しドッグ入りすると，鉄釘のほとんどが溶けて銅板がはがれていた。しかしながら，銅板を包んでいた茶色の紙が鉄釘と銅板の間に挟まっていたいくつかの鉄釘の腐食は少なかったと報告されており，絶縁によって異種金属接触腐食が避けられることを示している。また，1982 年には英国海軍の戦闘機 Sea Harrier においてフォークランド紛争から帰還後の 2 機で機首の脚が崩壊した例があり，脚部の車輪の Mg 合金製ホイールとステンレス鋼製ベアリングとの異種金属接触腐食によるものと報告されている。

引用文献

1）渡辺　正 編著, 金村理志, 益田秀樹, 渡辺正義：“ 基礎化学コース 電気化学 ”, p.67, 丸善 (2001).

2）H. Kita：*J. Electrochem. Soc.*, **113**, 1095(1966).

3）J. O'M. Bockris, A. K. N. Reddy：“Modern Electrochemistry, Vol.2”, p.1007, Plenum Press (1973).

4）C. Wagner, W. Traud：*Z. Elektrochem.*, **44**, 391(1938).

5）H. Kaesche："Corrosion of Metals", p.90, Springer（2003）.
6）M. Stern：*J. Electrochem. Soc.*, **102**, 609（1955）.
7）G. W. Whitman, R. P. Russell, V. J. Altieri：*Ind. Eng. Chem.*, **16**, 665（1924）.
8）H. P. Hack："Metals Handbook, 9th Ed.", Vol.13, p.234, ASM Intl.（1987）.
9）K. W. Trethewey, J. Chamberlain："Corrosion for Science and Engineering", p.1, Addison Wesley Longman（1998）.

4
腐食現象の電気化学的アプローチ

腐食のアノード反応は金属の溶解反応または酸化物･水酸化物の形成反応である。後者の反応は腐食速度の低下，不働態化現象に結びつく反応であるが，溶解した金属イオンが酸化物･水酸化物として析出･沈殿する場合もある。純金属のアノード溶解反応に比べて合金の溶解反応はかなり複雑であることから，貴金属系の合金を除いてあまり多くの研究は報告されていない。本章では，Fe のアノード溶解機構を中心に検討する。

4.1　金属･合金のアノード溶解

4.1.1　金属のアノード溶解反応機構

a.　酸性溶液中における Fe のアノード溶解反応機構

酸性溶液中における Fe のアノード溶解反応機構に関する研究は古く，多くの報告や反応機構の提案がなされている。Fe のアノード溶解反応（全反応，式 (4.1)）においては，H^+，OH^-，Cl^-などが含まれないにもかかわらず，そのアノード分極曲線はこれらのイオン濃度の影響を受ける。

$$Fe \longrightarrow Fe^{2+} + 2e^- \tag{4.1}$$

図 4-1 は Fe のアノード溶解電流（速度）に対する pH（H^+または OH^-濃度）の影響を示したもので，pH の増加（OH^-イオン濃度の増加）でアノード電流が増加していることがわかる[1]。同様の影響は Ni でもみられ，図 4-2 は H^+濃度を一定にしたときの Ni のアノード溶解電流に対する Cl^-濃度の影響を示したもので，Cl^-濃度の増加で溶解速度が増加していることがわかる[2]。

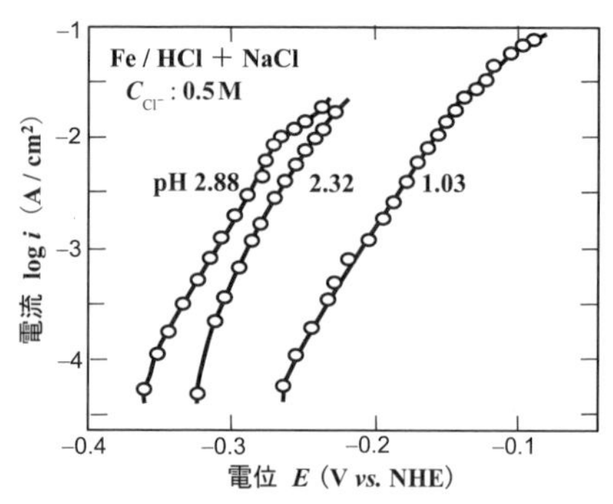

図 4–1　Cl⁻濃度一定で異なる pH の溶液中での Fe のアノード分極曲線
[N. Sato：*Corrosion*, **45**, 354(1989)]

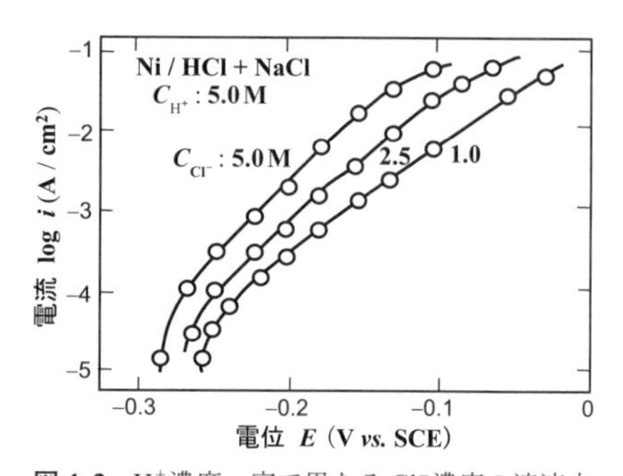

図 4–2　H^+濃度一定で異なる Cl^-濃度の溶液中での Ni のアノード分極曲線
[A. Bengali, K. Nobe：*J. Electrochem. Soc.*, **126**, 1118(1979)]

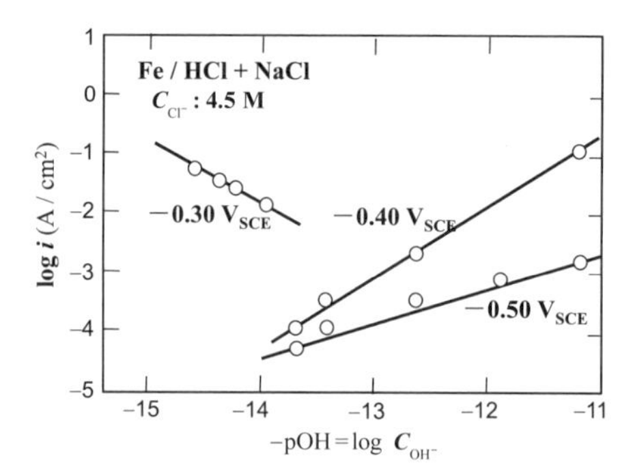

図 4–3　塩化物水溶液中における一定電位での Fe のアノード溶解電流に対する水酸化物イオン濃度の影響（C_{OH^-} の単位はモル濃度 M）
[N. Sato：*Corrosion*, **45**, 354(1989)]

図 4–3 と図 4–4 はこれらを整理したものであるが，より高い H^+濃度，Cl^-濃度ではそれまでの濃度依存性とは異なっていることを示しており，溶解反応機構は一筋縄ではいかないことを示している。このように，現在においても反応機構についての議論は続いているが，ここでは現在までに広く認められている酸性溶液中での Fe の溶解に関する Bockris 機構を中心にその反応機構を検討し，測定法および解析例の章において，やや詳しく反応機構解析へのアプローチの例を述べる。

b.　Fe のアノード溶解の Bockris 機構

Bockris 機構は，次に示す 3 段階の素反応からなっており，②が律速段階であるとされている。

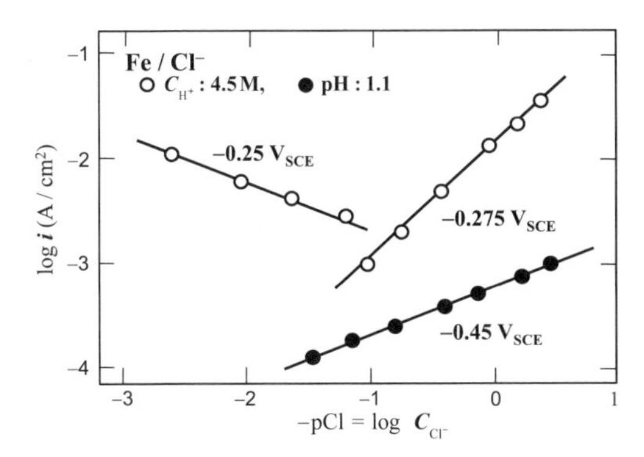

図 4-4　強酸性水溶液中における一定電位での Fe のアノード溶解電流に対する塩化物イオン濃度の影響
［N. Sato：*Corrosion*, **45**, 354(1989)］

$$Fe + OH^- \rightleftarrows FeOH_{ad} + e^- \quad ①$$

$$FeOH_{ad} \longrightarrow FeOH^+ + e^- \quad ②$$

$$FeOH^+ \rightleftarrows Fe^{2+}(aq) + OH^- \quad ③$$

吸着体 $FeOH_{ad}$ の被覆率を θ とすると，①の右向きの反応（正反応）の反応面積は $(1-\theta)$ に制限されるとともに，$FeOH_{ad}$ の活量 $a_{FeOH_{ad}}$ は飽和吸着濃度 C_{ad}^{sat} を用いて $a_{FeOH_{ad}} = \theta C_{ad}^{sat}$ と書くことができる。それゆえ，正および逆反応の速度 v_1，v_{-1} はそれぞれ次式で表される。

$$\begin{aligned} v_1 &= k_1 a_{Fe}(1-\theta)\, a_{OH^-} \exp\left(\frac{\beta_1 F\eta}{RT}\right) = k_1(1-\theta) a_{OH^-} \exp\left(\frac{\beta_1 F\eta}{RT}\right) \\ v_{-1} &= k_{-1} a_{FeOH_{ad}} \exp\left\{\frac{-(1-\beta_1)F\eta}{RT}\right\} = k_{-1}\theta \exp\left\{\frac{-(1-\beta_1)F\eta}{RT}\right\} \end{aligned} \quad (4.2a, b)$$

ここで，金属 Fe の活量および飽和吸着濃度は一定として省略してある。②が律速段階であることから①は平衡であるとおくことができ，平衡定数を K_1 とすると $v_1 = v_{-1}$ より式 (4.3) が成り立つ。

$$\frac{\theta}{1-\theta} = \frac{k_1}{k_{-1}} a_{OH^-} \exp\left[\frac{\{\beta_1 + (1-\beta_1)\}F\eta}{RT}\right] = K_1 a_{OH^-} \exp\left(\frac{F\eta}{RT}\right) \quad (4.3)$$

θ が 1 よりも十分に小さい場合には $1-\theta \fallingdotseq 1$ として式 (4.3) は次式となる。

$$\theta = K_1 a_{OH^-} \exp\left(\frac{F\eta}{RT}\right) \quad (4.4)$$

②の反応については式 (4.5) で表される。

$$v_2 = k_2\theta \exp\left(\frac{\beta_2 F\eta}{RT}\right) = k_2 K_1 a_{\mathrm{OH^-}} \exp\left(\frac{(1+\beta_2)F\eta}{RT}\right) \tag{4.5}$$

全反応が 2 電子反応であることから全体の電流は次式となる。

$$i = 2Fv_2 = 2F\,k_2 K_1 a_{\mathrm{OH^-}} \exp\left(\frac{(1+\beta_2)F\eta}{RT}\right) \tag{4.6}$$

透過係数 $\beta_2 = 0.5$ としたとき，アノード反応の Tafel 勾配 b_a，OH^-についての反応次数 $r_{\mathrm{OH^-}}$，電流の pH 依存性はそれぞれ次式となる。

$$b_a = \left(\frac{\partial \eta}{\partial \log i}\right) = \frac{RT}{2.3 \times (1+\beta_2)F} = \frac{0.0591}{1.5} = 0.04 \ \ (\mathrm{V/dec})$$

$$r_{\mathrm{OH^-}} = \left(\frac{\partial \log i}{\partial \log a_{\mathrm{OH^-}}}\right) = 1\,, \qquad \left(\frac{\partial \log i}{\partial \mathrm{pH}}\right) = 1$$

一方，①が律速段階であった場合には，①の反応速度 v_1 が式 (4.2a) の次式で表される。

$$v_1 = k_1(1-\theta) a_{\mathrm{OH^-}} \exp\left(\frac{\beta_1 F\eta}{RT}\right)$$

全体の反応の電子数が 2 であることから電流は次式となる。

$$i = 2Fv_1 = 2Fk_1(1-\theta)\, a_{\mathrm{OH^-}} \exp\left(\frac{\beta_1 \mathrm{F}\eta}{RT}\right) \tag{4.7}$$

$\beta_1 = 0.5$ としたときの Tafel 勾配 b_a，OH^-についての反応次数 $r_{\mathrm{OH^-}}$ および電流の pH 依存性は次式となる。

$$b_a = \left(\frac{\partial \eta}{\partial \log i}\right) = \frac{RT}{2.3 \times \beta_1 F} = \frac{0.0591}{0.5} = 0.12 \ \ (\mathrm{V/dec})$$

$$r_{\mathrm{OH^-}} = \left(\frac{\partial \log i}{\partial \log a_{\mathrm{OH^-}}}\right) = 1, \qquad \left(\frac{\partial \log i}{\partial \mathrm{pH}}\right) = 1$$

反応機構の律速段階の違いによって，この場合は Tafel 勾配が異なることがわかる。

表 4-1 は Fe のアノード溶解に対して考えられたいくつかの反応機構を列挙したもので，それぞれの反応機構に対する反応パラメータを計算して整理し，実測データをまとめたのが表 4-2 である[3]。

表の実験結果は反応機構 E の理論値とほぼ一致し，上記の① → ③の過程で②を律速段階とする反応機構に一致することがわかる。さらに，図 4-5 はやや古いものであるが，これまでに提案された Fe のアノード溶解反応機構の流れをまとめたもの[4~6]

表 4-1　Fe の溶解として考えられた反応機構

反応機構 A	反応機構 C
$Fe + OH^- + FeOH \rightleftarrows (FeOH)_2 + e^-$	$Fe + OH^- \xrightarrow{RDS} FeOH^+ + 2\,e^-$
$(FeOH)_2 \xrightarrow{RDS} 2\,FeOH$	$FeOH^+ \rightleftarrows Fe^{2+} + OH^-$
$FeOH \rightleftarrows FeOH^+ + e^-$	**反応機構 D**
$FeOH^+ \rightleftarrows Fe^{2+} + OH^-$	$Fe + OH^- \rightleftarrows FeOH + e^-$
反応機構 B	$FeOH + OH^- \xrightarrow{RDS} FeO + H_2O + e^-$
$Fe + H_2O \rightleftarrows FeOH + H^+ + e^-$	$FeO + OH^- \rightleftarrows HFeO_2^-$
$FeOH \rightleftarrows FeOH^+ + e^-$	$HFeO_2^- + H_2O \rightleftarrows Fe(OH)_2 + OH^-$
$FeOH^+ + Fe \xrightarrow{RDS} Fe_2OH^+$	$Fe(OH)_2 \rightleftarrows Fe^{2+} + 2\,OH^-$
$Fe_2OH^+ \rightleftarrows Fe^{2+} + FeOH + e^-$	**反応機構 E**
$FeOH + H^+ \rightleftarrows Fe^{2+} + H_2O + e^-$	$Fe + H_2O \rightleftarrows FeOH + H^+ + e^-$
	$FeOH \xrightarrow{RDS} FeOH^+ + e^-$
	$FeOH^+ + H^+ \rightleftarrows Fe^{2+} + H_2O$

[J. O'M. Bockris, A. K. N. Reddy：“Modern Electrochemistry”, Vol.2, p.1091, Plenum (1973)]

表 4-2　表 4-1 の反応機構について計算された反応パラメータと実測値

	反応機構					実験結果 係数×2.303
	A	B	C	D	E	
$\left(\dfrac{\partial \eta_{Fe}}{\partial \ln \boldsymbol{i}_a}\right)$	$\dfrac{RT}{2F}$	$\dfrac{RT}{2F}$	$\dfrac{RT}{F}$	$\dfrac{2}{3}\dfrac{RT}{F}$	$\dfrac{2}{3}\dfrac{RT}{F}$	0.042 ± 0.008
$\left(\dfrac{\partial \eta_{Fe}}{\partial \ln \boldsymbol{i}_c}\right)$	$-\dfrac{RT}{2F}$	$-\dfrac{RT}{2F}$	$-\dfrac{RT}{F}$	$-\dfrac{2RT}{F}$	$-\dfrac{2RT}{F}$	-0.116 ± 0.006
$\left(\dfrac{\partial \ln \boldsymbol{i}_c}{\partial \ln a_{Fe^{2+}}}\right)_{a_{OH^-}}$	2	2	1	1	1	0.8
$\left(\dfrac{\partial \ln \boldsymbol{i}_0}{\partial \ln a_{OH^-}}\right)_{a_{Fe^{2+}}}$	2	1	1	2	1	0.9 ± 0.05
$\left(\dfrac{\partial \eta_{Fe}}{\partial \ln a_{OH^-}}\right)_{a_{Fe^{2+}}}$	$-\dfrac{RT}{F}$	$-\dfrac{RT}{2F}$	$-\dfrac{RT}{F}$	$-\dfrac{4}{3}\dfrac{RT}{F}$	$-\dfrac{2}{3}\dfrac{RT}{F}$	
$\left(\dfrac{\partial \ln \boldsymbol{i}_0}{\partial \ln a_{Fe^{2+}}}\right)_{a_{OH^-}}$	1	1	$\dfrac{1}{2}$	$\dfrac{3}{4}$	$\dfrac{3}{4}$	0.8 ± 0.1
$\left(\dfrac{\partial \eta_{cor}}{\partial \ln a_{OH^-}}\right)_{a_{Fe^{2+}}}$	$-\dfrac{6}{5}\dfrac{RT}{F}$	$-\dfrac{4}{5}\dfrac{RT}{F}$	$-\dfrac{4}{3}\dfrac{RT}{F}$	$-\dfrac{3}{2}\dfrac{RT}{F}$	$-\dfrac{RT}{F}$	-0.060 ± 0.003
$\left(\dfrac{\partial \ln \boldsymbol{i}_{cor}}{\partial \ln a_{OH^-}}\right)_{a_{Fe^{2+}}}$	$-\dfrac{2}{5}$	$-\dfrac{3}{5}$	$-\dfrac{1}{3}$	$-\dfrac{1}{4}$	$-\dfrac{1}{2}$	-0.5 ± 0.01

[J. O'M. Bockris, A. K. N. Reddy：“Modern Electrochemistry”, Vol.2, p.1092, Plenum (1973)]

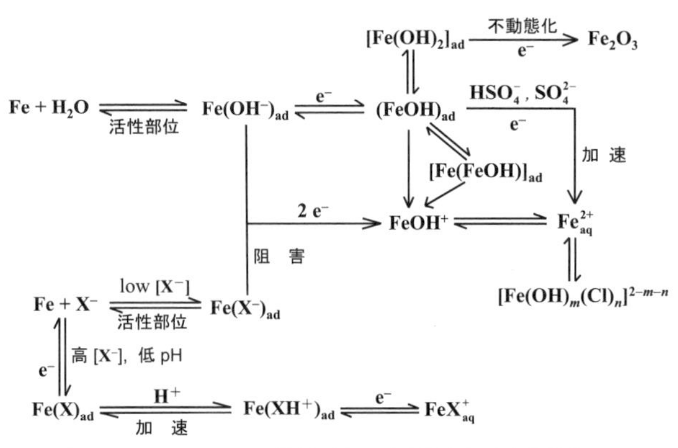

図 4–5　Fe のアノード溶解反応の反応経路と反応中間体
これまでに提案された主要なアノード溶解反応機構。
[S. Haruyama：Proc. 2nd Jpn-USSR Corroion Seminar（Tokyo, 1980）, p.128, JSCE（1980）；T. Tsuru：*Mat. Sci. Eng.*, **A 146**, 1（1991）]

で，図の上半分は SO_4^{2-} などを含む酸性溶液中での溶解反応機構に対応し，Bockris 機構，Heusler 機構のほか，不働態化に至る過程も含まれている。一方，下半分はハロゲンイオン X^-，とくに Cl^- を含む系での溶解反応機構である。いずれにしても，図 4–3 および図 4–4 にも示したように pH，アニオン種およびそれらの濃度によって反応機構が複雑に変化することがわかる。

4.1.2　合金のアノード溶解

純金属 A がそのイオン A^{n+} を含む溶液と接した状態では，ネルンストの式によって示される平衡電位 $E_{eq,A^{n+}/A}$ が達成される。それでは，A–B 合金がそれぞれのイオン A^{n+} と B^{m+} を含む溶液に接したとき，平衡電位はどのように達成されるであろうか。A–B 合金が全率固溶で均一であり，合金組成の原子分率を X_A，X_B（$X_B = 1 - X_A$），合金中のそれぞれの活量係数を γ_A，γ_B とする。合金成分の溶解反応は，

$$A \longrightarrow A^{n+} + n\,e^- \tag{4.8a}$$

$$B \longrightarrow B^{m+} + m\,e^- \tag{4.8b}$$

A および B の平衡電位（以下では $E_{eq,A}$，$E_{eq,B}$ で表す）は次式で表され，平衡状態では $E_{eq,A} = E_{eq,B}$ になることが必要がある。

$$E_{eq,A} = E_A^\circ + \frac{RT}{nF} \ln \frac{a_{A^{n+}}}{\gamma_A X_A} \tag{4.9a}$$

$$E_{\mathrm{eq,B}} = E_{\mathrm{B}}^{\circ} + \frac{RT}{mF} \ln \frac{a_{\mathrm{B}^{m+}}}{\gamma_{\mathrm{B}} X_{\mathrm{B}}} \tag{4.9b}$$

式 (4.9a, b) を等置して整理すると，式 (4.10) を得る。

$$\frac{(a_{\mathrm{A}^{n+}})^{1/n}}{(a_{\mathrm{B}^{m+}})^{1/m}} = \frac{(\gamma_{\mathrm{A}} X_{\mathrm{A}})^{1/n}}{(\gamma_{\mathrm{B}} X_{\mathrm{B}})^{1/m}} \exp\left\{\frac{(E_{\mathrm{A}}^{\circ} - E_{\mathrm{B}}^{\circ})F}{RT}\right\} \tag{4.10}$$

すなわち，この合金が溶液と平衡状態であるためには，式 (4.10) を満足するように溶液中の A^{n+}，B^{m+} の濃度が変化するか，合金の組成 X_A，X_B が変化するか，あるいは溶液濃度と合金の組成の両者が変化する必要がある。一般に固体の合金中の原子の拡散定数は極めて小さいので，いずれかの原子が優先的に溶解して最表面の原子層の単分子層程度の組成が変化するにとどまる。それゆえ，熱力学的な平衡電位が得られる合金は合金中の原子の拡散速度が比較的速い液体金属の合金に限られることとなる（希薄な Zn アマルガム（Zn–Hg 合金）中の Zn の拡散定数は $10^{-5}\ \mathrm{cm^2/s}$ 程度で，溶液中のイオンの拡散定数に匹敵する）。A および B の標準電極電位 E_{A}°，E_{B}° が大きく離れている場合の合金の平衡電位 $E_{\mathrm{eq,AB}}$ はより卑な電位を示す金属の平衡電位にほぼ等しくなる。たとえば，Zn アマルガム電極の平衡電位 $E_{\mathrm{eq,\,Zn\text{-}Hg}}$ はアマルガム中の Zn の活量 $a_{\mathrm{Zn\,(in\,Hg)}}$ によって次式で表される。

$$E_{\mathrm{eq,Zn\text{-}Hg}} \cong E_{\mathrm{Zn^{2+}/Zn}}^{\circ} + \frac{RT}{2F} \ln \frac{a_{\mathrm{Zn^{2+}}}}{a_{\mathrm{Zn(in\,Hg)}}}$$

実用的に液体金属を扱うことは稀であろうが，固体の合金における優先溶解（preferential dissolution）または選択溶解（selective dissolution）を理解するために，液体金属 A–B の溶解現象について検討する。それぞれの標準電極電位 E_{A}°，E_{B}° が十分に離れていて，放電反応速度は速いものとする。図 4–6(a) は全体の電流 i_{AB}－電位曲線と成分 A および B の溶出曲線を示したもので，$E < E_{\mathrm{eq,A}}$ では A 成分の析出が起こり，

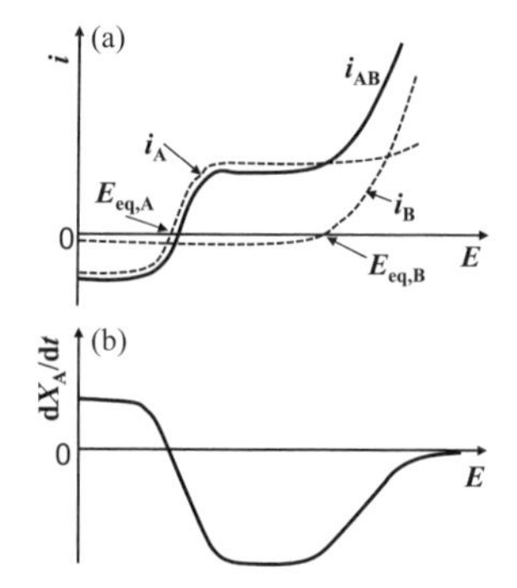

図 4–6　A–B 合金の模式的な分極曲線 i_{AB}（実線）とそれぞれの合金成分の溶解曲線 i_{A}，i_{B}（破線）(a) と成分 A の析出・溶解速度の電位依存性 (b)

図(b) に示すように合金の A 成分の析出速度 ($\mathrm{d}X_\mathrm{A}/\mathrm{d}t$) が増加する。$E_\mathrm{eq,A}<E<E_\mathrm{eq,B}$ の電位範囲では，A 成分のみが溶解するため合金組成の A 成分が減少し，A 成分の選択溶解が起こる。$E>E_\mathrm{eq,B}$ では A，B ともに溶解し，E が $E_\mathrm{eq,B}$ よりも十分に高い電位では合金のほぼ組成比に従った溶解が起こり，$\mathrm{d}X_\mathrm{A}/\mathrm{d}t$ は 0 に近づき A 成分の増減は起こらなくなる。

合金の溶解電流 i_AB はそれぞれの成分の溶解電流 i_A と i_B の和で表され ($i_\mathrm{AB}=i_\mathrm{A}+i_\mathrm{B}$)，液体金属では A 成分の変化が全体で均一に起こるとすると，A 成分の変化は次式で表される。

$$\frac{\mathrm{d}X_\mathrm{A}}{\mathrm{d}t}=\frac{-1}{z_\mathrm{A}+z_\mathrm{B}}\left\{X_\mathrm{B}\frac{i_\mathrm{A}}{nF}-X_\mathrm{A}\frac{i_\mathrm{B}}{mF}\right\} \tag{4.11}$$

ここで，z_A と z_B は合金中の各成分のモル数で，$\mathrm{A_2B}$ 合金では $z_\mathrm{A}=2$，$z_\mathrm{B}=1$ である。両成分の同時溶解が起こり組成比が変化しない場合は，式 (4.11) は 0 となる。成分 A の選択的な溶出の傾向は，式 (4.12) の選択係数 Z_A で表される。

$$Z_\mathrm{A}=\frac{i_\mathrm{A}mX_\mathrm{A}}{i_\mathrm{B}nX_\mathrm{B}} \tag{4.12}$$

成分 A の優先溶解がない場合は $Z_\mathrm{A}=1$，優先溶解する場合は $Z_\mathrm{A}>1$ となり，この係数は固体合金の場合にも適用できる。

標準電極電位 E_A°，E_B° がさほど離れていない場合はかなり複雑になるが，この場合は優先溶解はそれほど重要にはならない。

4.1.3　合金の選択溶解

合金元素の一部の成分が優先的に溶解する現象は，選択腐食 (selective dissolution) あるいは脱合金化 (dealloying) として知られ，黄銅 (Cu–Zn 合金) から Zn が選択溶解する脱亜鉛現象 (dezincification) は身近でも観察される腐食形態である。A–B 二元合金の成分 B が優先溶解する場合には，A が溶け残り多孔質の A リッチ層が表面付近に形成される (図 4–7)。低融点の金属の場合には原子の表面移動速度が比較的速く，A リッチ層が新たな結晶格子を組む場合もある。

図 4–8 左の状態図に示す共晶合金で，B リッチの固溶体 β 相でその平均濃度が$C_\mathrm{B}^\mathrm{bulk}$ の合金の溶解を考える。B の標準電極電位が A よりも卑であった場合には，B の優先溶解が起こる。β 相から大量の B が抜け出た領域は A リッチの α 相となり，表面から離れるにしたがって B の濃度が増加し，左図の α 相の B の固溶限を越えた位置 ($x_0(t)$) より深い位置では β 相となって B の濃度はバルクの濃度 $C_\mathrm{B}^\mathrm{bulk}$ に近づく。α 相

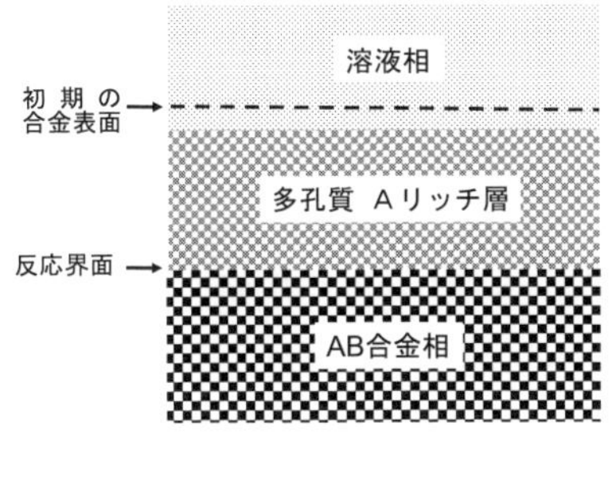

図 4-7　A-B 合金から成分 B の選択溶解現象の模式図
合金成分 B が優先的に溶解し，多孔質の成分 A が表面に残る。

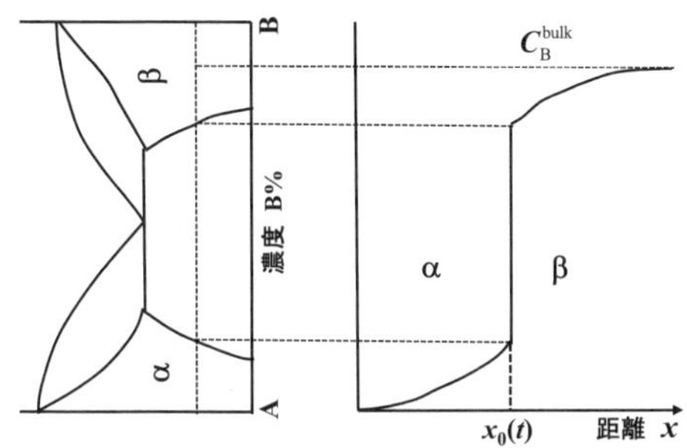

図 4-8　C_B^{bulk} の β 相の A-B 二元共晶合金で成分 B が優先溶解する場合の溶け残り部分の合金組成の模式図
表面近傍は A リッチの α 相となり，α 相と β 相の境界の位置 $x_0(t)$ は時間とともに内部へ進行する。

と β 相の境界位置 $x_0(t)$ は時間とともに内部へと進むが，固相および多孔質層内の B の拡散が律速するため，放物線則（時間の平方根に比例して $x_0(t)$ が増加する）に従う場合が多い。

合金の選択溶解の例としては黄銅の脱亜鉛現象がよく知られている。6/4 黄銅（60 Cu-40 Zn 合金）は黄金色の合金として広く使用されており，Cu リッチな α 相と Zn 濃度がより高い β 相からなる二相合金で，α 相と β 相の腐食電位はそれぞれ −230 mV, −285 mV である。海水や温水に浸漬すると電位が卑な β 相が優先的に溶解し，β 相から Zn が溶けだし表面の色がピンクになる。身近では温水シャワーや電気温水器の蛇口に使われている黄銅製の水栓駒のほぼ全面がピンクになっていることがある。

4.2　不働態と不働態皮膜

鉄の不働態化現象はよく知られており，化学の教卓実験としても図4-9のようなデモ実験が行われている[7]。濃硝酸に鉄片を浸漬しても腐食は起こらず，金属光沢を保っている。静かに水を注いで硝酸を希釈しても変化はみられない。この状態で鉄片に傷をつけたり，新たに鉄片を浸漬すると水素ガスを発生しながら激しく溶解する。この現象について，Faradayは1840年代に鉄の表面が目に見えない酸化物の皮膜で覆われているのであろうと推定している。その後，鉄，クロム，ステンレス鋼の不働態に関しては，その薄さゆえに十分な確証の方法がなく酸化物皮膜説と吸着酸素説などの論争を経て，1970年代にようやく酸化物皮膜のいくつかの確証が得られ，1～10 nmのごく薄い酸化物，オキシ水酸化物の皮膜であるとの共通認識が成立した。

以下では，鉄系金属の不働態化現象，ステンレス鋼の不働態皮膜について概説する。

4.2.1　鉄系金属の不働態化現象

希硫酸中でアノード分極により不働態化した鉄を酸中に放置すると，初期に電位が急速に低下した後，電位低下が緩やかになり，その後再び急低下して活性化（脱不働態化）することをFladeが1911年に報告し，この停滞する電位は不働態が崩壊し活性化する電位としてFlade電位とよばれた。図4-10は酸化剤を含む酸性溶液で化学的に不働態化した後の活性化過程を示すもので，活性態への遷移は酸性溶液では数秒から数分以内と速く，pHの上昇や溶液種によってその時間は長くなる[8]。その後，Franckはこの電位を整理して $E_F = 0.58 - 0.059$ pH（V）のpH依存性を示すことから

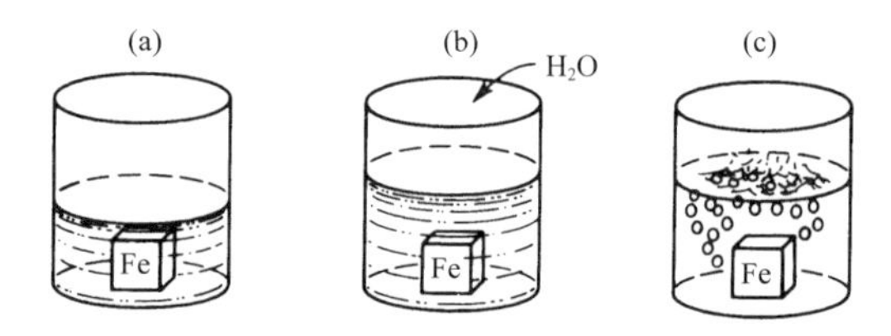

図4-9　鉄の不働態化，脱不働態化のデモ実験
（a）濃硝酸（発煙硝酸）に鉄塊を浸漬しても溶解は起こらない。（b）静かに水を流し込んで硝酸を希釈しても変化はない。（c）希釈した状態で鉄塊に傷をつけたり，新たに鉄塊を入れると水素ガスを発生しながら激しく溶解する。
［M. G. Fontana：“Corrosion Engineering, 3rd Ed.”, p.496, McGraw-Hill（1986）］

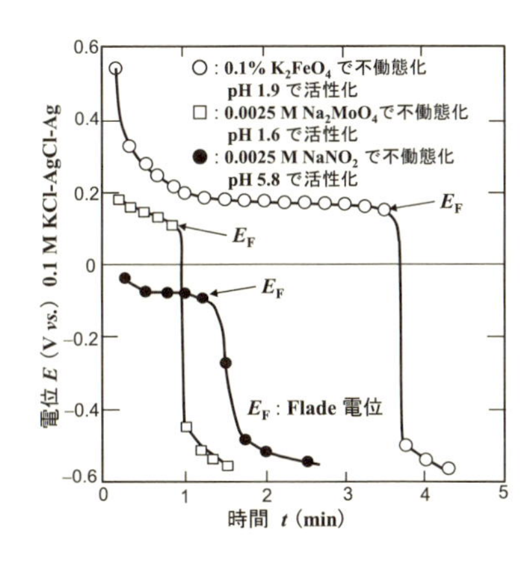

図 4-10 種々の酸化剤で不働態化した鉄の異なる pH の溶液中での電位変化
［H. H. Uhlig, P. F. King：*J. Electrochem. Soc.*, **106**, 1 (1959)］

γ-Fe_2O_3/Fe_3O_4 の平衡電位から説明できるとして，不働態皮膜を酸化物皮膜説で説明しようとした。一方，Uhlig は吸着した酸素の重要性を指摘し，少なくとも不働態化の初期には吸着した酸素が金属の活性な溶解を抑え，その後酸化物が形成すると述べている。

1960 年代には，Nagayama と Cohen[9,10] がクロノポテンショメトリーと化学分析の手法を用いて，中性溶液中で電気化学的に生成した不働態皮膜は γ-Fe_2O_3/Fe_3O_4 の 2 層構造であるとし，Sato らのグループは電気化学的手法とエリプソメトリー，オージェ電子分光法などにより，三価の含水性と非含水性の 2 層皮膜説を主張した[11~14]。その後は表面解析技術の発展により，皮膜の組成から皮膜の役割，とくにその半導体的な性質と化学的な特徴との関係が研究され，現在でも多くの研究と活発な議論が続けられている。以下では，鉄を中心とする不働態化現象の基本的な挙動を復習することとする。

a. 鉄系金属の不働態とアノード分極曲線

鉄が不働態化する場合のアノード分極曲線の模式図を図 4-11 に示す。図(a) の B-G-J-P-Q の曲線がアノード電流で，J-P の間が不働態状態である。カソード電流が A-C で示される場合には，腐食電位，腐食電流は C にみられる破線の交点に対応する。酸化剤の濃度が高くカソード電流が L-N で示される場合には，腐食電位は L に移り，試料は自然に浸漬した状態で不働態化しており（自発的不働態化），L 以上の電位でアノード電流が流れる（図(c)）。カソード電流が K-F で示される場合には，カソード電流は K，H，D の 3 点でアノード電流と交わることになる。このような系では，図(b) に示すように K，H，D の 3 点が腐食電位となり，アノード電流は

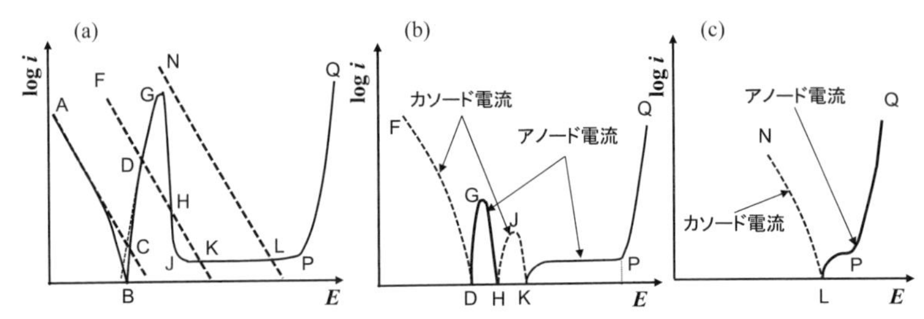

図 4-11　(a) 酸性溶液中での鉄の模式的なアノード・カソード分極曲線，(b) カソード曲線が F-K のときカソード電流ループが H-J-K でみられる，(c) カソード曲線が L-N の場合。

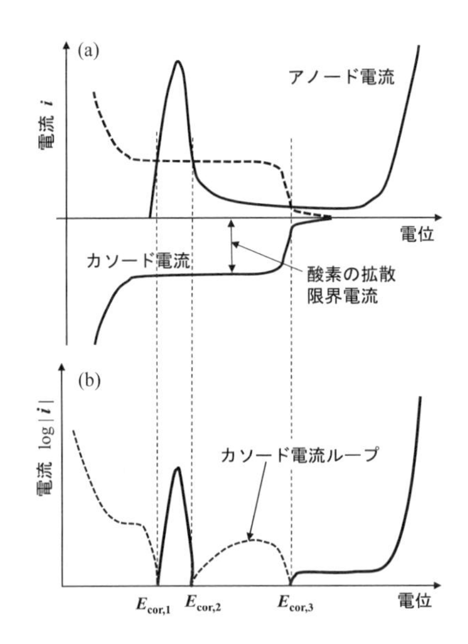

図 4-12　溶存酸素を含む中性，アルカリ性溶液中での鉄の分極曲線（模式図）

D-G-H および K-P-Q の電位範囲でみられ，F-D および H-J-K の範囲でカソード電流が流れる。同様の現象は中性，アルカリ性の溶液中で酸素が含まれている場合や酸化剤の拡散限界電流になっている場合にもみられ, 図 4-12(a) に示すアノード, カソード部分分極曲線の場合，図(b) に示すようにもっとも低い電位から貴な方向へ電位走査を行うと三つの腐食電位とカソード電流ループが現れる。実際の系で腐食電位がどの電位 (K，H，D あるいは $E_{cor,1}$ ～ $E_{cor,3}$) にとどまるかは初期状態にも依存し，不定である。一般には清浄な金属を溶液に浸漬した場合 D または $E_{cor,1}$ の腐食電位で活性溶解するが，一時的な撹拌によってピーク電流を越えたり，腐食生成物によってピー

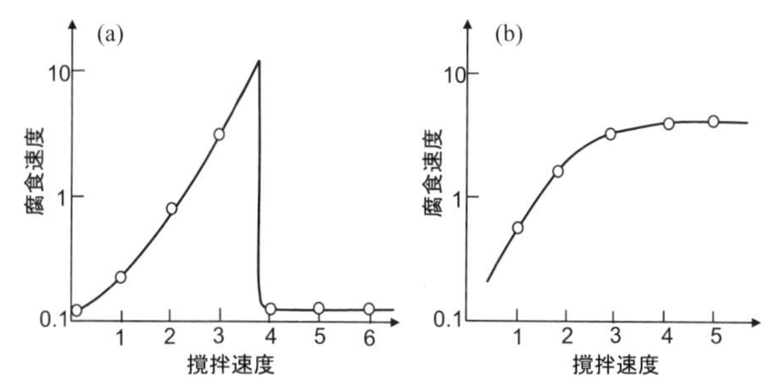

図 4-13　酸素の還元がカソード反応である場合の腐食速度に及ぼす溶液撹拌の効果（模式図）
(a) 不働態化する金属　(b) 不働態化しない活性な金属

ク電流が低下した場合には，K または $E_{cor,3}$ の腐食電位に移行し安定な不働態を保つことができる。

溶液の撹拌速度と腐食速度の関係については，不働態化する金属の場合，撹拌速度の増加とともに活性態域での腐食速度が大きくなり拡散限界電流が不働態化のピーク電流を越えると腐食電位が不働態域になり，図 4-13(a) に示すように腐食速度は急減する。一方，不働態化しない金属では（図(b)），撹拌速度の増加とともに腐食速度が増加するが，図 3-31 に示したように，腐食電位がカソード反応の活性化の領域に達すると，拡散による物質移動の制限の効果も減少し，撹拌速度を増加しても腐食速度はほぼ一定になり，腐食速度もほぼ一定となる。

Fe，Ni，Cr および 18 Cr-8 Ni ステンレス鋼の 0.5 M H_2SO_4 溶液中でのアノード分極曲線を図 4-14 に示す。Fe，Ni に比べて Cr およびステンレス鋼の不働態領域の電流（不働態保持電流 i_{pas}）は 2 ～ 3 桁小さいのがわかる。また，Fe では O_2 発生電位付近からの電流増加は不働態皮膜上での酸素発生反応であるが，Ni，Cr およびステンレス鋼では酸素発生反応より低い電位から不働態皮膜を介しての高次のイオン価数（Ni^{4+}, Cr^{6+}, CrO_4^{2-}）での溶解反応が起こる（過不働態溶解）。

初期の不働態の研究で行われたように，溶液中の酸化剤だけでも金属の不働態化は起こる（化学的不働態化）。図 4-15 に示すように，濃硝酸に浸漬された Fe では，NO_3^- の濃度が高く自発的に不働態化し腐食電位 E_{cor} となるが，希硝酸では自発的には不働態化しない。図 4-9 に示したように，濃硝酸で不働態化した金属では，硝酸の濃度を薄めても安定な不働態領域内の電位 E_{cor} を示すが，この状態で皮膜に傷をつけると電位が活性態に移行し試料全体の不働態皮膜が不安定化するため，ごく短時間で試料全面の激しい活性溶解（腐食）が起こる。

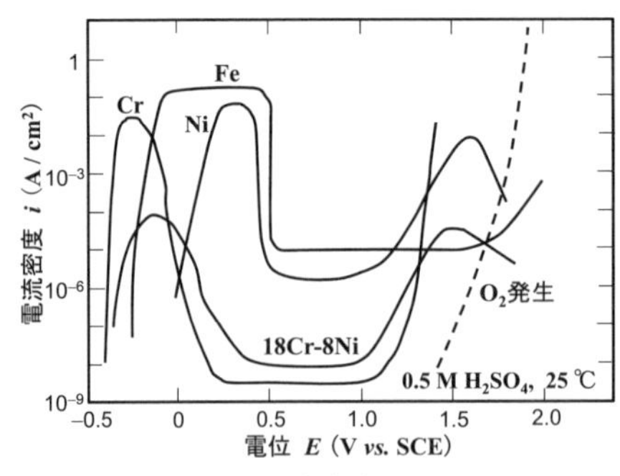

図 4-14　0.5 M H_2SO_4 溶液中での Fe，Ni，Cr および 18 Cr-8 Ni ステンレス鋼のアノード分極曲線

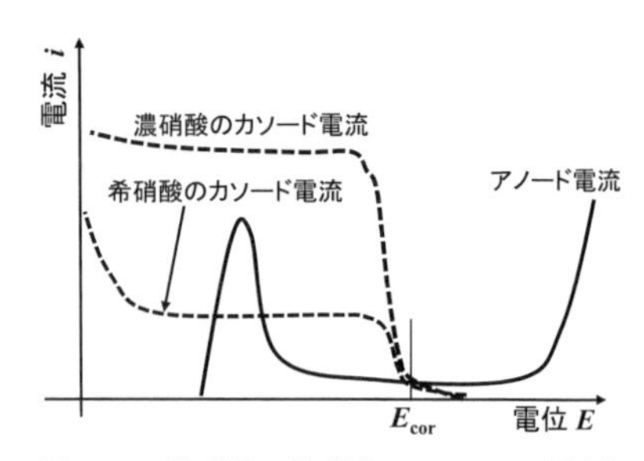

図 4-15　濃硝酸，希硝酸のカソード分極曲線と不働態の安定化

b.　鉄の不働態皮膜

先にも述べたように，Fe の不働態皮膜については γ-Fe_2O_3/Fe_3O_4 の 2 層皮膜であるとの説があったものの，定量的な解析は進んでいなかった。Nagayama と Cohen[9,10] は中性（pH 8.4）のホウ酸－ホウ酸ナトリウム緩衝溶液中で電気化学的に作成した Fe の不働態皮膜について，図 4-16 に示す 2 層の皮膜として電気化学的手法で解析した。

Nagayama らは，図 4-17(a) に示す定電流カソード還元における時間（電気量）に対する電位の変化（クロノポテンショグラム）により，3 段階の電位停滞 E_c^1 ～ E_c^3 が認められ[9]，それぞれの電位停滞に対して，以下の反応が対応し，各電位停滞における電気量 Q_c^1 と Q_c^2 から，それぞれの皮膜の厚さを求めている。

$$E_c^1: \quad \gamma\text{-}Fe_2O_3 + 6\,H^+ + 2\,e^- \longrightarrow 2\,Fe^{2+} + 3\,H_2O \tag{4.13}$$

$$E_c^2: \quad Fe_3O_4 + 8\,H^+ + 8\,e^- \longrightarrow 3\,Fe + 4\,H_2O \tag{4.14}$$

$$E_c^3: \quad 2\,H_2O + 2\,e^- \longrightarrow H_2 + 2\,OH^- \tag{4.15}$$

また，式 (4.13) の反応で溶出する Fe^{2+} の定量分析からこの反応はほぼ 100％の電流効率で起こること，アノード酸化の電気量との比較から式 (4.14) の還元反応は一部水素の発生を伴って進行すると報告した。図(b) はその後 Graham ら[15] が二次イオン質量分析法（secondary ion mass spectroscopy，SIMS）による皮膜の深さ方向の分析から求めた皮膜厚さの還元電気量による変化を示したもので，直線の勾配から第 1 段階では OH 基を含まない（γ-FeOOH ではない）γ-Fe_2O_3 からの還元であり，第 2 段階の $Fe_3O_4 \longrightarrow Fe$ の電流効率は約 60％であるとしている。また，第 2 段階の還元につ

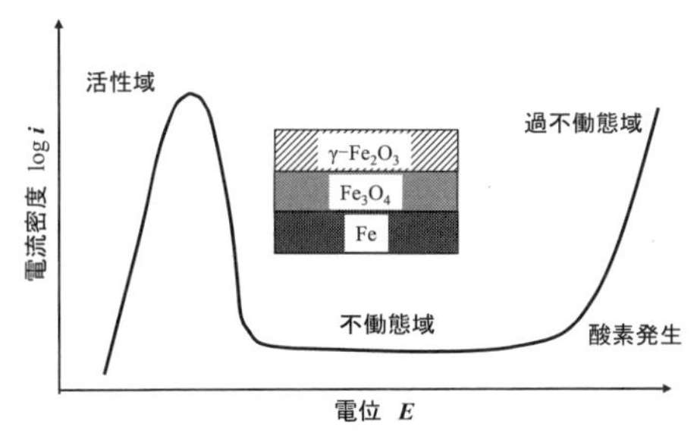

図 4–16　Fe のアノード分極曲線と不働態皮膜の構造

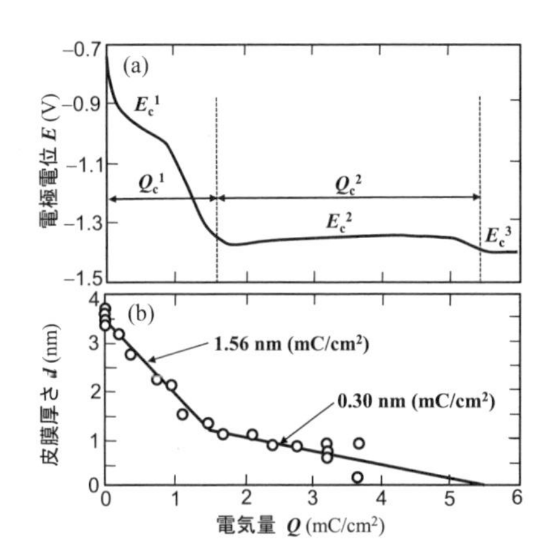

図 4–17　中性溶液 (pH 8.4) 中で生成した Fe 不働態皮膜の定電流カソード還元 (10 μA/cm^2) のクロノポテンショグラム(a)，カソード電気量に対する SIMS 測定による皮膜厚さの変化(b)
[J. A. Bardwell, B. MacDougall, M. J. Graham：*J. Electrochem. Soc.*, **135**, 413(1988)]

いては，式 (4.14) の反応とともに $Fe_3O_4 \longrightarrow Fe^{2+}$ の反応も電流密度，pH および溶液の撹拌条件によって起こり，その割合が変化すると紀平ら[16]は報告している。

一方，不働態皮膜の厚さについては Sato らのグループがエリプソメトリーによって検討し，図 4–18 に示すようにその電位依存性を報告した[11]。図にみられるように酸性溶液中での皮膜の厚さは 1.5 ~ 3 nm で電極電位に比例して厚さが増加する。さらに，pH によっても変化し，一般に pH が低いほうが厚さは薄い。Sato ら[11]は不働態皮膜が 2 層からなり，酸性溶液では Fe_2O_3/Fe_3O_4 からなるバリヤー層 (BL) でその膜厚は電位に比例しており，言い換えると電位はほぼ内層にかかっているとしている。一方，中性溶液では内層はアニオン種に依存して Fe_3O_4 または Fe_2O_3 の単層であるとしている。外層は不働態化の際に溶解した Fe^{2+} の沈澱物の堆積した膜 (沈殿層，DL) であり，酸性溶液中では時間とともに溶解・消失し，中性溶液では溶解せずに溶け残った層であるとしている (図 4–19)。

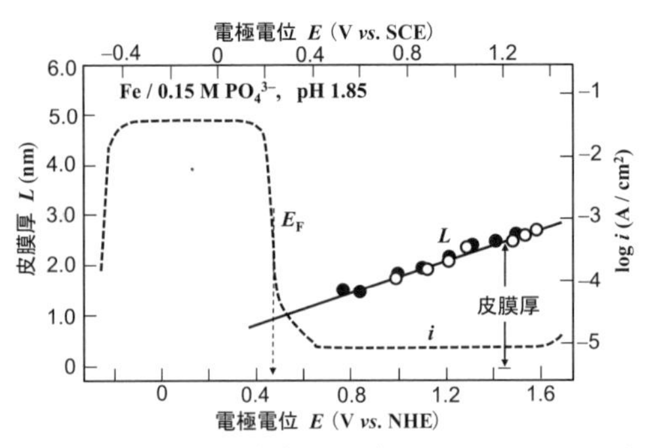

図 4-18　リン酸溶液中 (pH 1.85) での Fe のアノード電流と不働態皮膜の厚さの電位依存性
[N. Sato, K. Kudo : *Electrochem. Acta*, **16**, 447 (1971)]

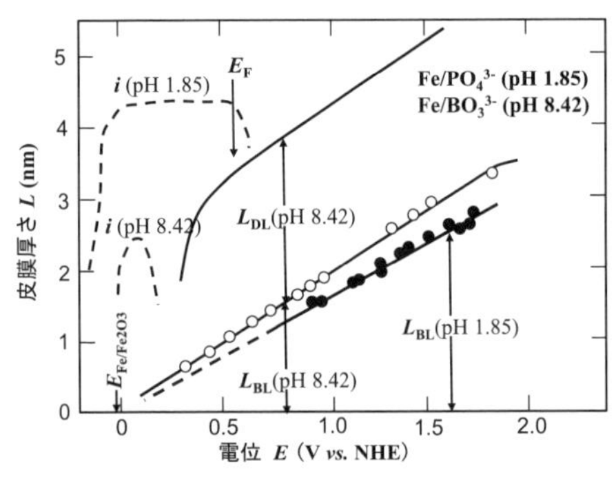

図 4-19　酸性・中性溶液中で生成する Fe の不働態皮膜の厚さの電位依存性
[N. Sato, K. Kudo, T. Noda : *Z. Physik. Chem. N. F.*, **98**, 271 (1975) ; N. Sato, K. Kudo, R. Nishimura : *J. Electrochem. Soc.*, **123**, 1419 (1976)]

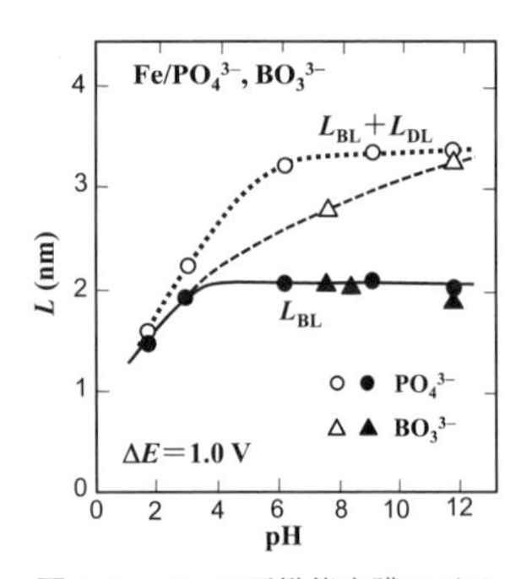

図 4-20　Fe の不働態皮膜のバリヤー層厚さ (L_{BL}) と沈殿層の厚さ (L_{DL}) の pH 依存性
[N. Sato, K. Kudo, T. Noda : *Z. Physik. Chem. N. F.*, **98**, 271 (1975) ; N. Sato, K. Kudo, R. Nishimura : *J. Electrochem. Soc.*, **123**, 1419 (1976)]

Sato らによってまとめられた不働態皮膜の厚さと構成の pH 依存性を図 4-20 に示す[17, 18]。酸性溶液中では沈殿層はほとんど存在しないが，微酸性から中性の PO_4^{3-} 緩衝溶液ではほぼ一定の厚さの沈殿層が生成し，BO_3^{3-} 緩衝溶液では pH の増加とともに沈殿層の厚さが増加している。沈殿層の存在は，不働態化の過程において Fe の溶解過程が先行することを示唆すると述べている。いずれにしても，Fe の不働態皮膜は 1.5 ~ 3 nm の厚さであることを示している。

4.2.2 鉄不働態皮膜の性質と半導体特性

一定電位で Fe を不働態化すると，初期に大きな電流が流れその後電流は時間とともに減少する。電流の時間変化を $\log i \sim \log t$ の両対数グラフにプロットすると傾き -1 の直線となり，$i=k/t$ で表される。

不働態皮膜が成長する電流 i が皮膜厚さ x の成長速度 $\mathrm{d}x/\mathrm{d}t$ に比例するとき，

$$i=k'\frac{\mathrm{d}x}{\mathrm{d}t}=\frac{k}{t} \tag{4.16}$$

積分すると式 (4.17) となり，皮膜が時間の対数に従って成長（厚さが増加）することを示している（皮膜成長の対数則）。

$$x=A+B\log t \tag{4.17}$$

不働態皮膜は溶液中に一定の速度で溶解しているため，酸性溶液中ではある程度の皮膜厚さまで成長し，皮膜の溶解速度と成長速度が釣り合うところで見かけ上の成長は停止し，皮膜の厚さおよび電流は一定値となる。中性の溶液では不働態皮膜の溶解速度が小さいため，成長が数日間続いても釣り合いに達しない場合があることが知られている。

Al，Ti，Ta などの金属を一定の電流でアノード酸化すると，時間とともに電位が上昇し，アノード酸化皮膜の厚さも電位にほぼ比例して増加することが知られている。Al の場合，バリヤー層とよばれる緻密な皮膜（Al_2O_3 とされる）の厚さ δ と酸化のための印加電圧 V_{app} の関係はほぼ $\delta/V_{\mathrm{app}}=10^{-7}$ cm/V とされており，印加電圧 1 V の増加で 1 nm の膜厚増加が起こることになる。これらの金属では，生成する酸化物の電気的絶縁性が高く，電極に印加された電圧のほとんどすべてが酸化物皮膜にかかっていることになる。図 4-21 に Al，Ti，Ta などの絶縁性皮膜と Fe，Ni の不働態皮膜などの非絶縁性皮膜で金属が覆われた場合の金属 / 酸化物皮膜 / 溶液界面近傍の電場の分布を模式的に示す。

絶縁性皮膜では金属 / 酸化物界面および酸化物 / 溶液界面における電位差 $\Delta\phi_{\mathrm{m}}$，$\Delta\phi_{\mathrm{int}}$ は小さく，電位差の大部分は皮膜にかかり，膜厚 δ の酸化物内の電位勾配（電場 E_{ox}）は $E_{\mathrm{ox}}=\Delta\phi_{\mathrm{ox}}/\delta$ で表される。外部からの印加電圧を増加させた場合には，皮膜の電位差 $\Delta\phi_{\mathrm{ox}}$ の増加に対して皮膜内の電場が一定になるように皮膜の厚さ δ が増加する。一方，非絶縁性の皮膜では，酸化物 / 溶液界面の電位差 $\Delta\phi_{\mathrm{int}}$ と $\Delta\phi_{\mathrm{ox}}$ が同程度または $\Delta\phi_{\mathrm{int}}$ のほうが大きい場合も起こりうる。外部からの電圧を変化させた場合には溶液と

の界面での電位差 $\Delta\phi_{int}$ が変化することから，皮膜の表面で外部からの印加電圧の変化に応じた電極反応の変化が起こりうる。図 4-22 は中性溶液中で不働態化した Fe および Ni の不働態皮膜上で $K_3Fe(CN)_6/K_4Fe(CN)_6$ の酸化還元対（redox couple）の分極曲線を示したものである[19]。絶縁性の皮膜では，界面にかかる電位差が小さく外部からの印加電圧の変化によっては皮膜上での酸化還元反応に変化は起こり得ないが，図 4-21(b) に示したように Fe および Ni の不働態皮膜上では印加電圧の変化に対応して酸化物 / 溶液界面の電位差 $\Delta\phi_{int}$ が変動するため，この界面で電極反応（酸化還元反応）が起こることがわかる。Fe の不働態皮膜上での分極曲線（図 4-22(a)）は広い電位範囲で良好な Tafel 関係がみられ，酸化還元対の濃度の増加によって交換電流密度も増加する。一方，Ni の不働態皮膜上ではアノード電流，カソード電流とも

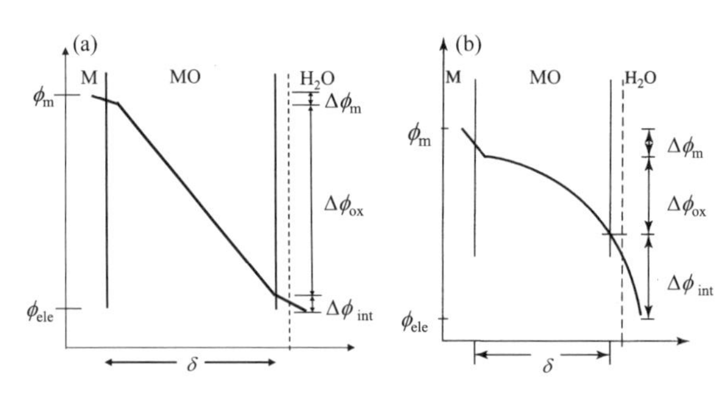

図 4-21　金属 / 酸化物 / 溶液界面の電位勾配の模式図
(a) 絶縁性皮膜　　(b) 非絶縁性皮膜
δは皮膜厚さ。

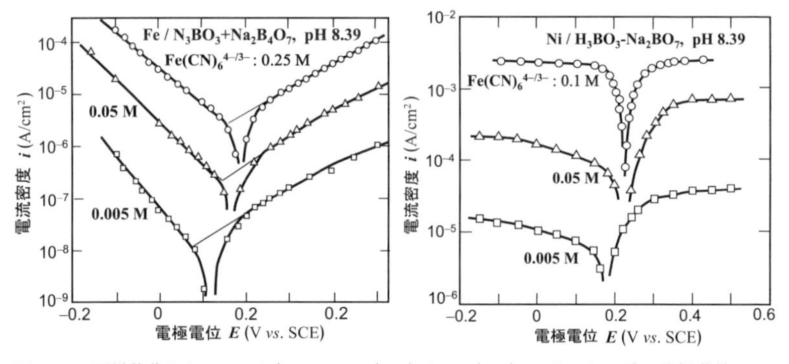

図 4-22　不働態化した Fe，Ni 上での $K_3Fe(CN)_6/K_4Fe(CN)_6$ レドックス系の分極曲線
(a) Fe　　(b) Ni，図中の濃度は酸化還元対の濃度
[S. Haruyama, T. Tsuru (R. P. Frankental, J. Kruger eds.)："Passivity of Metals", p.564, Prinston (1978)]

に拡散限界電流がみられ，この皮膜上での酸化還元対の交換電流密度が極めて大きいことを示している。さらに，Fe の不働態皮膜は n 型，Ni の不働態皮膜は p 型の半導体特性とされているが，これらの半導体に特有のアノード電流とカソード電流の非対称性は顕著には表れていない。同様の挙動は Cr の不働態皮膜でもみられ，極めて薄い酸化皮膜である不働態皮膜は図 4-21(a) に示すような絶縁性皮膜の電位の分布ではなく，図(b) に示す電位分布であることを示唆している。

酸化物内部での電子の状態を表すと，電子が自由電子として酸化物中を移動できる伝導帯 (conduction band，CB) と結晶を構成する原子に拘束されて電子が移動できない価電子帯 (valence band，VB) があり，両バンドの間は原則として電子が存在できる電子準位がない禁制帯 (forbidden band) に分けることができ，CB と VB のエネルギー差をバンドギャップエネルギー E_g という。図 4-23 は，各種の酸化物についてのバンド構造を左側の軸は真空を基準としたエネルギー E (eV)，右側の軸は標準水素電極電位 (NHE) を基準とした電位 E (V *vs.* NHE) で示したものである[20]。SiO_2 や Al_2O_3 ではバンドギャップエネルギー E_g が 9 ～ 8.3 eV と大きく，室温での熱エネルギーによる励起 (熱励起) では伝導電子や正孔を生じないためほとんど電気伝導性がない (絶縁体)。一方，n 型，p 型の半導体の E_g はやや小さく，熱励起や光エネルギーによる励起 ($h\nu>E_g$，h：プランク定数，ν：光の振動数) により伝導電子や正孔を生じ，電気伝導や電極反応が起こることとなる。

ここで，半導体および酸化還元系を含む溶液の電子準位について見てみよう (図

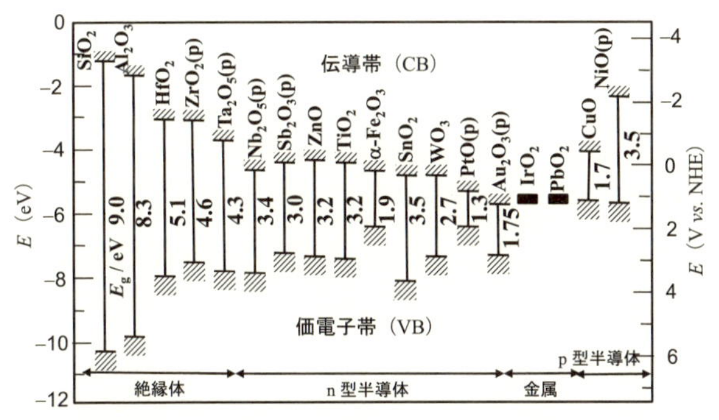

図 4-23　種々の金属酸化物のバンドギャップエネルギー E_g (eV) と真空中からのエネルギー E (eV) と水素発生電位を基準にした電位 E (V)

[J. W. Schultze, A. W. Hassel (M. Stratmann, G. S. Frankel, eds.)："Encyclopedia of Electrochemistry", Vol.4, p.234, Wiley-VCH (2003)]

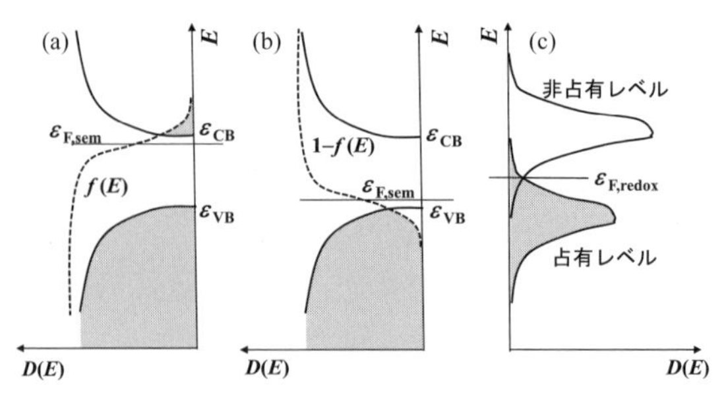

図 4-24　n 型(a) および p 型(b) 半導体の電子準位と溶液中のレドックス系の電子準位(c)
$f(E)$ はフェルミ分布関数で電子の存在確率を，$1-f(E)$ は非存在の確率を表す。

4-24)。電子準位の状態密度関数 $D(E)$ は，各エネルギーで電子が占めうる座席数の分布を示すもので，半導体の場合にはバンドギャップを挟んで E_{CB} より高いエネルギーレベルと，E_{VB} より低いエネルギーレベルに電子準位が存在する。一方，各エネルギーの状態に電子が存在する確率は式 (4.18) に示す Fermi 分布関数 $f(E)$ に従い，$E=E_F$ のとき確率 $f(E)$ は 1/2 になり，E_F は Fermi 準位とよばれる。

$$f(E)=\frac{1}{1+\exp\left\{\dfrac{(E-E_F)}{kT}\right\}} \tag{4.18}$$

$T>0$ K の温度では，分布関数 $f(E)$ は E_F を挟んで広がりをもっており，温度が高いほどその広がりは大きくなる。すなわち，高温ほどより高いエネルギーをもつ電子の存在確率が増加するとともに，E_F 以下でも電子が存在しない確率が増加することを示している。それぞれのエネルギーレベルが電子で占有または非占有されている電子準位の割合 $N_{oc}(E)$ と $N_{no}(E)$ は，存在確率 $f(E)$ または非存在確率 $(1-f(E))$ といわば電子の座席数を示す状態密度関数 $D(E)$ の積となる。

$$N_{oc}(E)=D(E)f(E), \qquad N_{no}(E)=D(E)\{1-f(E)\} \tag{4.19}$$

n 型半導体では，図 4-24(a) に示したように Fermi 準位 $E_{F,sem}$ が CB に近いため，CB の一部に電子が存在することができ，これらの電子による電気伝導あるいは溶液との反応が起こる。一方，図(b) の p 型半導体では Fermi 準位が VB に近く，電子が存在しない確率 $1-f(E)$ との積により，VB 内に電子が存在しない（正孔が存在する）準位があることがわかる。p 型半導体での電気伝導は正孔（ホール）によって行われ，溶液からホールに電子を受け入れる反応が起こる。

溶液中に酸化還元系（$Ox + n\,e^- \rightleftarrows Red$）が存在する場合の電子エネルギー準位と電子の存在状態はどのようになっているだろうか。酸化体Oxは電子を受け入れることができるので，電子準位が空いた状態（状態密度$D(E)$）を有し，還元体Redは電子を放出することができるので，電子が充満した状態を有しているとみなせる。空いた準位と満たされた準位のエネルギー分布を図示すると図(c)となり，二つの曲線が重なるエネルギーレベルが電子の存在確率50%である溶液のFermi準位$E_{F,redox}$に対応する。この溶液に金属や半導体の電極が接すると，溶液の空いた準位に電極からの電子が移り，溶液の満たされた準位から電極の空いた準位への電子移行が起こることとなる。たとえば図4-25に示すように，酸化還元系の平衡電位（Fermi準位，E_{redox}）がE_{CB}あるいはE_{VB}と図のような関係にある場合を考える。図(a)では半導体のCBにある電子が酸化還元系の非占有電子準位（酸化体Ox）への電子移行によって$Ox + n\,e^- \longrightarrow Red$の還元反応が起こる。アノード分極によって溶液の電子準位が全体的に低下した図(b)の場合，VBの非占有電子準位（正孔p）と酸化還元系の占有電子準位（還元体Red）との間での電子移行となり，$Red + n\,p \longrightarrow Ox$（または$Red \longrightarrow Ox + n\,e^-$）の酸化反応が起こることとなる。

不働態皮膜を半導体皮膜とみなして，図4-26にそのバンド構造と外部電位の関係および界面の電位$\Delta\phi_{MO/aq}$の変化を模式的に示す。不働態皮膜のように薄い半導体の場合には，金属と溶液との電位差によってCBおよびVBのバンドが全体的に変形する。とくに半導体にドナー（n型半導体）またはアクセプター（p型半導体）の電子準位が禁制帯内に存在する場合には，これらの準位がイオン化する（電子を受取ったり，放出する）ことによって半導体内部に空間電荷を生じ，バンドが著しく曲がることになる。図(c)で薄く塗りつぶした部分は電子が満たされていることを示し，E_FはFermi準位を示す。半導体のフラットバンド電位E_{fb}では価電子帯，伝導帯ともにそ

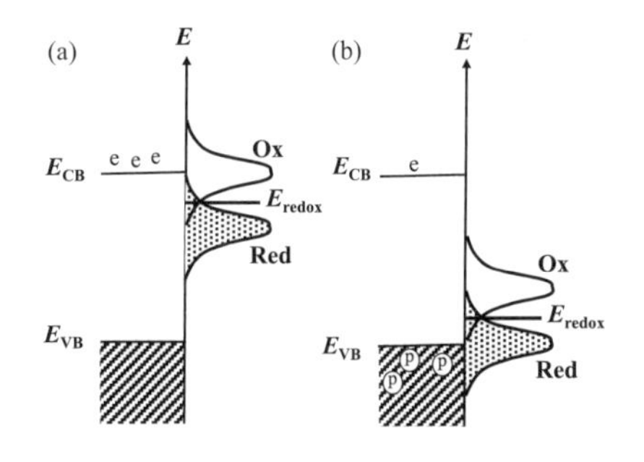

図4-25　半導体電極での電極反応
E_{redox}は酸化還元反応の平衡電位（溶液のFermi準位に相当）。(a) CBの電子がレドックス系の酸化体（Ox）に移行し還元反応が進行，(b) レドックス系の還元体（Red）からVBへの電子注入（正孔pの移行）によりレドックス系の酸化反応が進行。

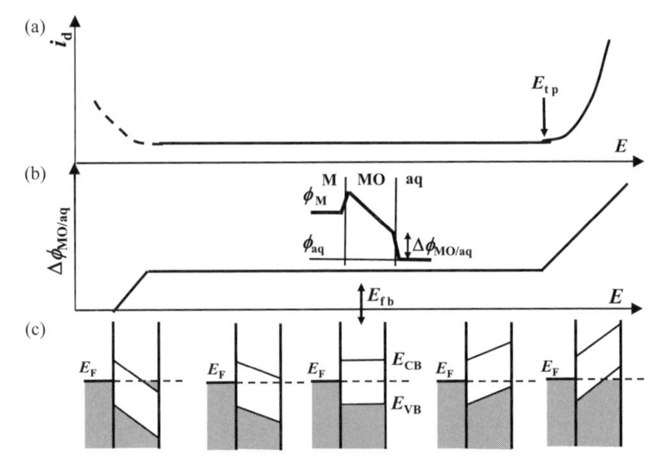

図 4-26　半導体皮膜のバンド構造と電極電位の変化に伴う反応電流 i_d の変化(a)，皮膜/溶液界面の電位差 $\Delta\phi_{MO/aq}$ の変化(b)，エネルギーレベルの変化(c)

の曲り (band bending) はみられない。図 4-26(c) の左端に示すように，電極電位 E が低くなるとバンドは下に曲がり，表面の伝導帯のエネルギー E_{CB} が E_F よりも低くなると表面の伝導帯に電子が安定に存在できる電子準位を生じて，この電子準位に存在する電子を介しての電極反応，すなわちカソード反応が起こりうる。このとき $\Delta\phi_{MO/aq}$ は E_{CB} の低下に伴って小さくなる。一方, 電極電位 E が高くなると(図(c)右端), バンドは上の方向に曲がり，より高い電位では表面の価電子帯のエネルギー E_{VB} が E_F よりも高くなると, 表面の価電子帯に電子が存在しない電子準位 (空いた電子準位) が形成され, この電子準位を介しての電子移行反応(溶液側から電子を受け取る反応, アノード反応) が起こりうることになり，界面の電位差も電位とともに大きくなる。

このような不働態皮膜の半導体特性については多くの興味深い研究があり[21]，先に述べた空間電荷層に対応する静電容量 C_{sc} の測定から $1/C_{sc}^2 \sim E$ のプロット (Motto-Schotky プロット) によって E_{fb} を求めること[22,23]，光の波長を変えた照射に応答する電流から E_g そのほかの特性を測ること[24] などが行われている。

4.2.3　ステンレス鋼の不働態

図 4-14 にも示したように，Fe，Ni，Cr の酸性溶液中におけるアノード分極曲線をステンレス鋼 (SS) と比較すると，その特性は Cr の特性によって大きな影響を受けていることがわかる。図 4-27 は，Fe，Cr およびその合金の 0.5 M H_2SO_4 溶液中

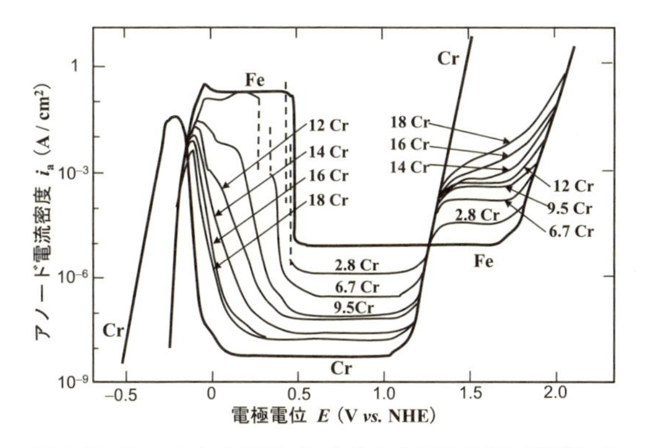

図 4-27　Fe，Cr および Fe-Cr 合金の 0.5 M H_2SO_4 溶液中でのアノード分極曲線

［伊藤伍郎：“腐食科学と防食技術 第 6 版”，p.172，コロナ社 (1975)］

におけるアノード分極曲線[25]で，不働態化のピーク電流，不働態保持電流および過不働態の電流が合金の Cr 濃度に大きく依存することを示している。Fe-Cr 合金では，Cr の含有量を 12％以上にするとその耐食性が飛躍的に向上することから，一般的に 11 ～ 12％以上の Cr を含有する鋼をステンレス鋼として分類している。

現在多く使用されているステンレス鋼はその組成によって Fe-Cr 系と Fe-Cr-Ni 系に大きく分けられる。フェライト系，マルテンサイト系ステンレス鋼は Fe-Cr を主成分とし，C 含量の高い鋼は焼入れによってマルテンサイト変態して硬化する。低 C のフェライト系ステンレス鋼は焼入れ硬化性はなく冷間加工性がよく安価である。Fe-Cr 鋼に Ni を添加するとオーステナイトの安定性が増し，$(\alpha+\gamma)$2 相または γ 単相が得られる。

ステンレス鋼に添加する合金元素をフェライト生成（安定化）元素とオーステナイト生成（安定化）元素に分け，Cr および Ni の相当量（クロム当量とニッケル当量）に換算して金属組織との関係を示したものを Scheffler の組織図（Scheffler's diagram，図 4-28）といい，Cr 当量＝％ Cr＋％ Mo＋1.5×％ Si＋0.5×％ Nb，Ni 当量＝％ Ni＋30×％ C＋0.5×％ Mn が一般的に使用されている[26]。Ni 当量をみると C の係数が大きくそのオーステナイト安定化効果が大きいこと，フェライト安定化に関しては Mo および Si の効果がやや大きいことがわかる。“18-8 ステンレス鋼”と一般によばれている 18 Cr-8 Ni 鋼（SUS 304 鋼）はこの図では A＋F＋M の領域にあるが，通常の使用条件では準安定な過冷オーステナイトの単相組織である。しかしながら，過冷オー

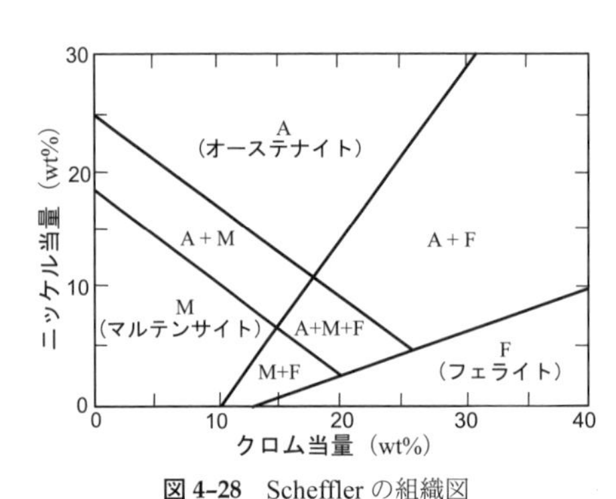

図 4-28　Scheffler の組織図
[A. J. Sediks : "Corrosion of Stainless Steels, 2nd Ed.", p.3, John Wiley (1996)]

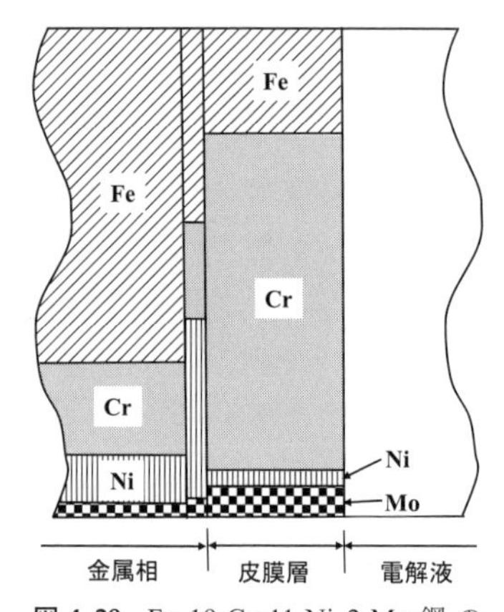

図 4-29　Fe-19 Cr-11 Ni-2 Mo 鋼の合金内部，合金表面層，不働態皮膜を構成する金属元素の割合
[H. Kaesche : "Corrosion of Metals－physicochemical principles and current problems", p.241, Springer (2003)]

ステナイトは冷間加工によって加工誘起マルテンサイト変態が起こり硬度，強度が増加する。304 ステンレス鋼は加工性がよく，非磁性であり，耐食性も高いことから現在国内で生産･使用されているステンレス鋼の 60% 以上を占めている。

ステンレス鋼の不働態皮膜に関しては，これまでに種々の研究手法で多くの研究がなされてきた。分極曲線のところでも述べたように，その不働態皮膜の組成は Cr 酸化物（オキシ水酸化物）を主体に Fe 酸化物を含み，Ni 酸化物の量は合金組成に比べて少なくなっている。図 4-29 は Fe-19 Cr-11 Ni-2 Mo 鋼の合金内部，合金表面層および不働態皮膜の金属元素の割合を模式的に示すもので[27)]，皮膜内では Cr 濃度が大幅に増加して Fe の割合が低下するとともに，Ni の割合は極端に減少している。皮膜内の Fe 酸化物は皮膜を介して溶液中に溶解することによってその割合を減らし，溶け残った Cr が皮膜中に濃縮する。一方，Ni は酸化されずに皮膜にも移行しにくいため，合金の表面層に濃縮することとなる。表面層と皮膜内部に Mo の濃縮もみられるが，不働態化の初期には Mo の濃縮がみられるものの，時間とともに皮膜から溶解して最終的には皮膜内にはほとんど残っていないとも報告されている。ステンレス鋼の不働態皮膜の厚さは Fe に比べてかなり薄く，1 ~ 2 nm であるとされている。また，Fe に比べると皮膜の破壊に対する修復の速度が大きく，酸中で表面の皮膜を傷つけても直ちに新たな皮膜が再生して再不働態化する。

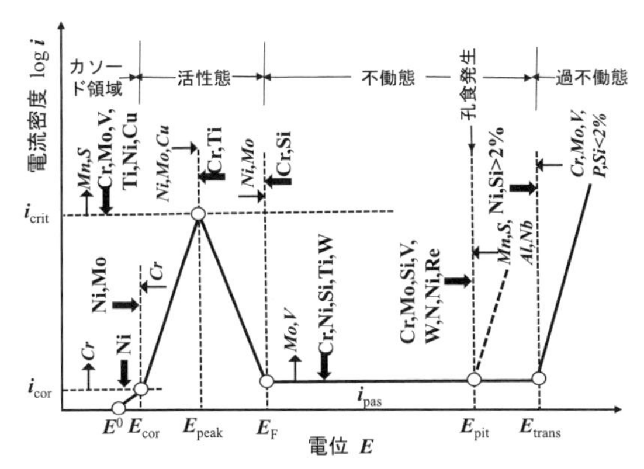

図 4-30　各種添加元素がステンレス鋼のアノード分極挙動に及ぼす効果
［日本鉄鋼協会 編：“第 3 版 鉄鋼便覧”，第 I 巻，基礎編，p.565，丸善（1981）］

ステンレス鋼には主要合金元素である Fe，Cr，Ni 以外にも，耐食性や機械的性質の改善を目的に各種の元素が添加される。図 4-30 はそれらの元素の効果を模式的に示すもので[28)]，たとえば Cr や N は不働態領域の電位を広げ不働態保持電流を低下させて不働態の安定化に役立つことがわかる。他方，図中の斜体で示される不働態を不安定化させる元素なども知られているが，正と負の効果の一方的な役割よりも，濃度やほかの元素との組み合わせ，金属組織，環境に依存してその役割や影響の度合いが異なることに留意するべきである。

4.3　ほぼ均一な環境での腐食

均一腐食または全面腐食は不均一腐食または局部腐食に対立する語であるが，厳密な意味では，実際の腐食においてそれほど多くみられる現象ではない。強い酸性溶液，金属イオンの錯化剤を含む溶液環境や溶液が緩く撹拌されているような状況では，腐食生成物による沈殿皮膜が形成されにくいため，全面がほぼ均一に腐食する。また，試験時間が短い実験室でのビーカー試験などでは，試料のほぼ全面が均一に腐食するのがみられる。

海水，淡水，大気中などでの腐食は，一般的には腐食による金属材料の肉厚減少（侵食量）はほぼ均一であるとみなされる場合が多い。単位時間当たりの侵食量（腐食減量），たとえば厚さ変化（μm/y）や質量減少（mg/dm^2day＝mdd）がわかれば，装置や設備の耐用年数からその間の腐食量を腐食しろとして設計に生かすことができる。

電気化学測定による電流は，特別な配慮をしない限り電極面での電流の総和しか知ることはできない。言い換えると，つねに電極面の平均値として計測される。このことは，大面積の構造物や装置であっても，ほぼ均一に腐食が進行する限りは，実験室的な小面積の試料電極で全体を代表させられることを示しており，耐食設計のうえでは都合がよいといえる。

ここでは，均一な腐食が起こりやすい淡水腐食と海水腐食を取り上げる。

4.3.1 淡水での腐食

河川水，湖水，水道水，工業用水など，含有する塩分濃度が低い水による腐食であり，溶存酸素，溶存炭酸イオン，その他の陰イオンなどが主要な腐食因子で，pH は重要な指標となる。なお，一般に淡水は海水に比べて電気伝導度が小さく，電気防食における有効な防食範囲（距離）が小さくなる。

(i)　溶存酸素濃度　大気中の酸素の濃度はほぼ 20% であり，大気から溶解する酸素が 25 ℃で平衡する濃度はほぼ 8.8 ppm である。酸素の溶解度の温度依存性は大きく，0 ℃では 14.1 ppm，80 ℃では 2.89 ppm と大きく変化する。淡水中での腐食のおもなカソード反応は溶存酸素の還元反応であり，多くの場合酸素の拡散律速となっている。温度の上昇は溶存酸素濃度を減少させるが，酸素の拡散係数は大きくなるため，腐食速度の温度依存性は溶存酸素濃度の減少ほどには変化しない。

炭素鋼の腐食速度の溶存酸素濃度依存性の一例を図 4-31 に示す[29]。3.5.6 項で述べたように，中性溶液中の腐食では，カソード反応は酸素還元の拡散限界電流で支配されており，酸素濃度の増加とともに腐食速度が増加するが，ある程度以上の溶存酸素濃度になると不働態化するため，腐食速度が低下する。

(ii)　pH　大気と平衡する淡水の pH は，大気中の二酸化炭素の分圧と淡水中のアルカリ成分によって決まる。水に溶解した二酸化炭素は炭酸となり，以下の 2 段階の解離が起こる。

$$H_2CO_3 \longrightarrow H^+ + HCO_3^- \tag{4.20}$$

$$HCO_3^- \longrightarrow H^+ + CO_3^{2-} \tag{4.21}$$

大気中の CO_2 濃度はほぼ 0.03% であり，純水に溶解する CO_3^{2-} 濃度は約 0.4 mg/L，pH 5.65 となる。水への CO_2 の溶解度は温度の上昇によって減少する。一方，地下では植物の呼吸や有機物の分解などにより CO_2 濃度がかなり高くなる場合がある。河

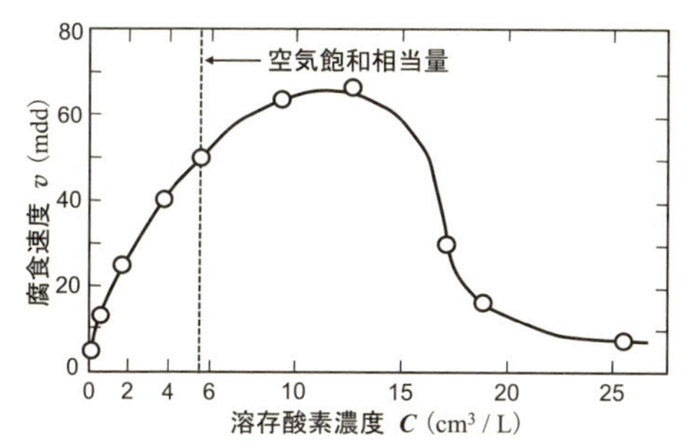

図 4–31　炭素鋼の腐食に及ぼす溶存酸素濃度の影響
[H. Uhlig, D. Triadis, M. Stem：*J. Electrochem. Soc.*, **102**, 59(1955)]

川水の pH はほぼ 7.0 前後であり，これは土壌や岩石から溶出した Ca^{2+} などのアルカリ成分によって pH が上昇することによる。淡水に $CaCO_3$ が飽和濃度まで溶解した場合の pH は 8.46 であり，多くの淡水は pH 5.65 ～ 8.46 の間にあるといえる。

(iii)　**硬水と軟水**　水の硬度は，溶解している Ca^{2+} と Mg^{2+} の量を $CaCO_3$ の量に換算して，水 1 L 当たりの mg 数で表す。日本の表示法では次式で表され，硬度が 0 ～ 120 mg/L を軟水，120 mg/L 以上を硬水としている。

$$硬度\,(mg/L) = Ca^{2+}\,(mg/L) \times 2.5 + Mg^{2+}\,(mg/L) \times 4.1 \qquad (4.22)$$

日本は火山性土壌で河川も長くないことから，大部分の河川水は軟水である。

(iv)　**アルカリ度，酸度，Langelier 指数**　淡水に溶け込んでその pH にもっとも大きな影響を与えるのは炭酸水素イオン（重炭酸イオン，HCO_3^-）である。アルカリ度は強酸（0.01 M H_2SO_4）で中和滴定したとき pH が 4.8 に至るまでに消費した酸の量を M アルカリ度（*Alk*）という。一方，強塩基を加えて，pH 8.3 に至るまでのアルカリ消費量を酸度とよんでいる。これらは，酸または塩基を滴下したときの水の pH 変化に対する抵抗性を表していることから，pH 緩衝能に対応しているといえる。一般にアルカリ度が高いほうが腐食性が低いとされている。日本では河川水や水道水に溶解している Ca^{2+} や Mg^{2+} の濃度が低いことからそれほど問題にはならないが，ヨーロッパやアジアの内陸水ではその濃度が高く，水道水などでこれらのイオンの濃度が高ければそれらの酸化物，水酸化物の沈殿によって腐食が抑制されると考えられている。淡水中に溶け込んでいる $CaCO_3$ が飽和に達する pH を pH_S として，測定された pH（pH_m）との差を Langelier 指数（Langelier saturation index，飽和指数）*S.I.* とし，次式で定義される。

$$S.I. = pH_m - pH_S \tag{4.23}$$

pH_S は水温に対する補正項 A と水中に含まれる蒸発残留物による補正項 B を取り入れた次式で定義される。

$$pH_S = A + B - \log [Ca^{2+}] - \log [Alk] \tag{4.24}$$

(v)　その他のイオン種　　飲料水に関する基準では，Cl^- 濃度は 200 mg/L 以下と規定され，SO_4^{2-} については規定されていない。通常の淡水に含まれる 20 ～ 30 mg/L の Cl^- 濃度では，炭素鋼の腐食に与える影響は少ないとされている。

水道水は浄水場において塩素ガスまたは次亜塩素酸ナトリウム（NaClO）が注入される。塩素（Cl_2）は不均化反応によって，次亜塩素酸（HClO）および次亜塩素酸イオン（ClO^-）を生じる。

$$Cl_2 + H_2O \longrightarrow H^+ + Cl^- + HClO, \quad HClO \longrightarrow H^+ + ClO^- \tag{4.25}$$

Cl^- には酸化力はないが，HClO の酸化還元電位は溶存酸素（O_2）よりも貴であるため，不働態化した金属の電位を押し上げる作用があるが，水道水などでは微量であるため大きな問題とはなっていない。

シリカ（SiO_2）成分は温度および pH の上昇で溶解度が増加する。金属イオンが存在すると金属ケイ酸塩の沈殿を生じ，とくに Mg^{2+} が存在するとケイ酸マグネシウムのスケールを形成しやすくなる。

4.3.2　海 水 で の 腐 食

代表的な海水のイオン濃度と腐食試験において用いられる試薬濃度の ISO 規格例を表 4-3 に示す。主要な成分は Na^+ と Cl^- であり，Mg^{2+}，Ca^{2+}，K^+，SO_4^{2-}，HCO_3^- などが含まれていることがわかる。また，腐食試験においては，簡便には Cl^- 濃度を考慮した 3 ～ 3.5% NaCl 溶液が用いられるが，NACE あるいは ISO では人工海水として用いる試薬の濃度が例示されている。

海水の塩分濃度，pH，水温，溶存酸素濃度は海域や水深によって変化する。一般に塩分濃度は表面では低く，水深の増加によって濃度が高くなる。pH の変化は小さいが表面付近では pH がやや高くなっている。水温は水深とともに低下し深海ではほぼ一定となる。溶存酸素濃度は表面では高く，太陽光が届く範囲では植物性プランク

表 4-3 代表的な海水および人工海水（ISO 11130-1990）のイオン濃度と試薬濃度

海水成分の代表例（g/kg）		人工海水のイオン濃度（g/L）		人工海水の試薬濃度（g/L）	
Na^{+}	10.56	Na^{+}	10.97	NaCl	24.53
Mg^{2+}	1.294	Mg^{2+}	1.32	$MgCl_2$	5.20
Ca^{2+}	0.413	Ca^{2+}	0.41	$CaCl_2$	1.16
K^{+}	0.387	K^{+}	0.36	KCl	0.695
Sr^{2+}	0.008	Sr^{2+}	0.013	$SrCl_2$	0.025
Cl^{-}	19.353	Cl^{-}	19.8	Na_2SO_4	4.09
SO_4^{2-}	2.712	SO_4^{2-}	2.76	$NaHCO_3$	0.201
HCO^{3-}	0.142	HCO^{3-}	0.152	KBr	0.101
Br^{-}	0.001	Br^{-}	0.07	H_3BO_4	0.027
BO_4^{3-}	0.026	BO_4^{3-}	0.025	NaF	0.003
F^{-}	0.001	F^{-}	0.0013		

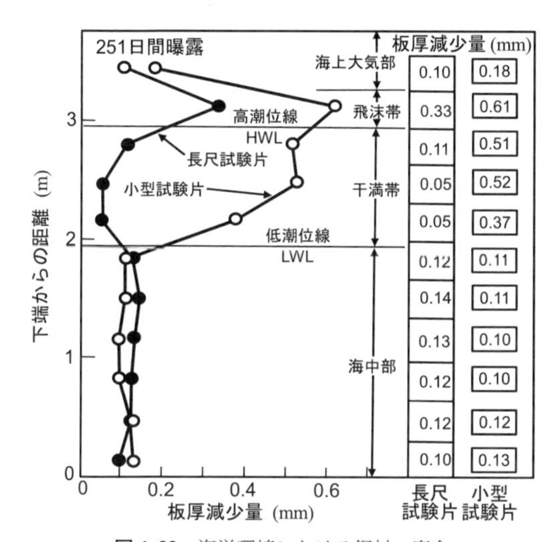

図 4-32 海洋環境における鋼材の腐食
[H. Uhlig, D. Triadis, M. Stem：*J. Electrochem. Soc.*, **102**, 59 (1955)]

トンによる酸素消費で減少し，深海ではほぼ一定となっている。

海洋鋼構造物の腐食に関しては，図 4-32 に示す長尺試験片と短尺試験片の結果がよく知られている。すなわち，一般の鋼構造物を模擬する長尺試験片では，乾湿を繰返す飛沫帯（splash zone）の腐食がもっとも大きく，干満帯（tidal zone）では腐食量が減少し，海中部（immersed zone）ではやや腐食量が大きくなった後，ほぼ一定になる。このような腐食量の分布を模擬する興味深い実験結果がある。

侯[30]は図 4-33 に示す実験槽を用いて，約 10 cm 間隔で置かれた試験片の 1 ～ 8 は海中部，9 ～ 12 は干満部に配置し，低潮位線（LWL）から高潮位線（HWL）までの高さ 40 cm の水位を変動させたとき，短絡された各試験片と 1 枚の試験片との電流を無抵抗電流計で計測した。図 4-34(a) は 11 個の試験片を短絡して残りの 1 個の試験片との間で流れる電流値を LWL からの海水の高さに対して示したもので，つねに濡れている干満帯以下の試験片にはつねにアノード電流が流れ，干満帯にある試験片には試験片が濡れはじめるとカソード電流が流れ，水面に近い場合にその電流が大きいことがわかる。図 4-34(b) は干満帯と海中部の試験片の面積比を 2:1 にした場合で，海中部のアノード電流が大きくなっている。また，このような面積比と全電流の変化の検討から，干満帯と海中部のマクロセルによる腐食は，カソード反応によって支配されると結論している。また，干満帯でのカソード反応は，海水面付近で溶存酸素濃

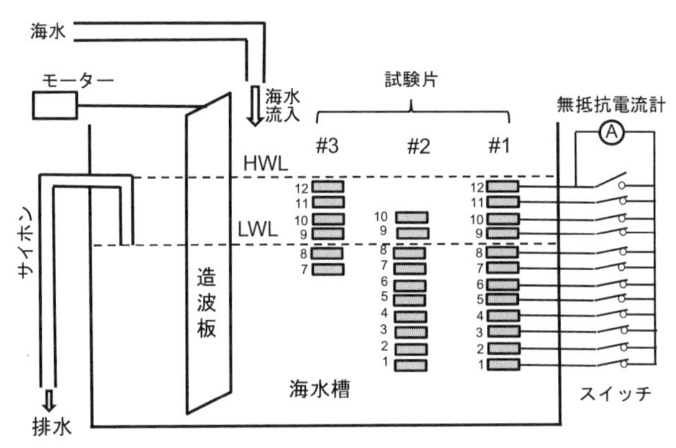

図 4-33　潮汐の干満による腐食の模擬試験装置
［侯　保栄：“海洋腐食環境と腐食の科学”，p.39，海文堂（1999）］

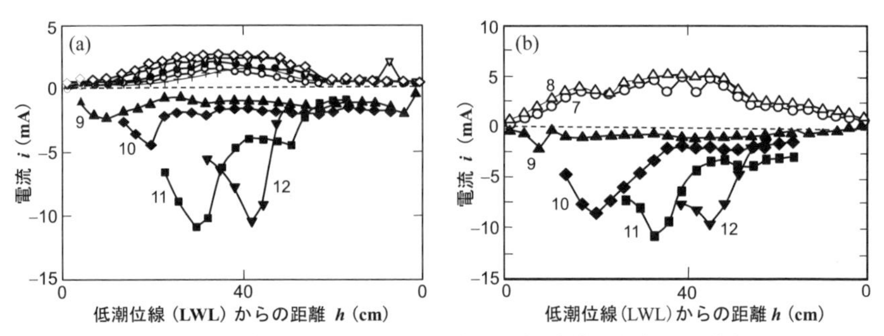

図 4-34　干満による腐食試験で各位置における腐食電流の水位の増減による変化
（a）すべての試験片（#1）を使用した場合　（b）試験片 7 ～ 12(#3) を使用した場合
［侯　保栄：“海洋腐食環境と腐食の科学”，p.41，p.43，海文堂（1999）］

度が高く酸素還元が優勢であることだけでなく，試料表面に生じたさび層が干潮時に空気酸化され，再び濡れたときに還元されるというEvansモデル[31]のカソード反応の寄与も大きい。

4.4　不均一な環境での腐食

腐食がほぼ均一に起こる条件であっても，環境の不均一性によって腐食の速度が不均一になる場合がある。このような腐食は，次節以下のいわゆる局部腐食とはやや様相が異なる。以下では，大気腐食，土壌腐食などのごく一般にみられる腐食現象で，環境の不均一性を主因とする腐食について取り上げ，電気化学的な特徴について検討する。

4.4.1　大 気 腐 食

大気中では金属表面に存在する水によって腐食が進行する。水は吸着水あるいは水膜として存在するが，その量によって腐食の様相が異なることをTomashovは図4-35により四つの領域に分けて模式的に示した[32]。数分子から数十分子層の水膜（領域I，乾き腐食）では，金属から溶解したカチオンが溶媒和する水分子が不足し十分な溶解反応は起こらない。水膜厚さが厚くなると溶解できるカチオンの量が増えるため，水膜厚さの増加に従って腐食速度は増加する（領域II，湿り腐食）。領域IおよびIIは腐食速度をアノード反応が律速しているといえる。一方，領域IVは水膜の厚さが酸素の拡散層厚さ（Nernstの拡散層の厚さ）よりも大きい領域で，カソード反応種である酸素の拡散フラックスは水膜の厚さに依存せず一定となるため，腐食速度はほぼ一定となる。領域IIIは水膜の厚さがNernstの拡散層厚さに等しいか小さい領域

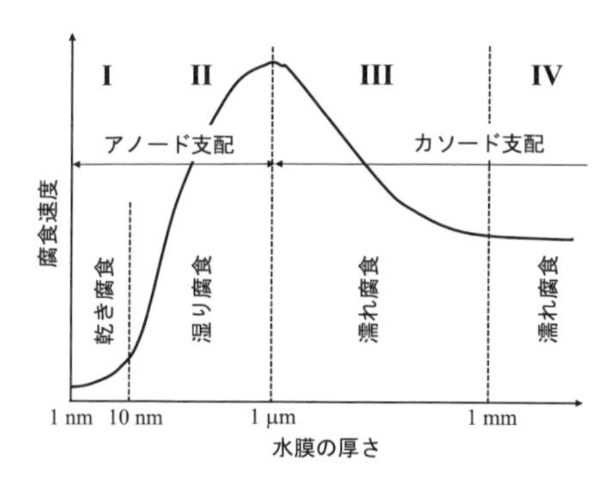

図4-35　Tomashovによる初期大気腐食速度と水膜厚さの関係（模式図）

である。水膜の厚さが拡散層の厚さより小さくなれば酸素の拡散フラックスは厚さの減少によって増加する。すなわち，領域 III と IV は腐食速度をカソード反応が支配する領域である。Tomashov はアノード反応支配とカソード反応支配が拮抗し腐食速度が最大になる水膜の厚さを 1 μm と予想して図 4-35 を提示したが，筆者らの実測結果では, 水膜の厚さが約 10 ～ 20 μm で腐食速度の極大が観測されている[33]。また，後述するように薄い水膜では，酸素の拡散速度が水膜の厚さの減少で増加するとは限らず，酸素の気相から液相への溶解速度なども考慮する必要がある。

（i）**降雨，結露，毛細管凝縮，化学凝縮**　大気腐食における金属表面への水膜の形成は，降雨，結露，毛細管凝縮，化学凝縮などによる。降雨では，降りはじめには雨水に含まれる塩濃度が高かったり，暴風雨では海塩が多く含まれる場合がある。酸性雨の場合でも，後述するように溶液が低 pH であることよりも含まれる塩の種類と濃度の影響が大きい。結露は, 気相中の水蒸気が金属等の表面で水滴となる現象で，気相の相対湿度が 100％未満であっても，金属表面の温度が気相の水蒸気の飽和蒸気圧の温度（露点）以下であれば，冷水を入れたコップの表面と同様に，金属表面に水滴として結露する。昼間は高温で相対湿度が低くても，夜間の放射冷却で相対湿度が上昇し金属表面の温度が低下する場合には結露が起こりやすくなる。毛細管凝縮は凹面の蒸気圧が平面よりは低くなる現象により起こる。一般に，曲率半径 r の液体の曲面の平衡蒸気圧 p は，平面の蒸気圧を p_0 とすると次式で表される。

$$\ln \frac{p}{p_0} = \frac{2\gamma V_m}{rRT} \qquad (4.26)$$

ここで，γ は表面エネルギー（表面張力），V_m はモル体積である。球状（凸面）の曲率半径は正で液滴の半径が小さくなるほど蒸気圧 p が高く蒸発速度が増加し，凹面では $r<0$ より曲率半径が小さくなるほど蒸気圧が低くなることがわかる。表 4-4 は，凸および凹面の水の蒸気圧をその曲率半径 r に対して示したもので[34]，曲率半径 2 nm の液滴ではその蒸気圧は平面よりも約 70％大きく，曲率半径 2 nm の毛細管や凹面では平面の飽和蒸気圧の約 60％の相対湿度で水の凝縮が起こることを示している。化学凝縮は，金属表面に付着した塩類の吸湿によるもので，それぞれの塩の飽和水溶液の平衡湿度（相対湿度）よりも気相の相対湿度が高い場合には，塩による吸湿が起こり塩の水溶液を形成する。表 4-5 は，各温度における水の飽和蒸気圧 p_0 といくつかの塩の飽和溶液の平衡湿度（相対湿度）RH をまとめたもので[35]，RH が低いほど低湿度でも容易に吸湿，潮解が起こることを示している。たとえば，$MgCl_2$ では広い温度範囲で 30 ～ 34％以上の相対湿度で吸湿，潮解が起こることを示す。

表 4-4 25℃における水の凸面および凹面の半径とその蒸気圧の平面に対する比
(25℃での平面の水の飽和蒸気圧 p_0=23.76 mmHg)

凸面		凹面	
r (nm)	p/p_0	r (nm)	p/p_0
10^3	1.001	10^3	0.9989
10^2	1.011	10^2	0.9895
10	1.111	10	0.9000
5	1.234	5	0.8100
3	1.421	3	0.7038
2	1.694	2	0.5905
1	2.88	1	0.3487

[近澤正敏，田嶋和夫："界面化学"，p.68，丸善 (2001)]

表 4-5 各温度における水の飽和蒸気圧と各種の塩類の飽和溶液の平衡湿度 (相対湿度)

化合物	相対湿度 RH (%)					
	10℃	20℃	30℃	40℃	60℃	80℃
$LiCl \cdot H_2O$	13	12	12	11	11	
$CaCl_2 \cdot 6H_2O$	38	32				
$MgCl_2 \cdot 6H_2O$	34	33	33	32	30	
NaCl	76	75.7	75.3	74.9	76.4	
KCl	88	85.0	84	81.7	80.7	79.5
K_2SO_4	98	97	96	96	96	96
水の飽和蒸気圧 p_0(mmHg)	9.21	17.54	31.83	55.33	149.44	355.26

[曾川義寛，下田陽久，鋤川光則：金属表面技術，**34**, 34(1983)]

(ii) 海塩粒子と水膜の厚さ　ある濃度の塩の水溶液中の水の活量はその溶液の水の蒸気圧 p と純水の飽和蒸気圧 p_0 との比で表される。このことから，ある温度における水の蒸気圧 p (相対湿度に対応) が決まれば，平衡する水溶液の塩の濃度が決まることになる。たとえば，海水に対応する NaCl–$MgCl_2$ の組成比(Mg^{2+}/Na^+=0.11)の塩についてその吸湿過程は，相対湿度約 33%で $MgCl_2$ の吸湿がはじまりその飽和溶液が形成される。相対湿度が高くなると吸湿量が増し $MgCl_2$ の濃度が減少する。相対湿度が約 75%に達すると NaCl の吸湿がはじまり水溶液の量が増加する。これらの関係は武藤ら[36]によって詳細に検討されている。図 4-36 は，前述の組成比の塩が 1 g/m^2 付着している場合の，各相対湿度で形成される塩溶液の Cl^- 濃度と水膜の厚さを示したもので，Cl^- 濃度は低湿度では $MgCl_2$ の飽和濃度であるほぼ 12 M, NaCl の吸湿がはじまる約 75%で NaCl の飽和濃度 6.5 M となっている。また，このとき水膜の厚さは，NaCl の吸湿開始によって 0.5 μm から 2 μm へと急増することが

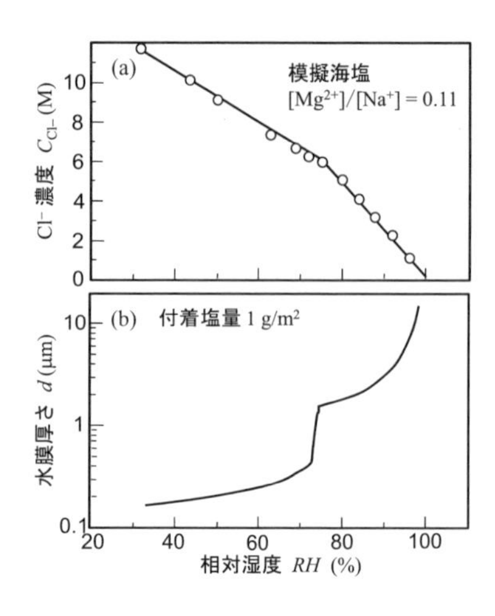

図 4-36　模擬海塩濃度比（$Mg^{2+}/Na^{+}=0.11$）の付着塩の各相対湿度で平衡する塩溶液の Cl^{-} 濃度(a) と付着塩量 1 g/m^2 における吸水による水膜厚さ(b)
［武藤　泉，杉本克久：材料と環境，**47**, 519(1998)］

わかる。

(iii)　水膜下でのカソード反応　　大気腐食に特徴的な水膜下での腐食のカソード反応について，以下に検討する。

一般に水溶液中への酸素の溶解度はそれほど大きくないので，酸素還元のカソード反応は容易に酸素の拡散限界電流 $i_{\mathrm{lim,O_2}}$ に達する。Nernst の拡散層モデルが成立するときの電極近傍の溶存酸素の濃度変化は図 4-37 に示すように，$x=0$ で $C^{\mathrm{S}}_{\mathrm{O_2}}=0$, $x \geq \delta_{\mathrm{N}}$ で $C_{\mathrm{O_2}}=C^{\mathrm{bulk}}$ となる。拡散層内の濃度勾配は直線的とされているので電極表面の濃度勾配および酸素の拡散限界のフラックス $J_{\mathrm{lim,O_2}}$ は次式で表される。

$$\left(\frac{\partial C}{\partial x}\right)_{x=0}=\frac{C^{\mathrm{S}}_{\mathrm{O_2}}-C^{\mathrm{bulk}}}{\delta_{\mathrm{N}}},\quad J_{\mathrm{lim,O_2}}=-D_{\mathrm{O_2}}\left(\frac{\partial C}{\partial x}\right)_{x=0}=\frac{D_{\mathrm{O_2}}C^{\mathrm{bulk}}}{\delta_{\mathrm{N}}} \tag{4.27}$$

また，酸素の拡散限界電流密度 $i_{\mathrm{lim,O_2}}$ は次式となる。

$$i_{\mathrm{lim,O_2}}=nFJ_{\mathrm{lim,O_2}}=\frac{4FD_{\mathrm{O_2}}C^{\mathrm{bulk}}}{\delta_{\mathrm{N}}} \tag{4.28}$$

水膜下でのカソード反応において，水膜の厚さ $d_{\mathrm{w.l}}$ が拡散層の厚さ δ_{N} よりも薄くなった場合には，同図に示すように水膜表面の濃度が溶解する酸素の濃度となるため，C^{bulk} に等しくなる。この場合には，拡散層に対応する厚さが $d_{\mathrm{w.l}}$ となるため，拡散のフラックス（濃度勾配に比例）および拡散限界電流密度 $i'_{\mathrm{lim,O_2}}$ は Nernst の拡散層の場合よりも大きくなる。

$$i'_{\mathrm{lim,O_2}}=nFJ'_{\mathrm{lim,O_2}}=\frac{4FD_{\mathrm{O_2}}C^{\mathrm{bulk}}}{d_{\mathrm{w.l}}}>i_{\mathrm{lim,O_2}} \tag{4.29}$$

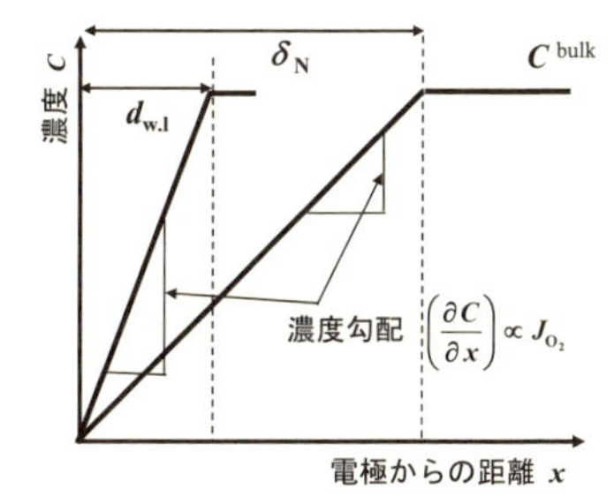

図 4-37　バルク溶液および水膜下での酸素拡散限界電流における電極近傍での濃度変化
δ_N：Nernst の拡散層厚さ,
$d_{w.l}$：水膜の厚さ。

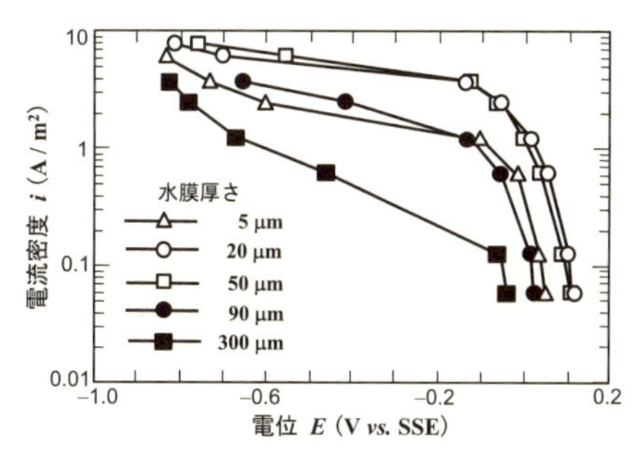

図 4-38　水膜の厚さを変化させたときの酸素の拡散限界電流
[T. Tsuru, A. Nishikata, J. Wang：*Mat. Sci. Eng.*, **A 198**, 161(1995)]

図 4-38 は水膜の厚さを 300 μm から 5 μm まで変化させたときの Pt 上での酸素還元のカソード分極曲線を示したもので，液膜厚さの減少に伴って限界電流が増加しているのがわかる[33]。しかしながら，液膜厚さが 5 μm と 20 μm では限界電流に大きな差はみられない。

式 (4.29) より，$i'_{\lim,O_2} \propto 1/d_{w.l}$ をプロットしたのが図 4-39 である。拡散限界電流密度は $1/d_{w.l}$ が小さい範囲（水膜がある程度厚い範囲）では直線的に変化するが，ある程度まで増加するとほぼ一定値になってしまい，その一定値は溶液中の塩濃度に依存していることがわかる。この現象は次のように考えることができる[37]。

溶存酸素の供給源は大気中の酸素であり，その濃度はほぼ一定と考えてよい。大気中の酸素が電極表面に到達し反応するには，気相から溶液への酸素の溶解過程 (a) ⇒ 電極表面への溶液中の酸素の拡散過程 (b) ⇒ 電極表面での消費過程 (c) の各過程を連続的に経由して進行する必要がある。連続反応であることから，各段階の反応速度を v_a，v_b，v_c とすると全体の反応速度 v_t は次式となる。

$$\frac{1}{v_t} = \frac{1}{v_a} + \frac{1}{v_b} + \frac{1}{v_c} \tag{4.30}$$

v_a は溶液表面での気相からの化学溶解の速度，v_b は溶液中の拡散速度に対応する。化学溶解の速度はその速度定数を k_a とおくと $v_a = k_a p_{O_2}$ とすることができる。電極反応速度 v_c は極めて大きいとして全体の反応速度を電流で表すと（限界電流密度として $i_{\lim}$ で表記），次式となる。

$$\frac{1}{i_{\lim}} = \frac{1}{4Fk'_a C_{O_2}^{sat}} + \frac{d_{w.l.}}{4FD_{O_2}C_{O_2}^{sat}} \tag{4.31}$$

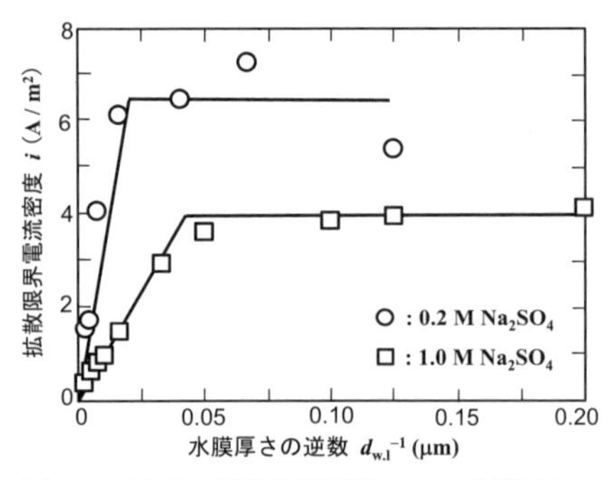

図 4-39　酸素の拡散限界電流 i_{lim,O_2} の水膜厚さの逆数 $1/d_{w.l}$ に対する依存性
[山崎隆生，西方　篤，水流　徹：材料と環境，**50**, 30 (2001)]

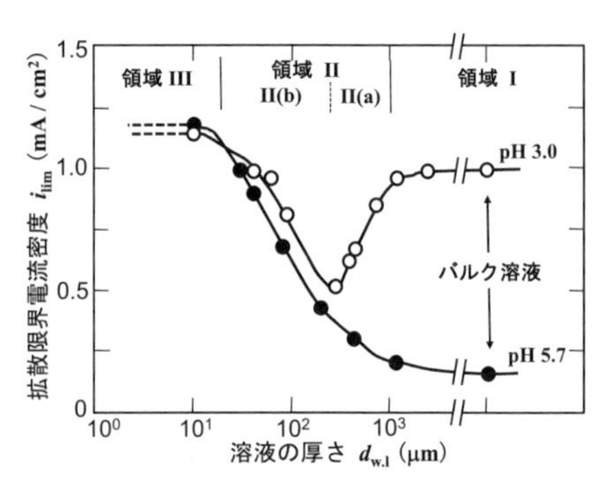

図 4-40　中性および弱酸性の液膜下でのカソード電流の液膜厚さ依存性
[A. Nishikata, Y. Ichihara, T. Tsuru：*J. Electrochem. Soc.*, **144**, 1244 (1997)]

ここで，$C_{O_2}^{sat}$ は気 / 液界面での O_2 の溶解度で p_{O_2} と溶液中の電解質濃度に依存する。この式から，Nernst の拡散層の厚さよりも水膜厚さ $d_{w.l}$ が小さくなっても，式 (4.29) に従って拡散限界電流が無限に大きくなるわけではなく，気相の酸素分圧と酸素の溶解度を決める電解質濃度に依存した一定値を取ることがわかる。

中性およびアルカリ性のバルクの水溶液での腐食のカソード反応はほとんどが酸素の還元反応であり，酸性および弱酸性の水溶液では H^+ の還元による H_2 発生反応がカソード反応である。ところが，弱酸性の pH 3.0 の水溶液の液膜では液膜の厚さによってカソード反応の主体が H_2 発生から酸素の還元反応に移行する。図 4-40 に pH 5.7 および pH 3.0 の 0.1 M Na_2SO_4 + NaCl の液膜下での Pt 電極における酸素のカソード限界電流密度の液膜厚さ依存性を示す[38]。pH 5.7 の液膜では，液膜厚さが 1000 μm (1 mm) を超えるとほぼバルクの拡散限界電流密度となり，それより薄い液膜では液膜厚さの減少に伴って酸素の拡散限界電流密度が増加し，ほぼ 10 μm 以下で一定の限界電流密度となっている。一方，pH 3.0 の溶液では，液膜厚さが厚い範囲では H^+ の還元に伴うカソード電流が流れるため，pH 5.7 の酸素還元の拡散限界電流密度よりも大きい。しかしながら，液膜の厚さが小さくなると，液膜厚さの減少とともに限界電流密度は減少しはじめ，液膜厚さが 200 μm よりも薄くなると再び液膜厚さの減少に伴って限界電流密度が増加する。さらに，200 μm よりも薄い液膜での限界電流密度は pH 5.7 の限界電流密度とほぼ等しく，酸素の拡散限界電流密度が現れていることを示している。すなわち，液膜の厚さが薄くなると，液膜内の H^+ の量が少なくなり，液膜の沿面方向の拡散量も減少するため，H^+ によるカソード電流は液膜厚さの減少に従って減少する。一方, 酸素の拡散は液膜の膜厚方向の拡散であるため, 膜厚が薄くなるほど拡散速度（量）は増加し，この実験例では 200 μm 以下の液膜厚さでは酸素の拡散限界電流が H^+ によるカソード反応を凌駕してしまうことを示している。これらの結果は，弱酸性の溶液であっても，液膜の厚さによっては H^+ によるカソード反応が重要でなくなる場合があることを示している。

このような水膜の厚さの違いに伴うカソード反応の変化によって腐食反応にはどのような影響がみられるであろうか。

図 4-41 は，pH 3.0，4.0，5.7 の 0.1 M Na_2SO_4 溶液を用い，異なる厚さの液膜で Fe を覆い，Fe の腐食速度の違いを交流インピーダンスの $1/R_p$ から腐食速度 i_{cor} に換算して示したものである[38]。実験開始 0.5 h 後では，液膜厚さが厚い pH 3.0 の溶液での腐食速度は pH 4.0，5.7 の場合より大きいが，図 4-40 に示したように液膜厚さが 200 ~ 300 μm より薄くなると pH による違いはほとんどみられなくなる。経過時間が 3 h を超えると液膜厚さが 1 mm 程度になっても pH 5.7 とあまり変わらない腐食速度にまで低下し，全体の液量にもよるものの低 pH の効果が薄れつつあることを示している。これらの結果は，カソード反応における酸素の役割，液膜厚さによる酸素拡散の効果を示すとともに，カソード反応物質の濃度やその供給が溶液･液膜の条件

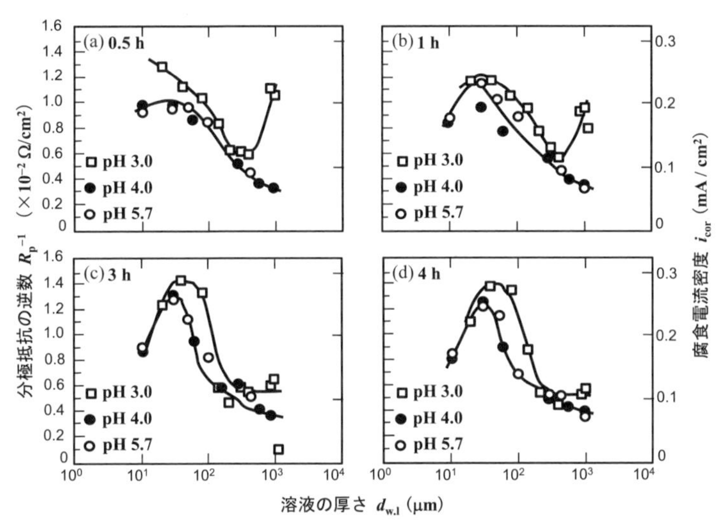

図 4-41　異なる pH の 0.1 M Na_2SO_4 溶液の液膜で覆われた Fe の腐食速度の経時変化
腐食速度 i_{cor} はインピーダンス測定による分極抵抗 R_p から換算したもの。
［A. Nishikata, Y. Ichihara, T. Tsuru：*J. Electrochem. Soc.*, **144**, 1244(1997)］

によって異なり，腐食反応機構や腐食速度に大きく影響を与えることを示している。

4.4.2 土壌腐食

土中に埋設された配管やラインパイプは，土質や水分量が異なるいくつもの領域を横断して配置される場合が多い。一般に，岩石・小石 (>2 mm)，砂利 (1 ~ 2 mm)，砂 (0.05 ~ 1 mm)，シルト (0.002 ~ 0.05 mm) および粘土 (<0.002 mm) の順に通気性が低下し，保水率も高まるために腐食性が大きいとされている。また，近接した通気性の異なる土壌に配管などがまたがっている場合，次項で述べる通期差腐食によって通気性の高い土壌側をカソードとする腐食が進行する場合がある。さらに，土壌の電気抵抗による分類もされており，土壌の比抵抗が 10 kΩ cm 以上では腐食性は極めて小さく 1 kΩ cm 以下では腐食性が極めて大きいとされているが，実際の土壌抵抗は変動が大きく，腐食量との定量的関係はあまり高くないとされている。また，コンクリート構造物から土壌中に埋設された配管などでは，pH の高いコンクリート側をカソードして，土壌側で局部的な腐食を生じる場合があり，コンクリート内の配管と土壌中の配管との間で電気的絶縁やスリーブにより配管とコンクリートの接触を避けるなどの対策が取られている。

地中にはいろいろな原因による電流が流れている。地磁気による地電流は大規模ではあるが，腐食にはほとんど影響を与えない。一方，人為的な電流としては，電気鉄道・路面電車からの漏洩電流，カソード防食による漏洩電流等があり，これらによる腐食を迷走電流腐食 (たんに電食ともいわれる) とよんでいる。地上に敷設された路面電車や電気鉄道のレールは架線から供給された電流のリターン回路となっているが，レールから大地へ漏れた電流が地下埋設物をバイパスして流れる場合には，電流の流出点で著しい腐食が起こる。迷走電流が存在するか否かの検証では対象物の対地電位を測定し，電車の通過あるいはカソード防食電流の on/off に伴って電位が変動する場合はそれらを原因とすることができる。対策としては，レールの接地抵抗を大きくし，レール接続部の電気的な抵抗を抑え，漏洩電流を少なくするとともに，リターン回路に整流器を挿入して電流を排出する強制排流などが行われており，文献[39]に詳細が述べられている。また，地下埋設物や地上構造物の接地面の防食のためにカソード防食が行われている場合，アノードと防食対象物の間にある地下埋設物を防食電流がバイパスすると，電流の流出点で局部的な腐食が発生する。なお，危険物の地下タンクなどの防食については，腐食防食学会により規格が制定されている[40]。

4.4.3 通気差腐食

通気差腐食については，中性の溶液環境に浸漬された鋼板で，酸素がほとんど存在しない状態（脱気状態）と酸素が十分に存在する状態（通気状態）が混在すると，酸素が多い部分がカソードとなり腐食速度が大幅に低下し，酸素が少ない部分でのアノード反応（腐食）を大幅に加速すると理解されている。しかしながら，誤解も多いので以下では分極曲線を用いて検討する。

図 4-42 は Evans が用いた通気差腐食（酸素濃淡電池腐食）の電解セルの概念図である[41]。脱気側と通気側のそれぞれに浸漬した Fe 試料極を系外で短絡して腐食量を測定すると，脱気側の腐食速度が増加するとされている。しかしながら，実際に追試実験を行うと脱気側の腐食速度が増加する場合やほとんど変化がない場合など，試験条件によっては再現性が得られないことも多い。

図 4-43(a) は脱気側，通気側の Fe 電極が同一面積でいずれもが不働態化しない場合の分極曲線を模式的に示すもので，i_a は両電極のアノード分極曲線，$i_{c,deaer}$ と $i_{c,aerate}$ は脱気および通気状態のカソード分極曲線である。両電極が短絡されていない状態での腐食速度は $i_{cor,deaer}$ と $i_{cor,aerate}$ で示されるように，通気側の腐食速度が大きくなる。両電極を短絡すると，破線で示すように全体のアノード曲線は約 2 倍($I_a \fallingdotseq 2\times i_a$)になり，カソード曲線はやや増加 ($I_c = i_{c,\,deaer} + i_{c,\,aerate} \fallingdotseq i_{c,aerate}$) する。$I_a = I_c$ となる電位が腐食電位 $E'_{cor,\,couple}$ となり，そのときの両電極のアノード電流はともに i'_a となる。以上のことから，脱気側の腐食速度は $i_{cor,\,deaer}$ から i'_a となりかなり増加するが，通気側の腐食速度は大まかにはほぼ 1/2 に減少することとなる。また，脱気側と通気側の電極面積

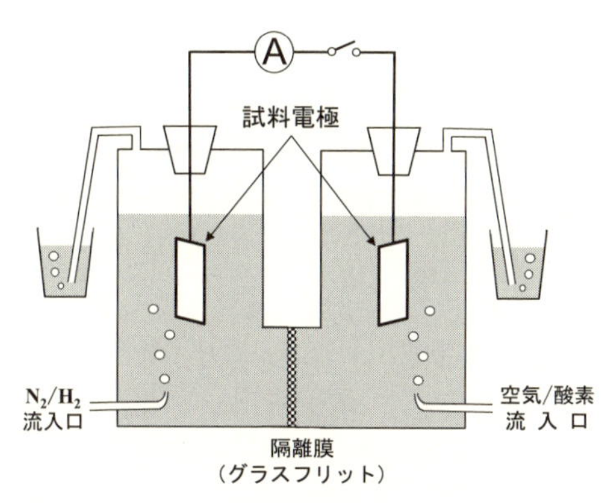

図 4-42 Evans の通気差腐食の実験セル（概念図）

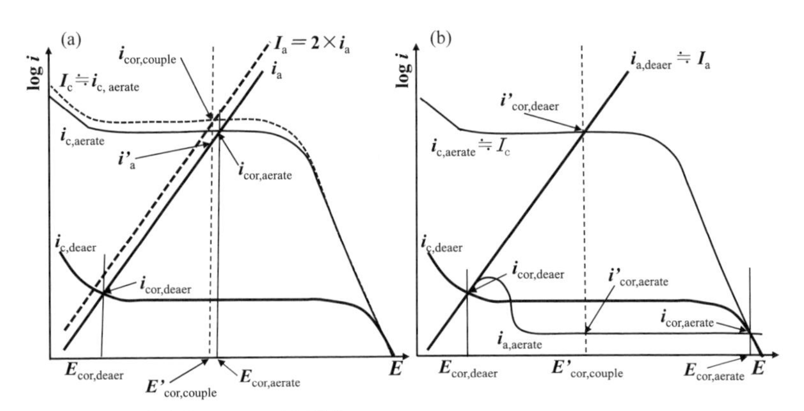

図 4-43　通気差腐食における分極曲線
(a) 両電極が不働態化しない場合　　(b) 通気側の電極が不働態化している場合

が極端に異なる場合でも，脱気側の腐食速度が通気側の腐食速度を上回ることはない。一方，通気側が不働態化している場合（図 4-43(b)）には，短絡前の通気側の腐食速度 $i_{cor,\ aerate}$ は不働態保持電流となり極めて小さい。両電極を短絡したとき脱気側が不働態化しない場合には，アノード電流 I_a はほぼ $I_a ≒ i_{a,\ deaer}$，カソード電流はほぼ $I_c ≒ i_{c,\ aerate}$ となるため，腐食電位は図中の $E'_{cor,couple}$ となり脱気側の腐食速度は $i_{cor,\ deaer}$ から $i'_{cor,\ deaer}$ に大幅に増加する。一方，通気側の腐食速度は $i_{cor,\ aerate}$ から $i'_{cor,\ aerate}$ に移るが，いずれも不働態保持電流であり腐食速度はほとんど増加しない。さらに，両電極が実験開始時から不働態化している場合には，通気･脱気によるカソード電流の差は腐食電位にほとんど影響を与えず，いずれも不働態保持電流を保つため，両電極に腐食速度の差を生じないこととなる。

水溶液の場合には，撹拌などによって酸素濃度差が固定されることは多くはないが，土壌腐食の場合には，通気差の異なる土壌が隣接している場合などに，通気性が低い（酸素供給量が少ない）土壌側がアノードとなり，通気性の高い土壌がカソードとなることによる部分的な腐食速度の違いがみられる。また，配管などがコンクリート部と土壌とをまたいでいる場合には，コンクリート内はアルカリ環境で不働態化しているため，図 4-43(b) に示したように不働態化していない土壌部が大きな腐食速度となる。とくに，配管などがコンクリート内の鉄筋と接触している場合には，カソード部の面積が極端に大きくなるため，土壌部での腐食を著しく加速する。

4.4.4　微生物による腐食

自然界には多様な微生物が生息し，それらの直接的あるいは間接的な作用によって金属の腐食が加速される現象を微生物腐食（microbiologically influenced corrosion, MIC）とよんでいる。鉄鋼の微生物腐食に関与するおもな細菌（bacteria）を表 4-6 に示す[42]。

硫酸塩還元菌（sulfate reducing bacteria, SRB）は嫌気性環境に生息し，SO_4^{2-} を S^{2-} まで還元する。腐食を加速する機構については，腐食のカソード反応で生じる分子状水素を触媒作用によって減少させる復極（depolarization）作用によると説明されてきたが，このようなヒドロゲナーゼ（hydrogenase）活性のない SRB でも腐食促進作用が確認され，腐食への関与の詳細については不明である。鉄細菌（iron bacteria, IB）は中性から弱アルカリ性環境に生息し，Fe^{2+} の Fe^{3+} への酸化を加速し，Fe_3O_4, FeOOH と自らの代謝物によるさびこぶを形成する。鉄酸化細菌（iron oxidizing bacteria, IOB）は SO_4^{2-} を含む低 pH 環境に生息し，この pH では安定である Fe^{2+} を Fe^{3+} に酸化し，$FeSO_4$ が $Fe_2(SO_4)_3$ を経て $Fe(OH)_3$ と H_2SO_4 に加水分解することにより pH が低下し腐食を加速する。硫黄酸化細菌（sulfcr oxidizing bacteria, SOB）は低 pH の硫黄（S）や H_2S が存在する環境に生息し，S あるいは S^{2-} を SO_4^{2-} に酸化し pH を低下させる。

表 4-6　腐食に関与するおもな微生物とその機能

微生物の種類	活動環境		生息環境	生物活動	生成物
		pH			
硫酸塩還元菌（SRB）	嫌気性	5 ～ 9	嫌気性の粘土，ヘドロ，さびこぶ，など	SO_4^{2-} を $S_2O_3^{2-}$ を経て S^{2-} にまで還元	FeS，H_2S
鉄細菌（IB）	好気性	7 ～ 9	Fe，Mn などを含む井水，地下水，など	Fe^{2+} を Fe^{3+} に酸化	Fe_3O_4，FeOOH
鉄酸化細菌（IOB）	好気性	2 ～ 2.5	好気性の硫酸性の環境	Fe^{2+} を Fe^{3+} に酸化，生成する $FeSO_4$ は加水分解により H_2SO_4 を生成	$FeSO_4$, $Fe_2(SO_4)_3$, Fe $(OH)_3$，H_2SO_4
硫黄酸化細菌（SOB）	好気性	2 ～ 3.5	好気性の土壌，油井，硫黄鉱床，汚水，など	硫黄（S），H_2S，FeS を酸化し H_2SO_4 を生成	H_2SO_4

［腐食防食協会 編：“材料環境学入門”，p.215，丸善（1993）］

微生物腐食においては，腐食生成物とともに微生物の代謝物からなるスライム(slime)あるいはバイオフィルムが形成され，その中での微生物の繁殖と腐食の局在化が起こる[43]。バイオフィルムによって金属表面への酸素の供給にむらを生じ，微視的なアノードとカソードによる腐食が促進されるともいわれている。

微生物腐食では，ステンレス鋼の溶接部にスケルトン状の腐食を起こす例などが報告されているが，腐食の原因が微生物であったことを証明することは意外と難しい。腐食部位に微生物が存在していても，存在自体が原因とはいえない場合が多いためである。微生物腐食の防止には，バイオサイド（殺菌剤）などの使用が有効であるが，環境汚染のおそれがあり開放系での使用には制約が多い。

4.5　割れを伴わない局部腐食

Fe やステンレス鋼の不働態皮膜は厚さ数ナノメートルと非常に薄いため，機械的には容易に破壊される。また，Cl^-などの攻撃的なイオンによっても化学的に破壊される。しかしながら，不働態皮膜の優れた特徴は，その化学的な安定性と破壊した皮膜が容易に再生して再不働態化できる点にある。とくにステンレス鋼の再不働態化の能力は高く，皮膜表面に機械的にスクラッチを入れても多くの場合は数秒以内に再不働態化を終了することができる。

不働態化した金属・合金は皮膜が安定であることから皮膜が全面で劣化して腐食に至ることは少なく，皮膜の一部で機械的または化学的な破壊が起ったときに皮膜の修復・再不働態化ができない場合にはその部分での溶解（腐食）が継続し，いわゆる局部腐食が進行することになる。以下では，局部腐食の中で割れを伴わない，すき間腐食(crevice corrosion)，孔食(pitting corrosion)および粒界腐食(intergranular corrosion)について簡単に説明する。

4.5.1　すき間腐食

すき間腐食は同種または異種の金属の接触部や非金属との接触部に生じるすき間の内部が優先的に溶解する現象で，不働態化する金属で多くみられ，すき間内部と外部との間の物質移動が制限された条件で腐食が進行する。炭素鋼や銅合金などでも腐食生成物膜（いわゆる“さびこぶ”など）の下で物質移動が制限され，ほぼ同様の機構で腐食が進行するが，ここではステンレス鋼などで生じるすき間腐食のみを扱うこととする。

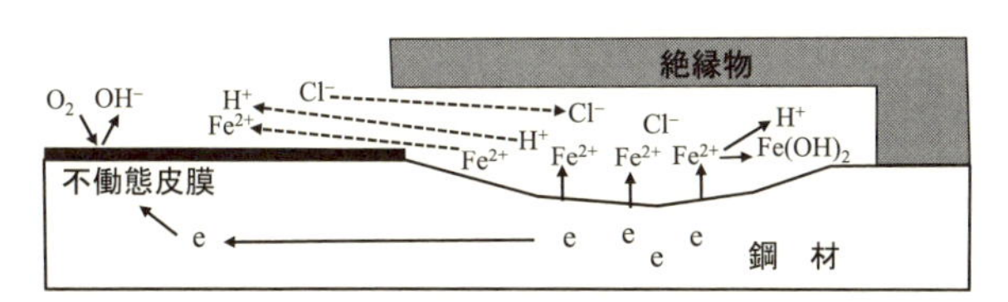

図 4-44 ステンレス鋼でみられるすき間腐食部のすき間部内外の反応と物質移動の模式図（金属イオンは Fe^{2+}のみを表示）

一般に，ステンレス鋼に生じるすき間腐食の場合には，すき間内の一部または全面で腐食が進行し，すき間部以外（自由表面）ではまったく腐食は起こっていない。腐食の状態はいろいろなケースによるが，すき間の開口部からいくらか奥まったところでもっとも激しく腐食している例が多い。すき間腐食は以下の過程で進行すると理解されている（図 4-44，金属イオンは Fe^{2+}のみを表示）。

① すき間部の内外ともに不働態化している。この状態では，不働態皮膜は不働態保持電流 i_{pas} に対応する速度で皮膜溶解が起こっている。

② すき間内部の酸素（酸化剤）が消費され，すき間内の i_{pas} に対応するカソード電流は自由表面での反応によって供給される。これ以降，すき間内部ではアノード電流のみが流れることになる。すき間内部のアノード電流を流すために，すき間内から自由表面に向かって溶液内を正の電荷が移動する必要がある。通常は，金属イオン（同図では Fe^{2+}）がすき間外へ，すき間外のアニオン（図では Cl^-）がすき間内へ，それぞれの輸率に従って移動する。

③ すき間内部で時間とともに濃度を増した Fe^{2+}は加水分解反応により酸化物・水酸化物として沈殿し，H^+を生成してすき間内の溶液の pH が低下する。自由表面でのカソード反応が十分であれば，pH の低下と Cl^-濃度の増加によりすき間内での Fe^{2+}の溶解度が増しアノード溶解の反応速度は増加する。すき間内とすき間外との間の物質移動の抵抗が律速となるが，すき間外へ泳動するイオンには H^+が加わる。

これらの過程で Cl^-の輸率は 0.5 に近く，すき間内部は $FeCl_2$ の飽和濃度に近くなるまで Cl^-の濃縮が起こる。また，すき間内部の溶液の pH は溶出する金属イオンの濃度とそれの加水分解反応の pH によって決まる。表 4-7 に示すように，Fe^{3+}，Cr^{3+}を生じる場合には，加水分解反応（沈殿反応）によってすき間内の溶液はきわめて低い pH にまで低下することがわかる。実際のすき間腐食においては，Fe^{3+}よりも Cr^{3+}による pH 低下が起こっているものと考えられている。すき間内部の Fe^{2+}は水和イオンとして泳動によってすき間内から外部へと移動する。すき間外部は内部より pH が高いことから外部に出たFe^{2+}は二価または溶存酸素によって酸化された三価の水酸化物として沈殿するため，外部溶液の撹拌が少ない環境では，多くの場合すき間腐食の開口部の近傍には茶色の沈殿物が付着しているのがみられる。すき間内部のCl^-濃度が高くなると，Fe^{2+}はオキシクロライド錯イオンを形成し負の電荷が帯びるため，すき間外部への泳動には寄与しなくなり，すき間内部のイオン濃度を高めることになる。

すき間腐食の速度には，すき間の開口部を通過する物質移動の抵抗（すき間開口部の大きさ）とすき間内のアノード反応を支える自由表面でのカソード反応の電流値の総和が影響する。図4-45は炭素鋼の硝酸溶液中でのすき間腐食速度に与えるすき間開口部の大きさとすき間腐食速度との関係を示したもの[44]で，すき間の開口部が大きすぎると物質移動の制限が小さくなりすき間部内での金属イオン，Cl^-，H^+の濃縮が進まずすき間内の腐食速度は大きくならない。すき間の開口部があまりに小さいと

表4-7　Fe，Cr，Niの溶解イオンの加水分解における平衡pHと金属イオンが1 mol/LにおけるpH

反　応	平衡するpH	金属イオンが1 mol/LのときのpH
$Fe^{2+}+H_2O \longrightarrow FeOH^+ + H^+$	$pH=4.75-1/2\log[Fe^{2+}]$	4.75
$Fe^{2+}+2H_2O \longrightarrow Fe(OH)_2+2H^+$	$pH=6.64-1/2\log[Fe^{2+}]$	6.64
$Fe^{3+}+3H_2O \longrightarrow Fe(OH)_3+3H^+$	$pH=1.61-1/3\log[Fe^{3+}]$	1.61
$Fe^{3+}+2H_2O \longrightarrow Fe(OH)_2^+ +2H^+$	$pH=2.00-1/3\log[Fe^{3+}]$	2.00
$2Fe^{3+}+2H_2O \longrightarrow Fe_2(OH)_2^{4+}+2H^+$	$pH=0.71-1/2\log[Fe^{3+}]$	0.71
$Fe^{3+}+H_2O \longrightarrow FeOH^{2+}+H^+$	$pH=1.52-1/2\log[Fe^{3+}]$	1.52
$Cr^{2+}+2H_2O \longrightarrow Cr(OH)_2+2H^+$	$pH=5.50-1/2\log[Cr^{2+}]$	5.50
$Cr^{3+}+3H_2O \longrightarrow Cr(OH)_3+3H^+$	$pH=1.60-1/3\log[Cr^{2+}]$	1.60
$Ni^{2+}+2H_2O \longrightarrow Ni(OH)_2+2H^+$	$pH=6.09-1/2\log[Ni^{2+}]$	6.09

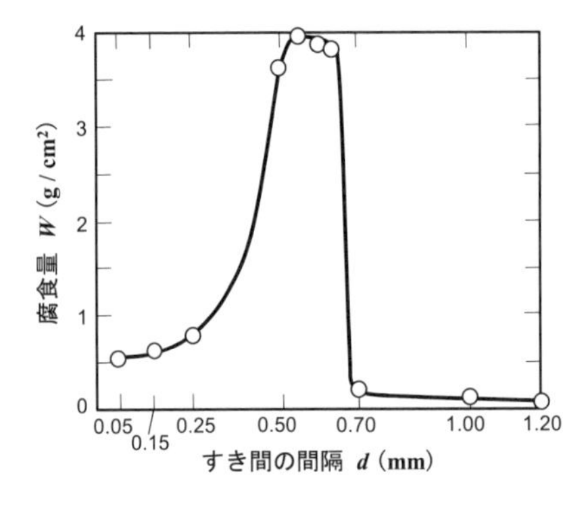

図4-45　硝酸溶液中の炭素鋼のすき間腐食速度に及ぼすすき間開口量の影響

［I. L. Rosenfeld：Proc. 5th Intn'l Cong. on Metallic Corrosion (Tokyo, 1972), p.53, (1974)］

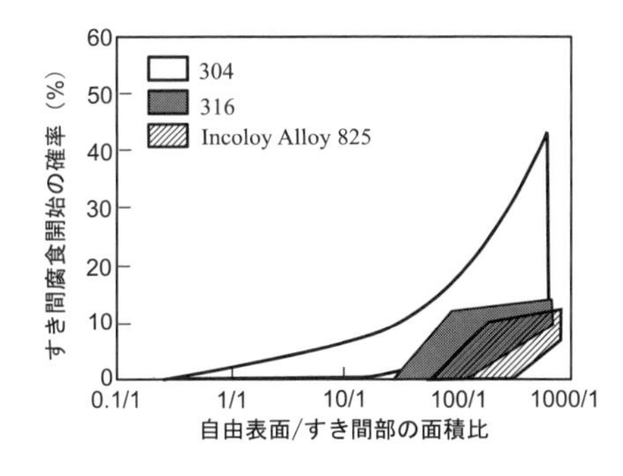

図 4-46　すき間腐食の起こりやすさに対する自由表面 / すき間部の面積比の影響
[D. B. Anderson：Galvanic and Pitting Corrosion－Field and Laboratory Studies－, ASTM-STP 576, p.231, ASTM (1976)]

物質移動の抵抗が大きくなりすぎて，全体的な濃縮速度が小さくなり腐食速度は大きくならない。すなわち，腐食速度を最大にする最適なすき間開口部の大きさがあり，図の例では約 600 μm の開口部の大きさで腐食速度が最大になっていることを示している。さらに，この系ではすき間の開口部を 50 μm 以下に制御することができれば，すき間腐食の速度をかなり抑えられることがわかる。また，すき間腐食の開始あるいはすき間腐食開始後の腐食速度はすき間内部のアノード電流を支える自由表面でのカソード反応の大きさにも依存する。

図 4-46 はステンレス鋼，ニッケル合金のすき間腐食開始の確率に対する自由表面とすき間部の面積比の効果を示すもの[45]で，すき間腐食開始後の腐食速度にも対応する。図より，Incoloy 825，SUS 316，SUS 304 鋼の順にすき間腐食の確率が大きくなること，および自由表面（カソード）の面積比が大きくなるほど腐食の確率（および腐食速度）が増大することを示している。

4.5.2　孔食の発生と成長

すき間腐食は，発生のためのすき間の幾何学的な形状が適している場所で起こるため，その発生位置をある程度予測することができる。孔食は多くの場合自由表面の任意の位置（とはいっても，金属表面に現れた偏析，介在物あるいは溶液側の条件に依存するが）で孔食萌芽が発生し，その一部が成長性孔食として拡大，進行する。孔食の成長過程はすき間腐食とほぼ同様の物質移動を制限された条件での局部腐食であることから，ここでは孔食の発生に注目して検討を行う。

岡本ら[46,47]はほぼ均一な組成の酸化物・水酸化物で構成される不働態皮膜が，Cl^-の吸着，水酸化物イオンとの置換により変質し溶解することによって，孔食の起点が形成されるというモデルを提案した。しかしながら，実用の鋼材やステンレス鋼では含まれる偏析，介在物，析出物の近傍では不働態皮膜の組成や厚さが異なり，皮膜の弱点として孔食の起点となることが指摘されてきた。とくに，ステンレス鋼に含まれるMnSは孔食の起点として注目され，重点的にその影響が調べられている。たとえば，西方ら[48,49]はステンレス鋼の前処理として強酸中でMnSを優先溶解させることによって，その材料の孔食感受性が低下することを報告している。

材料の耐孔食性や環境の厳しさを評価するために，溶液の環境（Cl^-濃度，温度など）と電極電位の関係が注目され，一定の電位での分極によって孔食が発生しない臨界の電位を求め，その電位以上で孔食が発生する電位と定義することが考えられた。しかしながら，孔食発生までの時間をどこで区切るかの根拠がみつからず試験に長時間を要することなどから，極めて遅い電位走査速度でアノード分極曲線を測定する方法が行われるようになった（図4-47）。

JISに決められた方法[50]では，20 mV/minまたはそれ以下の電位走査速度で，アノード電流が継続的に増加し電流密度が10 μA/cm^{2}または100 μA/cm^{2}を超えたもっとも高い電位を孔食電位$E_{pit,10}$または$E_{pit,100}$（JISでは$V'_{c,10}$および$V'_{c,100}$）と定義する。電位走査法による測定では，電位走査速度が大きくなるほどE_{pit}の値は高くなるので，同一の電位走査速度で比較するなどの注意が必要である。一方，米国では電位走査における電流の立ち上がりの電位を孔食電位E_{pit}，孔食が成長した後に逆方向に分極して電流が不働態保持電流を切る電位またはカソード電流が流れはじめる電位をこの電位以下では孔食の発生・成長が起こらない孔食保護電位E_{prot}と定義することが行われている。

実際に孔食電位の測定を行ってみると，同一の試料，試験条件であっても測定されるE_{pit}はかなりばらついていることに気付く。柴田は[51,52]このばらつきは試験の方法や条件のわずかな誤差によるものではなく，孔食の発生・成長が確率過程による現象であるため本質的にばらつきをもつ値であることを指摘し，孔食電位を統計的に処理

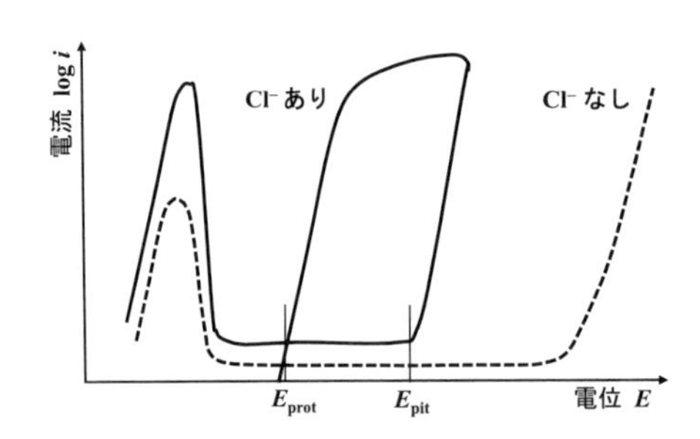

図4-47　電位走査法による孔食電位E_{pit}，孔食保護電位E_{prot}の定義（模式図）

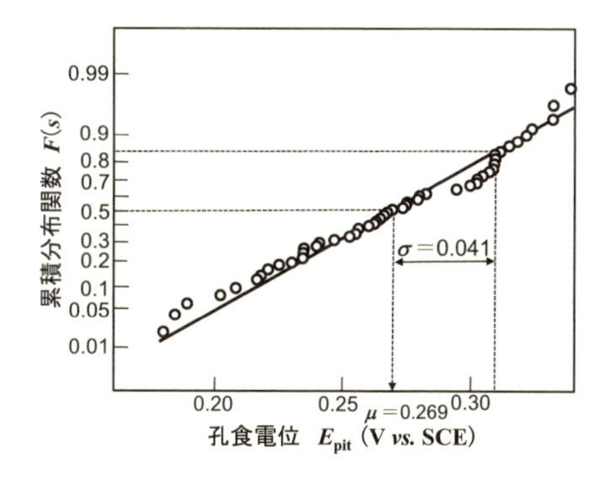

図 4-48　SUS 304 鋼の 3% NaCl 水溶液中での JIS 法 (20 mV/min, 10 mA/cm²) により測定された孔食電位の正規確率紙へのプロット
［腐食防食協会 編：“装置材料の寿命予測入門”, p.72, 丸善 (1984)］

することの必要性を指摘した。図 4-48 は 3% NaCl 水溶液中で JIS 法 (20 mV/min, 10 μA/cm²) により測定された SUS 304 鋼の孔食電位 E_{pit} を正規確率紙にプロットしたもので，0.195 V から 0.40 V まで分布している多くのデータが，きわめてよい直線性を示している。この結果はこれらの測定値が正規分布をしていることを示す[53]。図の $F(s)=0.5$ から孔食電位の平均値 $\mu=0.269$ V, $F(s)=0.84$ から標準偏差 $\sigma=0.041$ V が求められる。電位走査法によって求められる孔食電位は本質的にばらつく性格があることが確認されたため，この方法によって信頼性のあるデータを得るためには統計処理が可能な数 (少なくとも 5 ~ 10 個) の測定点が必要であるといえる。

電位走査法による孔食電位のばらつきに対して，最近では孔食臨界温度 T_{crit} を測定する方法が提案され，ISO でも規格化が検討されている。孔食臨界温度の測定は，一定の電位に分極した状態で徐々に温度を上昇させアノード電流が急増する温度を測定するもので，柴田ら[54]によってより簡便な測定法が提案されており，6 章で紹介する。

4.5.3　粒界腐食

結晶粒界は結晶内部に比べて格子が乱れたやや高いエネルギー状態あるため不純物の偏析などが起こりやすく，アノード溶解が優先的に起こる場所である。しかしながら，多くの金属，実用合金では，結晶粒界のみが奥深くまで優先溶解し，未溶解の結晶粒が金属相からこぼれ落ちることはめったに起こらない。ステンレス鋼などの不働態化しやすい合金では，粒界部が活性溶解状態で溶けるのに対して，結晶粒の母相表面は不働態化しているため溶解速度の差が大きくなり，金属相内部へ粒界の腐食が進行することとなる。また，ステンレス鋼の多くの粒界腐食は，熱履歴に伴う鋭敏化 (sensitization) による場合がほとんどである。従来から，粒界腐食感受性の評価方法には酸溶液に浸漬するいくつかの方法が採用され規格となっているが，本節では粒界腐食の電気化学的評価法を中心に述べることとする。

オーステナイト系ステンレス鋼（たとえば，SUS 304 鋼）の鉄－炭素の平衡状態図において，常温のオーステナイト（γ）相に固溶できる炭素量は約 0.03% である。しかしながら，1050 ℃以上で溶体化され比較的速い速度で冷却された鋼材は，炭化物を析出することなく過飽和の C を固溶した γ 相となる。この鋼材が再び加熱されると過飽和の C が Cr リッチな炭化物 $M_{23}C_6$ として γ 相の粒界に析出する。図 4-49 は 304 および 304 L 鋼の炭化物析出による鋭敏化の起こりやすさを示したもの[55]で，TTS あるいは TTP 曲線（time-temperature-sensitization あるいは precipitation 曲線）とよばれ，図におけるノーズ（析出がもっとも早くはじまる温度と時間）の位置は，炭素量によって大幅に変化することがわかる。また，316 鋼でのノーズは 900 ℃, 0.05 h 付近にみられ，保持温度，冷却曲線がこのノーズ以降になると炭化物の析出が起こることとなる。析出した炭化物は大量の Cr を取り込むため，そのまわりの Cr 濃度が減少し，クロム欠乏層（chromium deplete zone）が形成される。炭化物はおもに結晶粒界に析出することから，γ 相の結晶粒界に沿って Cr 濃度の低い γ 相が連なることとなる。

図 4-50 は種々の時間で鋭敏化した SUS 304 鋼の 90 ℃，1 M H_2SO_4 中でのアノード分極曲線を示したもの[56]で，不働態保持電流 i_{pass} および 不働態化のピーク電流 i_{crit} が鋭敏化によって増加している。このアノードピークは活性態－不働態の遷移を表しており，この遷移の大きさ（ピーク下の面積）を鋭敏化の指標として用いることが提案された。実際には，活性態から不働態への遷移よりも，不働態化した試料を KSCN を含む硫酸溶液で卑な電位方向へ走査するときにみられる活性化のためのアノード電流を測定する方法がとられ，電気化学的再活性化（electrochemical potentiokinetic re-

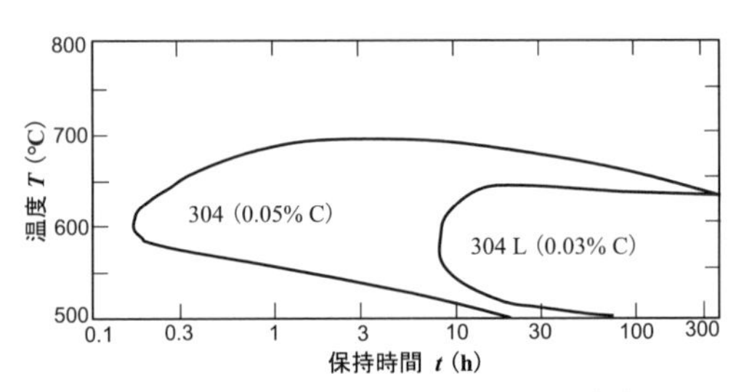

図 4-49　SUS 304 および 304 L 鋼の Strauss 試験による時間－温度－鋭敏化（TTS）曲線
［A. J. Sedriks：“Corrosion of Stainless Steels, 2nd Ed. ”, p.238, Jhon Wiley (1996)］

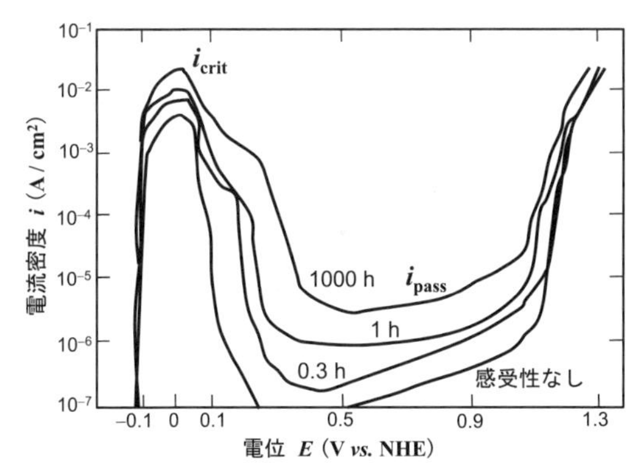

図 4-50 650 ℃で各時間の鋭敏化処理を行った SUS 304 鋼の 90 ℃，1 M H_2SO_4 中でのアノード分極曲線
[K. Osozawa, K. Bohnenkamp, H. J. Engell : *Corros, Sci.*, **6**, 421 (1966)]

activation，EPR) 法とよばれ，6 章で述べるように JIS および ASTM の試験法として規規格化されている。

このような Cr 炭化物の析出に伴う Cr 欠乏層の形成による粒界腐食は，溶接熱影響部 (heat affected zone，HAZ) に現れることが多く，C との親和性が高く Cr よりも炭化物を形成しやすい Ti，Nb をステンレス鋼に添加することによって Cr 炭化物の生成を抑制することができる (安定化処理)。また，溶接後に Cr の拡散が十分に速い温度域まで加熱する熱処理によって，Cr 欠乏層に母相から Cr を拡散させて Cr 濃度を回復することで，粒界腐食を抑制することが可能である。

4.6 割れを伴う局部腐食

割れを伴う腐食あるいは腐食に伴う割れには，応力腐食割れ (stress corrosion cracking，SCC)，腐食疲労 (corrosion fatigue，CF)，水素脆化 (hydrogen embrittlement，HE) などがあるが，割れの発生･進展に腐食の寄与が明確なのは SCC，CF であり，HE については割れの発生･進展に寄与する水素の供給源としての腐食が問題となる。

4.6.1 応力腐食割れ

応力腐食割れ (SCC) は材料の降伏応力あるいはそれよりも低い引張応力で材料に

き裂が発生・進展する劣化現象で，一般にき裂が発生していない部位では劣化は生じていない。SCCのき裂進展の機構とその特徴は辻川らによってまとめられている（表4-8）[57]。以下ではその機構について簡単に説明し，電気化学反応との関係を検討する。

（i）**変色皮膜破壊機構（TR機構）**　厚い皮膜（tarnishing rust，変色皮膜）が生成する材料と環境の組合せで，降伏応力に近いやや大きな応力で発生する。腐食によって厚い腐食生成物皮膜が生成し，それらが安定な電位域は，金属素地が活性溶解する電位よりも貴な領域である。一般に，酸化物などの腐食生成物皮膜は変形能が小さく，下地金属の変形によってこれらの皮膜に割れを生じると，溶液に接した下地金属はアノード分極された状態となり溶解・皮膜形成が加速し，ふたたび厚い皮膜で覆われる（皮膜の修復）。次に述べるAPC機構も不働態皮膜の破壊と修復（再不働態化）を繰り返すものであるが，TR機構では露出した下地金属の溶解よりも，皮膜の形成を主体とする機構である。TR機構によるSCCは，アンモニア環境における銅および銅合金，高温高純度水中の鋭敏化304鋼の例などが知られている。

（ii）**活性経路腐食割れ機構（APC機構）**　活性化経路腐食（active path corrosion）割れ機構は，次のように説明される。図4-51に模式的に示すように[58]，不働態化した金属・合金が引張応力ですべり変形し，不働態皮膜に覆われていない金属面（新生面）を生じ，活性溶解を経て再不働態化する。割れ先端での活性溶解では，変形による硬化部分が溶解しすべりが進展する。再不働態化により皮膜が厚くなると皮膜のせん断破壊が起こるという，皮膜破壊，金属の溶解，再不働態化を繰返すことによって割れが進行する。

表4-8　応力腐食割れ機構とその特徴

割れ機構	変色皮膜破壊（TR）	活性経路腐食（APC）	水素脆化（HE）
材　料	厚い（～1 μm）皮膜をもつ金属：低温のCu合金，高温の炭素鋼・低合金鋼，ステンレス鋼，Ni合金	薄い（～1 nm）不働態皮膜をもつ金属：低温の炭素鋼・低合金鋼，ステンレス鋼，Ni合金，Al合金	高強度合金に多い
下限界応力 σ_{th} の条件	σ_{th} はその温度での材料の降伏応力にほぼ等しい	σ_{th} は降伏応力よりもかなり小さい	材料強度の増加により σ_{th} は低下する，切欠き感受性が高い
温度依存性	皮膜が厚くなる高温での例が多い	き裂進展速度の温度依存性が大きい	常温付近での感受性がもっとも高い
カソード防食の有効性	割れの防止に有効	割れの防止に有効	き裂進展を加速する

［腐食防食協会 編：“材料環境学入門”，p.36，丸善（1993）］

ステンレス鋼のSCCに関する試験法としては，ASTMによる1945年の規格をもとに，短期間での割れ発生の再現性が高い酸性の沸騰・濃厚$MgCl_2$溶液での加速試験が広く行われてきたが，この条件はステンレス鋼の実際の使用環境とは著しく異なる過酷な環境であり，その後はより実用環境に近い実験室試験が行われるようになった。たとえば，酸化剤を含む濃厚NaCl溶液中での試験では孔食が発生し，その底面から割れが発生・進展する。また，希薄なNaCl溶液中の人工的にすき間を付与した試験片では，すき間腐食が発生しその後腐食部に割れの発生・成長が起こる。辻川ら[59]は，80℃のNaCl溶液中ですき間をつけた引張試験片で定電位保持試験を行い，図4-52に示すようにすき間腐食が優勢な領域，すき間腐食とSCCが起こる領域，不働態が安定な領域に分けられること，SCCの発生が図中の実線のすき間腐食の再不働態化電位E_R以上で起こることを示した。同様の議論は孔食の底面から発生するSCCに

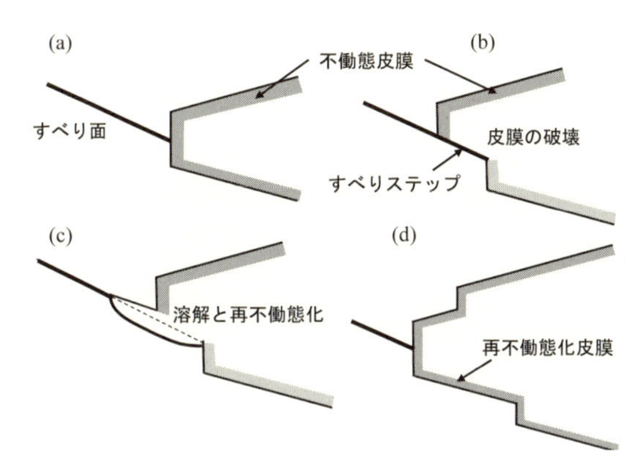

図4-51　皮膜の破壊，割れ先端での溶解，再不働態による応力腐食割れの進展機構
［J. C. Scully：*Corros. Sci.*, **15**, 207(1975)］

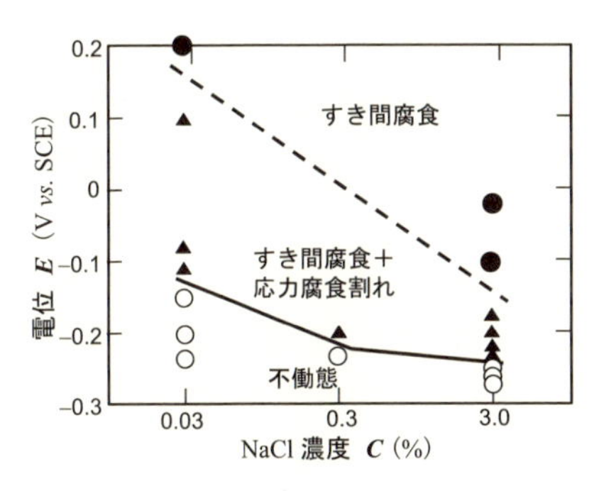

図4-52　80℃ NaCl溶液中におけるすき間つきSUS 316鋼の定電位応力腐食割れ試験による結果
［辻川茂男，玉置克臣，久松敬弘：鉄と鋼，**66**, 2067(1980)］

ついても，食孔の再不働態化電位以下ではSCCが発生しないことが確認されている[60)]。これらは，Cl^-濃度がそれほど高くない中性溶液環境であっても，腐食しているすき間内や食孔内の局部腐食が起こるような環境で割れ先端での溶解が進行することを示唆している。

4.6.2　水素脆化と水素脆化機構

水素が絡む金属材料の劣化には，水素脆性（hydrogen embrittlement，HE），水素化物脆性（hydride embrittlement，HE），水素誘起割れ（hydrogen induced cracking，HIC），水素侵食（hydrogen attack）がある。水素脆性は腐食のカソード反応により金属中に侵入した水素が材料の延性や強度を低下させることによる割れで，水素化物脆性はTi合金やZr合金などで脆い水素化物を形成しその割れが進展するもので，両者を区別せずにたんに水素脆性（水素脆化）とよぶ場合も多い。HICも腐食に伴い侵入した水素が金属中の非金属介在物を核に水素ガスとして析出することによる割れで，前二者と異なり引張応力がなくても金属材料内や表面近傍で割れやふくれを生じる。水素侵食は高圧水素ガスから侵入した水素が金属中の炭化物と反応してメタンを生成することによる割れであり，腐食との直接的な関連は少ない。

HEにおいては，腐食のカソード反応による水素の発生が重要であり，酸性および中性･アルカリ性溶液中で以下の反応よって生じた吸着水素H_{ad}の一部が金属内に吸収され，吸収水素H_{ab}となって金属中に拡散する。

$$H^+ + e^- \longrightarrow H_{ad}, \qquad H_{ad} \rightleftarrows H_{ab} \tag{4.32a, b}$$

$$H_2O + e^- \longrightarrow H_{ad} + OH^-, \quad H_{ad} \rightleftarrows H_{ab} \tag{4.33a, b}$$

酸性溶液においては式（4.32）の反応がカソード反応の主体となるが，中性･アルカリ性溶液でカソード反応の主体が酸素の還元反応である場合でも，その腐食電位における式（4.33）の反応による水素の発生が必ず起こっていることに注意が必要である。

SCCにおいては，腐食電位から貴側（アノード側）に分極したとき割れが加速される（破断時間が短くなる）場合には，割れの主因がアノード反応であるAPC-SCCであり，卑側（カソード側）に分極したとき割れが加速される場合には，割れの主因がカソード反応の水素発生であるHE-SCCと判断することができる。

なお，鋼材への水素侵入量の測定法については6章および付録Eを，HEの脆化のメカニズムについては優れた解説書があるのでそれを参照してほしい[61)]。

4.6.3 腐 食 疲 労

非腐食性環境（たとえば，真空中，乾燥空気中）での金属材料の疲労現象に対して，腐食性環境中で疲労現象が加速される場合がある。通常の疲労試験では，印加する応力振幅 S を縦軸に，破断までの印加応力の繰返し数 N の対数を横軸にとった $S-N$ 曲線が用いられる。図 4-53 に非腐食性環境での機械的な疲労と腐食疲労および応力サイクルの休止期間を含む腐食疲労試験の $S-N$ 曲線を模式的に示す[62]。機械的な疲労では，応力振幅の低下とともに破断繰返し数 N が増加し，ある一定の応力振幅以下では破断が起こらなくなり，この上限の応力を疲労限度（fatigue limit）とよんでいる。一方，腐食性環境においては同一の応力振幅でも非腐食性環境に比べて破断繰返し数 N は小さくなり，疲労限度となる応力振幅も不明瞭で，一般に腐食疲労においては疲労限度はないと理解されている。そのため，$N=10^7$ サイクルまで破断しない応力振幅を腐食疲労強度とよぶ場合があるが，本来の疲労限度とは異なり腐食疲労破壊が起こらない限界の応力ではないことに留意すべきである。

腐食疲労においては，応力振幅とともに応力サイクルの周波数（応力周期の逆数）によってその様相が異なってくる。高応力・高周波数では機械的疲労の様相が強まり，破面には 1 回の応力サイクルで進展した割れに対応するき裂の進展方向に垂直な階段状の縞模様（striation，ストライエーション）がみられる場合が多い。応力サイクルの周波数が低くなると，き裂の開閉に伴う腐食の影響が増加する。機械的な疲労破面には腐食生成物はほとんど見られないが，腐食疲労の破面は一般に腐食生成物（さび）に覆われている。また，SCC のき裂は主き裂の先端が細かく枝分かれするのに対して，腐食疲労による主き裂はほとんど枝分かれしないで進行する。

腐食疲労現象についての電気化学的研究はあまり多くないが，繰返し応力の各サイ

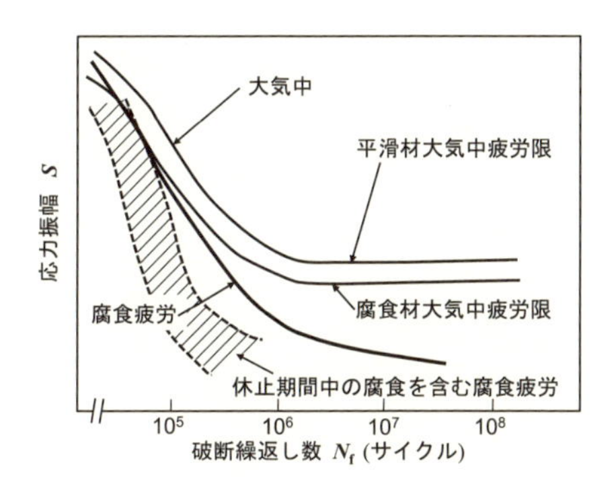

図 4-53 機械的な疲労および腐食疲労における応力振幅－破断繰返し数曲線（S-N 曲線）
［腐食防食協会 編：“腐食防食ハンドブック”，p.128, 丸善（2000）］

クルにおける分極電流の大きさと形状から，可視的な腐食疲労き裂が発生する前兆をとらえる研究結果が報告されている[63,64]。

4.7　高温腐食と高温酸化

高温における金属の腐食現象では，バルクの水が安定な状態では存在しないためこれまでとはやや異なったアプローチが必要である。以下では，媒質として溶融塩が存在する場合の溶融塩腐食と金属とガス相との間で反応が進行する高温酸化について取り上げる。なお，溶融塩腐食に関しては西方の解説[65,66]を，高温酸化に関しては丸山の解説[67,68]を参考にした。興味のある読者はぜひ原典を参照してほしい。

4.7.1　溶融塩の電気化学と溶融塩腐食

溶融塩はそれ自身が解離したイオン性融体であり，種々の電解質を溶かし込むことができるという点で水溶液と同様の電気化学的な扱いが可能である。一方，水溶液の場合には H_2O，H^+，OH^- というつねに存在する化学種があることから，これらを基準とする取り扱い，たとえば H^+ 濃度（pH）を共通の尺度とすることが可能であるが，溶融塩においてはその種類ごとに基準を定めて議論する必要がある。以下では，これらの点も考慮していくつかの溶融塩系における金属の安定性および腐食反応について述べる。

a.　溶融塩の基礎的事項

(i)　**塩基度**　　水溶液中の pH と同様に，溶融塩の塩基度の尺度として酸化物イオン O^{2-} の活量 $a_{O^{2-}}$ の対数 pO^{2-} を用いる。

$$pO^{2-} = -\log a_{O^{2-}} \tag{4.34}$$

これより，酸化物イオンの活量が大きい（pO^{2-} が小さい）浴が塩基性浴，酸化物イオンの活量が小さい浴が酸性浴である。LiCl–KCl や NaCl–KCl などの塩化物浴では酸化物イオンを含まないため，添加した酸化物イオンあるいは不純物として存在する酸化物イオンが塩基度を決める。一方，硫酸塩，炭酸塩，硝酸塩などのオキシアニオン浴では塩の分解反応によって酸化物イオンが生成するため，オキシアニオンと酸化物イオンとの間で酸－塩基平衡が成立する。たとえば，硫酸イオンの平衡反応は次式で表され，塩基度は式（4.36）となる。

$$SO_4^{2-}(l) \rightleftarrows SO_3(g)+O^{2-}(l) \tag{4.35}$$

$$pO^{2-}=-\log K_{(4.35)}+\log p_{SO_3} \tag{4.36}$$

ここで，$K_{(4.35)}$ は式 (4.35) の反応の解離定数であるが実測されていないため，現実的には式 (4.36) により pO^{2-} を決定することはできない。硫酸塩の分解反応である式 (4.37) の平衡定数は実測されていることから，SO_3 の分圧を制御することによって pO^{2-} を決定するというよりも $pNa_2O=-\log a_{Na_2O}$ を決定し，これを塩基度に替わるものとして用いている。

$$Na_2SO_4(l) \rightleftarrows SO_3(g)+Na_2O(l) \tag{4.37}$$

(ii)　電極電位の基準　水溶液系では $2H^++2e^- \rightleftarrows H_2$ の標準水素電極反応を電極電位の基準としているが，溶融塩系では各種の溶融塩に共通する基準電極はないため，溶融塩ごとに電位基準を設けることとなる。

塩化物浴では，標準塩素電極を電位基準とする。

$$Cl_2(g)+2e^- \rightleftarrows 2Cl^-(l) \tag{4.38}$$

この電極電位 $E_{(4.38)}$ はネルンストの式により，

$$E_{(4.38)}=E^\circ_{(4.38)}+\frac{2.303RT}{2F}\log\frac{p_{Cl_2}}{a^2_{Cl^-}} \tag{4.39}$$

ここで，標準状態 ($a_{Cl^-}=1$，$p_{Cl_2}=1$ atm) の塩素電極を基準にするということは，$E^\circ_{(4.38)}=0$ にしたことを意味する。

硫酸塩浴では次式の反応で，

$$SO_3(g)+\frac{1}{2}O_2(g)+2e^- \rightleftarrows SO_4^{2-}(l) \tag{4.40}$$

全圧が 1 atm ($p_{SO_3}=\frac{2}{3}$ atm，$p_{O_2}=\frac{1}{3}$ atm) の SO_3，O_2/SO_4^{2-} 電極が基準電極として用いられ，電極電位は次式で表される。

$$E_{(4.40)}=E^\circ_{(4.40)}+\frac{2.303RT}{2F}\log\frac{p_{SO_3}p_{O_2}^{1/2}}{a_{SO_4^{2-}}} \tag{4.41}$$

b.　溶融塩中の標準電極電位とイオンの標準化学ポテンシャル

式 (4.42) に示す金属 M と金属イオン M^{n+} との平衡反応の平衡電位と標準電極電位はそれぞれ式 (4.43) と式 (4.44) で表される。

$$M^{n+}(l)+ne^- \rightleftarrows M(s) \tag{4.42}$$

$$E_{M^{n+}/M}=E^{\circ}_{M^{n+}/M}+\frac{2.303\,RT}{nF}\log\frac{a_{M^{n+}}}{a_M} \tag{4.43}$$

$$E^{\circ}_{M^{n+}/M}=\frac{-(\mu^{\circ}_M-\mu^{\circ}_{M^{n+}})}{nF} \tag{4.44}$$

活量$a_{M^{n+}}$はM^{n+}の濃度$[M^{n+}]$と活量係数$\gamma_{M^{n+}}$の積で表されるが，$[M^{n+}]\rightarrow 0$で$\gamma_{M^{n+}}\rightarrow 1$になるように活量の基準を取ると，微量の$M^{n+}$が存在する場合には活量を濃度で置き換えることができる。濃度をモル分率（mole fraction）で表し，微量のM^{n+}が存在する溶融塩に金属Mを浸漬して平衡電位$E_{M^{n+}/M}$を測定する。この平衡電位を$\log[M^{n+}]$に対してプロットし$[M^{n+}]=1$に外挿することによって標準電極電位$E^{\circ}_{M^{n+}/M}$を，さらに式（4.44）を用いて$\mu^{\circ}_M=0$よりイオンの標準化学ポテンシャル$\mu^{\circ}_{M^{n+}}$が求まる。このようにして求められたLiCl-KCl(450℃)浴およびNaCl-KCl(727℃)浴中での標準電極電位とイオンの標準化学ポテンシャルを表4-9に示す[69]。

表4-9　LiCl-KCl（450℃）浴とNaCl-KCl（727℃）浴での金属イオン/金属の標準電極電位と金属イオンの標準化学ポテンシャル（無限希釈基準，濃度単位：モル分率）

M^{n+}/M	LiCl-KCl (450℃)	NaCl-KCl (727℃)	M^+	LiCl-KCl (450℃)	NaCl-KCl (727℃)
	$E^{\circ}_{M/M^{n+}}$ (V)	$E^{\circ}_{M/M^{n+}}$ (V)		$\mu^{\circ}_{M^+}$ (kJ/mol)	$\mu^{\circ}_{M^+}$ (kJ/mol)
Li^+/Li	−3.626	----	Li^{2+}	−349.9	----
Na^+/Na	−3.36	−2.769	Na^{2+}	−324	−267.2
Mg^{2+}/Mg	−2.796	----	Mg^{2+}	−539.5	----
Al^{3+}/Al	−2.013	----	Al^{3+}	−582.7	----
Ti^{2+}/Ti	−1.96	−1.936	Ti^{2+}	−378	−373.6
Ti^{3+}/Ti	−1.86	−1.873	Ti^{3+}	−538	−542.1
Cr^{2+}/Cr	−1.641	−1.591	Cr^{2+}	−316.7	−307.0
Fe^{2+}/Fe	−1.388	−1.355	Fe^{2+}	−267.8	−261.5
Cr^{3+}/Cr	−1.376	−1.251	Cr^{3+}	−398.3	−362.1
Co^{2+}/Co	−1.207	−1.221	Co^{2+}	−232.9	−235.6
Ni^{2+}/Ni	−1.011	−0.972	Ni^{2+}	−195.1	−187.6
Ag^+/Ag	−0.853	−0.838	Ag^+	−82.3	−80.85
Mo^{3+}/Mo	−0.584	----	Mo^{3+}	−247.2	----
Cu^{2+}/Cu	−0.664	−0.680	Cu^{2+}	−128.1	−131.2
Pt^{2+}/Pt	−0.216	−0.166	Pt^{2+}	−41.68	−32.03
Au^+/Au	+0.095	−0.006	Au^+	+9.166	−0.579
$H_2O/H_2,O^{2-}$	−2.249	−1.913	----	----	----
O_2/O^{2-}	−1.173	−1.545	O^{2-}	+226.4	+298.1
Cl_2/Cl^-	0.000	0.000	Cl^-	0.000	0.000

［A. J. Bard ed.：“Encyclopedia of Electrochemistry of the Elements”, Vol.X, Fused Salt System（1976）］

c. 電位－pO^{2-}図

水溶液系での電位－pH 図と同様に，溶融塩中における金属，金属イオン，酸化物の安定域を電位－pO^{2-}図として表すことができる。ここでは，表 4-9 のデータなどを使って Ni の LiCl-KCl (450 ℃) 浴中での安定化学種を Ni，Ni^{2+}，NiO として，電位－pO^{2-}図を作成する[65]。横軸 pO^{2-}は水溶液の電位－pH 図と同様に左側が酸性，右側が塩基性になるように，左に向かって pO^{2-}の数値が大きくなるようにとってある。なお，ここでは久松と増子[70]および高橋[71]らによって作成された，無限希釈基準で求めたイオンの標準化学ポテンシャルを用いる方法について述べる。

(1) **Ni^{2+}/Ni の境界線**：Ni と Ni^{2+}の平衡反応および平衡電位は次式で表される。

$$Ni^{2+}(l)+2\,e^- \rightleftharpoons Ni(s) \tag{4.45}$$

$$E_{Ni^{2+}/Ni}=E^{\circ}_{Ni^{2+}/Ni}+\frac{2.303\,RT}{2F}\log\,[Ni^{2+}] \tag{4.46}$$

Ni^{2+}の濃度を 10^{-6} モル分率とすると電位は －1.441 V となり，図 4-54 の ①の直線を引くことができる。

(2) **NiO/Ni の境界線**：電位を決める反応と平衡電位は，

$$NiO(s)+2\,e^- \rightleftharpoons Ni(s)+O^{2-}(l) \tag{4.47}$$

$$\begin{aligned}E_{NiO/Ni}&=E^{\circ}_{NiO/Ni}+\frac{2.303\,RT}{2F}\,pO^{2-}\\&=\frac{-(\mu^{\circ}_{Ni}+\mu^{\circ}_{O^{2-}}-\mu^{\circ}_{NiO})}{2F}+\frac{2.303\,RT}{2F}\,pO^{2-}\end{aligned} \tag{4.48}$$

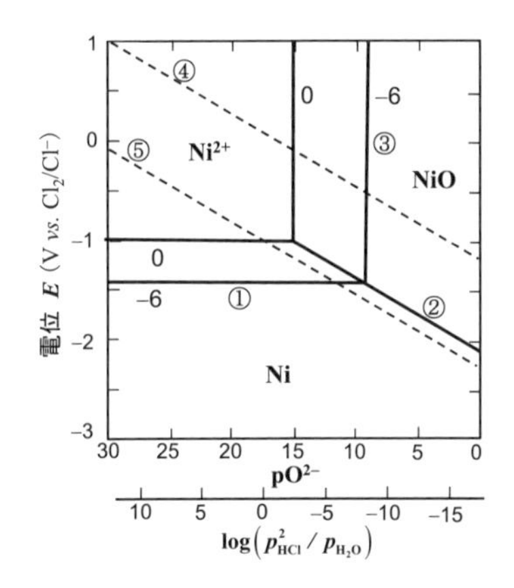

図 4-54 LiCl-KCl (450 ℃) における Ni の電位－pO^{2-}図
［西方 篤 (伊藤靖彦 編)：“溶融塩の科学”，p.335，アイピーシー (2005)］

LiCl-KCl 中での NiO/Ni の標準電極電位は求まっていないので，標準化学ポテンシャルを使うと Ni については 0，O^{2-} については表 4-9 より＋226.4 kJ/mol，NiO についてはほかの熱力学データから－177.5 kJ/mol を用いて計算することができ，次式となり図中②の直線となる。

$$E_{NiO/Ni} = -2.093 + 0.072\,pO^{2-} \tag{4.49}$$

(3) **Ni^{2+}/NiO の境界線**：NiO の溶解反応と溶解度積 $K_{sp,NiO}$ は次式となる。

$$NiO(s) \rightleftarrows Ni^{2+}(l) + O^{2-}(l) \tag{4.50}$$

$$K_{sp,NiO} = \frac{a_{Ni^{2+}}a_{O^{2-}}}{a_{NiO}}, \quad pO^{2-} = \log[Ni^{2+}] - \log K_{sp,NiO} \tag{4.51}$$

$$K_{sp,NiO} = \exp\left(\frac{-\Delta G^{\circ}_{(4.50)}}{RT}\right) = \exp\left(\frac{\mu^{\circ}_{NiO} - \mu^{\circ}_{Ni^{2+}} - \mu^{\circ}_{O^{2-}}}{RT}\right) \tag{4.52}$$

ここで，$\Delta G^{\circ}_{(4.50)}$ は式 (4.50) の反応の標準ギブズエネルギー変化である。式 (4.52) より $K_{sp,NiO} = 10^{-15.08}$ と求まり，式 (4.51) より $[Ni^{2+}] = 10^{-6}$ モル分率のとき $pO^{2-} = -9.08$ となり図中③の直線を引ける。なお，図 4-54 では $[Ni^{2+}] = 1$ および 10^{-6} モル分率のときの①および③に対応する直線も記入されている。

金属－水系の電位－pH 図において水の安定領域（水素発生と酸素発生の境界線）を示したように，溶融塩においても腐食のカソード反応に対応する酸素が酸化剤となる領域と水の安定域を書き込むことができる。酸素の還元反応と水の還元反応については以下の式で表される。

$$\frac{1}{2}O_2(g) + 2\,e^- \rightleftarrows O^{2-}(l) \tag{4.53}$$

$$E_{O_2/O^{2-}} = \frac{-\left(\mu^{\circ}_{O^{2-}} - \frac{1}{2}\mu^{\circ}_{O_2}\right)}{2F} + \frac{2.303\,RT}{2F}\log p_{O_2} - \frac{2.303\,RT}{2F}\log a_{O^{2-}} \tag{4.54}$$

$$H_2O(g) + 2\,e^- \rightleftarrows H_2(g) + O^{2-}(l) \tag{4.55}$$

$$E_{H_2O/O^{2-}} = \frac{-(\mu^{\circ}_{O^{2-}} - \mu^{\circ}_{H_2O})}{2F} + \frac{2.303\,RT}{2F}\log\frac{p_{H_2O}}{p_{H_2}} - \frac{2.303\,RT}{2F}\log a_{O^{2-}} \tag{4.56}$$

$p_{O_2} = 1$ atm としたときの式 (4.54) は $E_{O_2/O^{2-}} = -1.173 + 0.072\,pO^{2-}$ となり図 4-54 の④に対応し，この直線より下の領域では式 (4.53) の反応が右に進行して酸素が酸化剤として作用する。同様に $p_{H_2} = p_{H_2O} = 1$ atm としたとき式 (4.56) は $E_{H_2O/O^{2-}} =$

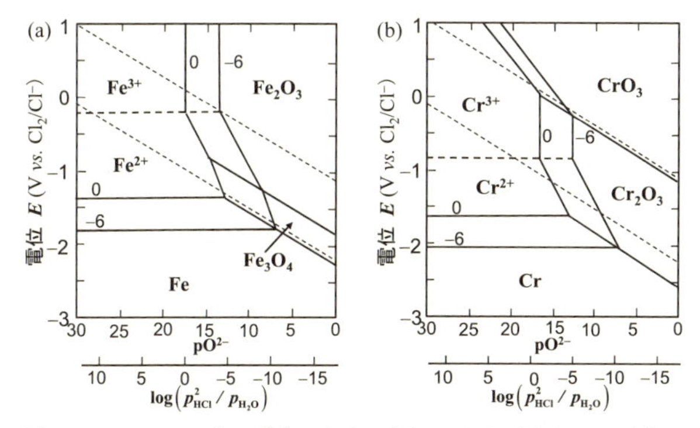

図 4-55　LiCl-KCl (450 ℃) における (a) Fe および (b) Cr の電位－pO^{2-}図

［西方　篤 (伊藤靖彦 編)：“溶融塩の科学”, p.335, アイピーシー (2005)］

$-2.249+0.072\,pO^{2-}$ となり，⑤の直線より下の領域では溶融塩中の水が酸化剤として作用する。

電位－pO^{2-}図の利用法は電位－pH図の利用法と同様で，金属の安定域は不感態域，金属イオンの安定域は腐食域であり，酸化物の安定域は不働態域とみなせる。また，図 4-54 中の④の破線より下側では酸素が酸化剤となり，⑤より下側では水が酸化剤となる。

塩化物浴 (LiCl-KCl，450 ℃) での Fe および Cr の電位－pO^{2-}図を図 4-55 に示す[65]。

オキシアニオン系の溶融塩についても，硫酸塩浴[72]，炭酸塩浴[73]，硝酸塩浴[74,75]について電位－pO^{2-}図が作成されており，高橋の解説[76]を参考にしてほしい。

d.　溶融塩への酸化物の溶解

溶融塩中における金属の安定性は金属表面に生成する皮膜の保護性に大きく依存する。一般には，保護皮膜は酸化物であり，その緻密さ，密着性，化学的な安定性が保護性を左右し，酸化物の溶融塩への溶解度によって酸化物の化学的安定性が決定される。

水溶液への酸化物の溶解では，酸性溶液では金属イオン M^{n+} として，塩基性溶液ではオキシアニオン MO_x^{m-} として溶解する。溶融塩についても同様に酸化物イオン濃度が低い酸性浴では酸化物イオンを放出して M^{n+} として，酸化物イオン濃度が高い塩基性浴では酸化物イオンを取り込んで MO_x^{m-} として溶解する。たとえば，NiO の場合には，次式によって溶解する。

$$\text{酸性溶解：}\quad NiO(s) \longrightarrow Ni^{2+}(l) + O^{2-}(l) \tag{4.57}$$

$$\text{塩基性溶解：}\quad NiO(s) + O^{2-}(l) \longrightarrow NiO_2^{2-} \tag{4.58}$$

溶融塩への酸化物の溶解度は溶融塩の塩基度によって変化し，図 4-56 に示すように酸性あるいは塩基性が高いほど溶解度が増加し，それぞれ酸性溶解 (acidic fluxing), 塩基性溶解 (basic fluxing) とよばれる。図 4-57 は 1200 K の Na_2SO_4 浴への種々の酸化物の溶解度の浴の塩基度への依存性を示す。ここで，図の横軸は pO^{2-} に対応する実測可能な Na_2O の活量の対数 ($pNa_2O = -\log a_{Na_2O}$) を用いている。図より，酸化物の安定度がもっとも高いとみなせる溶解度の極小が現れる塩基度は酸化物によって異なっており，Cr_2O_3 や Al_2O_3 は酸性側に，NiO や Co_3O_4 は塩基性側に極小値が存

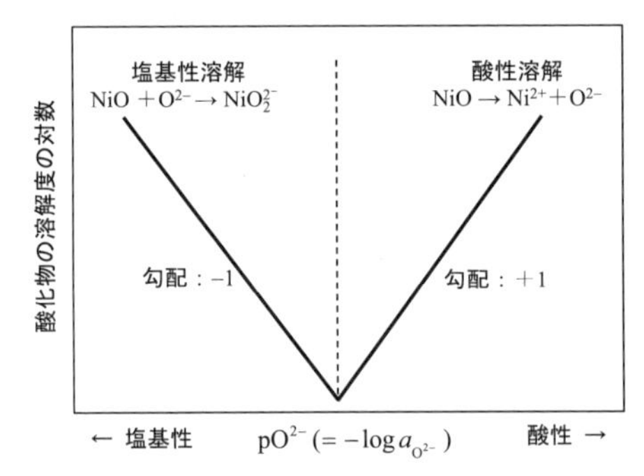

図 4-56　溶融塩への NiO の溶解度の塩基度による変化（模式図）

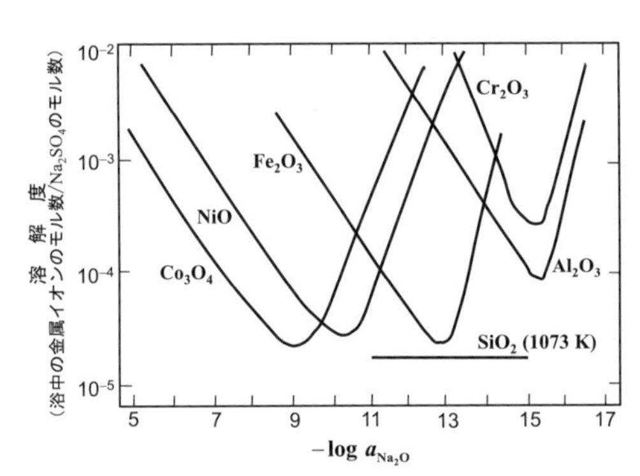

図 4-57　異なる塩基度の Na_2SO_4 浴（1200 K）への酸化物の溶解度（P_{O_2}：1 atm）
[R. A. Rapp：*Corrosion*, **42**, 568 (1986)]

在することがわかる。

e.　溶融塩中での腐食反応

溶融塩中での腐食反応も水溶液中での腐食と同じように金属の溶解・酸化物生成のアノード反応と環境中の酸化剤の還元によるカソード反応の混成電位によって進行する。アノード反応に関しては，アノード反応の交換電流密度，金属イオン・酸化物の溶融塩への溶解度が重要な因子であり，カソード反応に関しては酸化剤（酸素，水）の供給（拡散速度）が重要となる。さらに，オキシアニオン浴においては溶媒であるオキシアニオンの分解によってカソード反応が形成される場合もあって，複雑である。

表 4-10 は各種の溶融塩における腐食のアノード反応とカソード反応について西方[65]によってまとめられたものである。

塩化物浴では，塩化物は直接腐食反応には関与せず，浴に含まれる酸素，水，酸化物イオンによるカソード反応が起こる。さらに，塩化物浴中での多くの金属の酸化還元（溶解・析出）反応の交換電流密度は 10^3 ～ 10^5 A/cm^2 と極めて大きい反面，金属イオンの拡散係数は 10^{-4} ～ 10^{-5} cm^2/s と水溶液と同程度であることから，アノード反応は溶出した金属イオンの拡散脱離の過程が律速する。純粋な塩化物浴では保護性の皮膜の形成がほとんど起こらないため，腐食はカソード反応が支配的となる。

硫酸塩浴では，硫酸イオンが金属と直接反応することはなく，その解離によって生じる SO_3 または SO_2 との反応によって腐食が進行する。また，SO_4^{2-} と平衡するピロ硫酸イオン $S_2O_7^{2-}$ との反応が起こるとも報告されている。なお，表中の硫酸塩浴でのカソード反応が未完成になっているのは，いまだに反応機構が確実になっていないことによる。

硝酸塩浴では，Fe，Ni およびそれらの合金は硝酸イオンの強い酸化力によって自

表 4-10　種々の溶融塩における腐食のアノード反応とカソード反応

溶融塩	アノード反応	カソード反応
塩化物浴	$M \longrightarrow M^{n+} + n\,e^-$	$O_2 + 4\,e^- \longrightarrow 2\,O^{2-}$ $2\,H_2O + 2\,e^- \longrightarrow H_2 + 2\,OH^-$
硫酸塩浴	$M \longrightarrow M^{n+} + n\,e^-$ $2\,M^{n+} + n\,O^{2-} \longrightarrow M_2O_n$ $2\,M^{n+} + n\,S^{2-} \longrightarrow M_2S_n$	$SO_2(SO_3) + n\,e^- \longrightarrow$ $S_2O_7^{2-} + n\,e^- \longrightarrow$
炭酸塩浴	$M \longrightarrow M^{n+} + n\,e^-$ $2\,M^{n+} + n\,O^{2-} \longrightarrow M_2O_n$	$CO_3^{2-} + O_2 \longrightarrow CO_2 + O_2^{2-}$ $O_2^{2-} + 2\,e^- \longrightarrow 2\,O^{2-}$
硝酸塩浴	$M \longrightarrow M^{n+} + n\,e^-$ $2\,M^{n+} + n\,O^{2-} \longrightarrow M_2O_n$	$NO_3^- + 2\,e^- \longrightarrow NO_2^- + O^{2-}$

［西方　篤（伊藤靖彦 編）：“ 溶融塩の科学 ”，p.335，アイピーシー（2005）］

己不働態化するとされている[77]。

4.7.2　金属・合金の高温酸化

金属の高温酸化は固相とガス相との反応で，いわゆる電極反応とは異なる形で反応が進行する。しかしながら，酸化物の成長における電子あるいは欠陥の動きや酸化物を電解質とする酸化物 / 気相界面と金属 / 酸化物界面の反応など，電気化学的な理解が必要な部分も多い。なお，理論的な展開の詳細については丸山の解説[67,68]を参照してほしい。

a.　金属の高温酸化の熱力学

金属 M が酸化して酸化物 MO を生成する反応式 (4.59) のギブズエネルギー変化 $\Delta G_{\mathrm{M/MO}}$ は式 (4.60) で表される。

$$\mathrm{M}(s)+\mathrm{O_2}(g) \rightleftarrows 2\,\mathrm{MO}(s) \tag{4.59}$$

$$\begin{aligned}\Delta G_{\mathrm{M/MO}}=&2(\Delta G^{\circ}_{\mathrm{f,MO}}+RT\ln a_{\mathrm{MO}})\\&-2(\Delta G^{\circ}_{\mathrm{f,M}}+RT\ln a_{\mathrm{M}})-(\Delta G^{\circ}_{\mathrm{f,O_2}}+RT\ln a_{\mathrm{O_2}})\end{aligned} \tag{4.60}$$

ここで，$\Delta G^{\circ}_{\mathrm{f,J}}$ は物質 J の標準生成ギブズエネルギーである。純粋な金属から酸化物が生成する場合，$\Delta G^{\circ}_{\mathrm{f,M}}=\Delta G^{\circ}_{\mathrm{f,O_2}}=0$, $a_{\mathrm{MO}}=a_{\mathrm{M}}=1$, $a_{\mathrm{O_2}}=p_{\mathrm{O_2}}$ であることから，式 (4.60) は次式となる。

$$\Delta G_{\mathrm{M/MO}}=2\,\Delta G^{\circ}_{\mathrm{f,MO}}-RT\ln p_{\mathrm{O_2}} \tag{4.61}$$

$\Delta G_{\mathrm{M/MO}}<0$ の場合には式 (4.59) の反応が正方向（右向き）に進み，$\Delta G_{\mathrm{M/MO}}>0$ の場合には逆方向に進む。平衡状態では $\Delta G_{\mathrm{M/MO}}=0$ となり次式となる。

$$2\,\Delta G^{\circ}_{\mathrm{f,MO}}=RT\ln p_{\mathrm{O_2}} \tag{4.62}$$

式 (4.62) で表される $p_{\mathrm{O_2}}$ は M と MO の平衡酸素分圧あるいは MO の酸素解離圧とよばれる。

1 モルの $\mathrm{O_2}$ 当たりの生成ギブズエネルギーを温度に対してプロットした図は Elingham 図[78,79]とよばれ，それぞれの金属または酸化物の安定性を知ることができる。この図は電位−pH 図と同様に，たとえば $\mathrm{Cu} \longrightarrow \mathrm{Cu_2O}$ の反応では平衡を示す直線より下の領域では金属 Cu が安定で，上の領域では酸化物 $\mathrm{Cu_2O}$ が安定な領域である。Elingham 図は酸化物に関するさまざまな情報が詰まっており，その読み方については丸山らの解説[80]に詳しい。

b.　酸化皮膜の保護性

金属表面を酸化物膜が覆うことにより，酸素，酸化物イオン，金属イオンの移動が制限され，酸化の速度が低下する。この酸化皮膜による保護性は，酸化物皮膜の緻密さに大きく依存する。酸化反応によって生成した酸化物の体積とそれによって消費された金属の体積との比はPB比（Pilling-Bedworth ratio）とよばれ，次式で表される。

$$\text{PB 比}=\frac{\text{生成した酸化物の体積}}{\text{反応した金属の体積}}=\frac{Wd}{nDw} \tag{4.63}$$

ここで，WとDは酸化物の分子量と密度，wとdは金属の原子量と密度，nは酸化物分子中の金属の原子数である。表4-11は種々の金属酸化物について求められたPB比，皮膜の保護性（P：保護性，NP：非保護性）および皮膜のp型またはn型の半導体特性をまとめたものである[81]。一般には，PB比が1より小さければ生成した皮膜は金属表面を覆うことができないため多孔質となり，PB比が1よりもかなり大きければ生成した皮膜が押し合い酸化皮膜は下地金属から剥離・脱落する可能性が高い。さらに，金属イオンが酸化物中を表面に向かって拡散して皮膜が成長する場合（外方拡散）には，自由表面での酸化物生成であるため，PB比が1より大きくても大き

表 4-11　金属酸化物の PB 比と保護性

酸化物	PB 比	保護性	半導体特性
CaO	0.64	NP	n
MgO	0.81	P	n/p
Al_2O_3	1.28	P	n
PbO	1.28	NP	p
CdO	1.42	NP	n
ZrO_2	1.57	P	n
ZnO	1.58	NP	n
Cu_2O	1.67	P	p
NiO	1.70	P	p
Ti_2O_3	1.76	NP	n/p
FeO	1.78	P	p
WO_3	1.87?	NP	n
UO_2	1.97	NP	p
Cr_2O_3	2.02	P	p
SiO_2	2.15	P	n
MnO_2	2.37	P?	n
Co_2O_3	2.40	P	p
Ta_2O_5	2.47	NP	n
MoO_3	3.27	NP	n

P：保護性，NP：非保護性，n, p：n 型，p 型半導体。
［D. A. Jones：“Principles and Prevention od Corrosion, 2nd Ed.”, p.419, Prentice Hall（1996）］

な応力は発生しない。一方，酸化物イオンが金属/酸化物界面に向かって拡散する場合（内方拡散）には，内部の界面での酸化物生成となるため，PB比が1から離れている場合には応力が発生し，き裂を生じる。外方拡散/内方拡散の判定には，金属表面に酸化物と反応しない線や粒子（マーカー）を乗せて，酸化後にマーカーと界面の位置から金属イオン/酸素イオンの拡散を決定するマーカー法が用いられる。

c.　酸化物の成長則

高温酸化における酸化物の成長は，酸化物の成長に伴う試料の質量増加で測定される場合が多く（酸化増量），酸化物皮膜の厚さの増加あるいは酸化物を除去した後の質量減少と等価である。酸化物成長の時間則には，図4-58に示す直線則，放物線則，対数則がみられる。

（i）　**放物線則と速度定数**　　割れなどのない緻密な酸化物が生成し，金属/酸化物および酸化物/気相界面で反応物の濃度が変化しない場合には，成長を律速しているイオン種Jの酸化物内の物質移動のフラックスはフィックの第一法則で記述される。すなわち，皮膜の厚さx，両界面での濃度差がΔc_J，拡散係数がD_Jの場合，式（4.64）となり，これが皮膜の厚さの増加に対応する（式（4.65））。

$$J_J = \frac{D_J \Delta c_J}{x} \tag{4.64}$$

$$\frac{dx}{dt} = AD_J \frac{\Delta c_J}{x} \quad (A,\ A' \text{は換算のための定数}) \tag{4.65}$$

積分により，$t=0$で$x=0$であることから，次式が成り立つ。

$$x^2 = A'D_J \Delta c_J\, t = k_p t \tag{4.66}$$

k_pは放物線速度定数とよばれ，図4-59の酸化増量の2乗（W^2）の時間変化のグラフにおける勾配に対応する。

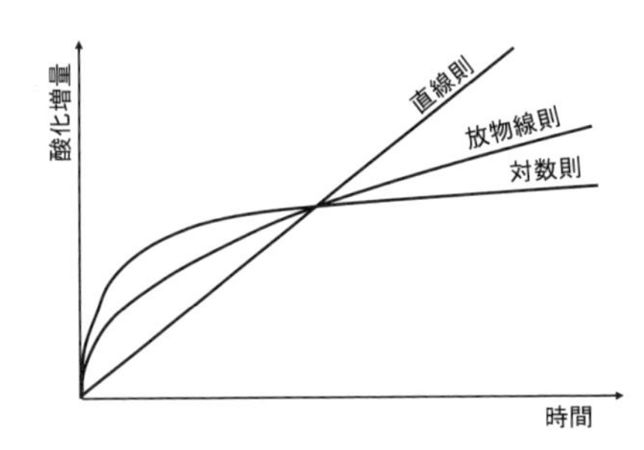

図4-58　金属の酸化でみられる酸化物の成長則

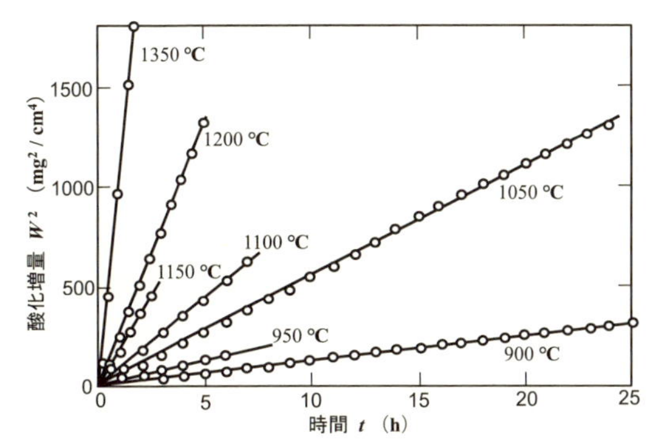

図 4–59　900 ～ 1350 ℃における Co の酸化増量 (W^2) の時間変化

図より，温度の上昇に伴って拡散係数が増加し，k_p も増加することがわかる。金属酸化物は金属イオン，酸化物イオンの空孔や格子間の金属イオンなどの結晶欠陥を含み，化学量論組成からずれている場合が多い。これらの欠陥の量や金属イオン，酸化物イオンの拡散係数は温度とともに酸素分圧に依存するため，放物線速度定数 k_p も多くの場合酸素分圧に依存する。

$$k_p = Cp_{O_2}^{1/n} \tag{4.67}$$

指数である $1/n$ は欠陥の型や半導体特性（n 型，p 型）によって異なり，ZnO では $-1/6$，NiO では $1/6$ の酸素分圧依存性となる。なお，酸化物の格子欠陥の化学と酸化速度に関する詳細については，丸山の解説[67,68]などを参照してほしい。

(ii)　直線則と対数則　　酸化物成長の直線則は，酸化物皮膜の保護性が小さく，雰囲気の酸化性がそれほど高くない雰囲気で，金属 / 酸化物界面での反応が律速する場合にみられる。また，金属と酸化物との密着性が小さく，周期的に皮膜のき裂や剥離を生じる場合にも，長期的な視点からは直線則に近くなる。

温度が低い場合には，酸化物の成長速度が時間の逆数に比例することがある。

$$\frac{\mathrm{d}x}{\mathrm{d}t} = \frac{k_{lg}}{t}, \qquad x = k_{lg}\log(at+1) \tag{4.68}$$

皮膜の厚さは時間の対数に従って増加するため，皮膜の成長速度は一般に極めて小さい。たとえば 200 ℃以下での Ni の酸化速度は対数則であり，340 ℃では皮膜の厚さが約 3 nm までは対数則で，それ以上では放物線則になると報告されている[82]。

本章以降では，高温腐食（溶融塩腐食）および高温酸化についての詳細を扱っていない。これらの理論および応用の詳細に興味のある読者は，本節の最初にあげた西方および丸山の解説を参照してほしい。

引用文献

1）N. Sato：*Corrosion*, **45**, 354(1989).
2）A. Bengali, K. Nobe：*J. Electrochem. Soc.*, **126**, 1118(1979).
3）J. O'M. Bockris, A. K. N. Reddy："Modern Electrochemistry", Vol.2, p.1080, Plenum (1973).
4）S. Haruyama：Proc. 2nd Jpn-USSR Corroion Seminar (Tokyo, 1980), p.128, JSCE (1980).
5）水流　徹：表面科学, **15**, 4461(1994).
6）T. Tsuru：*Mat. Sci. Eng.*, **A 146**, 1(1991)
7）M. G. Fontana："Corrosion Engineering, 3rd Ed.", p.496, McGraw-Hill (1986).
8）H. H. Uhlig, P. F. King：*J. Electrochem. Soc.*, **106**, 1(1959).
9）M. Nagayama, M. Cohen：*J. Electrochem. Soc.*, **109**, 781(1962).
10）M. Nagayama, M. Cohen：*J. Electrochem. Soc.*, **110**, 670(1963).
11）N. Sato, K. Kudo：*Electrochem. Acta*, **16**, 447(1971).
12）M. Seo, J. B. Lumsden, R. W. Staehle：*Surf. Sci.*, **42**, 337(1974).
13）佐藤教男：電気化学, **46**, 584(1978).
14）西村六郎，工藤清勝，佐藤教男：電気化学, **44**, 198(1976).
15）J. A. Bardwell, B. MacDougall, M. J. Graham：*J. Electrochem. Soc.*, **135**, 413(1988).
16）紀平　寛，水流　徹，春山志郎：電気化学, **52**, 515(1984).
17）N. Sato, K. Kudo, T. Noda：*Z. Physik. Chem. N. F.*, **98**, 271(1975).
18）N. Sato, K. Kudo, R. Nishimura：*J. Electrochem. Soc.*, **123**, 1419(1976).
19）S. Haruyama, T. Tsuru (R. P. Frankental, J. Kruger eds.)：Passivity of Metals, p.564, Prinston (1978).
20）J. W. Schultze, A. W. Hassel (M. Stratmann, G. S. Frankel eds.)："Encyclopedia of Electrochemistry", Vol.4, p.234, Wiley-VCH (2003).
21）杉本克久："金属腐食工学", p.124, 内田老鶴圃 (2009).
22）S. Fujimoto, H. Tsuchiya：*Corros. Sci.*, **49**, 195(2007).
23）H. Tsuchiya, S. Fujimoto, O. Chihara, T. Shibata：*Electrochim. Acta*, **47**, 4357(2002).
24）杉本克久：まてりあ, **47**, 23(2008).
25）伊藤伍郎："腐食科学と防食技術 第6版", p.172, コロナ社 (1975).
26）A. J. Sediks："Corrosion of Stainless Steels, 2nd Ed.", p.3, John Wiley (1996).
27）H. Kaesche："Corrosion of Metals－physicochemical principles and current problems", p.241, Springer (2003).
28）日本鉄鋼協会 編："第3版 鉄鋼便覧", 第I巻, 基礎編, p.565, 丸善 (1981).
29）H. Uhlig, D. Triadis, M. Stem：*J. Electrochem. Soc.*, **102**, 59(1955).
30）侯　保栄："海洋腐食環境と腐食の科学", p.37, 海文堂 (1999).
31）U. R. Evans：*Corros. Sci.*, **9**, 813(1969).

32) N. D. Tomashov：“Theory of Corrosion and Protection of Metals”, p.367, MacMillan (1966).
33) T. Tsuru, A. Nishikata, J. Wang：*Mat. Sci. Eng.*, **A 198**, 161(1995).
34) 近澤正敏，田嶋和夫：“界面化学”，p.68，丸善 (2001).
35) 曾川義寛，下田陽久，鋤川光則：金属表面技術，**34**, 34(1983).
36) 武藤　泉，杉本克久：材料と環境，**47**, 519(1998).
37) 山崎隆生，西方　篤，水流　徹：材料と環境，**50**, 30(2001).
38) A. Nishikata, Y. Ichihara, T. Tsuru：*J. Electrochem. Soc.*, **144**, 1244(1997).
39) 電気学会・電食防止研究委員会 編：“電食防止，電気防食ハンドブック”，オーム社 (2011).
40) 腐食防食協会：JSCE S 0601：2006(危険物施設の鋼製地下タンク及び鋼製地下配管の電気防食).
41) H. Grubisch, U. R. Evans：“The Corrosion and Oxidation of Metals”, p.129, Arnold (1960).
42) 腐食防食協会 編：“材料環境学入門”，p.215，丸善 (1993).
43) 天谷　尚：高温学会誌，**35**, 111(2009).
44) I. L. Rosenfeld：Proc. 5th Intn’l Cong. on Metallic Corrosion (Tokyo, 1972), p.53, (1974).
45) D. B. Anderson：Galvanic and Pitting Corrosion－Field and Laboratory Studies－, ASTM-STP 576, p.231, ASTM (1976).
46) G. Okamoto：*Corros. Sci.*, **13**, 471(1973).
47) H. Saito, T. Shibata, G. Okamoto：*Corros. Sci.*, **19**, 693(1979).
48) S. Hastuty, A. Nishikata, T. Tsuru：Proc. 5th Intn'l Symp. on Marine Corrosion and Control (Qingdao, 2010), pp.234-239, (2010).
49) S. Hastuty, Y. Tsutsumi, A. Nishikata, T. Tsuru：Proc. 6th Intn’l Symp. on Marine Corrosion and Control (Tokyo, 2012), pp.24-30, (2012).
50) JIS G 0577：2014(ステンレス鋼の孔食電位測定方法).
51) 柴田俊夫，竹山太郎：防食技術，**26**, 25(1977).
52) 柴田俊夫，竹山太郎：防食技術，**27**, 71(1978).
53) 腐食防食協会 編：“装置材料の寿命予測入門”，p.72，丸善 (1984).
54) 山崎　修，柴田俊夫：材料と環境，**51**, 30(2002).
55) A. J. Sedriks：“Corrosion of Stainless Steels, 2nd Ed. ”, p.238, Jhon Wiley (1996).
56) K. Osozawa, K. Bohnenkamp, H. J. Engell：*Corros, Sci.*, **6**, 421(1966).
57) 腐食防食協会 編：“材料環境学入門”，p.36，丸善 (1993).
58) J. C. Scully：*Corros. Sci.*, **15**, 207(1975).
59) 辻川茂男，玉置克臣，久松敬弘：鉄と鋼，**66**, 2067(1980).
60) 篠原　正，辻川茂男，久松敬弘：防食技術，**34**, 283(1985).
61) 南雲道彦：“水素脆性の基礎”，内田老鶴圃 (2008).
62) 腐食防食協会 編：“腐食防食ハンドブック”，p.128，丸善 (2000).
63) 多田英司，野田和彦，熊井真二，水流　徹：日本金属学会誌，**61**, 1249(1997).
64) E. Tada, K. Noda, S. Kumai, T. Tsuru：*Corros. Sci.*, **46**, 1549(2004).
65) 西方　篤 (伊藤靖彦 編)：“溶融塩の科学”，p.335，アイピーシー (2005).

66) A. Nishikata, H. Numata, T. Tsuru：*Mater. Sci. Eng.*, **A 146**, 15(1991).
67) 丸山俊夫：第 194，195 回 西山記念技術講座，p.57，日本鉄鋼協会，(2008).
68) 腐食防食協会 編：“ 腐食防食ハンドブック ”，p.31，丸善 (2000).
69) A. J. Bard ed.：“Encyclopedia of Electrochemistry of the Elements”, Vol.X, Fused Salt System (1976).
70) 久松敬弘，増子　昇：溶融塩，**7**, 520(1964).
71) 高橋正雄：溶融塩，**37**, 215(1994).
72) M. D. Ingram, G. J. Janz：*Electrochim. Acta*, **10**, 783(1965).
73) A. Rahmel：*Electrochim. Acta*, **13**, 495(1968).
74) A. Conte, M. D. Ingram：*Electochim. Acta*, **13**, 1551(1968).
75) S. L. Marchiano, A. J. Arvia：*Electrrochim. Acta*, **17**, 25(1972).
76) 高橋正雄：溶融塩，**16**, 305(1973).
77) 西方　篤，沼田博雄，春山志郎：日本金属学会誌，**45**, 610(1981).
78) F. D. Richardson, J. H. E. Jeffes：*J. Iron Steel Inst.*, **160**, 261(1948).
79) H. J. Grabke, G. Holzapfel (M. Stratmann, G. S. Frankel eds.)：“Encyclopedia of Electrochemistry”, Vol.4, p.623, Wiley-VCH (2003).
80) 丸山俊夫，上田光敏：耐火物，**58**, 218, 269, 325(2006).
81) D. A. Jones：“Principles and Prevention od Corrosion, 2nd Ed.”, p.419, Prentice Hall (1996).
82) M. J. Graham, M. Cohen：*J. Electrochem. Soc.*, **119**, 879(1972).

5
腐食評価のための基本的な電気化学測定

腐食の電気化学測定，とくに実験室における測定では，試料極，対極，参照極を用いた三電極法によるポテンショガルバノスタットによる分極測定が基本となる。また，最近では交流インピーダンス法による測定も普及しつつある。本章では，電気化学測定を行うさいの基本的な事項を述べ，腐食の電気化学測定におけるもっとも基本的な測定である分極曲線，Tafel 外挿法，分極抵抗法および通常の電気化学測定で多く用いられる測定法の具体的な操作・解析法について述べる。さらに，交流インピーダンス法について，その測定の方法と考え方について述べる。

5.1　測定系と測定装置

電気化学的測定の基本は，注目する電極反応が起こっている電極（試料極 sample electrode または作用極 working electrode，WE）の電極電位を測定することとその電極での反応速度に対応する電流値を測定することである。電解液中で試料極に電流を流すためには，もう一つの金属電極を電解液に浸漬し両電極を電源に接続し電圧を印加することによって流れる電流を測定する。この電極を対極（counter electrode，CE）または補助電極（auxiliary electrode）という。また，反応が起こっている試料極の電極電位を測定するには，2.2.5 項で述べた参照電極（reference electrode，RE）を用い，試料極と参照極との電位差を高入力抵抗の電圧計で測定すればよい。古くは，試料極に対して大面積の対極を用いて，対極側の分極（電極電位のずれ）を最小限にすることによって対極と参照極を兼用すること（二電極法）が行われたが，最近では参照極を独立させた三電極法が一般的である。

各電極や電解セルおよび測定装置の概要を述べる前に，正確な電気化学測定を行うために考慮すべき点について整理する。

通常の電気化学測定で得られる電位および電流の情報は，特別に工夫した場合を除いて試料極の平均的な情報である。そのため，実際の電極での電位や電流の分布に不均一が生じている場合には，電極の正確な情報とは異なることになる。とくに，電極面での電流の分布には不均一が生じやすいので，十分な注意が必要である。

電極の端部，角の部分には電流線が集中しやすく，溶液の気相 / 液相界面や電解セルの底面付近でも電流線の集中が起こりやすい。また，対極の形状や配置も影響し，対極と対向する面とその背面で電流密度に差が生じる場合がある。参照極の配置についても，電流が流れている状態での正確な電極電位の測定には，参照極の先端（Luggin 管の先端）が試料極に近いほど，溶液抵抗による誤差の少ない測定が可能となるが，Luggin 管を近づけることによって試料極への電流線が遮蔽・変化すると，誤差を生じることとなる。

これらのことを考慮に入れて，各電極，電解セルおよび測定装置のそれぞれについて，以下で検討する。

5.1.1　試　料　極

電気化学の研究では，電極自体が反応して変化する場合よりも電解液中のイオンや分子などが電極上で反応する場合が大部分で，極端にいえば電極はたんに電子を溶液側に供給し，あるいは溶液側から電子を受け取る場所とされることが多い。そのため，電極それ自体が反応しない Pt，Au や C（黒鉛）などが多く使用されている。

一方，腐食の電気化学測定の多くは目的とする金属・合金の板状，線状あるいは塊状の試料を使用する。腐食によって，あるいは測定や分極によって電極表面は溶解し，腐食生成物が生成し，あるいは不働態皮膜が生成するため，つねに一定の条件の電極表面であるとは限らない。その点に留意した測定および結果の解釈も必要になる。

板状，線状の試料では電解液にそのまま浸漬する場合もあるが，試料面に気相 / 液相界面が形成されるとメニスカス効果などの思わぬ影響を生じる場合があり，樹脂被覆などによって溶液中に試料全体が完全に浸漬された状態にする必要がある。板状の試料で両面を電極面にする場合には対極を両面に配置すること，大電流では端部や角の部分に電流線の集中が起こりやすいことに注意が必要である。表面研磨の必要がない場合やめっき鋼板などの表面研磨ができない試料では，板状試料の片面の一部を残して，樹脂またはテープですべて被覆する方法が簡便である。塊状（円柱状やブロッ

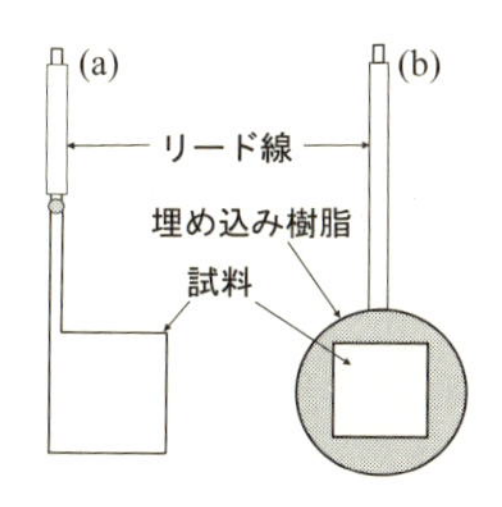

図 5-1　試料極の例

ク状）の試料では，リード線を接着した後，不要部分を被覆して使用する場合もあるが，埋め込み樹脂などに埋め込んで電極面を研磨しながら使用する場合が多い。試料を樹脂などで被覆または埋め込む場合には，試料と樹脂の間にすき間などを生じないような注意が必要である。とくに，孔食の実験では，実験後に被覆材との間にすき間腐食が生じていないかを確認して，すき間腐食が生じているデータは除くなどの処置が必要である。熱間埋め込み樹脂の場合はすき間腐食が生じにくい傾向ではあるが，それでも心配な場合には試料全体に数マイクロメートルから数十マイクロメートルの電着塗装を施した後，埋め込み樹脂に埋め込むことなどが行われている。図 5-1 は試料極の例を示したもので，図(a) は板状の試料を旗竿形に切り出しリード線を接着したもので，気相 / 液相界面に試料面の一部があるため電極面積の算出に誤差を生じやすいが，樹脂などの被覆部がないためすき間腐食の心配はない。図(b) は樹脂に埋め込んだもので，表面を研磨しながら何回も測定をすることができる。

大型の試験片や電解セルが小さい場合などでは，電解液の気相 / 液相界面や底面では電流分布のかたよりを生じやすいため，それを避ける工夫が必要である。

5.1.2　対　極

対極（CE）は補助電極（auxiliary electrode）ともよばれ，試料極（WE）に電解液を介して電流を供給する役割で, 対極上で起こる電気化学反応については注目されない。対極上で起こる電極反応に対して不溶性の金属，おもには Pt の線または板状の電極が使用されるが，試料極をつねにアノード分極する（対極はつねにカソード分極される）場合にはステンレス鋼などでも代用される。ポテンショスタットを使用する測定では，対極での過電圧の上昇はあまり気にならないので，対極に白金黒などを施す必要はないが，試料極に対してあまりに小さな対極では，試料極の電流線分布が均一にならないおそれがある。また，電解液の電気伝導度が低い場合には，板状の試料極では対極の裏側の面の電流分布が小さくなることがあり，試料極の両面あるいは周囲を囲むような対極の配置が必要といえる。

対極で起こる反応には注目しないとはいったものの，精密な実験，たとえば溶液中の酸素を極端に除いた実験では，対極で発生する酸素が溶存酸素濃度を上昇させる懸念がある。あるいは対極で生成した電解生成物が，拡散や撹拌で試料極に到達し電極反応を起こす場合には，試料極の正確な電気化学測定を妨げることとなる。このような測定では，対極を試料極とは別室に隔離し，その間をガラスフリットなどで液絡することなども行われている。

5.1.3 参照極

参照極（照合電極）には表2-2に示したように多くの電極が使用可能であるが，最近では飽和KCl/AgCl/Agの銀/塩化銀電極（silver-silver chloride electrode，SSE）の使用が一般的である。市販のSSE電極は入手が容易で取り扱いも難しくはないが，実験に合わせて自作することも難しくない。

Ag線またはリボンを0.5～1 M HClまたは塩酸酸性のKCl溶液で1 mA/cm^{2}以下の電流密度でアノード分極するとAg上にAgClによる被覆が生成する。アノード分極時の電位を監視し，一定電位に停滞後，電位が徐々に上昇しはじめたら分極を停止する。電流が大きすぎたり，電位が上昇しすぎるとAgOが生成するため，正しい電位を示さなくなる。できたら，電流の方向を反転し，電位が低下しはじめるまでカソード分極し，さらにアノード分極する。この操作を数回繰り返すことによって，AgClに覆われたAg電極を作製できる。SSEとするためには，参照極内部の溶液にAgClの粉末を添加しAgClについて飽和である溶液を用いることが重要である。なお，Ag/AgCl電極は電位がCl^-濃度に依存するので参照極内のCl^-濃度（飽和Cl^-，1 M Cl^-など）が一定になるように注意する。一方，ある程度のCl^-を含む溶液中でCl^-濃度が変化しない系での測定では，AgCl被覆したAg線を直接電解液に浸漬して参照極とすることができる（極端にCl^-濃度が低い系では電位が不安定になるので使用できない）。AgCl被覆したAg線をそのまま電解液に浸漬した参照電極を用いて電位を測定している溶液側での位置を明確にしたい場合には，試験溶液で満たしたLuggin管内にAgCl被覆したAg線を入れたものを用いる。このような参照極は，電位測定回路のインピーダンスが大幅に低下し，耐雑音性が大幅に向上する。もちろん，実験開始，終了時に基準となるSSE電極で簡易型の電極の電位を校正する手間は必要である。

5.1.4　電気化学セル（電解セル）

もっとも単純な電解セルの構成は図 5-2(a) に示すようにビーカーなどに試料極，対極，参照極を保持し電解液を満たしたものである[1)]。この場合，試料極をアノード分極すると対極ではカソード反応（試料極の逆反応とは限らない）が起こるため，長時間の分極や大電流を流した場合には，カソード反応の生成物が試料極に達し，注目する反応に影響を与えるおそれがある。図(b) では，対極をガラスフリットによって分離したもので，対極での反応の影響を除くことができる。

大きな電流を流す測定で電解液の電導度が低い場合には，溶液内に電位の分布を生じる。図 5-3 に示すように，本来の電極電位は $E_{\mathrm{M}}=\phi_{\mathrm{M}}-\phi_{\mathrm{sol}}$ である。電極からの距離 x_1 の点の溶液の電位を $\phi_{\mathrm{sol,1}}$ とすると，実際に測定された電位は $E_{\mathrm{meas,1}}=\phi_{\mathrm{M}}-\phi_{\mathrm{sol,1}}$ となり，本来の電極電位とは $\phi_{\mathrm{sol,1}}-\phi_{\mathrm{sol}}$ の誤差を生じる。x_0 と x_1 の距離があまり大きくなければ，この誤差は無視することができる。一方，電極からさらに離れた x_2 の点では，$E_{\mathrm{meas,2}}=\phi_{\mathrm{M}}-\phi_{\mathrm{sol,2}}=E_{\mathrm{M}}+V_{\mathrm{ohm}}$ で表され，真の電極電位に対して V_{ohm} の誤差

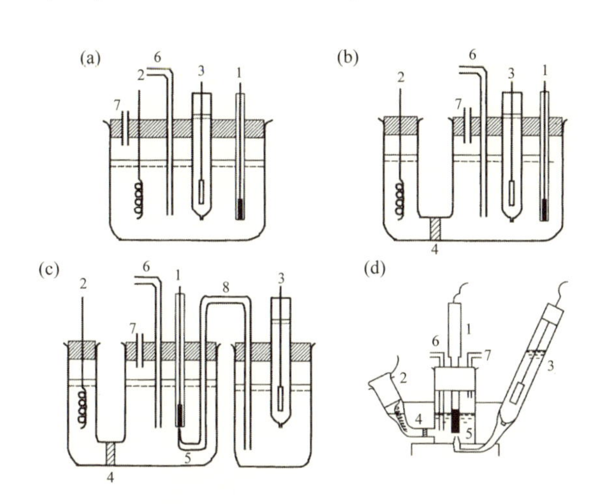

図 5-2　電気化学（電解）セルの例

(a) もっとも単純なビーカー型，(b) 試料極槽と対極槽を分離したもの，(c) 参照極を液絡で分離したもの，(d) 市販セルの一例。

1：試料極，2：対極，3：参照極，4：ガラスフリット（両槽の分離用），5：Luggin 管，6：ガス流入口，7：ガス排出口，8：参照極用の液絡。

［電気化学会 編：“電気化学測定マニュアル 基礎編”，p.32，丸善(2002)］

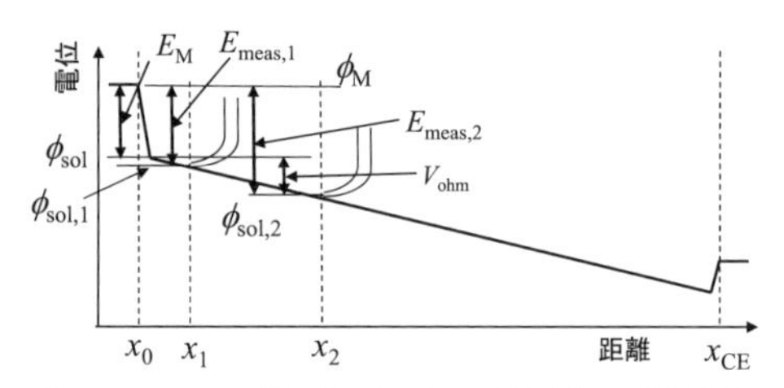

図 5-3　Luggin 管の位置による電極電位の測定誤差
V_{ohm} は IR によるオーム降下。

を生じている。この誤差は，x_0 から x_2 までの溶液の抵抗 R（溶液の比抵抗 ρ_{sol} と距離 x の積）と電流 I との積で表され（$V_{ohm}=I\times R$），オーム降下による誤差あるいは IR 誤差といわれる。図からもわかるように，参照極の位置を x_2 から x_1 に近づけることによって V_{ohm} を小さくすることができるが，参照極の形状によっては難しい場合がある。そこで，参照極の先端を直径 1 mm 以下の毛管にして電極に近づけると，電位測定回路には電流が流れないので，毛管内部の電位は先端の電位と同じであり，x_1 の点と電極との電位差が測定できることとなる。このような毛管は Luggin 管（Luggin capillary）とよばれ，試料極に近いほどこの部分の溶液抵抗 R は小さくなり，V_{ohm} による誤差は小さくできる。もちろん，電流を透過しない Luggin 管が試料極に近接して設置されることによって試料極の電流分布が乱されるおそれがあるため，一般には毛管の先端径 d の 2 倍程度まで近づけられるとされている。このように電極に近接して設置された Luggin 管で生じる抵抗は非補償溶液抵抗 R_u とよばれ，Luggin 管の直径を d，Luggin 管先端と電極の距離を x，溶液の比抵抗を ρ としたとき，面積 A の平板電極および半径 r_0 の球状電極における非補償溶液抵抗 R_u はそれぞれ次式となる。

$$R_u=\frac{\rho x}{A},\qquad R_u=\frac{\rho}{4\pi r_0}\left(\frac{x}{x+r_0}\right) \tag{5.1}$$

実際の測定では，電極内部の抵抗やポテンショスタットの電圧検出端子までのリード線の抵抗などもこの抵抗に含まれる。

図 5-2(c) では参照極を試料極とは異なる容器（参照極槽）に入れ，一端が Luggin 管となっているガラス管（塩橋）で電解セルと接続されている。参照極槽には飽和 KCl 溶液を満たし，塩橋の参照極槽側には KCl 以外の塩を含む寒天を，電解セル側の残りの塩橋には電解セルと同一の電解液を満たす。このような電解セルは，全体の構成は複雑となるが電解セルの電解液に参照極および参照極槽からのイオンの混入，とくに Cl^- による汚染を防ぐことができる。図(d) はセル全体をコンパクトに組み直

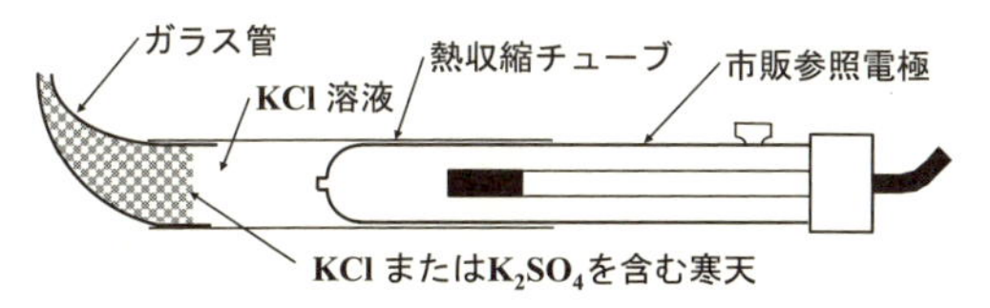

図 5-4　参照極槽を一体化した簡便な参照電極

したもので，それぞれの実験で工夫されたセルが使用されるとともに，三つ口あるいは四つ口フラスコを変形した電解槽やセパラブルフラスコを利用した標準的な電解セルが市販されている。また，筆者ら[2)]は参照極槽と参照電極を一体化した図 5-4 に示す簡便な参照極も使用している。

5.1.5　ポテンショガルバノスタット

ポテンショスタット（potentiostat，PS，定電位電解装置）は図 5-5 の原理図に示すように，WE と RE の間の電圧 $V_{\mathrm{WE-RE}}$ が与えられた制御電圧になるように対極に加える電圧（電流）を制御する自動制御回路である。演算増幅回路（OP アンプ）を使って図 5-6(a) および (b) に示す原理的な回路で構成される。試料極の設定電位は，$e_{\mathrm{in\,1}}$ または $e_{\mathrm{in\,2}}$ に印加し，WE と RE の電位差（電極電位）が設定電位になるように制御され，電極電位は $e_{\mathrm{out\,1}}$ に出力される。電極に印加される電流の検出法が図(a) と図(b) で異なり，図(a) では電流フォロワー（current follower，CF）によって検出され，印加電流 i は $i=-e_{\mathrm{out\,2}}/R_{\mathrm{f}}$ として出力される。この方式では，WE は仮想接地（virtual ground）であり，電気的に完全に接地されているわけではない。一方，図(b) では WE は完全に接地されており，電流値は電流出力端と CE との間に挿入されたピック

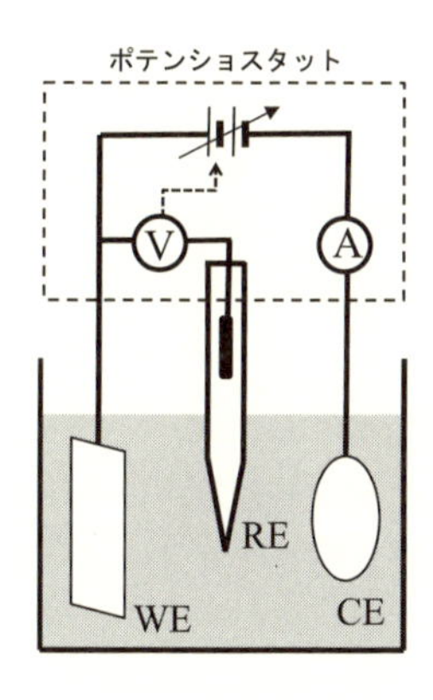

図 5-5　三電極法の電極系とポテンショスタットの原理

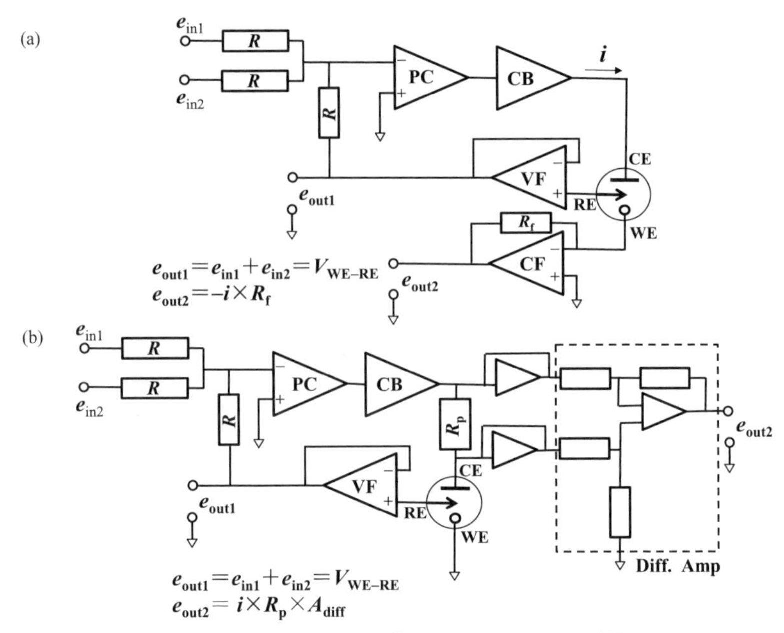

図 5-6　簡易型(a) および WE 接地型(b) のポテンショスタットの回路例
PC：電位制御部，CB：電流ブースター，CF：電流フォロワー，VF：電圧フォロワー，Diff.Amp.：差動増幅器。

アップ抵抗 R_p の両端電圧を増幅度 A_{diff} で差動増幅した $e_{out\,2}=iR_pA_{diff}$ によって表示される。電子回路的には図(b) は複雑にみえ，ゼロ点の調整や増幅度の校正などに複雑さはあるものの，大型試験片の測定や WE をほかの電気回路で同時に測定・制御している測定系，あるいは WE が引張試験機などに装着されている場合など，WE が接地されていることの利点は大きく，多くの市販のポテンショスタットでは類似の WE 接地型のポテンショスタットが主流となっている。

最近では市販の機器の価格も高くはないのでポテンショスタットを自作することは稀であろうが，OP アンプの高性能化，高入力インピーダンス化などによって，特色のある性能のポテンショスタットの設計・自作が可能となり，電池駆動の低雑音，極微少電流制御のポテンショスタットを割と簡単に設計・製作することができる。

ガルバノスタット（定電流電解装置）は，ポテンショスタットの $e_{out\,2}$ が $e_{in\,1}$ または $e_{in\,2}$ に等しくなるようにすればいいので，市販の装置では切り替えスイッチで簡単にその機能を切り替えることができる。

ポテンショガルバノスタットの使用においては以下の点に留意する必要がある。

① **出力電圧・出力電流**：一般に WE－CE 間の出力電圧 15～20 V，出力電流 0.5～3 A，WE－RE 間の設定電位は± 2 V ～± 5 V である。

② **設定電位，設定電流の精度**：多くの場合± 1 ～ 2 mV および± 0.1 μA であるが，高精度型では± 1 nA を制御できるものもある。

③ **周波数特性**：電位の立ち上がり特性で表示され，一般には 1 ～ 10 V/μs 程度である。容量性負荷（電極面積が大きく，電気二重層容量が大きい場合）では遅れ時間が大きくなり，高周波数での交流インピーダンス測定やパルス電位・電流の印加では注意が必要である。

④ **雑音対策**：被測定系が高インピーダンスの場合，とくに参照極を含む回路のインピーダンスが高い場合には雑音が大きく，電位が安定しない場合がある。参照極を含む回路のインピーダンスを下げること，電解セルをシールドすることなどの対策が必要である。市販のポテンショスタットにはローパスフィルターを挿入して全体の制御を安定化する機能がついている場合があるが，フィルターの挿入によって設定電位の時間遅れが大きくなるので交流インピーダンス測定ではとくに注意が必要である。

5.2　腐食電位，分極曲線の測定

5.2.1　腐食電位の測定

外部から電位または電流を印加しない自然腐食の状態での腐食電位測定系の例を図 5-7 に示す。参照極（RE）に電流が流れないように高入力インピーダンスのエレクトロメーターを用いるが，通常のポテンショスタットにもこの測定機能は備わっている。多くの場合は腐食電位の時間変化を測定するため，エレクトロメータの出力をチャー

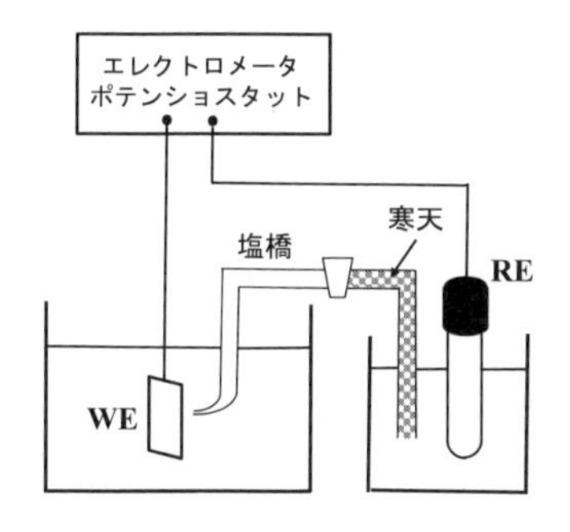

図 5-7　電極電位，腐食電位の測定系の例

トレコーダで記録，またはパーソナルコンピュータ（PC）に取り込むこととなる。

ほぼ均一に腐食が進行している場合には，試料からの電流の流出･流入はないのでLuggin管がなくても原理的には測定可能である。しかしながら，局部腐食によってアノード部とカソード部が場所的に異なっている場合には，アノード部からカソード部に向かって溶液内を電流が流れるため，電極近傍の溶液内に電位差を生じ，Luggin管の位置によって測定される電位が異なることになる。電極の表面に沿って参照電極（Luggin管）を二次元的に走査することによって，電極表面近傍の腐食電位分布を測定し，局部的なアノード部やカソード部の分布を知ることができる（走査参照電極法，scanning reference electrode technique，SRET）。この方法の発展形が別に紹介する走査振動電極法（scanning vibrating electrode technique，SVET）である。

腐食電位 E_{cor} は，腐食速度を直接的に与えるものではないが，腐食状況の指標となる。たとえば，海水環境で活性腐食にあった鉄鋼材料が腐食生成物によって被覆され不働態に至る場合には，E_{cor} は -0.6 V *vs.* SSE から 0 V 前後に徐々に移行する。一方，不働態にあったステンレス鋼にすき間腐食や孔食が発生すると，E_{cor} は 0 V 付近から -0.4 ～ -0.5 V に移行するため，すき間腐食や孔食の発生を知ることができる。

5.2.2　分極曲線の測定

分極曲線の基本的な測定系の例を図 5-8 に示す。最近ではポテンショスタットとパーソナルコンピュータ（PC）の組合せによって，ファンクション・ジェネレーターと X-Y レコーダを使用しない構成になりつつある。

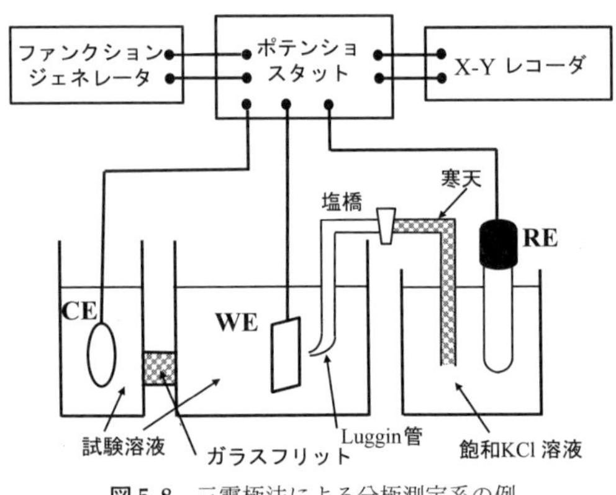

図 5-8　三電極法による分極測定系の例

腐食系の分極曲線の測定では容易に定常状態が得られなかったり，分極により電極表面の状態が変化する場合があるため，分極によって電流（または電位）が一定の状態になるまで待つという定常状態での分極曲線を測定することは少ない。ステップ状に電位を変化させる電位ステップ法やかなり遅い速度で電位を変化させる電位走査法による準定常分極曲線の測定が行われている。

電位ステップ法では，10 ～ 50 mV の一定の電位間隔で電位を変化させ，一定の時間（1 ～ 5 min 程度の例が多い）が経過した時点での電流値を読み取る。金属の活性溶解や水素発生反応の場合にはあまり時間をかけないで一定の電流値になるが，皮膜形成や溶液中の拡散が関与する場合には一定の電流値になるのに時間がかかったり，一定値にならない場合も多い。

電位走査法では，できるだけ遅い電位走査速度（0.1 ～ 5 mV/s 程度）で電位を走査し，定常に近い状態での分極曲線（準定常分極曲線）とみなすことが行われている。

鉄鋼材料の試料を弱酸性の水溶液中で分極曲線を測定した例を図 5-9 に模式的に示す。試料表面を研磨・脱脂した後，電解セルにセットし電位が安定化するのを待つ。この状態の電位が $E_{cor,1}$ で腐食電位あるいは自然浸漬電位とよばれる。$E_{cor,1}$ から電位を卑方向（カソード電流が増加する方向）に走査すると，水素発生に伴うカソード電流の増加がみられ（図中の①から②），電流密度が 1 mA/cm^2 を超えるあたりから試料極表面で水素の気泡が発生するのを確認できる。この操作により，Cr などの難還元性の酸化物を生成する合金元素が含まれない鉄鋼材料では，気相中で試料表面に生成していた酸化皮膜を還元・除去することができる。電位走査の方向を反転すると，カソード電流は減少し $E_{cor,2}$ で電流値が 0 になる。多くの場合 $E_{cor,2}<E_{cor,1}$ であり，折返し分極で測定されるカソード電流は最初の卑方向の分極で測定された電流値よりも小さい。この現象は，電極表面の気相酸化物の還元反応による効果と水素発生に伴う電極表面近傍の水素イオンおよび水素ガス濃度の変化によると考えられる。$E_{cor,2}$ を越えてさらに貴方向に電位を走査すると，Fe の活性溶解がはじまり電流値がピーク

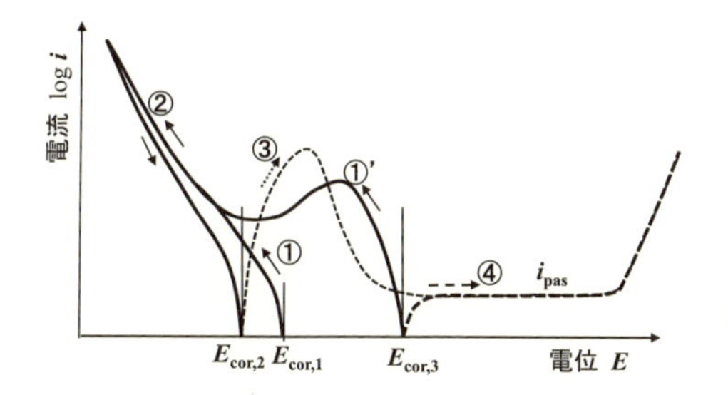

図 5-9　弱酸性の溶液中での Fe の分極曲線（模式図）

を示した後（図中③），ほぼ一定の小さな電流値となり（図中④）不働態化する。活性態の電流のピーク値は溶液のpHやアニオン種によって異なり，低pHの溶液では激しく溶解して黒色の腐食生成物で試料表面が覆われる場合や，ピークから不働態化に至る過程で電流が大きく振動する場合もある。また，アニオンの種類と濃度によっては不働態化がみられない場合もある。

中性・アルカリ性の溶液で試料表面に気相で生成した酸化物あるいは腐食生成物が存在している試料では，浸漬電位が$E_{cor,3}$の高い電位を示す場合がある。この状態から電位を卑方向に走査すると，酸化物・腐食生成物の還元に伴うカソード電流のピークがみられる場合が多い（図①′）。カソード電流には酸素の還元電流が含まれ，さらに電位走査を続けると水の還元による水素発生となり，カソード電流がさらに増加する。電位走査の方向を反転すると弱酸性溶液の場合と同様に電流0の腐食電位を経て活性溶解，不働態に至る。ただ，活性溶解の電位域では酸素還元によるカソード電流が加わることと中性・アルカリ性溶液ではアノード溶解の電流ピークが小さいことから，活性態の電流ピークが小さくなったり，不働態域でカソード電流が現れたりする（図4-11，4-12参照）。一方，$E_{cor,3}$から直接電位を貴方向へ走査すると，図中の破線で示すような不働態保持電流i_{pas}のみが観察される。

腐食の分極曲線測定では，腐食・アノード溶解に伴う試料極の表面変化が避けられないことから，いわゆる定常分極曲線ではなく，電位走査による準定常の分極曲線の測定が一般的である。しかしながら，電位走査速度の違いによって分極曲線の形状が大幅に異なる場合があるので，注意が必要である。

5.2.3　サイクリックボルタンメトリー

腐食の測定では使用されることはほとんどないが，電気化学反応の特性を調べるために電気化学の分野で広く使用されているサイクリックボルタンメトリーについて知っておくことは有用であろう。

サイクリックボルタンメトリーは，図5-10に示すように，かなり速い電位走査速度で1往復または複数回の往復電位走査分極により電流－電位関係を測定するもので，往復しない操作を含めてリニアスイープボルタンメトリー（linear sweep voltammetry）ともよばれている。

ここで，溶液中に還元体Redのみが存在する系で，電極反応の速度が物質移動の速度に比べて極めて大きい系（可逆系とよばれ，物質移動が律速している系）で電位を走査したときの平板状電極における電流の変化について考える。

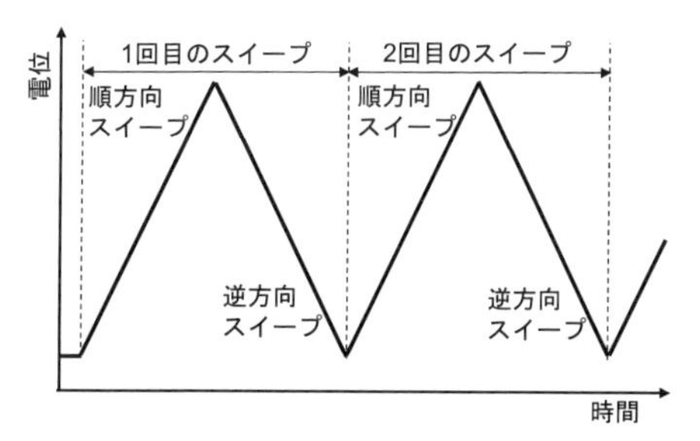

図 5-10　サイクリックボルタンメトリーにおける電位走査

$$\mathrm{Red} \rightleftarrows \mathrm{Ox} + n\mathrm{e}^- \tag{5.2}$$

電極表面での Red と Ox の濃度を $C^{\mathrm{S}}_{\mathrm{Red}}$，$C^{\mathrm{S}}_{\mathrm{Ox}}$，溶液沖合（バルク bulk）での濃度を $C^{\mathrm{bulk}}_{\mathrm{Red}}$，$C^{\mathrm{bulk}}_{\mathrm{Ox}}$，それぞれの拡散係数を D_{Red}，D_{Ox}とすると，Fick の第二法則から次式が成立する。

$$\frac{\partial C_{\mathrm{Red}}}{\partial t} = D_{\mathrm{Red}}\left(\frac{\partial^2 C_{\mathrm{Red}}}{\partial x^2}\right),\quad \frac{\partial C_{\mathrm{Ox}}}{\partial t} = D_{\mathrm{Ox}}\left(\frac{\partial^2 C_{\mathrm{Ox}}}{\partial x^2}\right) \tag{5.3}$$

初期条件，境界条件は次のように表される。

$$t=0,\quad x \geq 0 \quad \text{で} \quad C_{\mathrm{Red}} = C^{\mathrm{bulk}}_{\mathrm{Red}},\quad C_{\mathrm{Ox}} = 0$$

$$t \geq 0,\quad x \rightarrow \infty \quad \text{で} \quad C_{\mathrm{Red}} = C^{\mathrm{bulk}}_{\mathrm{Red}},\quad C_{\mathrm{Ox}} \rightarrow 0$$

$$t > 0,\quad x = 0 \quad \text{で} \quad D_{\mathrm{Red}}\left(\frac{\partial C_{\mathrm{Red}}}{\partial x}\right)_{x=0} = -D_{\mathrm{Ox}}\left(\frac{\partial C_{\mathrm{Ox}}}{\partial x}\right)_{x=0} = \frac{i}{nFA}$$

電極表面濃度からネルンスト式によって，電極電位は次式となる。

$$\begin{aligned} E &= E^{\circ} + \frac{RT}{nF}\ln\frac{a^{\mathrm{S}}_{\mathrm{Ox}}}{a^{\mathrm{S}}_{\mathrm{Red}}} \\ &= E^{\circ} + \frac{RT}{nF}\ln\frac{\gamma_{\mathrm{Ox}}}{\gamma_{\mathrm{Red}}} + \frac{RT}{nF}\ln\frac{C^{\mathrm{S}}_{\mathrm{Ox}}}{C^{\mathrm{S}}_{\mathrm{Red}}} = E^{*} + \frac{RT}{nF}\ln\frac{C^{\mathrm{S}}_{\mathrm{Ox}}}{C^{\mathrm{S}}_{\mathrm{Red}}} \end{aligned} \tag{5.4}$$

ここで，$a^{\mathrm{S}}_{\mathrm{J}}$ は電極表面での J の活量，γ_{J} は J の活量係数，E°は式（5.2）の反応の標準電極電位，E^{*}は式量電位（formal potential）である。書き換えると，

$$\frac{C^{\mathrm{S}}_{\mathrm{Ox}}}{C^{\mathrm{S}}_{\mathrm{Red}}} = \exp\left[\frac{nF}{RT}(E - E^{*})\right] \tag{5.5}$$

電位走査の開始電位を E_{i}，アノード方向への電位走査速度 v とすれば，t s 後の電位

E は,

$$E = E_i + vt \tag{5.6}$$

電位走査速度を σ で書き換えると,

$$\sigma = \frac{nF}{RT}v, \qquad \sigma t = \frac{nF}{RT}vt = \frac{nF}{RT}(E - E_i) \tag{5.7}$$

これらを用いて電流は次式のように求められている。

$$i = nFA\, C_{\mathrm{Red}}^{\mathrm{bulk}} \sqrt{\pi D_{\mathrm{Red}} \sigma}\, \chi(\sigma t) \tag{5.8}$$

ここで，$\chi(\sigma t)$ はかなり複雑な関数で Matsuda ら[3] により解析され，Nicholson[4] らにより計算されている。計算の過程をわかりやすくするために，半波電位 $E_{1/2}$ を導入する。定常分極曲線で電流が限界電流の 1/2 になる電位は半波電位 $E_{1/2}$ とよばれ，次式で表される[5]。

$$E_{1/2} = E^* + \frac{RT}{nF} \ln \sqrt{\frac{D_{\mathrm{Red}}}{D_{\mathrm{Ox}}}} \tag{5.9}$$

この半波電位を用いて横軸に $n(E - E_{1/2})$ を取り，計算された $\sqrt{\pi}\chi(\sigma t)$[6] をプロットすると図 5-11 に示すように E_p に極大をもつ関数であり，式 (5.8) の電流も E_p でピーク電流 i_p となる。$n=1$，25 ℃で $E_{1/2}$ を基準にした極大の電位 E_p は 28.5 mV で，$\sqrt{\pi}\chi(\sigma t) = 0.4463$ である。それぞれの単位をピーク電流 i_p A，電極面積 A cm^2，拡散係数 D_{Red} cm^2/s，Red のバルクの濃度 $C_{\mathrm{Red}}^{\mathrm{bulk}}$ mol/cm^3，電位走査速度 v V/s，25 ℃として式 (5.8) に代入すると，次式となる。

$$i_p = 0.4463\, nFAC_{\mathrm{Red}}^{\mathrm{bulk}} \sqrt{\frac{nFD_{\mathrm{Red}}}{RT}} \sqrt{v} = 2.69 \times 10^5 \times n^{3/2} AC_{\mathrm{Red}}^{\mathrm{bulk}} D_{\mathrm{Red}}^{1/2} \sqrt{v} \tag{5.10}$$

また，E_p およびピーク電流の 1/2 の電流値を与える電位 $E_{p/2}$ は次式となる[6]。

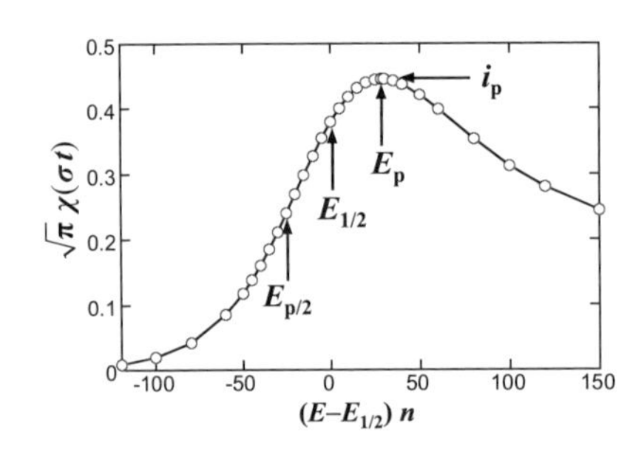

図 5-11　電流関数 $\sqrt{\pi}\chi(\sigma t)$ の電位による変化

$$E_p = E_{1/2} + 1.109 \times \frac{RT}{nF} = E_{1/2} + \frac{28.5}{n} \ \text{(mV)}$$
$$E_{p/2} = E_{1/2} - 1.09 \times \frac{RT}{nF} = E_{1/2} - \frac{28.0}{n} \ \text{(mV)} \qquad (5.11)$$

図 5-11 の縦軸は $\chi(\sigma t)$ と同時に電流 i にも対応しており，式 (5.10) よりピーク電流は電位走査速度 v の平方根と Red のバルク濃度 $C_{\text{Red}}^{\text{bulk}}$ に比例しており，定量分析に使用できること，ピーク電位 E_p または $E_{p/2}$ は電位走査速度に依存せず，$E_{1/2}$ が反応の種類に特有な値であることから E_p または $E_{p/2}$ の値を定性分析に使用できることがわかる。さらに，ピーク電流の大きさは電位走査速度を増すと大きくなるが，ピーク電位は電位走査速度の影響を受けないことがわかる。

電位走査開始 λ s 後の E_λ で分極の方向をカソード方向に反転すると，t s 後 $(t>\lambda)$ の電位は $E=E_i+2v\lambda-vt$ で表され，濃度および電流の変化はアノード方向への分極と同様に計算される。往復分極で反転電位 $E_{\lambda n}$ が異なる場合の電流－電位の変化を図 5-12 に示す[7)]。図中の破線は $E_{\lambda n}$ を超えて分極した場合の電流－電位曲線を $E_{\lambda n}$ で折り返して表示したもので，逆方向の電位走査で現れるカソード電流ピークの大きさ i_{pc} は，図に示すように破線の位置 a からの電流値となる。また，図中の 4 のカソード電流の曲線はアノード電流がほぼ 0 になるまで電位を $E_{\lambda 4}$ 保持した後に逆方向への電位走査を行ったときの電流－電位曲線で，アノード側への電位走査の曲線と対称的になるはずである。

可逆な電極反応のサイクリックボルタモグラムで重要な点は，

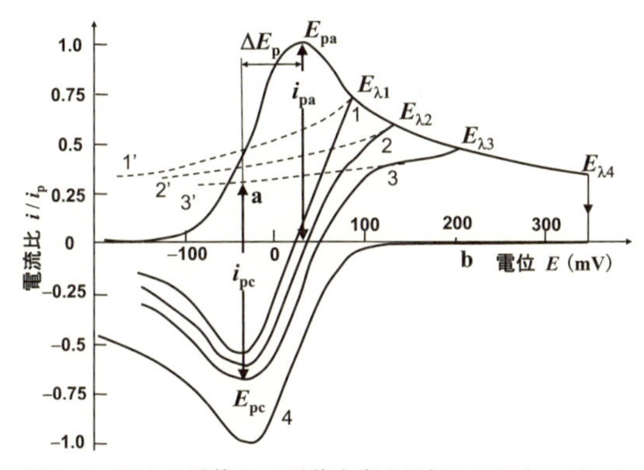

図 5-12　異なる電位 E_λ で電位走査を反転した場合のボルタモグラム

$$i_{pa}=|i_{pc}|,\quad \Delta E_p=E_{pa}-E_{pc}\fallingdotseq\frac{60}{n}\ (\mathrm{mV})$$

が電位走査速度によらず成立することであり，可逆性の判定に使われている。

図 5-13(a) は往復分極した場合の模式的な電流－電位曲線であり，図中 A ～ L のそれぞれの電位における電極近傍での Ox および Red の濃度分布を図(b) に模式的に示す。電位走査の方向によらず，$E_{1/2}$ の電位において Ox と Red の表面濃度は等しくなり，その後電流のピークが現れる。

反応の可逆性が大きくない場合（準可逆，非可逆反応，電荷移動速度が大きくない反応）でピーク電流が現れる場合には，i_p は電位走査速度 v の平方根および反応種のバルクの濃度 C_J^{bulk} に比例し，定量分析に用いることができる。ピーク電位 E_p は電位走査速度に依存し，走査速度が大きいほどアノード方向の分極では正電位側へ，カソード方向の分極では負電位側へ大きくずれ，ブロードなピークとなる。このずれは電荷移動速度が小さくなるほど大きくなるが，$\Delta E_p=E_{pa}-E_{pc}$ は電位走査速度 v や反応種の濃度 C_J^{bulk} に依存しない。

なお，大きな電位走査速度で測定する場合には，電気二重層容量 C_{dl} を充放電する電流による誤差を考慮する必要がある。電位走査速度が v のときの充放電電流 i_{dl} は，

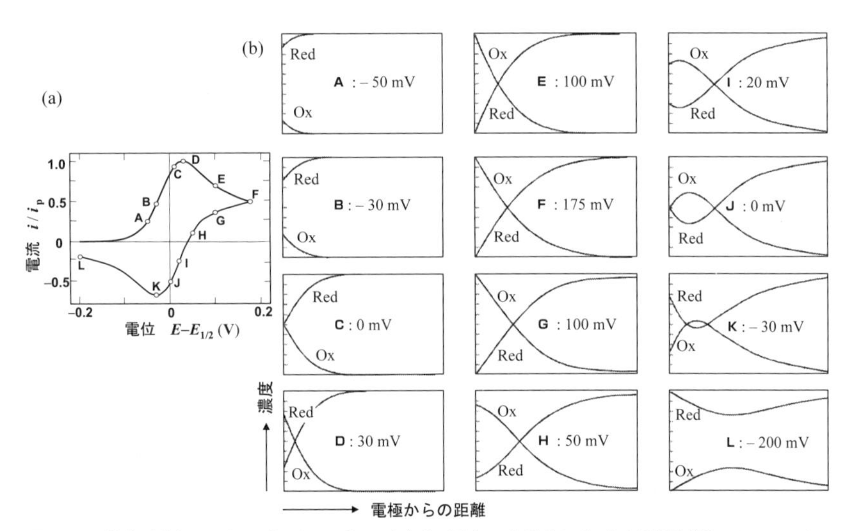

図 5-13　往復分極におけるボルタモグラム(a) と 図中の各電位における電極付近の Ox，Red の濃度分布(b)

［電気化学会 編：“電気化学測定マニュアル 基礎編”，p.78，丸善 (2002)］

$$i_{dl}(\mu A/cm^2) = \nu C_{dl}(V/s \times \mu F/cm^2)$$

で表され，$C_{dl}=20\ \mu F/cm^2$，$\nu=0.1$ V/s の場合には，2 μA/cm² の充放電電流がベース電流として流れることになる。

酸化物の生成とその還元が比較的起こりやすい金属では，サイクリックボルタンメトリーによりその反応を解析することができる。図 5-14 は強アルカリ（0.1 M NaOH，pH≒13）溶液中で 1.1 mV/s の極めて小さな電位走査速度で求めた Pb のサイクリックボルタモグラムである[8)]。アノード方向への電位走査で明瞭な二つの電流ピーク，カソード方向への電位走査でも二つのピークがみられる。アノードピーク電位 $E_{a,p\,1}$ よりやや高い電位で電位走査の方向を反転するとカソードピーク電位 $E_{c,p\,1}$ のみが表れることから，これらのピーク電流は，$E_{a,p\,1}$ で生成した酸化物が $E_{c,p\,1}$ で還元されることに対応している。アノード分極の電位をさらに高くすると次のアノードピーク電位 $E_{a,p\,2}$ が現れ，その後酸素発生による電流増加に至る。カソード側への分極では，$E_{a,p\,2}$ に対応するカソードピーク電位 $E_{c,p\,2}$ が現れる。溶液の化学分析では，アノード過程では極少量の Pb^{2+} の溶解が認められたが，カソード過程での溶出は認められていない。

$E_{a,p\,1}$ については，PbO の生成と Pb^{2+} への溶解であるとされ，$E_{c,p\,1}$ では PbO の Pb への還元であるとされる。$a_{Pb^{2+}}=10^{-6}$ M，pH 13 のときのそれぞれの反応の平衡電位は，

$$Pb \rightleftarrows Pb^{2+} + 2e^-$$

$$E_{eq,\,Pb^{2+}/Pb} = E^{\circ}_{Pb^{2+}/Pb} + \frac{2.3\,RT}{2F}\log a_{Pb^{2+}}$$

$$= -0.126 + 0.0295 \times (-6) \Rightarrow -0.547 \quad (V\ vs.\ SCE) \tag{5.12}$$

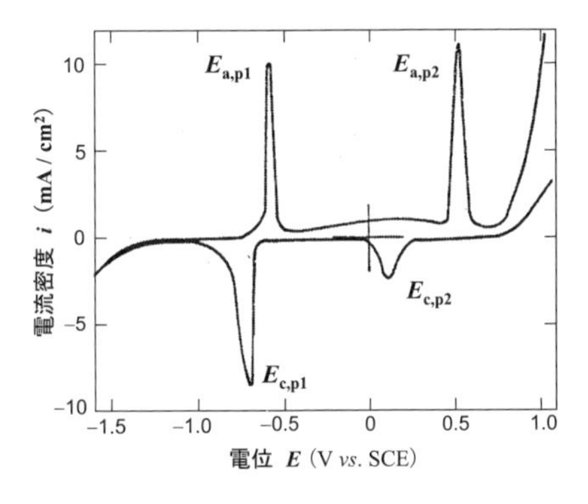

図 5-14　0.1 M NaOH 中での Pb のボルタモグラム $\nu=1.1$ mV/s

$$Pb + H_2O \rightleftarrows PbO + 2H^+ + 2e^-$$

$$E_{eq, PbO/Pb} = E^\circ_{PbO/Pb} + \frac{2.3RT}{2F}\log\frac{a_{PbO}\,a^2_{H^+}}{a_{Pb}}$$

$$= 0.248 - 0.0591\,pH \Rightarrow -0.764 \quad (V\ vs.\ SCE) \tag{5.13}$$

測定されたピーク電位は $E_{a,p1} = -0.58$ V，$E_{c,p1} = -0.76$ V であることから，アノード反応の分極（電位のずれ）が大きい反面，カソード反応はほとんど過電圧を生じていないことがわかる。同様に，$E_{a,p2}$ と $E_{c,p2}$ については，Pb_3O_4，Pb_2O_3，PbO_2 の生成とその還元が考えられる。前2者は酸化物の色が赤色および黄色，PbO_2 は黒茶色であり，$E_{a,p2}$ をすぎると電極表面が黒色になっていることから，最終的には PbO_2 が生成しているものと考えられる。PbO_2 生成の平衡電位は次式で表され，PbO から Pb_3O_4 を経て PbO_2 の生成および最終的には Pb から PbO_2 の生成が起こるものと考えられる。

$$3PbO + H_2O \rightleftarrows Pb_3O_4 + 2H^+ + 2e^-$$

$$E_{eq, Pb_3O_4/PbO} = E^\circ_{Pb_3O_4/PbO} + \frac{2.3RT}{2F}\log\frac{a_{Pb_3O_4}\,a^2_{H^+}}{a_{PbO}}$$

$$= 0.972 - 0.059\,pH \Rightarrow -0.040 \quad (V\ vs.\ SCE) \tag{5.14}$$

$$Pb_3O_4 + 2H_2O \rightleftarrows 3PbO_2 + 4H^+ + 4e^-$$

$$E_{eq, PbO_2/Pb_3O_4} = E^\circ_{PbO_2/Pb_3O_4} + \frac{2.3RT}{4F}\log\frac{a_{PbO_2}\,a^4_{H^+}}{a_{Pb_3O_4}}$$

$$= 1.127 - 0.0591\,pH \Rightarrow 0.115 \quad (V\ vs.\ SCE) \tag{5.15}$$

ボルタモグラムでのピーク電位は，$E_{a,p2} = 0.53$ V，$E_{c,p2} = 0.11$ V であり，PbO 生成の場合とは逆にアノード反応の過電圧が大きく，カソード反応の過電圧はかなり小さいことがわかる。さらに，ピーク1におけるピーク電流を積分して電気量 Q_{a1}，Q_{c1} を求めると，電位走査速度によらずほぼ等しい値であったことから，ピーク1でのアノード反応では Pb の溶解はほとんど起こらず，100％に近い電流効率で PbO を生成し，さらにほぼ100％の電流効率で酸化物が金属 Pb に還元されるといえる。生成した酸化物の量は Q_{a1} または Q_{c1} に等しい。これらの反応は固相での反応であるため多くの場合電極反応の速度は遅く，電位走査速度によってそれぞれのピーク電位は移動し，走査速度が増すほど $\Delta E = E_{p,a} - E_{p,c}$ は大きくなる。一方，ピーク2については酸化過程でのピークの電気量に比べて還元過程の電気量が小さく，酸化過程で酸化物の形成以外の溶解反応が起こっていることを示唆している。

5.3　Tafel 外挿法と分極抵抗法

Tafel 外挿法と分極抵抗法は腐食速度の電気化学測定ではもっとも基本的な測定の一つといえるが，平衡電位を示す電気化学反応系（以下ではレドックス系と表記する）では交換電流密度 i_0 を求めることができる。3.2 節および 3.5 節で理論的な検討を行ったので，本節では実用的な測定を中心に検討する。

5.3.1　Tafel 外挿法

レドックス系では，3.2 節で述べたように，アノードとカソードの分極曲線（電流の対数を電位に対してプロット）は，活性化支配の場合には平衡電位から 50 ～ 100 mV 離れた電位以上で直線関係となり，Tafel の関係を満足する。この場合，アノードおよびカソード電流の直線部を外挿すると平衡電位で交わり，その電流が交換電流密度に対応する。

腐食系では，腐食のアノード反応とカソード反応がともに活性化支配の場合には，レドックス系と同様にアノードとカソードの分極曲線が Tafel の関係を満足する。図 5-15 は酸性溶液を想定して Fe^{2+}/Fe および H^+/H_2 の反応の平衡電位，交換電流密度，Tafel 勾配を与えて計算したアノードとカソードの部分分極曲線と全体の分極曲線をプロットしたものである。図より腐食電位は $E_{cor}=-0.42$ V，腐食電流は $i_{cor}=3.2\times10^{-5}$ A/cm^2 と求められる。計算値であるので，分極曲線の Tafel 直線部が明瞭に現れ

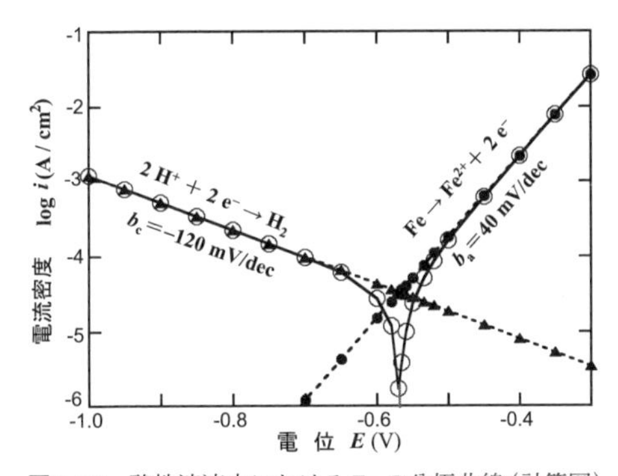

図 5-15　酸性溶液中における Fe の分極曲線（計算図）

ているが，計算値であっても良好な直線性を示すのは腐食電位から± 0.1 V 以上離れた電位からであることに注意が必要である。

中性溶液で酸素の拡散限界電流が現れる場合を想定し計算した分極曲線を図 5-16 に示す。酸素の拡散限界電流密度を $i_{\mathrm{lim,O_2}}$＝25 μA/cm^2 として計算したもので，十分卑な電位では水の還元反応による水素発生のカソード電流も示している。この場合の腐食電流密度は限界電流密度と等しく 25 μA/cm^2 となる。

実際の測定手順の例としては，

① 試料極の電解槽へのセット（必要に応じて，事前に試料面の研磨，脱脂を行う）

② 塩橋に溶液を吸い上げ，塩橋を完成させる

③ Luggin 管の位置の調整

④ 浸漬状態での電位を測定し，安定になるのを待つ（10 ～ 30 min）

⑤ カソード方向への電位走査を開始する。電位ステップ法の場合は 10 ～ 50 mV のステップで電位を変化させ一定時間（10 s ～ 1 min 程度）後の電流値を読み取る。

⑥ 決められた電位または電流に達したら，電位走査または電位ステップの方向を反転する。

Fe，Cu などの金属で電極表面に空気中で生成した酸化物が存在する場合には，カソード方向の電位走査・分極により酸化物を還元・除去できる場合が多い。一方，Al，Ti，Cr などの難還元性の酸化物・水酸化物を形成する金属やそれらを含む合金では，通常のカソード分極ではこれら酸化物などはカソード還元・除去されない。

実際の腐食速度の測定では，測定された分極曲線が全体に曲がっており，広い電位範囲にわたって Tafel 直線部がみられないことも多い。そのような場合には，少なくとも腐食電位から 0.1 V 以上離れた電位領域から，アノードの Tafel 勾配を 40 ～ 100

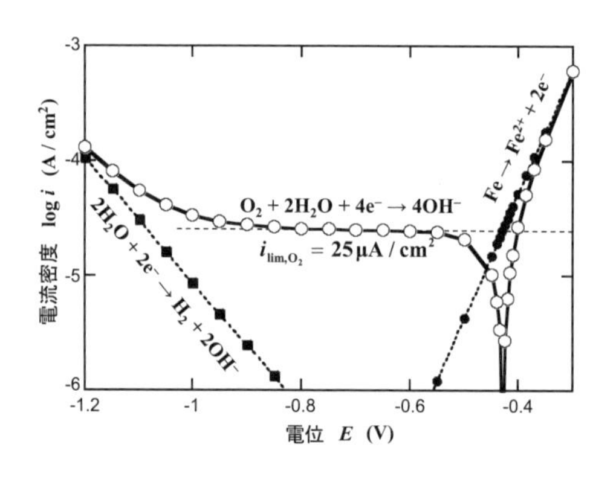

図 5-16　中性溶液中での Fe の分極曲線（計算図，$i_{\mathrm{lim,O_2}}$＝25 μA/cm^2）
●：アノード部分分極曲線，破線：酸素の拡散限界電流（25 μA/cm^2），
■：水の分解による水素発生電流，
○：全体の分極曲線。

mV/dec，カソードの Tafel 勾配を−100 〜−140 mV/dec の範囲で Tafel 直線を引けないかを検討する。また，アノード部分分極曲線は腐食生成物の影響等で Tafel 直線が現れにくい場合が多いので，カソードの Tafel 直線を腐食電位に外挿する方法もとられている。

5.3.2 分極抵抗法

レドックス系での分極抵抗 $R_{p,0}$ は式 (3.70) で，腐食系の分極抵抗 $R_{p,cor}$ の定義は式 (3.72) で示した。分極抵抗の測定では腐食電位から± 10 mV 程度の微小な分極を与えた場合の過電圧 $\Delta\eta$ と電流値 Δi の比または $i_{ex}=0$ 前後の電位と電流の勾配から計算する。

$$R_{p,0}=\left(\frac{\Delta\eta}{\Delta i}\right)_{\eta=0}=\frac{b_a\cdot b_c}{2.3\times(b_a+b_c)}\frac{1}{i_0}=\frac{RT}{nF}\frac{1}{i_0}=K_{p,0}\frac{1}{i_0} \tag{5.16}$$

$$R_{p,cor}=\left(\frac{\Delta\eta}{\Delta i}\right)_{\eta=0}=\frac{b_a\cdot b_c}{2.3\times(b_a+b_c)}\frac{1}{i_{cor}}$$

$$-\frac{RT}{(\alpha_a n_a+(1-\alpha_c)n_c)F}\frac{1}{i_{cor}}=K_{p,cor}\frac{1}{i_{cor}} \tag{5.17}$$

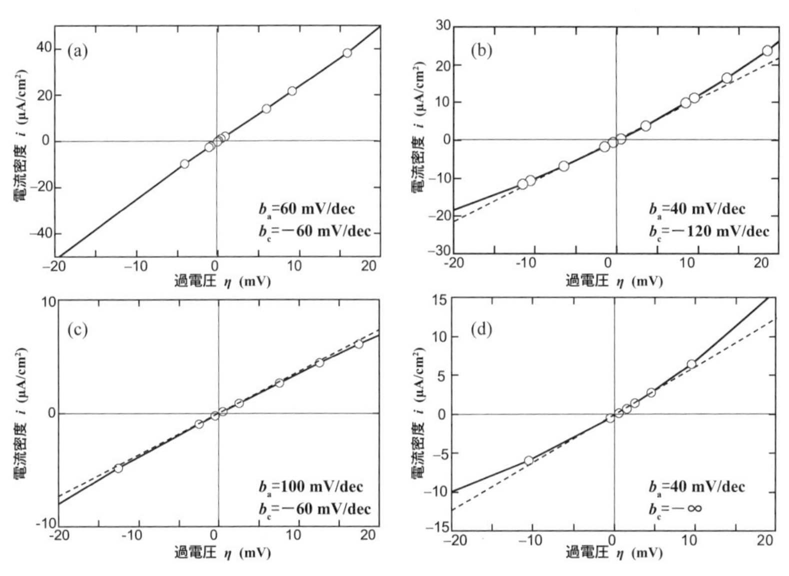

図 5-17 Tafel 係数が異なる腐食系の腐食電位近傍での分極曲線の計算値

平衡電位または腐食電位近傍においてアノードとカソードのTafel勾配をいろいろと変えた場合の分極電流を計算しプロットしたものを図5-17に示す。両勾配が等しい場合（図5-17(a)）には腐食電位近傍での電流－電位曲線の直線性はよく，Tafel勾配の値が大きいほど直線を示す領域が広がる。一方，アノードとカソードのTafel勾配が大きく異なる場合には平衡電位または腐食電位で引いた接線からの偏奇が異なる（図(b)および(c)）。また，カソード反応が限界電流の場合（$b_c=\infty$，図(d)）には，図(b)の直線からのずれをさらに拡大したものとなる。これらの図では，図(d)を除いて平衡電位または腐食電位から±5 mVの範囲ではよい直線性が成立していることがわかる。

実際の分極抵抗の測定では，① 微小な電流ステップを与え，一定の過電圧を示すまで待つ（定電流法），② 微小な電位ステップを与え，一定の電流値を示すまで待つ（定電位法），および ③ 平衡電位または腐食電位近傍で極めて遅い電位走査速度（<1 mV/s）で分極する（電位走査法）などの方法が用いられる。しかしながら，交換電流密度が極めて小さいレドックス系では安定した平衡電位が現れなかったり，腐食速度が極めて小さい腐食系では腐食電位自体が安定でない場合が多く，微小な分極でも初期の電位に戻らなかったり，腐食電位が大幅に変化することも多く，この方法は不働態などの腐食速度測定には向いていない。

5.4　電流または電位を制御する測定

一定の電流値または一定の電位で分極した場合の電極表面近傍の濃度変化および電位または電流値の時間変化などの特徴については，3.4節において解析した。電気化学および分析電気化学においては，電極反応機構の解析や反応種・反応中間体濃度の定量などのために，先に述べたサイクリックボルタンメトリーをはじめ多くの手法が開発・適用されてきた。以下では，測定法の基本的な考え方を中心に，腐食に関する測定への適用例について検討する。

5.4.1　電流を制御する測定

3.4.2項で述べたように，Oxを含む系で次式の電荷移動反応速度が速い場合，一定の電流値 i でカソード分極することを考える。

$$\mathrm{Ox} + n\,\mathrm{e}^- \rightleftarrows \mathrm{Red}$$

Ox と Red の表面濃度は式 (3.46, 3.47) で与えられており，電流 i を式 (3.48) により τ に置き換えると，それぞれの表面濃度は式 (5.18) となり，電極電位 E は式 (5.19) で表される。

$$C_{\mathrm{Ox}}(0,t)=C_{\mathrm{Ox}}^{\mathrm{bulk}}\left(1-\sqrt{\frac{t}{\tau}}\right),\quad C_{\mathrm{Red}}(0,\mathrm{t})=C_{\mathrm{Ox}}^{\mathrm{bulk}}\sqrt{\frac{D_{\mathrm{Ox}}}{D_{\mathrm{Red}}}}\sqrt{\frac{t}{\tau}} \tag{5.18}$$

$$\begin{aligned}E&=E^{*}_{\mathrm{Ox/Red}}+\frac{RT}{nF}\ln\frac{C_{\mathrm{Ox}}(0,t)}{C_{\mathrm{Red}}(0,t)}=E^{*}_{\mathrm{Ox/Red}}+\frac{RT}{nF}\ln\frac{1-\sqrt{t/\tau}}{\sqrt{\dfrac{D_{\mathrm{Ox}}}{D_{\mathrm{Red}}}}\sqrt{t/\tau}}\\&=E^{*}_{\mathrm{Ox/Red}}-\frac{RT}{2nF}\ln\frac{D_{\mathrm{Ox}}}{D_{\mathrm{Red}}}+\frac{RT}{nF}\ln\frac{\sqrt{\tau}-\sqrt{t}}{\sqrt{t}}\\&=E_{\tau/4,\,\mathrm{Ox/Red}}+\frac{RT}{nF}\ln\frac{\sqrt{\tau}-\sqrt{t}}{\sqrt{t}}\end{aligned} \tag{5.19}$$

ここで，$E^{*}_{\mathrm{Ox/Red}}$ は式 (3.41) で導入した酸化還元反応の式量電位で，ネルンストの式を活量でなく濃度で表すために用いており，$E_{\tau/4,\,\mathrm{Ox/Red}}$ は四分波電位 (quarter-wave potential) とよばれ，標準電極電位に対して拡散係数の比および活量係数の比を含んでおり標準電極電位と同様にそれぞれの電極反応に特有な値をもつ。

定電流分極における電位の時間変化 (クロノポテンショグラム) を図 5-18 に模式的に示す。カソード電流の印加により電位は降下し，レドックス反応の標準電極電位に近い電位で停滞し，その後再び急速な電位低下が起こる。2 回目の電位低下までの時間が式 (3.49) の Sand の式に現れる遷移時間 τ であり，その 1/4 の時間に相当する時点での電位が四分波電位である。注目する Ox の濃度は，式 (3.49) により求めることができる。

$$C_{\mathrm{Ox}}^{\mathrm{bulk}}=\frac{2i\sqrt{\tau}}{nF\sqrt{\pi D_{\mathrm{Ox}}}} \tag{3.49}$$

還元反応の途中で電流の方向を反転するとどうなるであろうか。たとえば，Fe^{3+} を

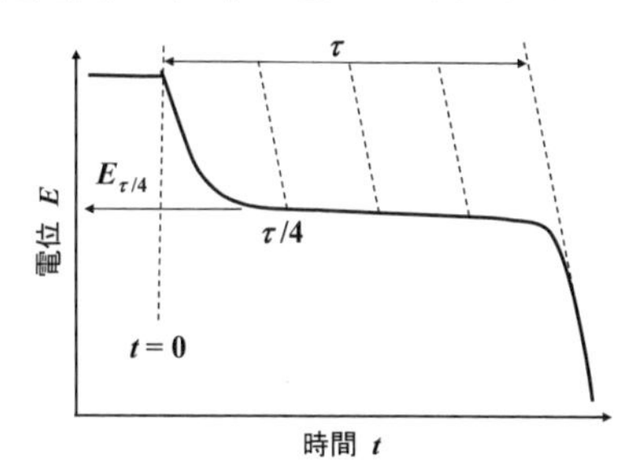

図 5-18　定電流分極による電位の時間変化 (クロノポテンショグラム)

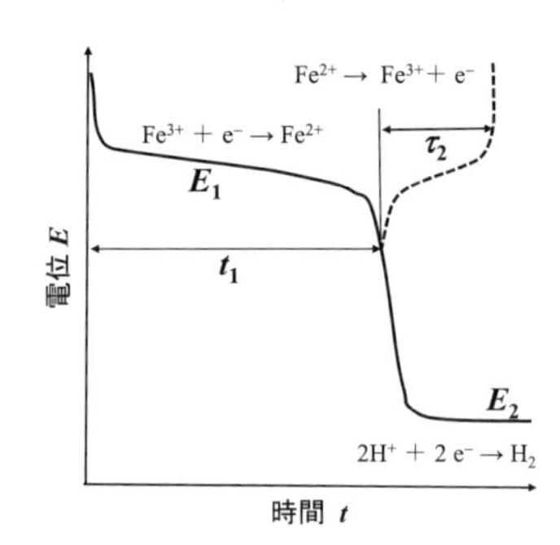

図 5-19　時間 t_1 で電流を反転させた場合のクロノポテンショグラム

含む酸性溶液（初期には Fe^{2+} を含まないものとする）中で Pt 電極を作用極として一定電流値でカソード分極すると，図 5-19 に示す電位－時間曲線を得る。電流の反転がなければ，遷移時間 τ_1 の後はカソード反応は水素発生反応に至って電位が安定する。一方 $t_1 \leq \tau_1$ の時間 t_1 で電流を反転すると，反応により生成した Fe^{2+} の酸化反応が起こり，ほぼ E_1 と等しい電位での停滞がみられた後，電極近傍の Fe^{2+} が枯渇し電位が急速に上昇する。この遷移時間を τ_2 とすると次式となり，最初のカソード分極で生じた Fe^{2+} の 1/3 が逆反応に使われることになる。

$$\tau_2 = t_1/3 \tag{5.20}$$

すなわち，カソード反応により生じた Fe^{2+} の 2/3 は溶液中へ拡散・散逸してしまうことを示している。

上の例は，電極反応の反応種・生成種ともに溶液中にあり，電極表面へまたは電極表面からの拡散が起こる場合の例であるが，電極表面に析出したり，酸化物を生じたり，酸化物が還元される場合にはどのようになるのであろうか。

塩化物を含まない中性溶液中で Cu をアノード酸化すると Cu 上に Cu_2O，CuO の酸化物が生成し，これらの酸化物はカソード還元により容易に還元される。図 5-20 は中性溶液中で Cu を 20 μA/cm^2 の定電流で酸化・還元を行った場合のクロノポテンショグラムである[9]。一定電流での分極であることから，横軸は通過した電気量 ($Q = i \cdot t$) で表示されている。アノード分極では E_a^{I}，E_a^{II}，E_a^{III} の電位停滞がみられ，カソード分極では E'_c，E_c^{I}，E_c^{II}，E_c^{III} の電位停滞が現れる。ここで，E_a^{III} では酸素発生が認められることから酸素発生に伴う停滞であり，E'_c は吸着した酸素の還元によると考えられる。図の酸化および還元における電位停滞について E_a^{I} および E_a^{I} よりやや高い電位まで分極した場合には，カソード側では E_c^{II} に対応する電位停滞がみられ，E_a^{I}

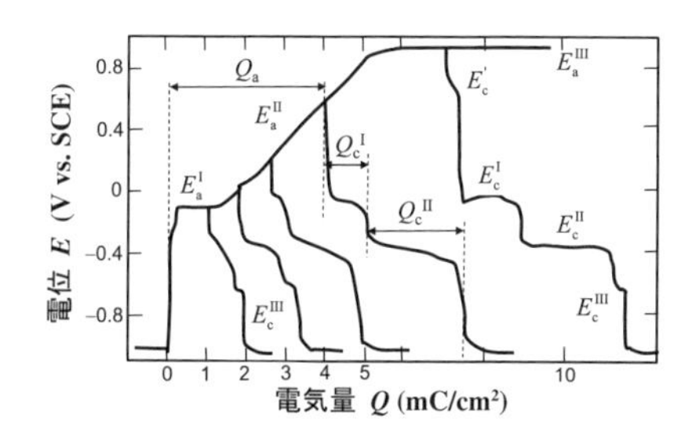

図 5-20　中性溶液中での Cu の酸化還元のクロノポテンショグラム
pH 8.39，20 μA/cm²。

から E_a^{III} までの緩やかな電位上昇域（E_a^{II} とする）ではカソード側で E_c^{I} の電位停滞が現れている。カソード側の電位停滞に対応する反応をそれぞれ以下の還元反応であるとして，

$$E_c^{II}:\quad Cu_2O+2H^++2e^- \longrightarrow 2Cu+H_2O$$
$$E_c^{I}:\quad 2CuO+2H^++2e^- \longrightarrow Cu_2O+H_2O$$

それぞれの停滞電位での電気量 Q_c^{I}，Q_c^{II} から各酸化物の生成量を求めることができる。酸素発生に至る前の電位で電流を反転した場合でも，アノード分極の電気量の総和 $Q_{a,total}$ は酸化物還元のカソード電気量の総和 $Q_{c,\,total}$ よりもつねに大きいことから，アノード酸化の過程で酸化物の生成とともに溶液中に溶出する反応が起こっている。カソード反応の電流効率を 100%とすれば，CuO の生成量は $2Q_c^{I}$，Cu_2O の生成量は $Q_c^{II}-Q_c^{I}$ で表される。また，クロノポテンショグラムに現れる停滞電位は，電極表面での酸化・還元反応の平衡電位に正・負の過電圧を加えたものとなっているため，各反応の平衡電位を参照することによって反応の種類を決めることができる。なお，E_c^{III} については再現性が乏しく，十分に考慮されていない。

クロノポテンショメトリーは Zn や Sn などのめっき層の簡便な厚さ測定にも応用される。めっき鋼板を酸性浴あるいはキレートを含む電解浴でアノード酸化すると，めっき層のアノード溶解の終了により電位が Fe の溶解電位に移ることを利用している。

5.4.2　電位を制御する測定

電位を制御する測定の中でサイクリックボルタンメトリーについては 5.2.3 項で説明したので，腐食の測定ではあまり用いられていない方法ではあるが，一定の電位を印加し電流または電気量の変化を調べるクロノアンペロメトリーとクロノクーロメトリーについて検討する。

Ox を含む溶液中の電極に一定電位を印加したときの電極表面近傍の濃度変化，電解電流の時間変化については，3.4.3 項で説明した。電極反応に伴う電流（ファラデー電流）i_F は式 (3.53) の Cottrell の式に従って減衰する。

$$i_F = \frac{nF\sqrt{D_{Ox}}\,C_{Ox}^{bulk}}{\sqrt{\pi t}} \tag{3.53}$$

電流 i_F の時間変化および $i_F \sim 1/\sqrt{t}$ については図 3-19 に示した。電位ステップを与えたとき，実際に測定される電流 i_{ex} には，電位の変化に伴う電気二重層容量 C_{dl} の充・放電電流 i_{dl} が含まれる。溶液抵抗が R_{sol}，印加電位のステップが ΔE のとき i_{dl} は式 (5.21) で表され，その時定数 ($\tau = R_{sol}C_{dl}$) を経過したとき充・放電電流は初期の 1/e≒37%まで減衰する。

$$i_{dl} = \frac{\Delta E}{R}\exp\left(\frac{-t}{R_{sol}C_{dl}}\right) \tag{5.21}$$

$$i_{ex} = i_F + i_{dl} = \frac{nF\sqrt{D_{Ox}}\,C_{Ox}^{bulk}}{\sqrt{\pi t}} + \frac{\Delta E}{R}\exp\left(\frac{-t}{R_{sol}C_{dl}}\right) \tag{5.22}$$

図 5-21(a) は電流の時間変化を表したもので，曲線 1，2，3 はそれぞれ i_{dl}，i_F，i_{ex} を示している。C_{dl} の充・放電電流が無視できる場合には図(b) に示すように $i_{ex} \sim 1/\sqrt{t}$ プロット（Cottrell プロットともいう）が原点を通る直線（1，2）となり，その勾配から C_{Ox}^{bulk} を求めることができる。一方，溶液が撹拌されることなどにより拡散層の厚さが制限される場合には曲線 3 に示すように原点を通る直線からずれて拡散限界電流となる。

一方，測定された電流を積分した通過電気量 Q について考えると，式 (5.22) を積分して式 (5.23) となり，図(c) に示すように Q は $\sqrt{t}$ に対して電気二重層の電気量

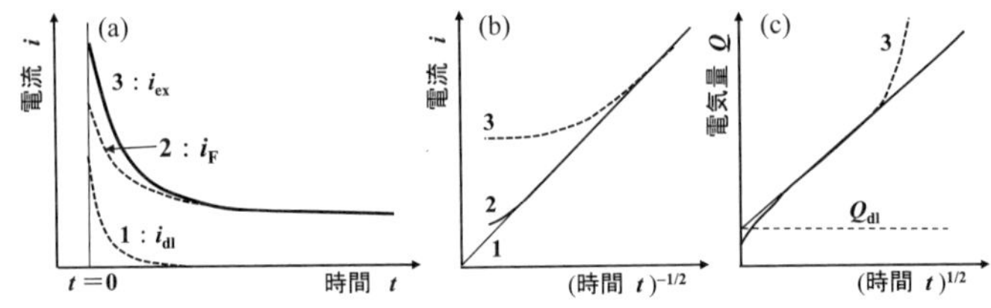

図 5-21　(a) 定電位ステップを印加したときの電流の時間変化（クロノアンペログラム），**1**：i_{dl}；電気二重層充電電流，**2**：i_F；ファラデー電流，**3**：i_{ex}；測定電流。
(b) $i \sim t^{-1/2}$ プロット，**3**：拡散限界電流が現れる場合。
(c) $Q \sim t^{1/2}$ プロット，Q_{dl}：電気二重層の充電電気量，**3**：拡散限界電流が現れる場合。

Q_{dl} を切片として直線的に増加し，その勾配からバルクの濃度 C_{Ox}^{bulk} を求めることができる。

$$Q = \int (i_F + i_{dl})\,dt = \frac{2nFC_{Ox}^{bulk}\sqrt{D_{Ox}t}}{\sqrt{\pi}} + Q_{dl} \tag{5.23}$$

また，拡散限界電流を示す場合には長時間側で直線から上に向かってずれが大きくなる（曲線 3）。

5.5　対流ボルタンメトリー

電極反応における反応種・生成種が溶液内のイオン・分子である場合には，反応に伴うこれらの反応種・生成種の拡散が測定結果の解析を複雑にする場合が多い。また，拡散に伴うこれらの化学種の濃度変化は，溶液が完全に静止している場合には電極表面から沖合に向かって半無限に伸びていく。しかしながら，溶液内の自然対流や外部からの撹拌などによって，実際には電極からある程度離れた溶液中の濃度はほぼ均一になっている場合が多い。そこで，電極に対する溶液の流れの状態を一定にして，電極表面からの物質移動を制御する多くの方法が提案され，現在でも電気化学，電気化学分析の分野で新たな方法が提案され検討されている。以下では，腐食の研究・解析にも多くの適用例がある回転電極法およびチャンネルフロー電極法について述べる。

5.5.1　回転電極法（回転ディスク電極と回転リング・ディスク電極）

回転電極法には円柱状電極の側面を電極とする回転円柱電極と底面にあたる円盤を電極面とする回転ディスク（円盤）電極とがある。前者は電極作製が容易などの利点はあるものの，回転速度の上昇で乱流が起こりやすいこと，理論的な解析があまり進んでいないことなどから，多くの研究は後者の回転ディスク電極（rotating disk electrode，RDE）法が用いられている。

図 5-22 に示すように，電極の回転により電極に接する溶液は遠心力によって円盤に沿って外周方向へと流れ（図(a)），それを補うように円盤に垂直の方向の流れが生じる（図(b)）。電極の回転数の増加によって垂直方向の溶液の流れの速度は大きくなり，電極面への溶液（反応種）の供給速度が増加する。

$Ox + n\,e^- \longrightarrow Red$ の反応ついての Ox の拡散による拡散限界電流密度 $i_{Ox,lim}$ は，流体力学的検討から Levich により次式が求められている[10]。

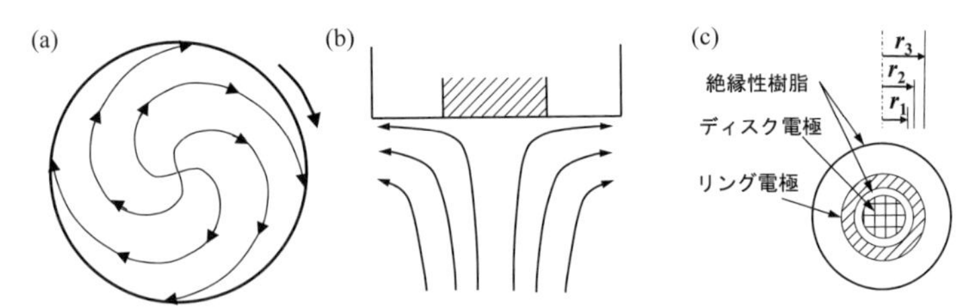

図 5-22　回転ディスク電極における垂直方向(a) および沿面方向(b) の溶液の流れ，回転リング･ディスク電極の構成(c)

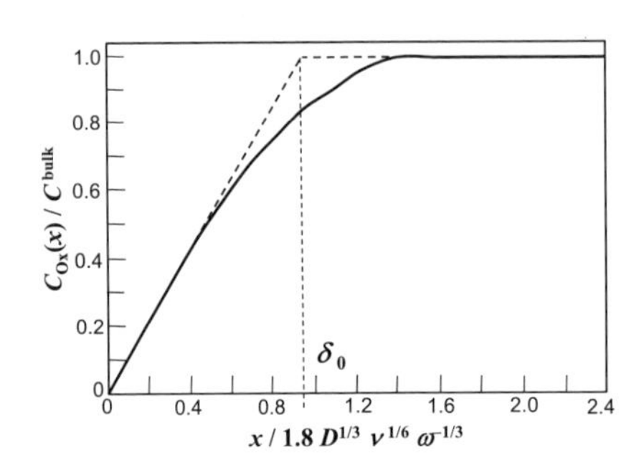

図 5-23　拡散限界電流の状態での回転ディスク電極の電極近傍での C_{Ox} の濃度変化
横軸は電極からの距離を無次元化したもの。

$$i_{Ox,\,lim}=0.620\,nFC^{bulk}D_{Ox}^{2/3}\,\omega^{1/2}\,\nu^{-1/6} \tag{5.24}$$

ここで，ω は電極回転の角速度（rad/s，$\omega=2\,\pi\,f$，f：1 秒間における回転数），ν は動粘性係数で水ではほぼ 0.01 cm^2/s である。拡散限界電流における電極表面からの距離 x の増加に伴う Ox の濃度 $C_{Ox}(x)$ の変化をバルクの濃度 C^{bulk} との比として無次元化した距離に対して計算したものを図 5-23 に示す（以下では添え字 Ox を省略)。Nernst の拡散層厚さに相当する厚さ δ_0 は次式で与えられ，図中の破線の位置となる。

$$\delta_0=1.61\,D^{1/3}\omega^{-1/2}\,\nu^{1/6} \tag{5.25}$$

式 (5.24) から，拡散限界電流密度 i_{lim} は電極の回転速度 ω の 1/2 乗に比例して増加することになり（図 5-24(a) の破線)，このプロット（Levich プロットともよばれる）は測定された電流が拡散限界電流であることの確認に使われる。

一方，電流が完全に拡散限界電流に至っていない場合には，同図の実線のように ω の増加によって直線から離れ，一定値 i_k に漸近する。拡散の影響がない場合の活性化支配の反応の電流密度は $i_k=i_0\exp\left(\dfrac{-(1-\alpha)nF\eta}{RT}\right)$ で表され，活性化の影響がない完全な拡散支配による電流が式 (5.24) であることから，両者の混合による電流密

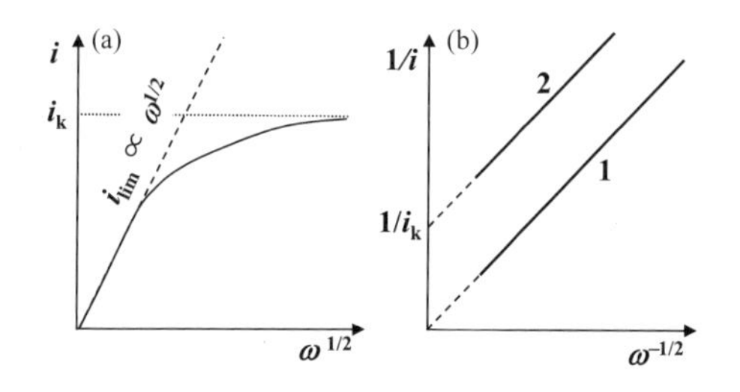

図 5-24　(a) ディスク電極電流の回転速度依存性 (Levich プロット)，破線は拡散限界電流の場合
(b) $1/i \sim 1/\omega^{1/2}$ プロット，1：拡散限界電流の場合，2：拡散限界電流に至っていない場合
i_k は拡散の影響を除いた活性化の電流。

度 i は次式となる。

$$\frac{1}{i}=\frac{1}{i_k}+\frac{1}{i_{Ox,\,lim}}=\frac{1}{i_k}+\frac{1}{0.620\,nFC^{bulk}D^{2/3}\,\nu^{-1/6}\omega^{1/2}} \tag{5.26}$$

これより，測定電流 $1/i$ を $1/\omega^{1/2}$ に対してプロットすると，図5.24(b) に示すように完全に拡散律速の場合には $i_k \ll i_{Ox,\,lim}$ より原点を通る直線（図中の直線 **1**）となり，活性化と拡散の混合支配の場合には直線 **2** となり切片は $1/i_k$ を与える。

回転リング･ディスク電極（rotating ring-disk electrode, RRDE）は Frumkin[11] により最初に提案された方法で，ディスク電極の外側に同心円状のリング電極を配置したもの（図 5-22(c)）で，ディスク電極の反応での生成物あるいはディスク電極から溶出したイオンをリング電極での反応で検出するのに使用されている。もっとも単純には，ディスク電極で $Ox+ne^- \longrightarrow Red$ の反応により生成した Red をリング電極で $Red \longrightarrow Ox+ne^-$ の反応で検出する。あるいは，Fe のディスク電極でアノード溶解 $Fe \longrightarrow Fe^{2+}+2\,e^-$ により溶出した Fe^{2+} をリング電極の $Fe^{2+} \longrightarrow Fe^{3+}+e^-$ の反応で検出する。このような測定では，ディスク電極の反応により生じたイオンのどれだけの割合がリング電極で捕捉されるか（捕捉率 N）を知ることが重要であるが，流体力学的な解析によって，以下のように示めされる。

図 5-22(c) に示したように，ディスク電極の半径 r_1，絶縁体ギャップの外径 r_2，リング電極の外径 r_3 とし，ディスク電極の電流 i_D とその逆反応をリング電極の電流 i_R として検出しているときの捕捉率 N は，

$$N=\frac{-i_R}{i_D} \tag{5.27}$$

$$N=1-F\left(\frac{\alpha}{\beta}\right)+\beta^{\frac{2}{3}}[1-F(\alpha)]-(1+\alpha+\beta)^{\frac{2}{3}}\left\{1-F\left[\left(\frac{\alpha}{\beta}\right)(1+\alpha+\beta)\right]\right\} \tag{5.28}$$

ここで，$\alpha=\left(\frac{r_2}{r_1}\right)^3-1,\quad \beta=\left(\frac{r_3}{r_1}\right)^3-\left(\frac{r_2}{r_1}\right)^3$　(5.29)

$$F(\theta)=\left(\frac{\sqrt{3}}{4\pi}\right)\ln\left\{\frac{(1+\theta^{\frac{1}{3}})^3}{1+\theta}\right\}+\frac{3}{2\pi}\arctan\left(\frac{2\theta^{\frac{1}{3}}-1}{\sqrt{3}}\right)+\frac{1}{4} \tag{5.30}$$

かなり複雑な式にみえるが, 非常に重要な点は捕捉率 N が電極の幾何学的な形状 (r_1, r_2, r_3) によってのみ決定されることである。たとえば, $r_2/r_1=1.05$, $r_3/r_2=1.20$ のとき $N=0.340$ と計算され, $r_1/r_2=1.04$, $r_3/r_2=1.28$ のとき $N=0.401$ となる。当然のことながら, r_3/r_2 が大きくなると検出極の面積が増えるため, 捕捉率は大きくなる。

以下では, RRDE による測定の基本的な考え方について簡単に説明する。図 5-25(a) に示すように, Ox を含む溶液中でディスク電極を負電位側に走査すると $\mathrm{Ox}+n\mathrm{e}^- \longrightarrow \mathrm{Red}$ の反応によるディスク電流 i_D が測定され, 電流の増加と拡散限界電流 $i_\mathrm{D,\,lim}$ が観察される。このとき, リング電極を E_1 より貴な電位に定電位分極すると, ディスク電極で生成した Red の酸化反応 (ディスク電極の反応の逆反応) が起こりリング電極に i_R のアノード電流が流れる。i_D の増加とともに i_R も増加し, i_D が拡散限界電流 $i_\mathrm{D,lim}$ に達すると i_R も一定値の $i_\mathrm{R}=-N\cdot i_\mathrm{D,lim}$ となる。一方, 図(b) はリング電極の電位を負電位側へ走査した場合で, ディスク電極を Ox の還元反応が起こらない電位 $E_1(i_\mathrm{D}=0)$ にしたときリング電流は曲線 **1** となり, 図(a) の i_D と同じ形状となるが拡散限界電流値 $i^\circ_\mathrm{R,\,lim}$ は $i_\mathrm{D,lim}$ よりも小さく, $i^\circ_\mathrm{R,\,lim}=\beta^{2/3}$ で $i_\mathrm{D,lim}$ となる (β は式 (5.29))。一方, ディスク電極を E_2 に分極してリング電位を負電位の方向に走査すると, 曲線 2 に示すようにリング電極の電位が E_1 に近い電位域では図(a) と同様にディスク電極で生成した Red の酸化電流が流れる。リング電極で Ox が還元される電位域ではリング電流はカソード電流となり, ディスク電極で Ox が消費されることによりリング電

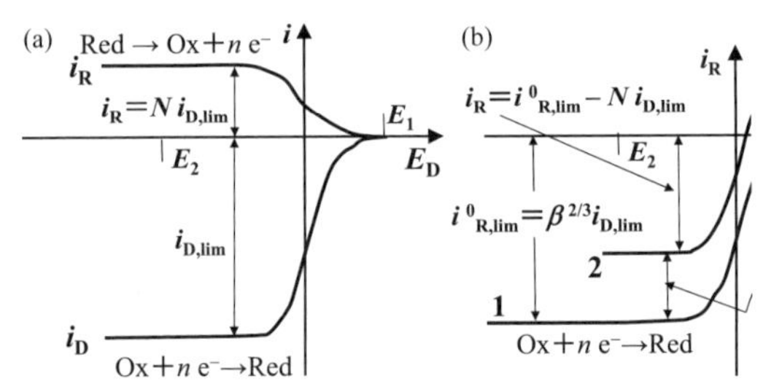

図 5-25　回転リング・ディスク電極法でのディスク電流 i_D とリング電流 i_R
(a) ディスク電位を E_1 から走査し, リング電位を E_1 に固定したときのディスクとリングの電流, (b) ディスク電位が E_1 でリング電位を走査したときのリング電流 (曲線 1) とディスク電位が E_2 でリング電位を走査したときのリング電流 (曲線 2)。

極に到達する Ox の濃度が減少する（シールディング効果）ためリング電流は $N \cdot i_{D,lim}$ だけ小さくなり $i_R = i^\circ_{R,lim} - N \cdot i_{D,lim}$ となる。

RDE および RRDE の電極反応の詳細な解析については参考書[12,13]を参照してほしい。

5.5.2 チャンネルフロー電極法

チャンネルフロー電極は流路の幅 d に比べて深さ $2b$ が十分に小さい流路に電解液を流すことによって，層流状態で形成される Poiseuille 流とよばれる放物線状の流速分布での物質移動を解析するものである。Gerischer[14]によって二重電極法が提案されたが，理論的な解析は Aoki ら[15]のものが知られている。

チャンネルフロー二重電極（channel flow double electrode, CFDE）は，図 5-26(a) に示すように厚さの薄いチャンネルの壁面の上流側に作用極（試料極，WE），下流側に検出極（collector electrode, CE）を並べて埋め込み，その対向する側の壁面に参照極からの液絡（寒天を詰めたもの）と，溶液の出口に対極を配した構造である。図(b) は厚さ 1 cm 程度のアクリル樹脂板にエポキシ樹脂に両電極を埋め込んだ A と，同様にアクリル樹脂板に流路などを形成した B を向い合せてチャンネルフローセルとしたもの（いちばん下の図）を示す。作用極と検出極側の構造が単純であるため，その交換も容易で自作も可能である。

RRDE および CFDE においては，作用極で生成したイオンを検出極で検出する捕捉率が重要であるが，その計算は両者でほぼ同じである。RRDE の場合と同様に作用極の電流 i_{WE} と検出極で作用極の逆反応が起こっている場合の検出極の電流 i_{CE} の比を捕捉率 N とすると，式 (5.31) は，$\alpha = \frac{x_2}{x_1} - 1$，$\beta = \frac{x_3}{x_1} - \frac{x_2}{x_1}$ とおいて式 (5.28) お

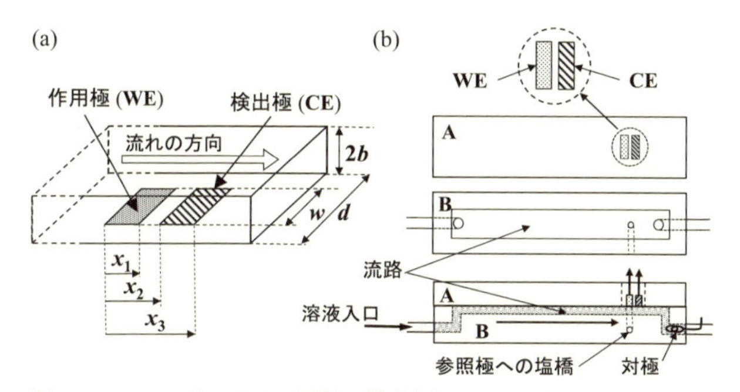

図 5-26 チャンネルおよび電極の構成(a) とチャンネルフローセルの構成(b)

よび式 (5.30) を用いて計算することができる。

$$N = \frac{-i_{CE}}{i_{WE}} \tag{5.31}$$

さらにチャンネルフロー電極の拡散限界電流 $I_{CF,lim}$ (電流密度になっていない点に注意) は溶液の平均流速を V_m，チャンネルの深さを $2b$，流路方向の電極の長さを x，電極の幅を w とすると式 (5.32) で表され，限界電流が平均流速の 1/3 乗に比例するので，Levich プロットと同様に拡散支配条件の確認に使用される。

$$I_{CF, lim} = 1.165\, nFwC^{bulk}\left(\frac{D^2 V_m x^2}{b}\right)^{1/3} \tag{5.32}$$

RRDE と CFDE の比較

CFDE は RRDE とほぼ同じ応用が可能であり，解析法も RRDE の手法が適用できる。実験結果の解析法はほぼ同様であることから，実験手法の違いについて検討する。図 5-27 に CFDE の水路系の一例を示す。

(1) **実験装置：**　いずれも二つの電極 (試料極 WE と検出極 CE) を制御する必要があるため，2 チャンネルのポテンショスタットを使用する。RRDE では電極回転速度を制御するモーターと制御装置を使用する。CFDE では流速制御のために送液ポンプが必要で，流路抵抗が大きい状態でも流量を一定に保持できるギア･ポンプなどを使用する。セルからの排出液の流路に流量計を設置してセル内の平均流速を確認する。

(2) **電極の作製：**　RRDE，CFDE ともに捕捉率 N を高めることが計測の感度と精度を上げることになる。そのためには，ディスク電極とリング電極あるいは上流側電極と下流側電極の間の絶縁体によるギャップを小さくすること，およびリング電極の幅または検出電極の流路方向の長さを大きくすることが必要である。RRDE では，同心円状の電極のギャップの幅を 1 mm 以下することはかなり難しい。一方，CFDE では両電極間に薄い絶縁シートを挟むことによって，0.1 mm 程度までは距離を縮め

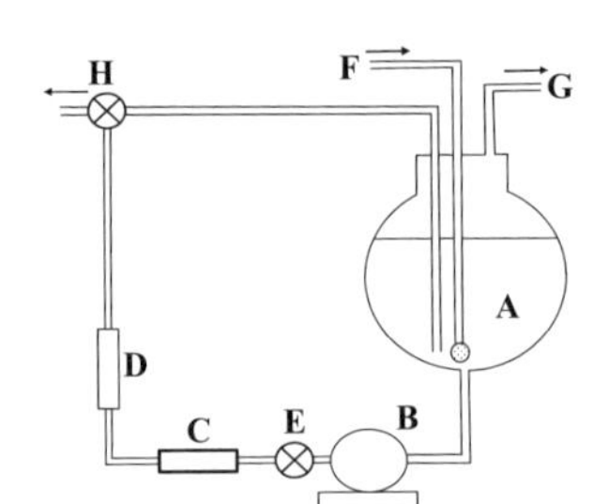

図 5-27　チャンネルフローセルの水路系の模式図
A：貯液槽，B：ケミカルギアポンプ，C：チャンネルフローセル，D：流量計，E：流量調節用バルブ，F，G：脱気ガス出入り口
H：廃液排出･還流用三方コック。

ることが可能であり，自作も容易である。なお，RDE および RRDE では，それぞれの電極の偏芯あるいは中心軸のずれがある場合には，とくに高回転速度での誤差が大きくなる。

(3) **雑音・汚染対策：**　微少電流の測定では，雑音対策が重要である。RRDE では回転用モーター，振動などの雑音要因のほか，高速回転では両電極の電流を取り出すブラシの接触雑音が大きくなる。一方，CFDE では，電極部には機械的な可動部品がないため，安定した高流速の測定が可能である。RRDE では実験中には原則としてセル内の溶液の交換が難しいため，大きな電流で長時間分極する場合には，試料極および対極で生成した反応物の溶液（電解セル）内の濃度が上昇する。CFDE の場合，溶液の流れを一過性にして排出すれば電解液の汚染を防ぐことができる。

対流ボルタンメトリーにおいては，流体力学的な要件を満たすことを前提に解析がなされている。とくにレイノズル数が大きく乱流にならないことが重要である。Aoki[16] の例示に従って，CFDE を構成，実験するさいの注意事項をあげる。

① 溶液のチャンネルへの入り口から電極までのチャンネル内の距離 x_0：Poiseuille 流が成立するためには 10 cm＜x_0 が必要である。

② チャンネルの深さ $2b$：拡散層の厚さよりも大きいこと。0.02 cm＜b＜0.1 cm。

③ チャンネルと電極の幅，d と w：0.5 cm＜d＜5 cm としているが，w の記述が漏れている。筆者らは w＝0.4 cm で 0.5 cm＜d としている。

④ 流速の範囲：レイノズル数 Re は $Re=V_m b/\nu$（ν：動粘性係数）で表され，Re＝2000 ~ 2500 を超えると乱流となる。安全を含めて 1 cm/s＜V_m＜400 cm/s を推奨している。流路断面積 $d\times 2b$ が大きくなると，使用済みの溶液を廃棄する実験では，高流速で溶液の消費量が増大する。参考までに，筆者らが標準的に用いたセルでは，x_0＞10 cm，b＝0.025 cm，w＝0.4 cm，d＝0.8 cm，x_1＝1 mm，x_2-x_1＝0.1 mm，x_3-x_2＝1 mm，10 cm/s＜V_m＜200 cm/s である[17]。

RRDE，CFDE ともに複数の溶出イオンを同時に検出するために，リングを分割したスプリットリングディスク（sprit ring disk）電極法や，チャンネルフロー電極の検出極を複数並べたマルチ電極法（channel flow multiple electrode, CFME）[18] が提案され解析が行われたが，普及には至っていない。

5.6 非定常法，時間領域と周波数領域の解析

5.6.1 時間領域と周波数領域

電極反応機構の解析あるいは腐食速度の測定におけるTafel外挿法や分極抵抗法は，測定値の時間的な変化が起こらない，あるいは短時間で一定になるとの前提で測定･解析を行っている。しかしながら，電位または電流が変化することによって，電極表面の反応物･生成物の濃度，吸着･脱離反応，皮膜の生成･消滅などにより電極表面が時間とともに変化することを考慮する必要がある。より正確な測定･解析にはこれらの時間依存項を含めた解析，いわゆる非定常法による解析が必要となる。

電気化学における非定常法は，時間的に変化する入力電圧または電流$f(t)$を被測定系に与え,それに応答する電流または電圧$g(t)$の時間変化を測定･解析する方法（時間領域の解析）と周期関数$F(\omega)$を与えその定常応答$G(\omega)$を周波数の関数として測定･解析する方法（周波数領域の解析）とがあり，両者は以下に示すように表裏の関係にある。

時間領域において，系に$\delta(t)$という幅の狭い単位のパルスを与えたとき，出力が$h(t)$であったとする（図5-28）。たとえば，電流パルスを与えると電気二重層の充･放電や反応物の拡散などにより出力である過電圧の変化には時間的な遅れを生じ，崩れた波形の応答が得られる。このときの応答$h(t)$はインパルス応答とよばれ系の入･

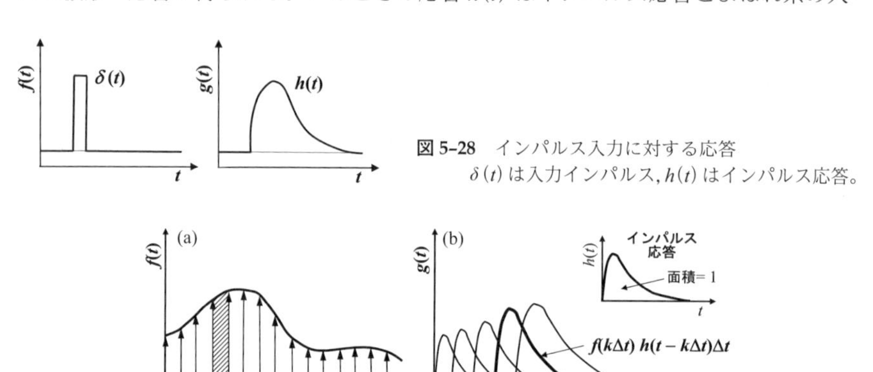

図5-28　インパルス入力に対する応答
$\delta(t)$は入力インパルス,$h(t)$はインパルス応答。

図5-29　連続的な入力波形をパルス列に分けた場合の応答
(a) パルス列で表された入力波形$f(t)$（斜線部の面積がインパルスの大きさに相当），(b) パルス列の入力に対する系の出力$g(t)$，各応答列の和が出力となる。

出力の特性を表すものである。図 5-29(a) に示すように，連続的に変化する入力 $f(t)$ は大きさの異なる継続するインパルスの列とみなすことができ，その応答も図(b) に示すように大きさの異なるインパルス応答列の和となる。言い換えると，時間 $t=k\Delta t$ での応答はそれ以前の応答の名残りを積み重ねたものとなっている。$g(t)$ は，次式のたたみ込み積分で表される。

$$g(t)=\sum_{k=0}^{\infty}h(t-k\Delta t)\cdot f(k\Delta t)\Delta t \tag{5.33}$$

$$g(t)=\int_{-\infty}^{\infty}f(\tau)\,h(t-\tau)\mathrm{d}\tau=f(t)*h(t) \tag{5.34}$$

フーリエ変換の定義から，時間領域の関数 $f(t)$ をフーリエ変換すると周波数領域の関数 $F(\omega)$ が得られる。

$$F(\omega)=\int_{-\infty}^{\infty}f(t)\exp(-\mathrm{j}\omega t)\,\mathrm{d}t, \qquad \mathrm{j}=\sqrt{-1} \tag{5.35}$$

周波数領域においてある周波数 ω の入力 $F(\omega)$ とその出力 $G(\omega)$ の関係は，次式で表され，$H(\omega)$ はシステム関数（正弦波伝達関数），$\phi(\omega)$ は位相差とよばれる。

$$G(\omega)=H(\omega)\,F(\omega) \tag{5.36}$$

$$H(\omega)=|H(\omega)|\exp[-\mathrm{j}\phi(\omega)] \tag{5.37}$$

$H(\omega)$ の周波数特性（ω 依存性）は，印加したそれぞれの周波数 ω における $F(\omega)$ と $G(\omega)$ の比から求めるか，後で述べるような多数の周波数成分を含む波形を一時に印加して演算により解析する方法がある。

ここで，$h(t)$ と $H(\omega)$ の関係について考えよう。式 (5.34) をフーリエ変換すると左辺は $G(\omega)$ となり右辺は次式となる。

$$\begin{aligned}&\int_{-\infty}^{\infty}\left\{\int_{-\infty}^{\infty}f(\tau)\,h(t-\tau)\mathrm{d}\tau\right\}\exp(-\mathrm{j}\omega t)\,\mathrm{d}t\\&=\int_{-\infty}^{\infty}f(\tau)\exp(-\mathrm{j}\omega\tau)\,\mathrm{d}\tau\times\int_{-\infty}^{\infty}h(u)\exp(-\mathrm{j}\omega u)\,\mathrm{d}u\\&=F(\omega)\,H(\omega), \qquad u=t-\tau\end{aligned} \tag{5.38}$$

$G(\omega)=H(\omega)\cdot F(\omega)$ となり，システム関数 $H(\omega)$ は $h(t)$ のフーリエ変換となっていることがわかる。ここで，電圧 $E(\omega)$ と電流 $I(\omega)$ を入出力としたとき，系のインピーダンス関数 $Z(\omega)$ は次式で表される。

$$Z(\omega)=\frac{E(\omega)}{I(\omega)}=|Z(\omega)|\exp\left[-\mathrm{j}\,\phi(\omega)\right] \tag{5.39}$$

周波数領域で $Z(\omega)$ を求め解析することは，時間領域での系の応答関数 $h(t)$ を求め解析することに対応しており，電極反応の $Z(\omega)$ を理論的に求める場合にも，電圧と電流のフーリエ変換（またはラプラス変換）の比から計算している。

5.6.2　時間領域および周波数領域での解析例

時間領域および周波数領域での解析例としてクーロスタティックパルス法の解析とやや複雑なインピーダンス特性が現れる吸着反応を含むアノード溶解について検討する。後者はかなり複雑になるので，読み飛ばして時間があるときにじっくりと確認しても構わない。

a.　時間領域の解析

これまでに述べたサイクリックボルタンメトリー，定電位･定電流ステップ法（クロノアンペロメトリー，クロノポテンショメトリー）なども時間領域での応答を解析している例であるが，ここではクーロスタティックパルス法（クーロスタット法）を取りあげて検討する。クーロスタット法は図 5-30(a) に示すように，外部のコンデンサー C_0 に蓄積した一定量の電荷をごく短時間でセルの電気二重層容量 C_{dl} に移し，その後この電荷が分極抵抗 R_{p} を通して放電する過程を調べるものである。

外部コンデンサー C_0 を外部電源 V_0 で充電し，スイッチ SW をセル側に倒すと蓄積された電荷 $Q_0=C_0V_0$ は時定数 C_0R_{sol} で C_{dl} に移行し，その後 $C_{\mathrm{dl}}R_{\mathrm{p}}$ の時定数で放電する。ここで注目すべき点は，① 蓄積電荷 Q_0 は短絡によって C_0 と C_{dl} の容量の大きさの比で分配されるため，$C_0 \ll C_{\mathrm{dl}}$ であればそのほとんどが C_{dl} に移行すること，② 二つの時定数が $C_0R_{\mathrm{sol}} \ll C_{\mathrm{dl}}R_{\mathrm{p}}$ であれば，R_{p} による放電の影響が出ないうちに C_{dl}

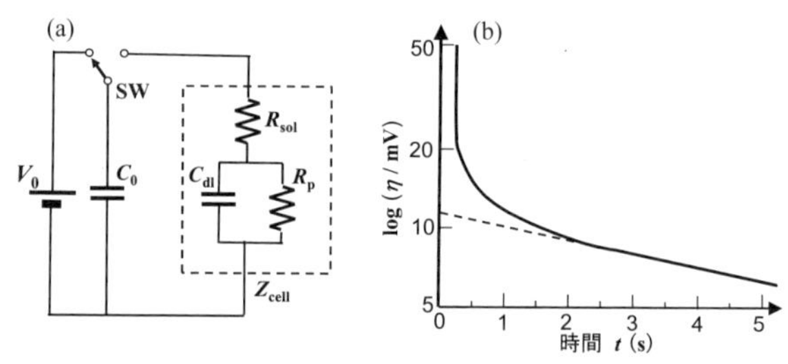

図 5-30　クーロスタティックパルス法
(a) 等価回路　　(b) 電位の時間変化
［佐藤祐一：防食技術，**28**，130(1979)］

の充電が完了することである。

C_{dl} に充電された電荷が R_p を通して放電するとき，R_p の両端の電圧の経時変化 $\eta(t)$ は式 (5.40) に従って減衰する。

$$\eta(t) = \eta_0 \exp\left(\frac{-t}{C_{dl}R_p}\right) \tag{5.40}$$

ここで，η_0 は電荷を移行した直後の R_p 両端の電圧で，次式である。

$$\eta_0 = \frac{Q_0}{C_{dl}} = \frac{C_0 V_0}{C_{dl}} \tag{5.41}$$

式 (5.40) および式 (5.41) から，図 5-30(b) に示すように $\log \eta(t) \sim t$ をプロットすると，切片 (η_0) および外部電源電圧 V_0 と外部の容量 C_0 から C_{dl} が求まり，直線部の勾配から R_p を求めることができ，腐食系の場合には腐食速度に換算できる。

クーロスタット法は，① 測定時間が短い，② 試料が受ける外乱が小さい，③ C_{dl} の放電過程では R_{sol} を電流が流れないため IR 降下による誤差を生じない，④ C_{dl} と R_p を同時に求められるなどの長所がある。③ にあげた特徴は高抵抗の溶液（蒸留水など）で威力を発揮するが，$C_0R_{sol} \ll C_{dl}R_p$ を満足できない系では C_{dl} の充電と R_p を介しての放電が同時に進行し解析を困難にする場合がある。図 5-30(b) は脱塩水（導電率 0.36 μS/cm）中の炭素鋼の測定例で，2 s 以降でよい直線性がみられる。実際の測定では，η_0 が 10 ~ 20 mV になるように V_0，C_0 を調整し，C_0 には 10^{-9} ~ 10^{-7} F 程度の高周波特性のよいコンデンサーを，SW には水銀接点リレーなどを使用する。

b. 周波数領域の解析

Epelboin らは，電極反応に含まれる素反応の反応中間体の濃度の時間依存性から反応全体のインピーダンス関数を求め，そこに含まれる多くのパラメータを仮定して測定されたインピーダンスをあてはめることにより，反応機構を推定する方法を提案した[19]。以下では，簡単化したアノード溶解－不働態化の反応モデルのインピーダンスを計算する。

電極表面から金属 M がアノード溶解するとき，同時に溶液中のアニオン A^- の吸着が起こるとする。次の反応が並列して進むことになる。

$$M + A^- \underset{k_{-1}}{\overset{k_1}{\rightleftarrows}} M{-}A_{ad} + e^- \qquad ; k_1, k_{-1} \tag{5.42a}$$

$$M \xrightarrow{k_2} M^{n+} + ne^- \qquad ; k_2 \tag{5.42b}$$

ここで，k_1，k_{-1}，k_2 は式 (5.42a) の正･逆反応と (5.42b) の反応の電位依存性を含む反応の速度定数である。

以下の解析では，電極表面への吸着が Langmuir の吸着条件を満足し，電荷移動の反応速度は Tafel の関係を満足するものとする。$M-A_{ad}$ の表面被覆率を θ，吸着物による単分子層の被覆に必要なモル数を β (mol/cm^2)，A^- の電極界面での濃度を C_{A^-} とすると，式 (5.43) となり，反応の全電流 i (A/cm^2) は式 (5.44) となる。

$$\beta\left(\frac{d\theta}{dt}\right)=k_1C_{A^-}(1-\theta)-k_{-1}\theta \tag{5.43}$$

$$i=F\left[k_1C_{A^-}(1-\theta)-k_{-1}\theta+nk_2(1-\theta)\right] \tag{5.44}$$

反応の速度定数 k_j は，それぞれの反応の Tafel 勾配に相当する因子を b_j とし，標準速度定数を k_j° とすれば，以下の式で表される。

$$k_1=k_1^\circ\exp(b_1E),\quad k_{-1}=k_{-1}^\circ\exp(-b_{-1}E),\quad k_2=k_2^\circ\exp(b_2E) \tag{5.45}$$

定常状態では $d\theta/dt=0$ より θ および i が求まる。

$$\theta=\frac{k_1C_{A^-}}{k_1C_{A^-}+k_{-1}} \tag{5.46}$$

$$i=\frac{nFk_2^\circ\exp[(b_2-b_{-1})E]}{\left\{\dfrac{k_1^\circ}{k_{-1}^\circ}C_{A^-}\exp(b_1E)+\exp(-b_{-1}E)\right\}} \tag{5.47}$$

周波数 ω の微小交流変動による電位，電流，被覆率の各成分の変分を次式で表す。

$$\delta E=\Delta E\exp(j\omega t),\quad \delta i=\Delta i\exp(j\omega t),\quad \delta\theta=\Delta\theta\exp(j\omega t) \tag{5.48}$$

式 (5.45) の反応速度定数 k_j について，電位 E において変分 δE を与えたとき，

$$k_j=k_j^\circ\exp[b_j(E+\delta E)]=k_j^\circ\exp(b_jE)\exp(b_j\delta E)=k_j\exp(b_j\delta E) \tag{5.49}$$

δE を含む指数項を展開し第1次項までをとると $k_j=k_j(1+b_j\Delta E)$ で表すことができる。式 (5.43) で変分 δE，$\delta\theta$ を与えたとき，

$$\text{左辺}:\beta\left(\frac{d(\theta+\delta\theta)}{dt}\right)=\beta\left(\frac{d\theta}{dt}\right)+\beta\left(\frac{d\delta\theta}{dt}\right)=\beta\left(\frac{d\theta}{dt}\right)+\beta\cdot j\omega\delta\theta$$

$$\begin{aligned}\text{右辺}:&k_1C_{A^-}(1-\theta)+k_1C_{A^-}(1-\theta)b_1\delta E-k_1C_{A^-}\delta\theta-k_{-1}\theta+k_{-1}\theta b_{-1}\delta E-k_{-1}\delta\theta\\&=\{k_1C_{A^-}(1-\theta)-k_{-1}\theta\}+[k_1C_{A^-}b_1(1-\theta)+k_{-1}b_{-1}\theta]\delta E-(k_1C_{A^-}+k_{-1})\delta\theta\end{aligned}$$

右辺の｛　｝で囲った項は式 (5.43) に相当するので，整理すると次式になる。

$$[k_1C_{A^-}b_1(1-\theta)+k_{-1}b_{-1}\theta]\,\delta E=(k_1C_{A^-}+k_{-1}+\beta j\omega)\delta\theta$$

式 (5.48) を代入し，$\Delta\theta/\Delta E$ を求めると次式となる。

$$\frac{\Delta\theta}{\Delta E}=\frac{k_1C_{A^-}b_1(1-\theta)+k_{-1}b_{-1}\theta}{k_1C_{A^-}+k_{-1}+\beta j\omega}=\frac{k_1C_{A^-}b_1(1-\theta)+k_{-1}b_{-1}\theta}{k_1C_{A^-}+k_{-1}}\cdot\frac{1}{1+j\omega\tau} \tag{5.50}$$

$$\tau=\frac{\beta}{k_1C_{A^-}+k_{-1}}$$

電流の変分については式 (5.44) より，

$$\frac{i+\delta i}{F}=k_1C_{A^-}(1-\theta)+k_1C_{A^-}(1-\theta)b_1\delta E-k_1C_{A^-}\delta\theta-k_{-1}\theta+k_{-1}\theta b_{-1}\delta E-k_{-1}\delta\theta$$
$$+n\,k_2(1-\theta)+nk_2(1-\theta)b_2\delta E-nk_2\delta\theta$$

式 (5.44) に対応する項を除去すると次式となる。

$$\frac{\delta i}{F}=[(k_1C_{A^-}b_1+nk_2b_2)\,(1-\theta)+k_{-1}b_{-1}\theta]\delta E-(k_1C_{A^-}+k_{-1}+nk_2)\,\delta\theta$$

式 (5.48) を代入し，ファラデーアドミッタンス Y_F $(Y_F=1/Z_F=\Delta i/\Delta E)$ を求める。

$$\frac{Y_F}{F}=\frac{1}{F}\cdot\frac{\Delta i}{\Delta E}=[(k_1C_{A^-}b_1+nk_2b_2)\,(1-\theta)+k_{-1}b_{-1}\theta]-(k_1C_{A^-}+k_{-1}+nk_2)\frac{\Delta\theta}{\Delta E}$$
$$=[(k_1C_{A^-}b_1+nk_2b_2)(1-\theta)+k_{-1}b_{-1}\theta]$$
$$-\frac{(k_1C_{A^-}+k_{-1}+nk_2)[k_1C_{A^-}b_1(1-\theta)+k_{-1}b_{-1}\theta]}{k_1C_{A^-}+k_{-1}}\cdot\frac{1}{1+j\omega\tau}$$

以上より，Y_F は以下のように表せる。

$$Y_F=A-\frac{B}{1+j\omega\tau} \tag{5.51}$$
$$A=F[(k_1C_{A^-}b_1+n\,k_2b_2)\,(1-\theta)+k_{-1}b_{-1}\theta]$$
$$B=F[k_1C_{A^-}b_1(1-\theta)+k_{-1}b_{-1}\theta]\cdot\left(1+\frac{nk_2}{k_1C_{A^-}+k_{-1}}\right)$$

セルのインピーダンス Z_{cell} は電気二重層容量 C_{dl} および溶液抵抗 R_{sol} が加わるため，式 (5.52) により計算することができる。

$$Z_{cell}=R_{sol}+\frac{1}{j\omega C_{dl}+Y_F} \tag{5.52}$$

さて，ここまで煩雑な式を展開して電流，被覆率，インピーダンスの式を求めたので，具体的な数値を入れて，電流－電位曲線やインピーダンス特性を実際に計算してみよう。

計算の条件として，以下の数値を用いる。

$n=2$，　$C_{A^-}=10^{-6}$mol/cm^3，　$k_1^\circ=10^{-6}$cm/s，　$k_{-1}^\circ=10^{-10}$mol/cm^{2}s，　$k_2^\circ=10^{-8}$mol/cm^{2}s，$b_1=20$ V^{-1}，$b_{-1}=25$ V^{-1}，$b_2=30$ V^{-1}，$\beta=10^{-8}$mol/cm^2，$F=96\,500$ C/mol，電位は任意の電位を $E=0$ とし，その電位における各反応の速度定数 k_j を k_j^0 とする。

各電位における k_j を計算し，式 (5.46) から θ を，式 (5.44) または式 (5.47) から電流 i を求めることができる。図 5–31 は計算された電流と被覆率を電位に対してプロットしたもので，電位の上昇によって被覆率が増加するとアノード溶解反応の面積率が減少するため電流は低下する。$\theta=0.5$ となる電位は，式 (5.46) より $k_1C_{A^-}=k_{-1}$ のときで，そのときの電位は次式で表される。

$$E=\frac{\ln(k_{-1}^\circ/k_1^\circ C_{A^-})}{b_1+b_{-1}}=0.102\ \text{(V)}$$

この電位で電流も極大となる。式 (5.47) より，与えられた条件にも依存するが電流－電位曲線の勾配は $E\ll 0$ では b_2 に，$E\gg 0$ では $k_1^\circ C_{A^-}/k_{-1}^\circ$ と nFk_2° が同程度の大きさであれば $(b_2-b_1-b_{-1})$ に対応する。

次に，図の縦線で示した電位におけるインピーダンスを計算する。$R_{sol}=5\ \Omega$cm^2，$C_{dl}=10^{-5}$ F/cm^2 を用いて，式 (5.51) および式 (5.52) に代入すればよい。最近の Excel は複素数の演算をサポートしているので，有理化などの煩雑な演算をしなくても計算式を各欄に正確に打ち込めば容易に複素数のインピーダンスが求まる。図 5–32 は各電位でのインピーダンスを計算・プロットしたものである。電流－電位曲線で勾配が負の領域では，直流での $R_p=dE/di<0$ に対応して極低周波数でのインピーダンスが負 (負性抵抗ともいう) になっていることがわかる。

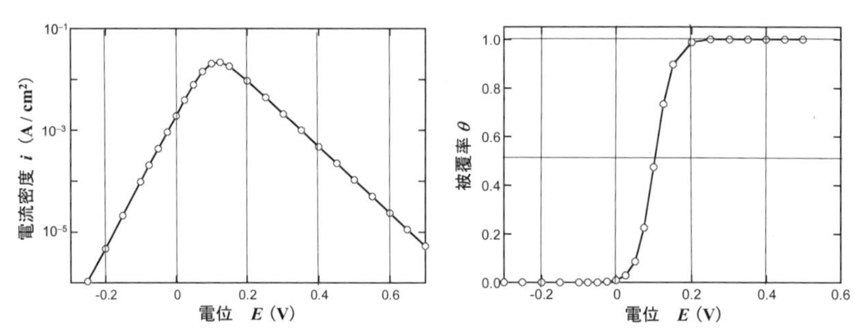

図 5–31　吸着反応を伴うアノード溶解の電流－電位曲線(a) と吸着種の被覆率 θ(b)

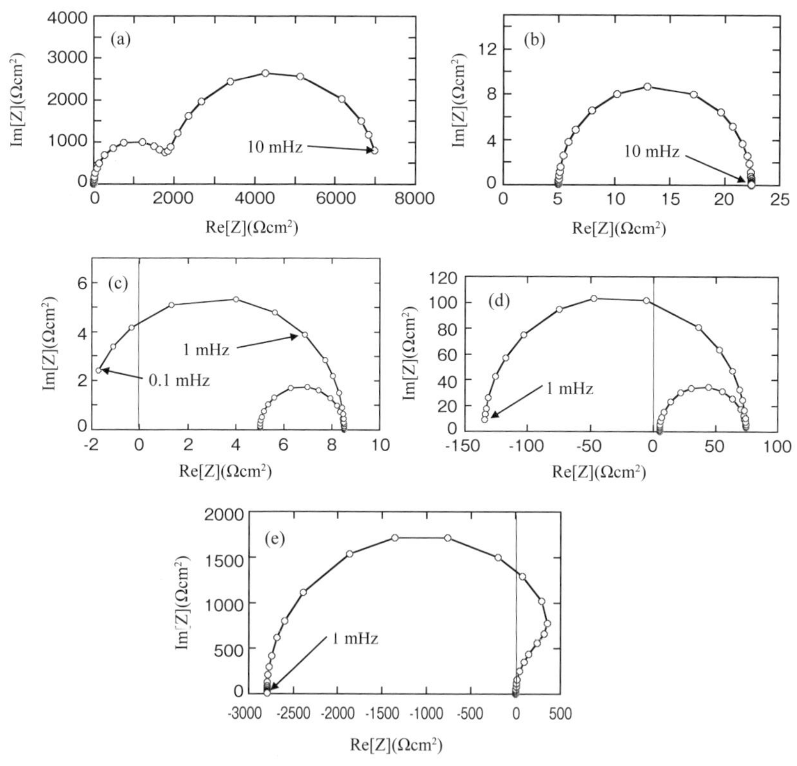

図 5-32 前図の分極曲線の各電位におけるインピーダンス特性
(a) −0.2 V，(b) 0.0 V，(c) 0.2 V，(d) 0.4 V，(e) 0.6 V，$R_{sol}=5\ \Omega cm^2$。

ここでは式 (5.42a, b) で示されるあまり複雑でない反応機構について解析を行ったが，Fe のアノード溶解[20] をはじめ Al の溶解[21] などのかなり複雑な反応についても，仮定された反応機構から計算されるインピーダンス特性と実際に測定されたインピーダンスの対応からその当否が議論されている。

周波数領域での解析はインピーダンス法に限らず，たとえば板垣ら[22] はチャンネルフロー電極法で試料極 (WE) からの Fe の溶出電流を正弦波で変調し，検出極 (CE) で測定される電流と位相差を調べ，その周波数依存性から溶解反応機構について検討している。この系では，WE から CE に至るまでの時間遅れの項と流れによる振幅減衰によって捕捉率 N も周波数依存するため解析はやや複雑ではあるが，周波数解析によって Fe のアノード溶解反応における吸着中間体の蓄積効果と Fe^{2+} としての溶出とを分離できることを示している。

5.6.3　交流インピーダンス法

周波数領域での測定・解析の主流は交流インピーダンス法である。具体的な測定方法および解析法については別項で述べているので，ここでは交流インピーダンス法の考え方と特徴についてまとめる。

振幅 ΔE の正弦波交流電圧 $E(\omega)=\Delta E\exp(j\omega t)$ を被測定系に印加したとき，応答として $\Delta I(\omega)=\Delta I\exp(j\omega t)$ の交流電流が流れたとすると（入力を電圧とするか電流とするかは任意である），系のインピーダンス関数 $Z(\omega)$ は次式で表される。

$$Z(\omega)=\frac{E(\omega)}{I(\omega)}=\left|\frac{\Delta E}{\Delta I}\right|\exp[-j\phi(\omega)]=|Z(\omega)|\cdot[\cos\phi(\omega)-j\sin\phi(\omega)],$$
$$\phi(\omega)=\arctan\frac{\Delta E}{\Delta I} \tag{5.53}$$

ここで，$\phi(\omega)$ は電圧と電流の位相差である。

交流インピーダンス法は，印加した正弦波の定常応答を測定・解析するため過渡項を含まず，解析が容易になる。また，測定された信号のうち印加した周波数の成分のみを扱うため，信号 / 雑音比（SN 比）が大きく感度の高い測定が可能となる。測定されたインピーダンスは電気的等価回路として表示されるのが一般的である。単純な電極反応系，腐食系では反応の分極抵抗 R_p と電気二重層容量 C_{dl} の並列回路に溶液抵抗 R_{sol} を直列接続した等価回路が多く用いられ，電極系の物理的なイメージにも合致する。塗装した金属の塗膜の劣化過程でみられる等価回路も物理的なイメージに近いものであるが，溶解や吸着過程に伴う誘導成分（コイルの成分）や先に示した負性抵抗などは直観的には理解し難いといえる。ただ，最近では測定されたインピーダンスについて，用意された等価回路を選択するとプログラムによって自動的にフィットされた回路定数を計算してくれるソフトもあって，等価回路の選択が重要となりつつある。また，フィッティングに関して，上記の単純な等価回路では次節で述べるように半円になるはずの Nyquist 図でつぶれた半円になる現象がみられ，定位相素子（constant phase element，CPE）を導入している場合が多い。

CPE のインピーダンスは，$Z_{CPE}(\omega)=1/(j\omega)^{\delta}T$ で表され，実数部と虚数部に分けると式 (5.54) となり，位相差を $0\leqq\theta\leqq\pi$ に限れば $n=1$ である。

$$Z_{CPE}(\omega)=\frac{1}{(j\omega)^{\delta}T}=\frac{1}{\omega^{\delta}T}\exp\left(-j\cdot\frac{n\delta\pi}{2}\right)$$

$$=\frac{1}{\omega^{\delta}T}\left[\cos\left(\frac{n\delta\pi}{2}\right)-\mathrm{j}\sin\left(\frac{n\delta\pi}{2}\right)\right] \tag{5.54}$$

上式からわかるように，$Z_{\mathrm{CPE}}(\omega)$ は一定の位相差 $\delta\pi/2$ を示すこと，$\delta=0$ では $Z=1/T$ となり $1/T=R$ とおけば完全な抵抗成分となり，$\delta=1$ では $Z=1/\mathrm{j}\omega T$ となり $T=C$ の完全な容量成分となる。CPE および δ に関しては以前から多くの議論がなされているが，その解釈については未だに十分な合意には至っていない。

5.6.4　高速フーリエ変換法と高調波解析

交流インピーダンス法は個々の周波数成分を別々に与え，それぞれの周波数に対する応答からインピーダンスを算出するものである。測定器の進歩で測定時間はかなり短縮されたものの，より速い時間変化を追跡するためには，大量の周波数成分を一時に与え，その応答について各周波数成分ごとにインピーダンスを計算する方法が考えられる。たとえば，低周波数から高周波数までの周波数成分をほぼ均一に含む白色雑音（ホワイトノイズ white noise）電圧 $e(t)$ を印加し，その周波数スペクトル $E(\omega)$ と応答電流 $i(t)$ の周波数スペクトル $I(\omega)$ を計算し，各周波数でのそれらの比からインピーダンス $Z(\omega)$ のスペクトルを計算することができる。時間領域の電圧 $e(t)$ と電流 $i(t)$ のデータから各スペクトルを計算するには高速フーリエ変換（fast fourie transform，FFT）が用いられる。

$$e(t)\xrightarrow{\mathrm{FFT}}E(\omega),\quad i(t)\xrightarrow{\mathrm{FFT}}I(\omega),\quad Z(\omega)=\frac{E(\omega)}{I(\omega)}$$

FFT 演算では，2×2^n のデータ点（たとえば 1024，2048，4096，……個のデータ）に対して 2^n 個のスペクトル（負の周波数分を無視）が得られる。たとえば，1 ms ごとにサンプルされた 2048 個のデータ（計測時間 約 2 s）から，ほぼ 1 Hz から 1 kHz まで 1 Hz ごとの 1024 個のスペクトルをごく短時間で計算することができる。

しかしながら，実際に白色雑音電圧 $e(t)$ を印加して測定するとポテンショスタットの過大電流の警告が表示され，うまく測定することができない。これは，図 5-33(a) に示すように，多くの電極系のインピーダンス $Z(\omega)$ は周波数の増加に伴って減少する。一方，白色雑音 $E(\omega)$ は高周波数までほぼ一定の信号強度であるため，対象とする周波数範囲では適正な電流信号強度であっても，高周波数では過大な電流範囲になってしまう場合が生じる。白色雑音の周波数範囲をフィルターなどで測定周波数範囲に制限するか，入力信号の白色雑音 $E(\omega)$ の強度が周波数の増加とともに減少する図5-33(b) の点線で示す信号源を用いる必要がある。筆者らは，図(b) の○印で示す

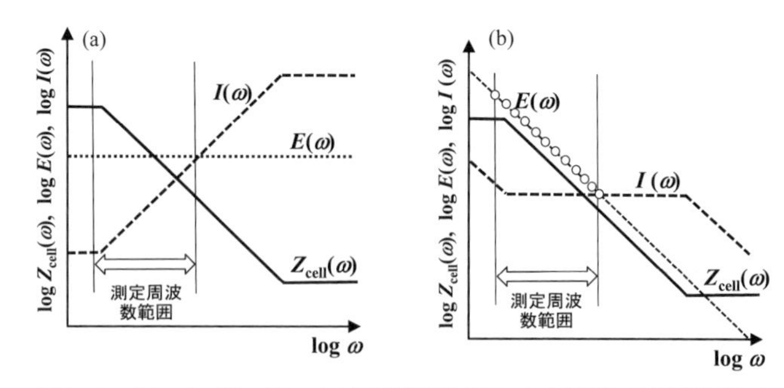

図 5-33　(a) インピーダンスの周波数特性が $Z_{cell}(\omega)$ の系に白色雑音 $E(\omega)$ を印加したときの系の電流スペクトル $I(\omega)$
(b) 周波数の増加に伴って減衰する電圧 $E(\omega)$ を印加したときの電流スペクトル $I(\omega)$

ように測定周波数範囲内で周波数の増加に伴ってその振幅が減少する 10 ～ 20 個の周波数の正弦波をコンピュータにより合成し，測定する周波数範囲ごとに印加することにより，広い周波数範囲での FFT 法による測定が可能になることを示した[23]。最近では，専用の FFT 解析・測定装置でなくてもコンピュータの多くのソフトウェアに FFT 演算が付属しているため，今後さらに普及するものと思われる。

高調波解析は電流－電位曲線が非線形性（電流は電位の指数関数）であることを利用した解析法で，印加する交流電圧の振幅 ΔE が電流－電位曲線で直線とみなせないほど大きい場合には，入力信号の周波数 ω に対して出力信号には基本波成分 ω 以外に 2ω，3ω，……，の高調波成分が現れ，その大きさは電流－電位曲線の形状に依存する。高調波成分の測定は周波数応答解析装置（FRA）で簡単に求められるし，後述のパーソナルコンピュータ（PC）によるデジタルフーリエ積分でも簡単に求まる。

筆者らはこの方法で腐食速度を求めることを試みたが，交流インピーダンス法に比べて大きなメリットは感じられなかった。ただ，塗膜の劣化過程などで現れるインピーダンスの中で電荷移行過程に対応するインピーダンスを抽出できることが示された[24]。

最近，Bosch ら[25]は近接した二つの周波数の信号を同時に印加しその高調波と干渉波成分を解析する方法を提示し，腐食速度が求められることを報告している。興味深い方法で有効であると思われるので，原著または解説[26]を参考に追試がなされることを期待している。

5.7　交流インピーダンス法と等価回路

交流インピーダンスによる電極反応，腐食反応の測定・解析は，測定装置や解析用ソフトウェアの進歩・充実によって広く行われるようになってきている。交流インピーダンスの一般的な考え方については，前節の非定常法による測定・解析の項を参照してもらうこととして，ここでは，基本的な測定手法と等価回路の考え方について述べる。

5.7.1　交流インピーダンスの測定

電気化学測定での交流インピーダンスの測定には，ポテンショスタットと周波数応答解析装置（frequency response analyzer，FRA）を組み合わせた測定が一般的である（図 5-34）。最近のポテンショスタットでは，交流インピーダンス測定のプログラムが付属している場合もあり，FRA を用いない測定も可能である。また，付録 A に示すデジタルフーリエ積分の演算を行うプログラムを組み込むことによって，低周波数でのインピーダンス測定に限れば，パーソナルコンピュータ（PC）制御のポテンショスタットと PC の組合せによる制御，測定も可能である。

平衡電位，腐食電位または分極状態での交流インピーダンスの測定では，ポテンショスタットにより電位を設定し，ある程度定常状態になってから交流測定を開始する。FRA に交流電圧の振幅，周波数範囲，測定周波数間隔，繰返し数，遅れ時間（delay time）などを設定することによって，自動的に測定を開始・終了できる。交流電圧の振幅は通常 5 ～ 10 mV に設定するが，実効値の振幅 A_0 で表されるため，A_0＝10 mV でも交流の電圧振幅の山と谷の電圧差は $2\sqrt{2}A_0 \fallingdotseq 28.3$ mV である。FRA で測定できる周波数範囲は通常 0.1 mHz から 100 kHz と極めて広い周波数をカバーしているが，高周波数ではポテンショスタットの周波数特性から位相遅れの誤差を生じやすく，極低周波数では 1 周期が長時間（0.1 mHz は 10^4 s≒2.8 h の周期）になるため被測定系の安定性が必要である。広い周波数範囲での測定では測定周波数の間隔は 1 桁の周波

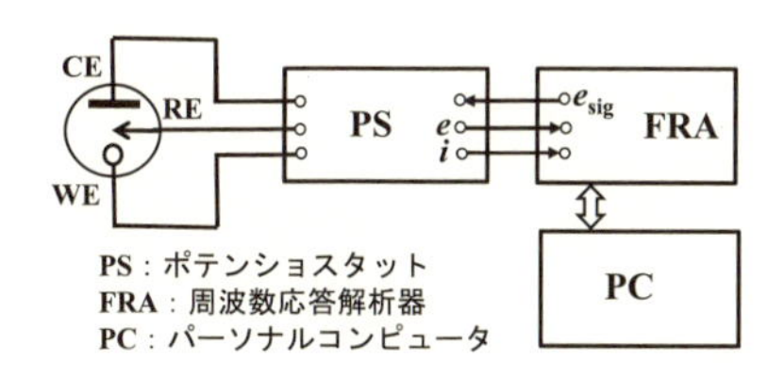

図 5-34　電気化学インピーダンスの測定系の例

数変化で5または10個の測定点をとるのが一般的である。繰返し数は交流周期の積分回数で，通常10～100回としている。積分回数が多くても高周波数では測定は短時間で終了するが，低周波数では測定時間が長くなる。通常，1 Hzまたは0.1 Hz以下の周波数では1回の積分で終わらせる場合が多い。遅れ時間は周波数を変更するときの演算開始の待ち時間である。インピーダンス測定は交流の定常応答を測定しているが，周波数を変更した場合には新たな信号の定常応答に至るまで被測定系の過渡応答が含まれるため誤差を生じる。過渡応答の誤差を避けるには被測定系の時定数$\tau=1/CR$以上の遅れ時間を取る必要があり，$R=10\ \mathrm{k\Omega}$，$C=20\ \mu\mathrm{F}$の系では$\tau=5\ \mathrm{s}$の待ち時間が必要である。

5.7.2　電極系の等価回路

電極系のもっとも単純化した等価回路は図5-35(a)で表すことができる。C_{dl}は電極/溶液界面に形成する電気二重層容量で，この界面の両側に電極電位に対応して正負の電荷が蓄積しうることを示している。C_{dl}に並列接続されたR_{p}は電極界面を電荷が横切るときに生じる電極反応の起こり難さを表す抵抗成分(電荷移動抵抗)である。$\kappa_{\mathrm{p}}=1/R_{\mathrm{p}}$として電極反応のコンダクタンス$\kappa_{\mathrm{p}}$を定義すると次式となり，$\kappa_{\mathrm{p}}$は過電圧(駆動力)の変化に対する反応速度(電流)の変化，すなわち反応の起こりやすさを表すことになる。

$$\kappa_{\mathrm{p}}=\frac{1}{R_{\mathrm{p}}}=\left(\frac{\partial i}{\partial \eta}\right)_{\eta=0} \tag{5.55}$$

電極界面は電気･電子回路的には理想コンデンサーC_{dl}とかなり小さな漏洩抵抗R_{p}からなるあまりできのよくないコンデンサーといえるであろう(ただし，最近では電気二重層キャパシタとして超巨大容量のコンデンサーを実現している)。等価回路のR_{sol}は電極界面から電位測定端(参照極のLuggin管の先端部)までの溶液の抵抗成分で，電極内部および装置の電位測定端子までの抵抗成分も含まれる。

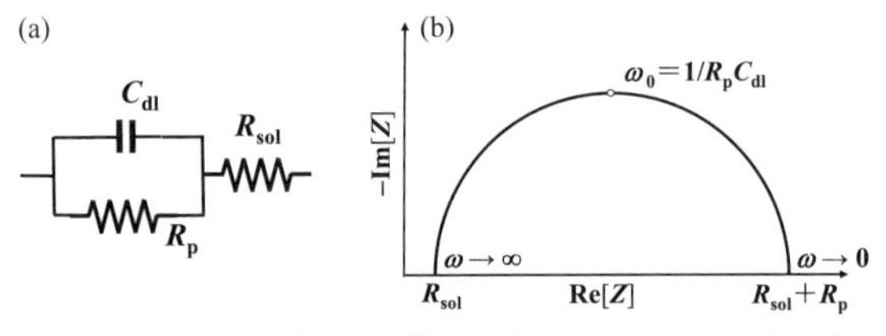

図5-35　電極系の単純化した等価回路モデル(a)とそのインピーダンスのNuiquist図(b)

a.　インピーダンスの複素平面表示

図 5-35(a) の等価回路のインピーダンス $Z(\omega)$ は角周波数を ω ($=2\pi f$, f: 周波数) としたとき式 (5.56) で表され，実数部と虚数部を分けると式 (5.57) および式 (5.58) で表される。

$$Z(\omega)=R_{\mathrm{sol}}+\frac{1}{\mathrm{j}\omega C_{\mathrm{dl}}+\dfrac{1}{R_{\mathrm{p}}}}=R_{\mathrm{sol}}+\frac{R_{\mathrm{p}}}{1+\mathrm{j}\omega C_{\mathrm{dl}}R_{\mathrm{p}}},\qquad \mathrm{j}=\sqrt{-1} \tag{5.56}$$

$$\begin{aligned}Z(\omega)&=R_{\mathrm{sol}}+\frac{R_{\mathrm{p}}}{1+\omega^2 C_{\mathrm{dl}}^2 R_{\mathrm{p}}^2}-\mathrm{j}\frac{\omega C_{\mathrm{dl}} R_{\mathrm{p}}^2}{1+\omega^2 C_{\mathrm{dl}}^2 R_{\mathrm{p}}^2}\\&=\mathrm{Re}\,[Z(\omega)]-\mathrm{jIm}\,[Z(\omega)]=Z'-\mathrm{j}\,Z''\end{aligned} \tag{5.57}$$

$$\mathrm{Re}\,[Z(\omega)]=Z'=R_{\mathrm{sol}}+\frac{R_{\mathrm{p}}}{1+\omega^2 C_{\mathrm{dl}}^2 R_{\mathrm{p}}^2},\quad \mathrm{Im}\,[Z(\omega)]=Z''=\frac{\omega C_{\mathrm{dl}} R_{\mathrm{p}}^2}{1+\omega^2 C_{\mathrm{dl}}^2 R_{\mathrm{p}}^2} \tag{5.58}$$

式 (5.58) から ω を消去し整理すると式 (5.59) となり，この式は Z'-，Z''- 平面で中心を ($R_{\mathrm{sol}}+\mathrm{R_p}/2, 0$)，半径を $R_{\mathrm{p}}/2$ とする円を表している。

$$\left(Z'-R_{\mathrm{sol}}-\frac{R_{\mathrm{p}}}{2}\right)^2+(Z'')^2=\left(\frac{R_{\mathrm{p}}}{2}\right)^2 \tag{5.59}$$

式(5.58)より $Z''>0$ であることから Z'-, $-Z''$-平面では図(b)に示す半円となること，式 (5.57) から $\omega\to\infty$ で $Z=R_{\mathrm{sol}}$，$\omega\to 0$ で $Z=R_{\mathrm{sol}}+R_{\mathrm{p}}$ となり，半円の頂点の周波数は $\omega_0=1/C_{\mathrm{dl}}R_{\mathrm{p}}$ となる。

b.　分極状態でのインピーダンス

ここで，レドックス系あるいは腐食系における分極抵抗を思い出してみよう。平衡電位あるいは腐食電位における分極抵抗は式 (5.16)，式 (5.17) で表され，図 5-36 における電位 E_1 での電流－電位曲線の勾配の逆数に対応している。この電位におけ

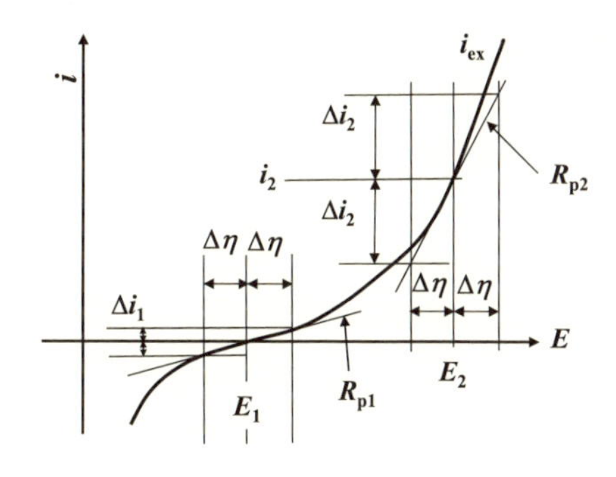

図 5-36　平衡電位または腐食電位 E_1 における分極抵抗 R_1 と分極された電位 E_2 における分極抵抗 R_2

る直流電流は0である。一方，平衡電位あるいは腐食電位から離れたE_2における分極抵抗（電荷移動抵抗）はどのように表されるであろうか。図より，分極によって直流電流i_2が流れ，微小分極$\Delta\eta$による電流変動Δi_2はΔi_1よりも大きくなる（抵抗が小さくなる）ことがわかる。E_2を平衡電位あるいは腐食電位からかなり離れた電位で，逆反応を無視できるとしたときの電流と電位の関係は，過電圧を$\eta = E_2 - E_1$とおくと，

$$i_a = i_x \exp\left(\frac{\alpha_a n_a F}{RT}\eta\right),\quad |i_c| = i_x \exp\left(\frac{-(1-\alpha_c) n_c F}{RT}\eta\right)$$

i_xはi_0またはi_{cor}である。アノード分極において$\Delta\eta$による電流変化をΔiとすると，

$$i_a + \Delta i = i_x \exp\left[\frac{\alpha_a n_a F}{RT}(\eta + \Delta\eta)\right] = i_x \exp\left(\frac{\alpha_a n_a F}{RT}\eta\right)\exp\left(\frac{\alpha_a n_a F}{RT}\Delta\eta\right)$$

$$= i_a\left(1 + \frac{\alpha_a n_a F}{RT}\Delta\eta\right)$$

$$\Delta i = \frac{\alpha_a n_a F i_a}{RT}\Delta\eta,\quad R_{pa} = \left(\frac{\Delta\eta}{\Delta i}\right)_{E=E_2} = \frac{RT}{\alpha_a n_a F}\cdot\frac{1}{i_a} \tag{5.60}$$

カソード分極した場合も同様に表される。

$$R_{pc} = \frac{RT}{(1-\alpha_c) n_c F}\cdot\frac{1}{i_c} \tag{5.61}$$

平衡電位および腐食電位における分極抵抗は交換電流i_0または腐食電流i_{cor}と反比例の関係がみられたが，分極によって逆反応が無視できる状態での分極抵抗は，その時点で流れている分極電流（図中のi_2）に反比例していることがわかる。

c.　拡散の Warburg インピーダンス

電極反応で反応に関与する物質の供給･散逸が電荷移動反応速度よりも遅い場合には，全体の反応の速度がそれらの物質の移動（拡散）の速度によって決まる状態，すなわち反応が拡散移動律速になる。カソード反応が拡散の影響を受ける場合，電極反応に伴うインピーダンス（ファラデーインピーダンスZ_F）は，次式となる。

$$Z_F(j\omega) = R_p + \frac{\sigma}{\sqrt{\omega}} - j\frac{\sigma}{\sqrt{\omega}} = R_p + Z_W,\quad \sigma = \frac{RT}{(1-\alpha_c) n_c^2 F^2 C_{Ox}^{bulk}\sqrt{2D_{Ox}}} \tag{5.62}$$

$$Z_W = \frac{\sigma}{\sqrt{\omega}}(1-j) = \frac{\sigma}{\sqrt{\omega}} - j\frac{\sigma}{\sqrt{\omega}} \tag{5.63}$$

Z_Wは Warburg インピーダンスとよばれ，拡散の効果が電極から半無限に広がるときのインピーダンスを表している（拡散が関与するインピーダンスの導出については，付録Bを参照）。また，この場合の等価回路は図5-37(a)となり，この状態のセルの

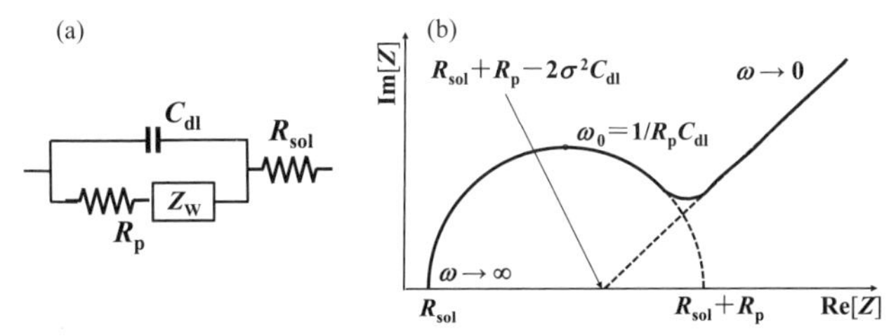

図 5–37　Warburg のインピーダンス（Z_W）が含まれるときの等価回路（a）とそのインピーダンスの複素平面表示（b）

インピーダンス Z_{cell} は次式で表される。

$$Z_{cell}=R_{sol}+\frac{1}{j\omega C_{dl}+\dfrac{1}{R_p+\dfrac{\sigma}{\sqrt{\omega}}(1-j)}} \tag{5.64}$$

この式を実数部と虚数部に分けると，

$$\begin{aligned}Z_{cell}&=R_{sol}+\frac{R_p+\dfrac{\sigma}{\sqrt{\omega}}(1-j)}{j\omega C_{dl}\left[R_p+\dfrac{\sigma}{\sqrt{\omega}}(1-j)\right]+1}\\&=R_{sol}+\frac{R_p+\dfrac{\sigma}{\sqrt{\omega}}}{(1+\sqrt{\omega}C_{dl}\sigma)^2+(\omega C_{dl}R_p+\sqrt{\omega}C_{dl}\sigma)^2}\\&\quad-j\frac{2C_{dl}\sigma^2+\dfrac{\sigma}{\sqrt{\omega}}+\omega C_{dl}R_p^2+2\sqrt{\omega}C_{dl}R_p\sigma}{(1+\sqrt{\omega}C_{dl}\sigma)^2+(\omega C_{dl}R_p+\sqrt{\omega}C_{dl}\sigma)^2}\end{aligned}$$

拡散の効果が現れるのは低周波数であることを考慮し，$\omega\to 0$ にすると ω と $\sqrt{\omega}$ を含む項を無視でき分母は 1 に，右辺第 3 項も整理され次式となる。

$$Z_{cell}=R_{sol}+R_p+\frac{\sigma}{\sqrt{\omega}}-j\left(2C_{dl}\sigma^2+\frac{\sigma}{\sqrt{\omega}}\right) \tag{5.65}$$

ここで，$Z'=\mathrm{Re}\,[Z_{cell}]$，$Z''=\mathrm{Im}\,[Z_{cell}]$ として書き直すと，

$$Z'=R_{sol}+R_p+\frac{\sigma}{\sqrt{\omega}},\quad Z''=2\sigma^2C_{dl}+\frac{\sigma}{\sqrt{\omega}}$$

両式から ω を消去すると，次式となり，$Z'-Z''$ 平面で低周波数部の傾きが 1（45°）で，Z' 軸の切片が（$R_{sol}+R_p-2\sigma^2C_{dl}$）の直線となることがわかる。

$$Z''=Z'-(R_{sol}+R_p-2\sigma^2 C_{dl}) \tag{5.66}$$

かなり煩雑な式に迷い込んだようであるが，周波数の低い領域では複素平面表示で式 (5.66) に示す勾配 45° の直線が，周波数の高い領域（式 (5.64) で $R_p \gg \sigma/\sqrt{\omega}$）では R_p を直径とする半円が現れることがわかる。図 5-37(b) はこのインピーダンスを複素平面に表したもので，高周波数では反応の抵抗 R_p と C_{dl} による半円，周波数が低下するにしたがって拡散の Warburug インピーダンスの効果による直線へと移行する。

5.7.3　インピーダンス特性の表示と腐食系の等価回路

インピーダンスの周波数特性については，前節までに複素平面に表示する方法を示してきた。このような図は電気・制御の分野では Nyquist 図（Nyquist plot）あるいはベクトル軌跡図とよばれ，電気化学の分野では Cole-Cole プロット（Cole-Cole plot）ともよばれている。しかしながら，広い周波数範囲の特性を表すには，電気系の分野で使われているゲイン－位相図あるいは Bode 線図（Bode diagram）が有用である。以下では，これらの図の表示法と読み方を説明するとともに，腐食系の等価回路の考え方について検討する。

a.　Niquist 図と Bode 線図

各周波数で測定されたインピーダンスは，通常インピーダンスの絶対値 $|Z(\omega)|$ と位相差 θ の組またはインピーダンスの実数部 ($\mathrm{Re}\,[Z(\omega)]=|Z(\omega)|\cos\theta$) と虚数部 ($\mathrm{Im}\,[Z(\omega)]=|Z(\omega)|\sin\theta$) の組として表示される。Nyquist 図（複素平面表示）では，横軸を実数部にとり，電気化学では一般に $-\mathrm{Im}\,[Z(\omega)]$ を縦軸にとる。周波数をパラメータとしてプロットしたもので，通常の C-R 並列回路の場合 C の値が異なっていても，周波数だけが異なる同じ図が得られる。そのため，図上の主要な測定点に測定周波数を記入することが望ましく，半円の頂点または頂点付近の測定周波数がわかれば，半円の直径 R と頂点の周波数 $\omega_0=2\pi f_0$ から $C=1/2\pi f_0 R$ により C を計算することができる。

Bode 線図は横軸に周波数の対数 ($\log f$) をとり，縦軸にインピーダンスの絶対値の対数 ($\log|Z(f)|$) と位相差 θ をとった二つのグラフを 1 組にしたものである[27,28]。図 5-38 に示す 2 組の C-R 並列回路の場合には，小さな時定数の回路が高周波数側に，大きな時定数の回路が低周波数側に現れる。水平な部分は図中に示されるように抵抗成分に対応し，斜めの線は容量成分に対応しており，この直線を $\omega=2\pi f=1$ の周波数に外挿したインピーダンスから容量の逆数 ($1/C$) を読み取ることができる。さらに，

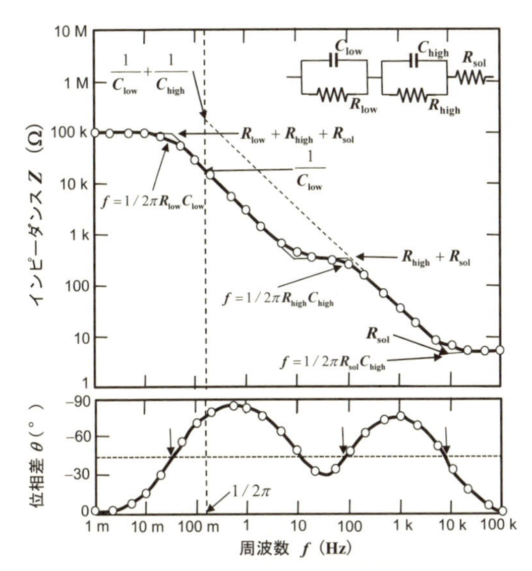

図 5-38　インピーダンス特性の Bode 線図による表示

インピーダンスが抵抗性の部分（図上で水平な部分）では位相差が低下し，容量性の部分では位相差が大きく 90°に近づく。理想的には，インピーダンスが折れ曲がる点の周波数では位相差が 45°となる。

Nyquist 図および Bode 線図を利用する場合のそれぞれの特徴と注意点をあげておこう。

電気化学分野では Nyquist 図が多く使われており，インピーダンスの大きさが極端に変化しない場合には，データの詳細を同じ誤差の程度でみることができる半面，インピーダンスが大きくなる低周波数で位相差の誤差が大きい場合にはデータのばらつきが拡大される。一方，Bode 線図は広い周波数範囲の測定によってインピーダンスが大幅に変化する場合にその特性を大づかみに把握するのに適している。たとえば，不働態や塗膜のインピーダンス測定では，100 kHz 付近では溶液抵抗の数 Ω から 10 mHz 付近では数 MΩ 以上のインピーダンスが現れる。Bode 線図では，周波数とインピーダンスがともに対数表示であることから，広い周波数範囲にわたってそれぞれの値に相応の誤差で全体のインピーダンスを把握できるのが特徴といえる。

b.　腐食のアノードとカソードの反応抵抗の分離[29]

ここまでは腐食反応の抵抗（分極抵抗）を R_p として扱ってきたが，式（5.17）を見直すと次のようにも書くことができる。

$$\kappa_p = \frac{1}{R_p} = \frac{\{\alpha_a n_a + (1-\alpha_c)n_c\}F}{RT} \cdot i_{cor}$$

$$= \frac{\alpha_a n_a F i_{cor}}{RT} + \frac{(1-\alpha_c)n_c F i_{cor}}{RT} = \frac{1}{R_{pa}} + \frac{1}{R_{pc}} \tag{5.67}$$

$$R_{pa} = \frac{RT}{\alpha_a n_a F \cdot i_{cor}}, \quad R_{pc} = \frac{RT}{(1-\alpha_c)n_c F \cdot i_{cor}} \tag{5.68}$$

これは，測定される分極抵抗 R_p がアノードとカソードの分極抵抗 R_{pa} と R_{pc} の並列接続になっていることを示している。図 5–39 は，平衡電位 E_{eq} あるいは腐食電位 E_{cor} における電流－電位曲線でこの関係を示したもので，測定される外部電流 i_{ex} はアノード電流とカソード電流が並列に流れていることから，図 5–40(a) に示すように，R_p はアノード反応の分極抵抗 R_{pa} とカソード反応の分極抵抗 R_{pc} の並列接続になっていると理解することができる。

この解析はアノード，カソード反応がともに放電（電荷移動）過程が律速している場合にはあえて問題にする必要はないが，アノードあるいはカソード反応のいずれかに拡散の影響がある場合には，大きく異なった結果となる。腐食系では，アノード反応よりもカソード反応の酸素還元反応などに拡散の効果が表れやすい。アノードとカソードの反応抵抗を分離した場合，カソード反応に拡散の効果が含まれるときの等価回路は図(b) のように表される。半無限の拡散がみられる場合には低周波数での拡散インピーダンスは無限に大きくなる計算であるが，等価回路では R_{pa} が並列になっているためそれ以上に大きくならないはずである。図 5–41 は図中に示した等価回路で，

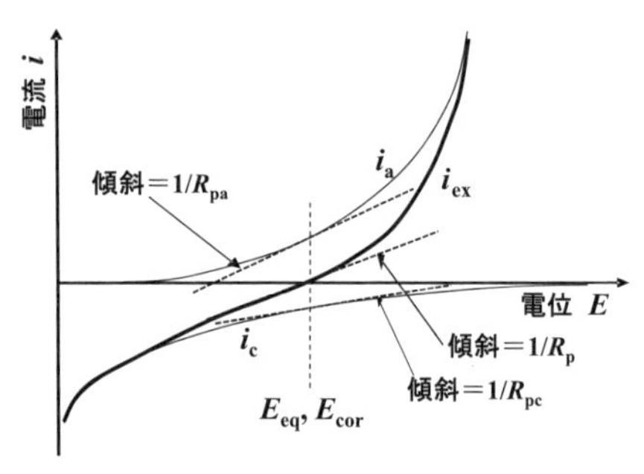

図 5–39　平衡電位 E_{eq} または腐食電位 E_{cor} におけるアノードとカソードの電流 i_a，i_c とそれぞれの分極抵抗 R_{pa}，R_{pc}。

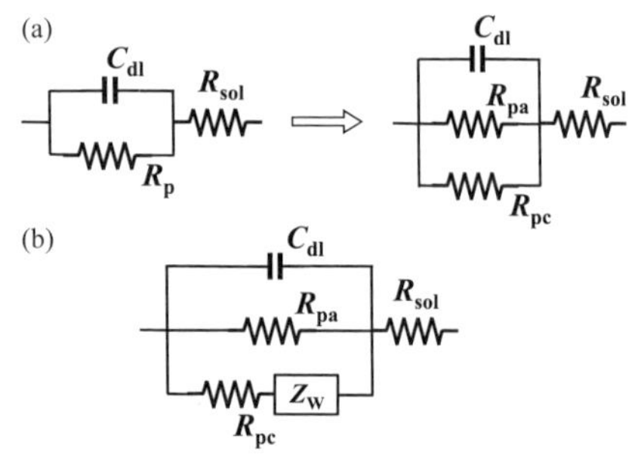

図 5–40　腐食反応の抵抗 R_p をアノード反応とカソード反応の分極抵抗 R_{pa}，R_{pc} に分離した等価回路(a) とカソード反応に拡散インピーダンスが含まれるときの等価回路(b)

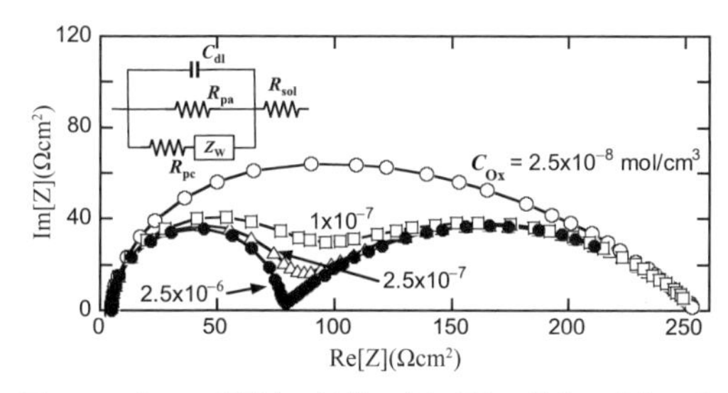

図 5-41　カソード反応に拡散の寄与がある場合の腐食のインピーダンス特性
カソード反応の拡散物質の濃度を 2.5×10^{-6} mol/cm^3 から 2.5×10^{-8} mol/cm^3 に変化させた場合。本文中の回路定数を参照。

$i_{cor}=100\ \mu A/cm^2$，$C_{dl}=20\ \mu F/cm^2$，$R_{pa}=250\ \Omega cm^2$，$R_{pc}=100\ \Omega cm^2$，$R_{sol}=5\ \Omega cm^2$，$D_{Ox}=5\times10^{-6}\ cm^2/s$ の定数を設定し，腐食系での酸素の拡散を想定し，C_{Ox}^{bulk} を 2.5×10^{-6} から 2.5×10^{-8} mol/cm^3（2.5×10^{-7}mol/cm^3 が 8 ppm O_2 に相当）に変化させたときのインピーダンス特性を計算したもので，拡散種の濃度が大きいほど拡散の効果が現れにくく二つの半円に近くなり，濃度が低いほど拡散の効果が高周波数から現れ，二つの半円が融合することがわかる。

拡散の影響については，半無限に拡散層が広がる場合よりも，Nernst の拡散層が形成され，拡散限界電流によってカソード電流が制限される場合が多いと考えられる。拡散層の厚さが制限され拡散限界電流が現れる場合には，拡散のインピーダンスが低周波数で無限に大きくならず，低周波数では実数軸に収束する。

拡散の影響を受けるインピーダンス特性については，付録 B を参照してほしい。

引用文献

1）電気化学会 編：“ 電気化学測定マニュアル 基礎編 ”，p.32，丸善（2002）.
2）水流　徹，春山志郎：防食技術，**35**, 296（1986）.
3）H. Matsuda, Y. Ayabe：*Z. Elektrochem*., **59**, 494（1955）.
4）R. S. Nicholson, I. Shain：*Anal. Chem*., **36**, 706（1964）.
5）A. J. Bard, L. R. Faulkner：“Electrochemical Methods, Fundamentals and Applications”, p.160, Jhon Wiley,（1980）.
6）文献 5），p.218.
7）文献 5），p.227.
8）水流　徹：博士論文，東京工業大学（1975）.

9）水流　徹，春山志郎：日本金属学会誌，**40**, 1172(1976).
10）V. G. Levich：“Physicochemival Hydrodynmics,” p.60, Prenstice Hall (1962).
11）A. R. Frumkin, L. N. Nekrasov, V. G. Levich, Y. Ivanov：*J. Electroanal. Chem*., **1**, 84 (1959).
12）W. J. Albery, M. L. Hitchman：“Ring-disc Electrode,” Clarendon Press (1971).
13）A. J. Bard, L. R. Faulkner：“Electrochemical Methods：Fundamentals and Applications, 2nd Ed.”, p.280, Jhon Wiley, (2000).
14）H. Gerischer, I. Mattes, R. Braun：*J. Electroanal. Chem*., **10**, 553(1965).
15）K. Aoki, K. Tokuda, H. Matsuda：*J. Electroanal. Chem*., **76**, 217(1977)；**79**, 49(1977)；**94**, 157(1978).
16）K. Aoki：Doctoral Thesis, Tokyo Institute of Technology, p.107(1978).
17）水流　徹，西村俊弥，青木幸一，春山志郎：電気化学，**50**, 712(1982).
18）佐伯雅之，西方　篤，水流　徹：電気化学，**65**, 208(1997)；**65**, 580(1997).
19）C. Gabrielli, M. Keddam, H. Takenouti (J. C. Scully ed.)：“Treatise on Material Science and Technology”, Vol.23, p.395, Accademic Press (1983).
20）M. Keddam, D. R. Mattos, H. Takenouti：*J. Electrochem. Soc*., **128**, 257, 266(1981).
21）D. D. Macdonald (M. G. S. Ferrera, C. A. Melendres eds.)：“Electrochemical and Optical Techniques for the Study and Monitoring of Metallic Corrosion”, NATO ASI Series, p.31, Academic Press (1991).
22）板垣昌幸，水流　徹：日本金属学会誌，**57**, 1412(1993)，M. Itagaki, T. Tsuru：*Mater. Trans. JIM*, **36**, 540(1994).
23）日吉和彦，水流　徹，春山志郎：第32回 腐食防食討論会予稿集，p.61, (1985)；野田和彦，日吉和彦，水流　徹，春山志郎：腐食防食 ’86 春季学術講演大会講演予稿集，p.251, (1986).
24）水流　徹，春山志郎：第30回 腐食防食討論会予稿集，p.231(1983)；水流　徹，三谷洋二，春山志郎：腐食防食 ’84 春季学術講演大会講演予稿集，p.64, (1984).
25）R. W. Bosch, J. Hubrecht, W. F. Bogaerts：*Corrosion*, **57**, 60(2001).
26）水流　徹：まてりあ，**50**, 283(2011).
27）水流　徹：防食技術，**34**, 582(1985).
28）S. Haruyama, T. Tsuru (F. Mansfeld, U. Bertocci eds.)：“Electrochemical Corrosion Testing, ASTM STP 727”, p.121, ASTM (1981).
29）水流　徹：第61回 腐食防食シンポジウム資料，p.97，腐食防食協会 (1985).

6
腐食反応の電気化学的解析例と測定法

腐食に関与するさまざまな因子と電気化学との関係を4章で，また，基本的な電気化学の測定法について5章で述べた。本章では，腐食と腐食に関連する現象の電気化学的解析とその考え方および電気化学的な測定法の例について述べる。なお，現在行われている，あるいは国内･国際規格としてJIS，ISO，NACEなどで規定されている腐食試験法については，あまりにも多岐にわたり，詳細に規定されていることから，本書の範囲を越えており，ここでは取り扱わない。

6.1　分極曲線と腐食速度の測定

6.1.1　分 極 曲 線

腐食現象を電気化学的に検討しようとする場合には，“まずは分極曲線を測定して”という場合が多い。分極曲線の測定に関しては，前章までにいくつか取り上げたので，具体的にはそれらを参照してほしい（5.2節参照）。

分極曲線には対象とする腐食系の情報が詰まっている。しかしながら，何を知りたいのかを明確にしておかなければ，むだな労力になる場合がある。たとえば，ある材料の厳しい腐食環境でのあるいはかなりマイルドな環境でのアノード挙動を知りたいのか，カソード反応に注目しているのか，局部腐食に注目しているのかなどである。一般には，注目している環境に近い条件の溶液が使用されるが，影響の強い因子（pHやアニオン濃度など）を変化させることが多い。

(i)　**腐食速度の支配因子**　　腐食速度の大きさにアノード，カソードのいずれが支配的影響しているかについて，Evans図を用いた説明がなされている。図6-1はア

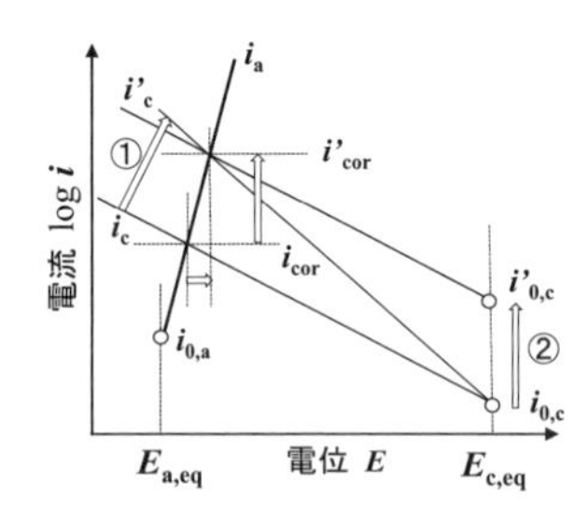

図 6-1　腐食がカソード支配の場合の Evans 図

ノード電流の勾配が大きく（分極が小さい），カソード反応の分極の変化（i_c の勾配の変化，図中①）またはカソード反応速度の変化（$i_{0,c}$ の変化，図中②）による腐食電流の変化が，アノード反応の変化の場合よりも大きいため，カソード支配とされる。同様に，カソード電流の勾配が大きくアノード電流の勾配が小さい場合はアノード支配とよばれている。

(ii)　腐食に及ぼす環境因子　　溶液中のアニオンの濃度と種類，pH，温度，撹拌の条件などを変化させて分極曲線を測定することによって，腐食に及ぼすこれらの環境因子の影響をみることができる。とくに，中性･アルカリ性の溶液では，溶存酸素によってカソード電流が変化するため，N_2 あるいは Ar ガスによって溶存酸素を追い出した脱気条件との比較は重要である。

なお，ステンレス鋼の硫酸溶液中におけるアノード分極曲線の測定方法については JIS により標準的な方法が規定されている[1]。

6.1.2　腐食速度の測定

腐食速度の測定法として，Tafel 外挿法，分極抵抗法（直線分極法），交流インピーダンス法についてはこれまでにその測定法を含めて述べた。ただ，電気化学的に求まる腐食速度（腐食電流密度）は，試料面全体の平均値であり，測定した時点でのいわば瞬間腐食速度である。一方, 対照とされる腐食速度は多くの場合腐食減量の速度（試験前後の試料の質量差を試験時間で割った平均腐食速度）であるため，腐食速度が時間によって変化する場合には，対比に注意が必要である。ただ，腐食速度の瞬間値が求められるので，腐食速度のモニタリングにより腐食速度の変動要因などの解析を行うことができる。

6.1.3　電気化学ノイズ解析

腐食系では，電極の表面状態の局部的変化に伴うアノード反応の一時的な増減や溶液内のイオン濃度の局所的な変化によるカソード反応の増減などのごく短時間のゆらぎが生じており，時間平均ではほぼ一定の電位や電流を示していても，詳細にみると腐食電位や腐食電流の時間的な変動が観察される。これらは電気化学ノイズとよばれ，その解析から腐食速度を求める方法が電気化学ノイズ解析（electrochemical noise analysis，ENA）である。

三電極法による電気化学ノイズの測定系の例を図 6-2 に示す。試料となる材料で同一の材質，形状，表面状態の試料極を 2 枚つくり，WE 1，WE 2 として無抵抗電流計で両極間の電流変動を測定する。電位は，低雑音の参照極（SSE など）または WE と同様の電極を参照極として WE 1 または WE 2 との電位差をエレクトロメータなどの高入力抵抗の電圧計により測定する。

やや大きな電位および電流の変動（ノイズ）が観察される場合には，対応する電位と電流のノイズ ΔE_{n} と Δi_{n} の比を分極抵抗 R_{p} にあたるとして，腐食速度を求める[2]。

$$R_{\mathrm{p}}=\frac{\Delta E_{\mathrm{n}}}{\Delta i_{\mathrm{n}}} \tag{6.1}$$

連続的なノイズに関しては，それぞれのノイズを FFT により周波数関数としてそのパワースペクトル密度 $P_{\mathrm{E}}(\omega)$ $(\mathrm{V}^2/\mathrm{Hz})$ と $Pi(\omega)$ $(\mathrm{A}^2/\mathrm{Hz})$ を求め，それぞれの $\omega\rightarrow 0$ から R_{n} を求めることも行われる[3]。

$$R_{\mathrm{n}}=\sqrt{\frac{P_{\mathrm{E}}(\omega\rightarrow 0)}{P_{i}(\omega\rightarrow 0)}} \tag{6.2}$$

また，それぞれの信号の周波数成分が周波数依存性を持たない（言い換えると白色雑音である）場合には，一定期間の電位および電流ノイズの振幅の標準偏差 σ_{En} および σ_{in} を求め，その比をノイズ抵抗 R_{n} として R_{p} に相当するとしている[2]。

$$R_{\mathrm{n}}=\frac{\sigma_{\mathrm{En}}}{\sigma_{\mathrm{in}}} \tag{6.3}$$

筆者ら[4]は，ある程度長時間の電位ノイズと電流ノイズのデータから，一定期間ご

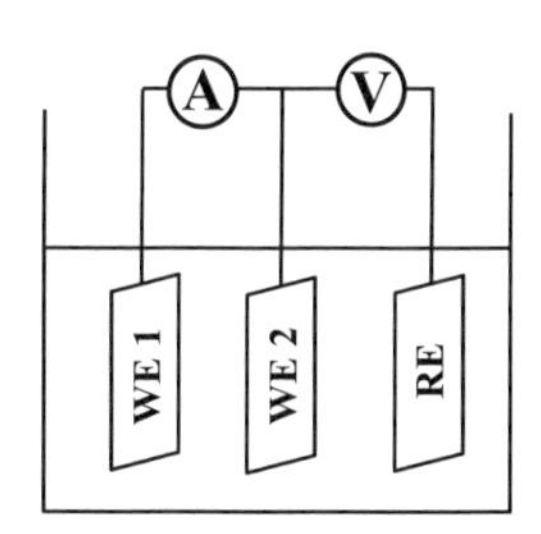

図 6-2　三電極法に電気化学ノイズ測定系
A：無抵抗電流計，V：電圧計，WE 1，WE 2 は同一材質，形状，表面状態の試料極，RE：参照電極（WE 3 とすることもできる）。

との両者の相互相関係数 γ を求め，相関が高いと認められる期間（たとえば，$\gamma>0.8$）について FFT によりそれぞれの周波数スペクトル $E(\omega)$，$I(\omega)$ を計算し，その比からインピーダンス関数 $Z(\omega)$ を求めた。

$$Z(\omega)=\frac{\overline{E(\omega)\,I^*(\omega)}}{\overline{I(\omega)\,I^*(\omega)}},\qquad I^*(\omega)\text{ は }I(\omega)\text{の共役複素数} \tag{6.4}$$

これらの結果は，同条件で測定した交流インピーダンスによる結果とよく一致している。

電気化学ノイズ解析法は，系が自発的に発する信号を測定するだけであり，被測定系に外乱を与えることがなく，ある意味では理想的な測定法といえる。しかしながら，多くの場合，入力と出力の因果関係，あるいは電位ノイズと電流ノイズとの因果関係は不問にされている。筆者らの方法では相関係数 γ が 0.8 以上と条件を付けてはいるものの，理論的な根拠は薄い。いくつかの解説[5]も出されているが，今後しっかりとした理論的な根拠が展開されていくことを期待している。

6.2　金属･合金のアノード溶解の解析例

金属･合金のアノード溶解反応機構については，4.1 節において従来のモデルおよび考え方について検討した。本節では，Fe，Cr，Fe−Cr 合金の溶解反応機構について筆者らがチャンネルフロー電極を用いて解析した例を紹介する[6]。

6.2.1　Fe のアノード溶解反応機構の解析

チャンネルフロー二重電極（channel flow double electrode，CFDE）を用いて，上流の Fe 試料極（作用極，working electrode，WE）をアノード分極し，溶液中に溶出する Fe^{2+} を下流極（検出極，collector electrode，CE）で検出することによって，溶解反応機構の検討および反応中間体の吸着濃度を測定した。

5.5 節で述べた CFDE は，図 6-3(a) に示すように電極表面に層流状態で電解液を流し，上流の作用極（WE）から溶液中に放出されたイオン（Fe^{2+}）を下流の検出極（CE）での電極反応（$Fe^{2+}\longrightarrow Fe^{3+}+e^-$）によって検出しようとするもので，放出されたイオン量と検出される量との関係は捕捉率 N として流体力学によって計算され，流速などによらず電極の形状（流れ方向の両電極の長さとギャップの幅）にのみ依存する。また，図(b) に示すように，WE にステップ状のアノード電流 Δi_{WE} を与えたとき，アノード溶解によって放出された Fe^{2+} がギャップを越え CE まで移動する時間が必要なため，検出される電流 i_{CE} には時間的な遅れがみられる。WE での反応が単純な放電反応で WE 電極への吸着などがない場合には，たんに移動に要する時間のみの遅れとなり図中の標準曲線（standard curve）で示される。一方，WE での反応に溶解反応の中間体の吸着が含まれる場合には，新たな吸着平衡が達成されるまでイオンの放出が遅れるため，測定される検出電流は標準曲線よりもさらに遅れることとなる。ここで，標準曲線との差の電気量（図中の影をつけた面積）ΔQ は新たな平衡が達成されるまでに WE に吸着した吸着電気量に対応する。

図 6-4 は pH 1 ～ 3 の硫酸酸性溶液中での Fe（WE）の分極曲線 i_{WE} と検出電流 i_{CE} から捕捉率 N を用いて計算された Fe^{2+} の溶出電流 i_{diss} を示したものである。アノード，カソード反応が Tafel の関係を満足し，i_{WE} と i_{diss} がほぼ一致することから Fe のアノード溶解はほぼ 100％の電流効率で起こっていることがわかる。さらに，腐食電位近傍（$i_{WE} \rightarrow 0$）では i_{WE} がアノード，カソードの Tafel 直線からずれているの対して，i_{diss} は腐食電位を越えてカソード領域まで Tafel 関係を満足していることがわかる。これらの結果から，pH 1 ～ 3 の硫酸酸性溶液中での Fe のアノード溶解における Tafel 勾配は $b_a = 44 \pm 4$ mV/dec, 溶解電流の pH 依存性は $(\partial \log i / \partial \mathrm{pH}) = 1.1$ と求められた。これらの結果は，4.1.1(b) 項で計算した以下のパラメータとよく一致している。

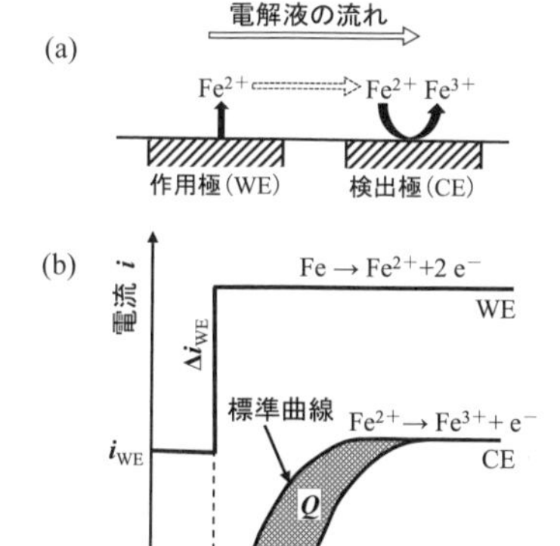

図 6-3　CFDE 法での溶出した Fe^{2+} の検出(a)と WE に電流ステップ Δi_{WE} を与えたときの検出極電流 i_{CE} の時間変化(b)

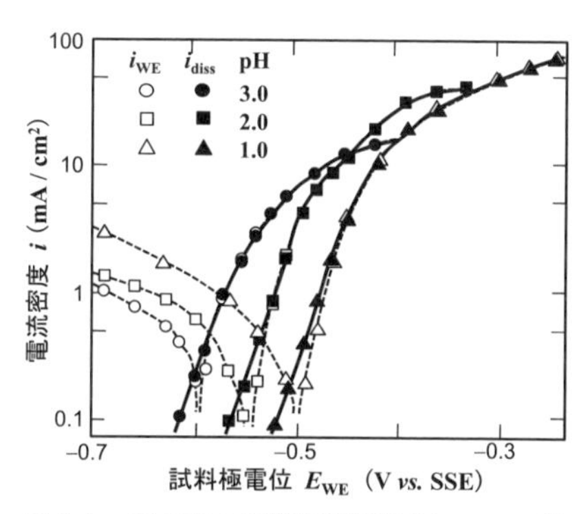

図 6-4　pH の異なる硫酸酸性溶液中での Fe 試料極の分極曲線
i_{WE}（○，□，△）と Fe^{2+} の検出電流から計算された溶出曲線 i_{diss}（●，■，▲）

$$b_a=\left(\frac{\partial \eta}{\partial \log i}\right)=\frac{RT}{2.3\times(1+\beta_2)F}=0.04\ \text{(V/dec)},\quad \left(\frac{\partial \log i}{\partial \text{pH}}\right)=1$$

Bockris機構においては，反応中間体であるFeOHの吸着を仮定しているが，その量を定量的に明らかにした報告はない。上に述べたように，CFDEの検出電流において，WEの電流ステップに対する時間遅れによって吸着量の変化 ΔQ が求められることから，その定量化を試みた。時間遅れの標準曲線については，Aokiらのシミュレーションによる曲線[7]と，電極反応において吸着を伴わない $Fe(CN)_6^{4-/3-}$ の酸化還元反応による実測がよく一致したためこれを用いた。図6-5は異なる流速での標準曲線(破線)と Fe^{2+} 検出電流(実線)をプロットしたもので，影をつけた面積が ΔQ に相当する。流速の増加に伴って曲線が左へ移動し検出の遅れ時間が短くなっているが，ΔQ の値には流速の影響はほとんどみられない。

Δi_{WE} の印加に伴う過電圧変化 $\Delta\eta$ から，各電位 E_{WE} における $\Delta Q/\Delta\eta$ が求められ，E_{WE} における吸着電気量 Q_{WE} は $\Delta Q/\Delta\eta \sim E_{WE}$ のプロットを図上積分し捕捉率 N で補正することによって求めることができる。さらに，単分子吸着層の電気量で ΔQ を割ることによって吸着物の被覆率 θ となる。図6-6に被覆率 θ のFe電極電位 E_{WE} への依存性を示す。低過電圧の領域では電位の指数関数により，高過電圧の領域では電位に比例して θ が増加することがわかる。

θ の電位依存性について以下のBockris機構を検討してみよう。

$$Fe + H_2O \rightleftharpoons FeOH_{ad} + H^+ + e^- \qquad [1]$$

$$FeOH_{ad} \longrightarrow FeOH^+ + e^- \qquad [2]$$

$$FeOH^+ + H_2O \rightleftharpoons Fe^{2+}(aq) + 2\,OH^- \qquad [3]$$

4.1.1(b)項で求めたように，θ が小さい(吸着物間の相互作用が無視できる)領域で

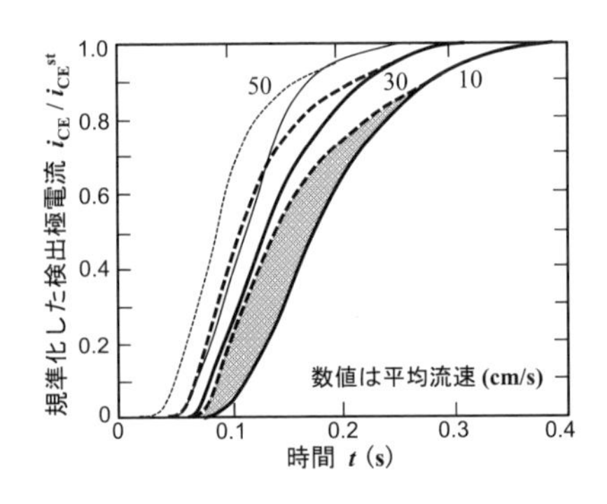

図6-5　電流ステップ Δi_{WE} に対応する検出電流の時間変化の流速依存性
破線は吸着がない場合の標準曲線(計算値)，実線はFe試料極での実測値，図中の数値は電解液の平均流速(cm/s)。

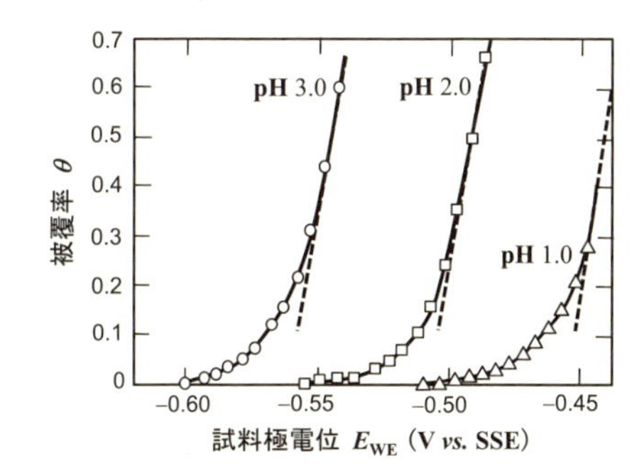

図 6-6　反応中間体 $FeOH_{ad}$ の表面被覆率 θ の電位および pH 依存性

は吸着物に Langmuir の吸着等温式が成立し，$1-\theta \fallingdotseq 1$ とおける範囲では次式で表される。

$$\theta = K_1 a_{OH^-} \exp\left(\frac{F\eta}{RT}\right) \tag{6.5}$$

ここで，K_1 は反応 [1] の平衡定数である。この式から $\theta<0.3$ の範囲では Langmuir の吸着等温式に従う吸着が起こっているとみなせる。一方，被覆率 θ が大きい範囲については，吸着物間の相互作用を考慮した Tempkin の吸着等温式を適用する。この場合の式 (4.2) は，

$$v_1 = k_1 (1-\theta) a_{OH^-} \exp\left(\frac{\beta_1 F\eta}{RT}\right) \exp(\beta_T \theta f) \tag{6.6a}$$

$$v_{-1} = k_{-1}\theta \exp\left[\frac{-(1-\beta_1)F\eta}{RT}\right] \exp[(1-\beta_T)\theta f] \tag{6.6b}$$

ここで，β_T は吸着反応の対称因子で，f は被覆率に依存する吸着のギブズエネルギーの変化率で次式で表される。

$$f = \frac{1}{RT}\frac{\partial(\Delta G_\theta^\circ)}{\partial\theta} \tag{6.7}$$

律速段階を [2] としているため，[1] の反応は平衡とおけるので式 (6.6) を互いに等しいとおき整理すると次式となり，θ がある程度大きく，$\theta<1$ の範囲では θ と η の直線関係が得られることがわかる。

$$\exp(\theta f) = K_1 a_{OH^-}\frac{1-\theta}{\theta}\exp\left(\frac{F\eta}{RT}\right),\ \theta f = \frac{F\eta}{RT} + \log\left(K_1 a_{OH^-}\frac{1-\theta}{\theta}\right) \tag{6.8}$$

また，次式となることも実験結果と一致する。

$$\left(\frac{\partial \eta}{\partial \mathrm{pH}}\right)_{\theta}=-59 \quad (\mathrm{mV/pH})$$

以上の結果から，硫酸酸性溶液中の Fe のアノード溶解反応は Bockris 機構に従い，反応中間体である $FeOH_{ad}$ の被覆率 θ は低被覆率では Langmuir の吸着等温式，被覆率が大きくなると Tempkin の吸着等温式に従って電極電位の上昇とともに被覆率が増加することが示された。

6.2.2　酸性塩化物溶液中における Fe のアノード溶解機構

図 4-5 に示したように，ハロゲンイオン X^-，とくに Cl^-を含む溶液中での Fe のアノード溶解は，Cl^-を含む錯体を形成するなど複雑な経路をたどる場合が多い。

図 6-7 は $HClO_4$-$NaClO_4$ 溶液の混合比で pH を調整し，NaCl によって Cl^-濃度を調整した溶液中での Fe の分極曲線 (i_{WE}) と Fe^{2+}の溶出曲線 (i_{diss}) を示す。この溶液においてもアノード溶解の電流効率はほぼ 100％であることがわかる。アノード分極曲線の Tafel 領域に注目すると，腐食電位近傍では濃度に依存しない直線域（領域 I）があり，さらに電位が高くなると Cl^-濃度の増加によって電流が減少するものの（曲線が右に移動），Tafel 関係を満足する領域 II があることがわかる。同様の分極曲線を pH および Cl^-濃度を変えて各パラメータを測定し，電流－電位関係の実験式を求めると式 (6.9)，式 (6.10) となる。

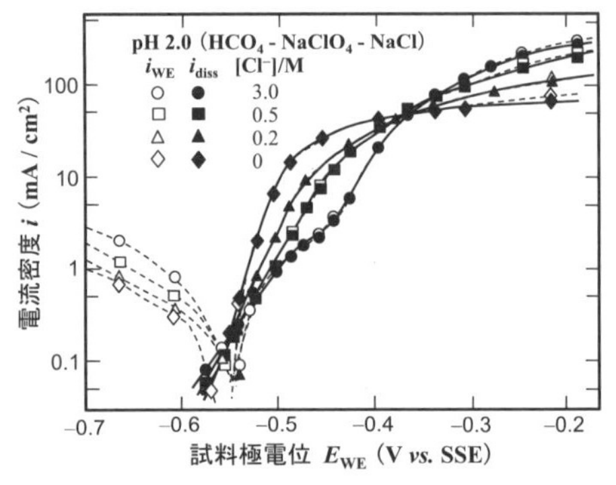

図 6-7　酸性塩化物溶液中における Fe 試料極の分極曲線 (i_{WE}) と Fe^{2+}の溶解電流 (i_{diss})

領域 I：

$$b_{\mathrm{a,I}}=\left(\frac{\partial\eta}{\partial\log i}\right)=38\ (\mathrm{mV/dec}),\quad \left(\frac{\partial\eta}{\partial\mathrm{pH}}\right)=33\ (\mathrm{mV/pH})$$

$$\left(\frac{\partial\log i}{\partial\mathrm{pH}}\right)=1,\quad \left(\frac{\partial\eta}{\partial\log C_{\mathrm{Cl^-}}}\right)=\left(\frac{\partial\log i}{\partial\log C_{\mathrm{Cl^-}}}\right)=0$$

$$i=F\,k_{\mathrm{I}}\,a_{\mathrm{OH^-}}\exp\left(\frac{3F\eta}{RT}\right) \tag{6.9}$$

領域 II：

$$b_{\mathrm{a,II}}=\left(\frac{\partial\eta}{\partial\log i}\right)=63\ (\mathrm{mV/dec}),\quad \left(\frac{\partial\eta}{\partial\mathrm{pH}}\right)=-33\ (\mathrm{mV/pH})$$

$$\left(\frac{\partial\log i}{\partial\mathrm{pH}}\right)=0.5,\quad \left(\frac{\partial\log i}{\partial\log C_{\mathrm{Cl^-}}}\right)=-0.6$$

$$i=Fk_{\mathrm{II}}a_{\mathrm{OH^-}}^{0.5}a_{\mathrm{Cl^-}}^{-0.6}\exp\left(\frac{F\eta}{RT}\right) \tag{6.10}$$

これらの実験結果を満足する溶解反応機構として以下の反応を検討した。

$$\mathrm{Fe}+\mathrm{OH^-}+\mathrm{Cl^-}\rightleftarrows\mathrm{FeClOH^-(ads)}+\mathrm{e^-} \tag{6.11a}$$

$$\mathrm{FeClOH^-(ads)}\longrightarrow\mathrm{FeOH^+}+\mathrm{e^-} \tag{6.11b}$$

$$\mathrm{FeOH^+}+\mathrm{H^+}\rightleftarrows\mathrm{Fe^{2+}}+\mathrm{H_2O} \tag{6.11c}$$

ここで，(ads) は吸着体を意味する。Bockris 機構と類似であり，反応中間体 $\mathrm{FeClOH^-(ads)}$ の被覆率が小さい場合には Langmuir の吸着等温式が，被覆率が大きい場合には Tempkin の吸着等温式が成立すると考える。これまでの解析と同様にして，

領域 I：被覆率が小さいとき，式 (6.11a) の平衡定数を K_{a} とおくと，

$$\theta=K_{\mathrm{a}}a_{\mathrm{OH^-}}C_{\mathrm{Cl^-}}\exp\left(\frac{F\eta}{RT}\right) \tag{6.12}$$

電流は式 (6.11b) と式 (6.12) から，

$$i=2Fk_{\mathrm{b}}\theta C_{\mathrm{Cl^-}}^{-1}\exp\left(\frac{\beta_{\mathrm{b}}F\eta}{RT}\right)=K'_{\mathrm{I}}a_{\mathrm{OH^-}}\exp\left[\frac{(1+\beta_{\mathrm{b}})F\eta}{RT}\right] \tag{6.13}$$

ここで，k_{b} は式 (4.5) の反応速度定数である。この式の Tafel 勾配は 40 mV/dec となり，pH，$\mathrm{Cl^-}$ 濃度依存性なども満足する。

領域 II：高過電圧領域では Tempkin の吸着等温式が成立するとし，式 (6.6)，式 (6.7) と同様の取り扱いができるとすると，次式となる。

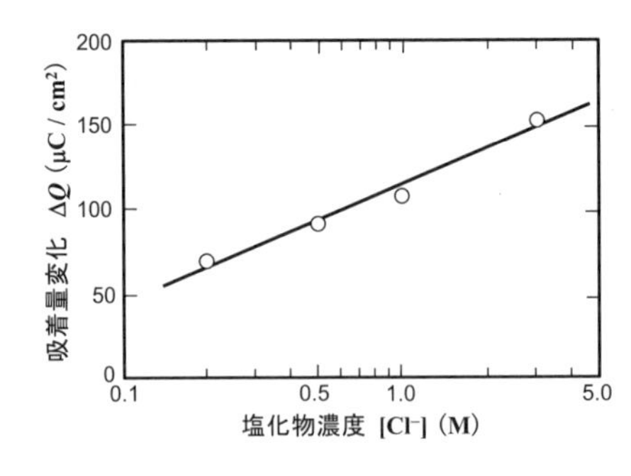

図 6-8　酸性塩化物溶液中での Fe のアノード溶解における $FeClOH^-$ の吸着電気量変化の Cl^- 濃度依存性

$$\exp(\theta f) = K_a a_{OH^-} C_{Cl^-} \exp\left(\frac{F\eta}{RT}\right) \tag{6.14}$$

電流は次式で表されるが，式 (6.14) を用いると式 (6.15) となる。

$$i = 2Fk_b \theta C_{Cl^-}^{-1} \exp\left(\frac{\beta_b F\eta}{RT}\right) \exp(\beta_T \theta f)$$

$$i = 2Fk_b \theta C_{Cl^-}^{-1} \exp\left(\frac{\beta_b F\eta}{RT}\right) \cdot \left[K_a a_{OH^-} C_{Cl^-} \exp\left(\frac{F\eta}{RT}\right)\right]^{\beta_T}$$

$$= K'_{II} a_{OH^-}^{\beta_T} C_{Cl^-}^{\beta_T - 1} \exp\left[\frac{(\beta_b + \beta_T) F\eta}{RT}\right] \tag{6.15}$$

$\beta_b = \beta_T = 0.5$ とおくことによって，式 (6.15) は実験結果で得られたパラメータを満足する。さらに，反応中間体である $FeClOH^-$ の吸着量について検出電流の遅れから ΔQ を求め Cl^- 濃度の対数に対してプロットすると (図 6-8)，式 (6.14) で期待されるように直線関係が得られた。吸着量の絶対値は求められていないが，この結果も式(6.11) の反応機構が作用していることを裏付けている。

6.2.3　酸性溶液中における Cr のアノード溶解反応機構

酸性溶液中における Cr のアノード溶解について，El-Basiouny ら[8] はアノード分極曲線が pH に依存しないことから H^+ や OH^- が関与しない溶解機構を示唆したが，Okuyama[9] は SO_4^{2-} 濃度を一定にした条件で pH 依存する分極曲線を報告し，Bockris 機構に類似の反応機構であろうと報告している。筆者ら[6] は チャンネルフロー電極の検出極 CE を 0.4 V および 1.4 V に分極することによって Cr^{2+} を，

$$Cr^{2+} \longrightarrow Cr^{3+} + e \qquad 0.4V$$

$$Cr^{2+} \longrightarrow Cr^{6+} + 4e \qquad 1.4V$$

の反応によって検出を試みたが，実験的な捕捉率 N_{ex} は理論値の約 1/8 と極端に小さくなった。チャンネルフロー電極の下流に原子吸光分析装置を取りつけ，溶出した Cr の同時分析を行ったところ，溶解の電流効率の極端な減少は確認されなかったことから，作用極 WE から溶出した Cr^{2+} は一部が溶液中で電気化学的に不活性な物質（たとえば，$Cr(OH)_2$ など）に変化していることが示唆された。また，$Cr^{3+} \longrightarrow Cr^{6+}$ の反応による Cr^{3+} の検出では安定な電流は得られなかった。これは，検出極の電位が酸素発生電位に近く，酸素発生反応による電流の誤差が大きくなったものと思われる。溶出した Cr^{3+} は，検出極を Hg アマルガムで覆い水素過電圧を大きくすることにより，検出極での水素発生電流による妨害を受けることなく $Cr^{3+} \longrightarrow Cr^{2+}$ の反応により検出することができた。

図 6-9 に酸性硫酸溶液中における Cr の分極曲線（作用極の電流）i_{WE} と検出極で検出された電流から計算された Cr^{2+} の溶出電流 i_{diss} を示す。腐食電位近傍では pH に依存しない Tafel 直線域がみられるが，電位が上昇するにしたがって分極電流 i_{WE} と溶出電流 i_{diss} の差が大きくなっているのがわかる。Tafel 領域を外れると，Cr^{2+} が不活性な物質になる割合および Cr^{3+} での溶解の割合が増加するためである。

Cr のアノード溶解反応機構については，かなり多量の反応中間体の吸着が見込まれ，また電極反応に不活性な種が生成していることから以下の機構を提案した。

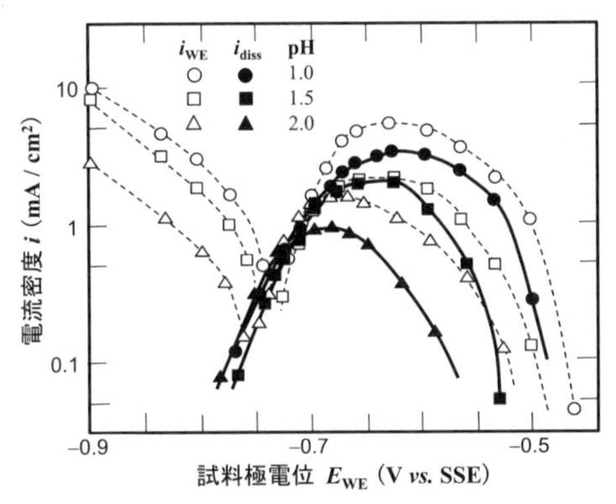

図 6-9　酸性硫酸溶液中における Cr の分極曲線 i_{WE} と Cr^{2+} の溶出電流 i_{diss}

$$Cr \rightleftharpoons Cr^{+}(ads) + e^{-} \tag{6.16a}$$

$$Cr^{+}(ads) + H_2O \longrightarrow CrOH\ (ads) + H^{+} \tag{6.16b}$$

$$CrOH\ (ads) \rightleftharpoons CrOH^{+}(ads) + e^{-} \tag{6.16c}$$

$$CrOH^{+}(ads) + H_2O \rightleftharpoons Cr\ (OH)_2 + H^{+} \tag{6.16d}$$

$$CrOH^{+}(ads) + H^{+} \rightleftharpoons Cr^{2+}(aq) + H_2 \tag{6.16e}$$

ここで，反応(d)および(e)は並列反応で，その量比はpHなどの条件で変わるものと思われる。また，興味深い現象として，図6-10に示すように検出電流の時間的な遅れがFeの溶解とCrの溶解で大幅に異なることである。図では，定常的な検出電流に対する比で表してあるが，Crの溶解ではかなり多くの反応中間体が表面に吸着することにより，溶出する電流が標準曲線から大幅に遅れることを示している。ステップ電流をonにしたときのビルドアップ(build up)電流とoffにしたときのディケイ(decay)電流の対称性が高いことから，吸着体のほとんどが沈殿付着物などではなく，電位によって制御される電極電位依存性の吸着体であると推定されるが，詳細については不明である。

図6-9において，アノード電流のピーク電位に近づくにしたがって，Cr^{2+}への溶解の電流効率が減少した。一方，検出極のカソード反応によってCr^{3+}を検出した実験では，ピーク電位近傍からCr^{3+}での溶解が確実に検出されるようになる。Cr^{3+}による溶解はCrの不働態領域全体で観察されるが，過不働態領域では六価(Cr^{6+}あるいはCrO_4^{2-})による溶解が急速に増加する。いずれの場合も，その電流が小さいため十分に定量的な解析は難しいが，活性態から過不働態に至る領域での溶出イオン種およ

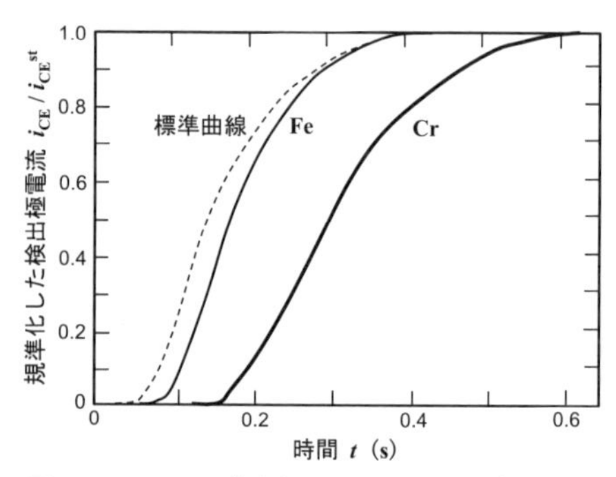

図6-10　ステップ電流i_{WE}を印加後のFe^{2+}およびCr^{2+}の検出電流の遅れ

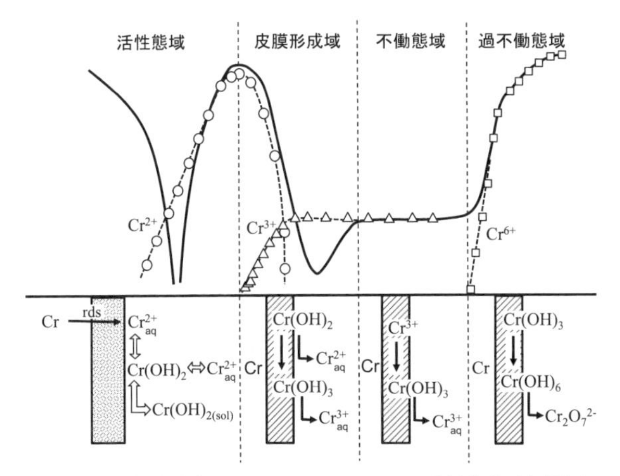

図 6-11　酸性溶液中における Cr のアノード分極曲線（実線）と Cr^{2+}，Cr^{3+}，Cr^{6+}の溶出曲線（破線）および各電位範囲での電極表面の反応と皮膜形成の模式図

び電極表面での反応と表面状態を図 6-11 に模式的に示す。

活性域では二価の Cr（$CrOH^+$(ads) と推定）が表面に吸着し，$Cr(OH)_2$(ads) を経て Cr^{2+}(aq) および $Cr(OH)_2$ として溶出する。アノード電流のピーク付近では Cr^{2+}と Cr^{3+}の溶出がみられ，その後 Cr^{2+}の溶解は急減し Cr^{3+}の溶解のみに移行する。この状態で，電極表面は二価および三価の水酸化物（$Cr(OH)_2$ および $Cr(OH)_3$）によって覆われ不働態化が始まると考えられる。不働態領域では Cr^{3+}の溶解のみがみられ，表面は三価の Cr による不働態皮膜で覆われ，皮膜の化学溶解の速度と等しい速度で不働態皮膜が生成する（不働態皮膜保持電流）状態であると考えられる。過不働態域では，三価の不働態皮膜の表面で六価への酸化が起こり，Cr^{6+}あるいは CrO_4^{2-}での溶解が起こる。過不働態溶解では，金属表面から直接六価への酸化と溶解が起こるのではなく，三価の皮膜の一部が六価に酸化されて溶解するという皮膜を経由した溶解であることに注意する必要がある。

6.2.4　Fe–Cr 合金のアノード溶解機構

合金のアノード溶解機構へのチャンネルフロー電極の応用では，合金の成分を同時に独立に検出できることが望ましい。佐伯らはチャンネルフローマルチ電極について解析し[10]，Fe–Cr 合金および Fe–Mo 合金の溶解機構について検討している[11]。筆者らはチャンネルフロー二重電極法で複数回の分極を行う方法で Fe–Cr 合金の溶解について調べた。

Fe，5 ~ 25% Cr–Fe 合金，Cr について，pH 1 ~ 3 の $H_2SO_4-Na_2SO_4$ 溶液中でアノード分極を行った。活性溶解域ではアノード電流 i_{WE}，Fe^{2+} および Cr^{2+} の溶出電流 $i_{diss}(Fe^{2+})$，$i_{diss}(Cr^{2+})$ ともに Tafel 領域がみられた。図 6–12 は pH 1.0 の溶液での Fe および Cr の溶出電流を示したもので，Cr^{2+} の溶出電流の Tafel 勾配は合金組成によらずほぼ 60 mV/dec と純 Cr からの溶出の Tafel 勾配と同じであるのに対して，Fe^{2+} の溶出電流の Tafel 勾配は 5% Cr から 25% Cr に Cr の合金量が増加するに従って純 Fe と同じ 40 mV/dec から純 Cr と同じ 60 mV/dec へと増加する。このことは，Fe–Cr 合金のアノード溶解は Cr の溶解に支配され，Fe の溶解速度が Cr の溶解速度に引きずられているようにみえる。2 mA/cm^2 の電流ステップを与えたとき Fe^{2+} および Cr^{2+} の吸着量の増加 ΔQ とその中での Cr^{2+} の占める割合を表 6–1 に示す。これより，

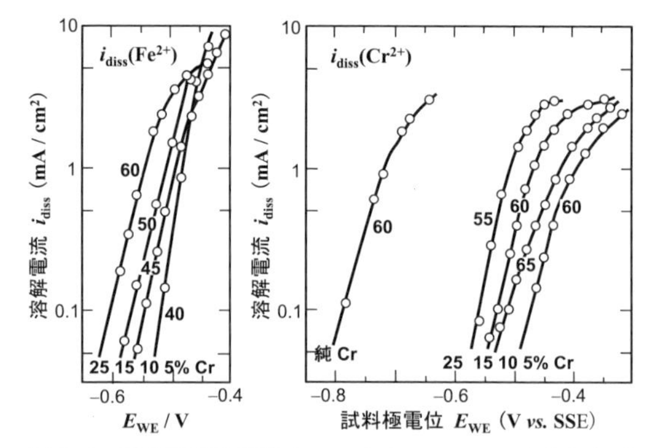

図 6–12　酸性硫酸塩溶液（pH 1.0）中での Fe–Cr 合金および Cr からの Fe^{2+} および Cr^{2+} の部分溶解電流
図中の曲線上の数値はそれぞれの Tafel 勾配（mV/dec）。

表 6–1　Fe^{2+} および Cr^{2+} の吸着量の増加と Cr^{2+} の占める割合

	吸着量の増加（μC）		吸着量の比（%）$\frac{\Delta Q\ (Cr^{2+})}{\Delta Q\ (Fe^{2+})+\Delta Q\ (Cr^{2+})}$
	ΔQ (Fe^{2+})	ΔQ (Cr^{2+})	
Fe	51.2	−	−
Fe− 5% Cr	81.5	8.6	9.5
Fe−10% Cr	96.2	21.2	18.1
Fe−15% Cr	114.7	38.4	25.1
Fe−25% Cr	111.9	71.1	38.9
Cr	−	312	−

表面の吸着種に占めるCr^{2+}の割合は合金組成のほぼ2倍となっており，溶解機構に対するCrの影響が大きくなっていることがうなずける。

6.3　不働態と過不働態および不働態皮膜

Feおよびステンレス鋼の不働態については，これまでに多くの研究がなされてきた。とくに不働態皮膜に関しては，電気化学的方法に限らず，エリプソメトリーなどの光学的方法やオージェ電子分光法（Auger electron spectroscopy，AES），X線光電子分光法（X-ray photoelectron spectroscopy，XPSまたはESCA）などの表面分析法により，数ナノメートルのごく表面の分析などが進めらてきた。これらに関しては杉本の著書[12]にまとめられているので，参考にしてほしい。ここでは，不働態皮膜の空間電荷層容量と光電分極法を取り上げる。

6.3.1　不働態皮膜の空間電荷層容量

半導体（たとえば，n型半導体）を分極すると，図6-13に示すように伝導帯（CB），価電子帯（VB）のエネルギー準位が変形する（バンド・ベンディング）。ベンディングが起こらない電位をフラットバンド電位E_{FB}といい，$\Delta\phi$はE_{FB}からの電位差に相当する（$\Delta\phi=E-E_{FB}$）。アノード分極（$\Delta\phi>0$）の場合には，表面近傍のドナー準位の電子はCBに移りこれらの準位が正に帯電することになり，表面が正に帯電したことになる。すなわち，表面と半導体内部との間にコンデンサーが形成されたとみなすことができ，生じる電荷を空間電荷（space charge），コンデンサーの容量を空間電荷層容量

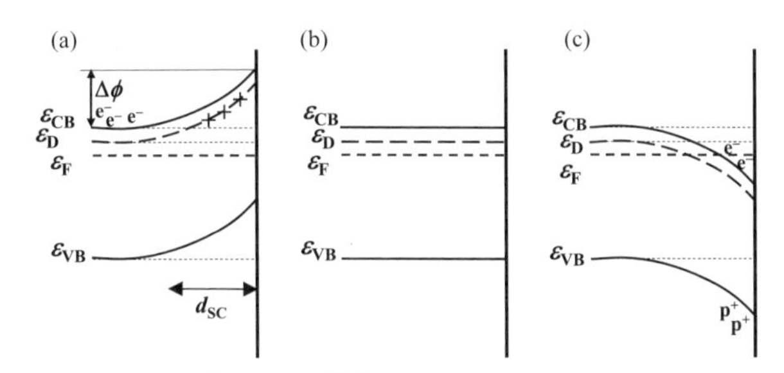

図6-13　n型半導体のバンド構造
（a）アノード分極（$E>E_{FB}$）　（b）フラットバンド電位（$E=E_{FB}$）
（c）カソード分極（$E<E_{FB}$）
各エネルギー準位，ε_{CB}：伝導帯の下端，ε_{VB}：価電子帯の上端，
ε_F：Fermi準位，ε_D：ドナー準位。

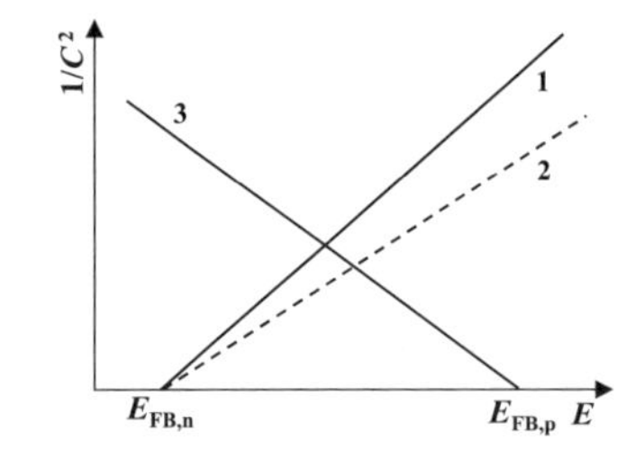

図 6-14　Motto-Schottky プロット
1, 2：n 型半導体 ($N_{D,1} < N_{D,2}$),
3：p 型半導体, $E_{FB,J}$：フラット
バンド電位, $E_g = |E_{FB,p} - E_{FB,n}|$。

C_{SC} という。C_{SC} は，半導体のドーパント濃度 N_D ($1/cm^3$) と電位 E に依存し次式 (Mott-Schottky の式) となる。

$$\frac{1}{C_{SC}{}^2} = \frac{2}{e_0 \varepsilon \varepsilon_0 N_D}\left(\Delta\phi - \frac{k_B T}{e_0}\right)$$
$$= \left[\frac{1.41 \times 10^{20}}{\varepsilon N_D}\right] \cdot (E - E_{FB} - 0.0257) \qquad (6.17)$$

ここで，e_0 は電荷素量，ε と ε_0 は半導体および真空の誘電率，k_B はボルツマン定数である。

一般に電気二重層容量 C_{dl} に対し $C_{SC} < C_{dl}$ または $C_{SC} \ll C_{dl}$ であり，C_{dl} は電位依存しないことから，図 6-14 に示すように測定された容量成分を $1/C^2 \sim E$ プロットすると直線関係が得られ，その切片の電位から E_{FB} が，その勾配から N_D を求めることができる。同図に示したように，p 型の半導体の場合には電位に対する勾配が逆となる。また，同一の半導体元素で不純物の種類により n 型と p 型の半導体を作成した場合，両者のフラットバンド電位の差 $|E_{FB,n} - E_{FB,p}|$ がバンドギャップエネルギー E_g に相当する。一般に半導体材料として使用される抵抗率 10 ~ 0.01 Ωcm の Si 結晶のドーパント濃度 (N_D) は $2 \times 10^{14} \sim 1 \times 10^{18}\ cm^{-3}$ とされており，Fe の不働態皮膜で観測される $N_D = 10^{20}\ cm^{-3}$ のオーダーは，不働態皮膜に多く含まれる水分子やアニオンがドナーまたはアクセプターとして作用していることを示唆している。

6.3.2　光 電 分 極 法

半導体のバンドギャップエネルギー E_g よりも大きなエネルギーの光 (振動数 ν) を照射すると，価電子帯 (VB) の電子が伝導帯 (CB) に励起されるとともに VB に正孔 (ホール，正に帯電した電子の抜けた穴) を生じる。半導体が分極されている場合，たとえば図 6-15(a) に示すように，n 型半導体が E_{FB} よりも正の電位側に分極された場合，励起された電子は半導体内部へ，正孔は表面側に引き寄せられ，溶液中に電子

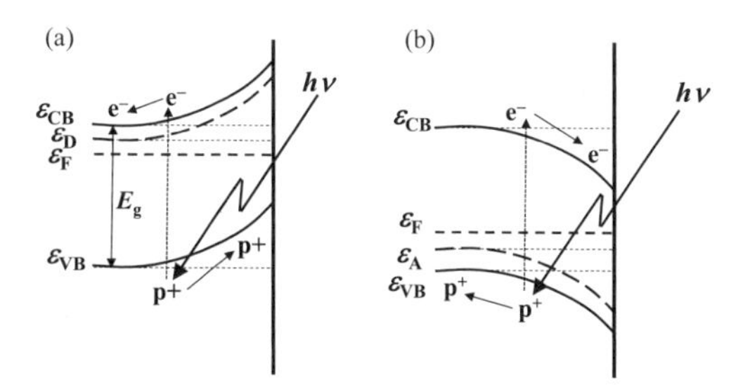

図 6-15　n 型(a) および p 型(b) 半導体に振動数 ν の光を照射したときの電子・正孔対の発生
n 型半導体では E_{FB} より正の電位に，p 型半導体は負の電位に分極。

供与体 (還元体) があれば正孔への電子の注入 (酸化反応) が起こる。すなわち，光照射によって生じた電子・正孔対によってアノード電流が観察されることになる。p 型半導体の場合も同様に励起された電子による還元反応が起こりカソード電流が流れることとなる。もちろん，n または p 型の半導体に図とは反対の電位に分極した場合にも，光励起された電子・正孔対を生じるが，この場合半導体の主要な電荷のキャリヤーと同じ電子または正孔が反応に寄与するため，光励起に伴う電流はそれらによる電流に埋もれてしまうこととなる。

光電分極法は，分光された光を断続光として定電位分極された試料 (不働態皮膜) に照射し，断続光に同期する電流の変動を光電流 i_{ph} として測定する。分極電位を変化させ，$i_{ph}=0$ となる電位から E_{FB} が求まり，その符号から n または p 型の半導体かがわかる。また，入射光の波長 (振動数 ν) を変化させることにより，半導体のバンドギャップエネルギー E_g が求まる。

原ら[13] は，中性溶液中で Pt 上に CVD によって作成した γ-Fe_2O_3，Cr_2O_3 薄膜および Fe，Fe-Cr 合金，Cr の不働態皮膜，過不働態皮膜について，その光電特性を調べている。Fe および 19% Cr までの Fe-Cr 合金の不働態皮膜は γ-Fe_2O_3 と同じく n 型の半導体特性であり，31% Cr 以上の Fe-Cr 合金および Cr の不働態皮膜は Cr_2O_3 と同じ p 型半導体特性であるとし，過不働態領域ではいずれも n 型の半導体特性であるとしている。

6.4　腐食速度および腐食環境のモニタリング

腐食速度および腐食環境のモニタリングは，腐食状況の時間的な変化や変動から腐食機構を解明するとともに，一般的な腐食試験法を補完する関係にあるといえる。現在多く行われている曝露腐食試験やサイクル腐食試験では，試験の開始･終了時の質量減少から平均の腐食速度を求めている。しかしながら，曝露試験あるいはサイクル試験の時々刻々の腐食速度や腐食電位あるいは腐食環境をモニタリングすることができれば，より詳細な腐食機構や腐食要因の解析を進められるとともに，実験室における腐食の促進試験では腐食の反応機構を変えることなくその進行を加速することができる。

本節では電気抵抗法，交流インピーダンス法，ACMセンサーを取り上げるが，本書で取り上げたほかの腐食速度の測定法のいくつかについても，腐食の瞬間速度を測定できるのであれば工夫しだいでモニタリング法として使用可能である。腐食電位，pH，イオン濃度を継続的に測定･監視することは腐食環境のモニタリングとして極めて有効であるといえる。それぞれの状況に応じたモニタリング法を活用することが重要である。

6.4.1　電気抵抗法

線状または板状の試料の断面積が腐食によって減少することに対応する電気抵抗の変化を測定するもので，原理や測定も単純･明快な方法であり古くから利用が試みられ，多くの製品が市販されてきた。線または箔，板状の金属試験片に一定の電流を印加しその電圧変化から抵抗変化，腐食量の変化を求めるのが一般的である。腐食による板厚減少の読み取り感度を高めるためには，試料の長さを増し，厚さを小さくすることが得策であり，筆者ら[14]は厚さに対する表面積の効果を高めるために数百ナノメートルの金属蒸着膜を試料として，不働態皮膜やアノード酸化膜の生成･還元の解析に利用した。

この方法では，試料の全面がほぼ均一に溶解･酸化されることが前提であり，孔食などの局部的な腐食については，その検出や深さ･大きさ･発生数などとの関係を見出すことは難しい。さらに，電気抵抗の値が大きくなるほど抵抗率の温度依存性の影響が大きくなる。とくに，大気腐食の曝露環境では日中の温度差が30℃を超えることもあるため，その補正が煩雑である。フランス腐食協会（French Corrosion Institute）などが提案し市販されている小型のモニタリング装置は，同一形状の参照極を隣接して設置し，参照極の抵抗値を同時測定することによって試料極の温度変化を補正する方式である。この装置は，室内用と屋外用とがあり，プローブに各種の金属が準備され，本体に電源･電子機器が組み込まれ測定値を保存し，非接触でため込んだデータを読み込めるなどの特色のある機器となっており，同様の装置が国内でも市販されている。また，Azumi ら[15]は交流信号とブリッジにより抵抗変化の計測感度を高める方式を提案している。

電気抵抗法による腐食速度の測定は，原理が単純明快であることから，今後も温度補正や感度･精度の優れた，扱いやすい測定機器が市販されるものと期待される。リアルタイムで腐食速度の変化を測定する方法が，室内腐食や曝露試験データの解析精度を高めるものと思われる。

6.4.2　交流インピーダンス法

腐食系の等価回路が，図 5-35(a) の単純な $R-C$ 並列回路と溶液抵抗の組み合わせで表されるとき，セルのインピーダンスは $\omega \to 0$ で $Z_{cell}=R_p+R_{sol}$，$\omega \to \infty$ で $Z_{cell}=R_{sol}$ であった。同一材質･形状の二つの電極を試料極として用いた場合には，特別な事情がない限りそれらはほぼ同じ腐食挙動と電気二重層容量をもつと期待できる。すなわち，図 6-16 に示す等価回路であると仮定すると，その低周波数および高周波数でのインピーダンスは，それぞれ $Z_{cell,\omega \to 0}=2R_p+R_{sol}$，$Z_{cell,\omega \to \infty}=R_{sol}$ となることから，腐食の分極抵抗 R_p は，次式により求めることができる。

$$R_p=\frac{1}{2}(Z_{cell,\omega \to 0}-Z_{cell,\omega \to \infty}) \tag{6.18}$$

筆者ら[16]は，低周波数を 0.02 Hz，高周波数を 10 kHz とする信号を同時に印加し，それぞれの周波数でのインピーダンスの差から腐食の分極抵抗 R_p を連続的･自動的に測定する交流法腐食モニターを提案した。また，多種類の材料と水溶液環境の組み合わせについて，この方法で求めた R_p の平均値と腐食質量減少との比較から，$i_{cor}=K/R_p$ の比例定数として $K=0.019$ V を報告している。

乾湿繰り返し試験として，図 6-17 に示すように炭素鋼の 2 枚の電極 (試料極) を樹脂に埋め込み，表面側の周囲に高さ 0.5 mm の土手 (bank) をつけたプローブを用いて，3% NaCl 溶液に 1 h 浸漬，その後溶液を排出して初期の水膜厚さ 0.5 mm から乾燥過程を開始し，約 3 ~ 5 h で完全に乾燥するため，5 h 後に再び溶液に浸漬するというサイクルを繰り返した[17]。図 6-18(a) はこの 6 h のサイクルを繰り返したと

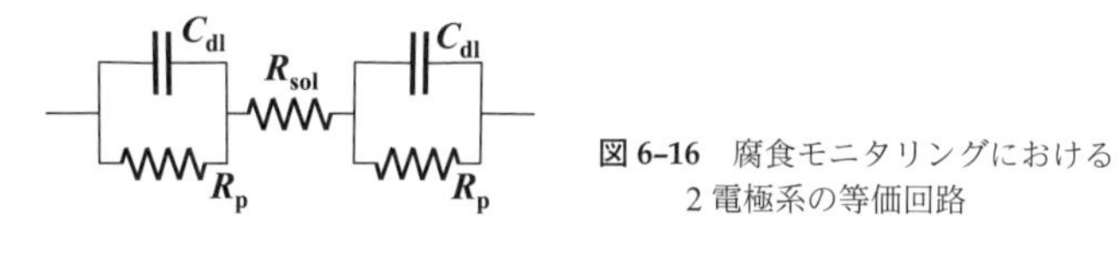

図 6-16　腐食モニタリングにおける 2 電極系の等価回路

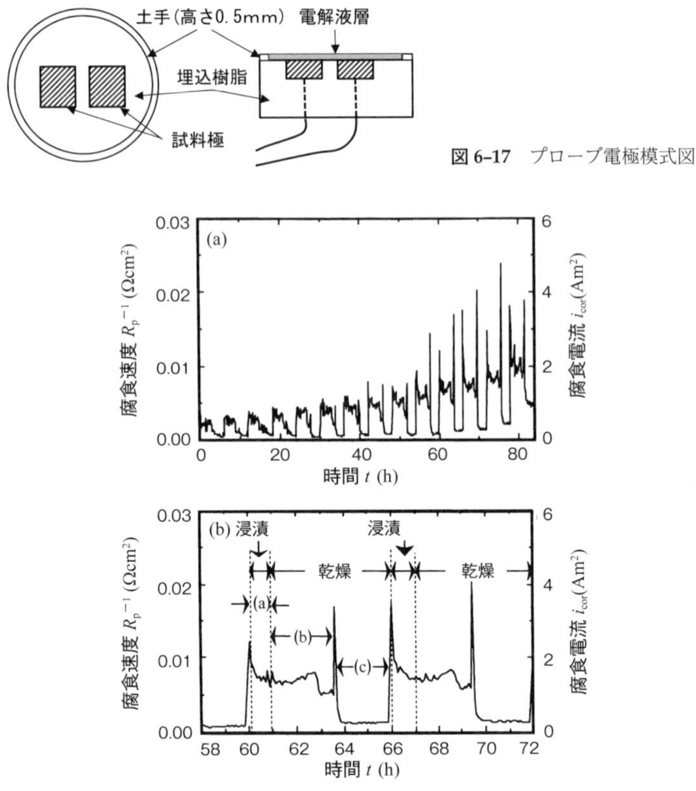

図 6-17　プローブ電極模式図

図 6-18　交流法腐食モニターによる炭素鋼の 3% NaCl 溶液への乾湿繰り返し試験による腐食速度の変化
[T. Tsuru, A. Nishikata, J. Wang : *Mater. Sci. Eng.*, **A 198**, 161 (1995)]

きの腐食速度の指標としての分極抵抗の逆数 $1/R_p$ の変化と，図(b) はその一部を取り出して拡大したものである。浸漬によって腐食速度が増加し，乾燥によって腐食速度はほぼ 0 となるが，乾湿の繰返し数が増加するにつれて浸漬状態の腐食速度が増加しているのがわかる。さらに，乾湿の繰返し数が増加すると，溶液に浸漬した直後と乾燥直前に腐食速度のピークがみられるようになる。後者のピークは乾燥によって液膜の厚さの減少に伴う腐食速度の急増と乾燥による急減に対応するものである。一方，溶液に浸漬直後のピークは，Evans モデルによる腐食速度の増加であると考えられる。すなわち，このモデルでは腐食生成物に含まれる二価の Fe(II) イオンが乾燥期間中に空気酸化によって Fe(III) に酸化され，溶液に浸漬されることによって腐食生成物中で Fe(III) → Fe(II) の還元反応が起こり Fe のアノード酸化を促進する。図6–19 は長期間の乾湿繰返し試験を行った場合の結果で，繰返し数の増加によって腐食速度が増加し続けることがわかる。炭素鋼試料を溶液に浸漬し続けた場合は図中の破線に示されるように腐食速度の増加は観察されない。

2 電極式の電気化学測定では両電極をまたぐ形で電解液相が形成されなければ両電極間のインピーダンス測定は不可能である。図 6–17 に示したプローブ電極では，塩分や雨滴の付着や結露が不均一であった場合には，腐食が起こっているにもかかわらず必ずしも電気化学測定ができるとは限らないという問題がある。このような問題ができるだけ起こらないように，2 電極間のギャップの距離を 0.1 mm または 0.5 mm としてギャップの長さを増し，さらに個々の電極の幅を 1 mm にした櫛形電極（図6–20）あるいは渦巻き型電極が西方ら[18]によって提案され，片山[19]は円盤とリングの

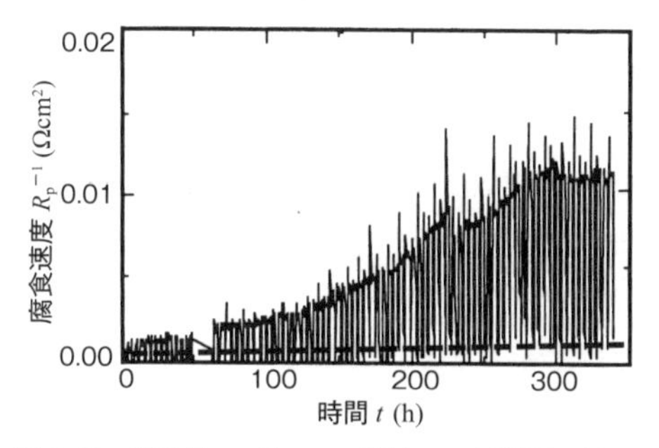

図 6–19　炭素鋼の 3% NaCl 溶液への長期間の乾湿繰返し試験による腐食速度の変化
図中の破線は浸漬し続けた場合。
[T. Tsuru, A. Nishikata, J. Wang：*Mater. Sci. Eng.*, **A 198**, 161(1995)]

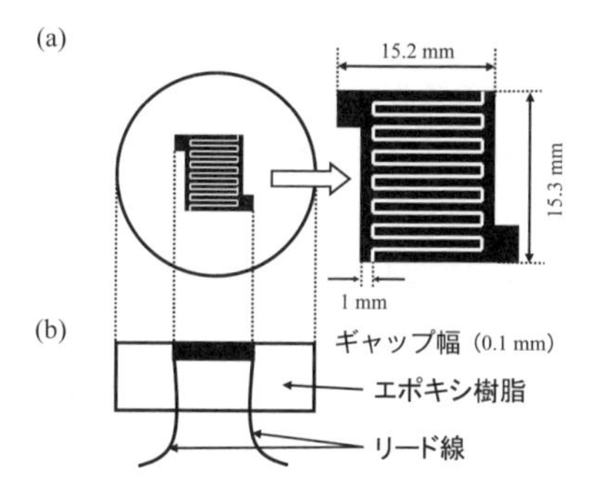

図 6–20　腐食モニタリング用の櫛形電極
電極幅：1 mm，ギャップ幅：0.1 mm。
[西條康彦，西方　篤，水流　徹：材料と環境 '99 講演集, p.9，腐食防食協会 (1999)]

同心円電極を提案している。

西方らはこの方法による腐食モニタリングを沖縄，銚子，新潟などで炭素鋼，耐候性鋼，海浜用耐候性鋼などについて実施するとともに，携帯電話を使用したデータ収集システムを構築している。また，腐食減量による腐食速度とインピーダンス法によって腐食抵抗とを結びつける比例係数について，腐食生成物膜による効果などを考慮した水溶液系とは異なる係数を提案している[20]。

交流インピーダンス法による腐食モニタリングでは，腐食速度（K/R_{cor}）とともに溶液抵抗 R_{sol} が計測され，R_{sol} または $1/R_{sol}$ はプローブの濡れの指標として有用である。

6.4.3　ACM センサー

大気腐食環境のモニタリング法としては，ガルバニックカップル（異種金属接触）の電流計測による濡れおよび腐食電流を計測する方法が Sereda[21]，Tomashov[22]，Mansfeld ら[23] などによって調べられ，一般的に ACM（atmospheric corrosion monitoring）センサーとよばれている。わが国では辻川らのグループ[24,25] が精力的のその適用法を検討し，センサーの規格を統一することによって，より広範な測定値の比較を可能とするとともに，飛来塩分量や腐食速度の推定法などを提案している。以下では辻川らの結果を中心に説明する。

ガルバニックカップルによるセンサーは，従来アノード極とカソード極を絶縁層を挟んで積層して濡れなどによる電流を測定していた。辻川らは図 6-21 に示すように，アノードとなる Fe 板に絶縁層とカソードとなる導電層（Ag ペースト）をシルク印刷によって精密に，また再現性よくつくり出すことに成功した[24]。ガルバニ電流はデータ・ロガー機能を有する電流計を用い，測定電流の範囲は 1 nA ～ 13 mA の広い範囲をカバーしている。図 6-22(a) は，センサーへの付着塩量 W_S を 10^{-3} ～ 10 mg/cm^2 まで変えて，相対湿度を 30 ～ 90%に保持したときのセンサーの安定な出力電流をプロットしたもので，付着塩量および相対湿度の増加でセンサー電流 I が増加するのがわかる。さらに図(b) は各相対湿度における塩付着量とセンサー電流の関係を示したもので，これらの図は，相対湿度がわかれば，センサー電流から塩付着量を推定するための校正曲線として使うことができる。

ACM センサーを屋外に曝露した場合のセンサー電流の変化の例を図 6-23 に示す。図中に示すように，乾燥（dry）条件では $I<10$ nA で，結露（dew）状態では付着塩量・湿度に依存するが 100 nA 程度の電流が流れている。降雨によって厚い水膜が形成されると電流は 1 μA を超える値となる。これらのデータから，乾燥期間，結露期間，

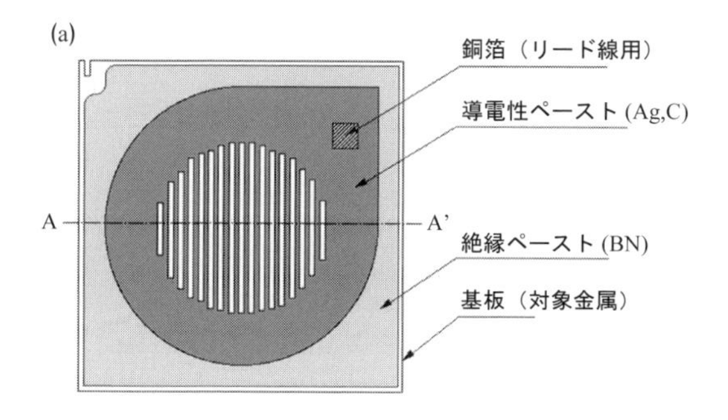

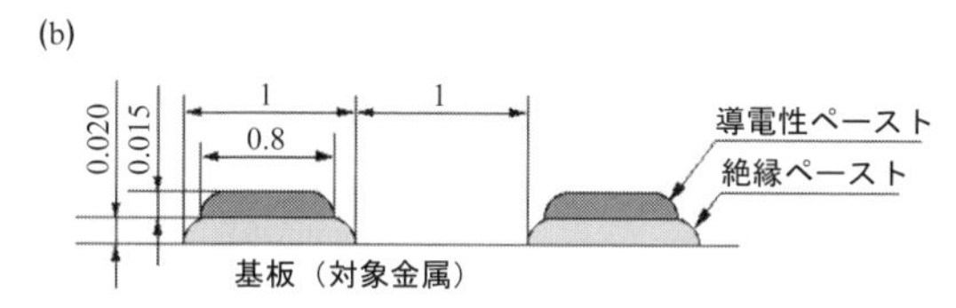

図 6-21　ACM センサーの概要
［物質・材料研究機構 web サイト，http://www.nims.go.jp/mits/corrosion/ACM/ACM 1.htm］

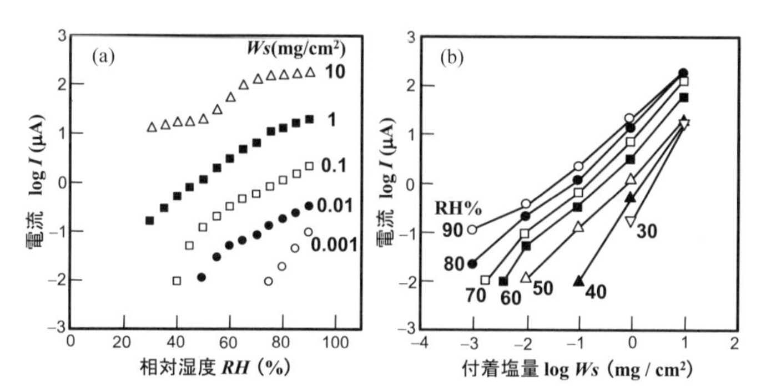

図 6-22　付着塩量，相対湿度とセンサーの出力電流
（a）一定の付着塩量で相対湿度を変化させたときのセンサー電流
（b）一定の相対湿度での付着塩量 *Ws* とセンサー電流の関係
［元田慎一，鈴木陽之助，篠原　正，児島洋一，辻川茂男，押川　渡，糸村昌裕，福島敏郎，出雲茂人：材料と環境，**43**, 550(1994)］

降雨期間を明確に分離することおよび付着塩量を推定することが可能となる。

ACM センサーは腐食環境のモニタリング法であるため，そのデータから直接的に腐食速度を求めることはできない。しかしながら，押川ら[25]は雨がかりのない条件での曝露試験による炭素鋼の腐食速度 *CR*（mm/y）と ACM センサー電流値の 1 日当

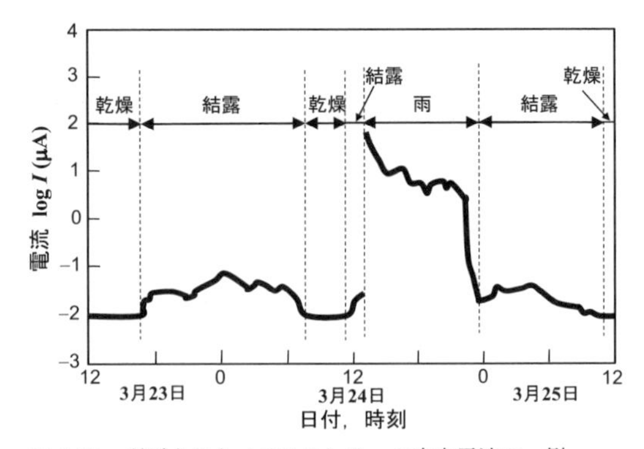

図 6-23　曝露された ACM センサーの出力電流の一例
乾燥，結露，降雨による電流の変化。
［元田慎一，鈴木陽之助，篠原　正，児島洋一，辻川茂男，押川渡，糸村昌裕，福島敏郎，出雲茂人：材料と環境，**43**, 550(1994)］

たりの積分値 Q (C/day) の間によい相関関係がみられるとして，以下の実験式を報告している。

$$\log CR = 0.378 \log Q - 0.636 \tag{6.19}$$

さらに，雨がかりの条件では結露時のセンサー電気量 Q_{dew} に降雨時の電気量 Q_{rain} の20%を加えた補正電気量 Q' により次式を報告[26]しているが，後者に関しては限られた実験条件での補正結果であり，一般的に使用するには十分な注意が必要である。

$$\log CR = 0.682 \log Q' - 0.256, \qquad Q' = Q_{\mathrm{dew}} + 0.20\, Q_{\mathrm{rain}} \tag{6.20}$$

6.5　大 気 腐 食

大気腐食に関しては，4.4.1 項においてその電気化学的な特徴について述べた。本節では大気腐食の電気化学測定の方法と測定における注意点について述べる。

6.5.1　水膜下の腐食電位の測定

大気腐食（室内，屋外曝露での腐食を含む）の特徴の一つは，吸着水膜，濡れによる液膜，液滴などのバルクの溶液とは異なる溶液の状態があげられる。さらに，気相の温度，湿度あるいは付着塩類の濃度や量によって，水膜の腐食性や腐食速度が変化する。

腐食の電気化学測定の基本の一つは電極電位（腐食電位）の測定である。2章で述べたように，電極電位の測定には参照電極が必須であり，一般的には市販の飽和KCl/AgCl/Ag電極（SSE）が用いられる。しかしながら，水溶液の液膜あるいは微細な液滴が試料表面を覆った状態でSSEを用いた場合には誤差が大きくなったり，測定自体ができないことが起こる。最終的にこの問題を解決するには，次節で述べるKelvin法が最良の方法といえるが，装置としてはかなり複雑で高価である。ここでは，安価で簡便な参照電極について検討する。

液膜が形成される状態で溶液のCl^-濃度が変化しない条件では，塩化したAg線が使用できる。正確な電位の測定には，実験のたびに市販のSSEによる電位の校正が不可欠であるが，塩化したAg線を液相に接するだけで安定な電位が測定できる。

Cl^-濃度が変化する条件でも溶液のpH変化がかなり小さいとみなされる場合には，酸化物/金属電極が使用可能である。酸化物/金属電極の電位は次式で表され，

$$
\begin{aligned}
&M + xH_2O \rightleftarrows MO_x + 2xH^+ + 2xe^- \\
&E = E^\circ_{MO_x/M} + \frac{RT}{2xF} \ln a_{H^+}^{2x} = E^\circ_{MO_x/M} - 0.059\ \mathrm{pH}
\end{aligned}
\quad (6.21)
$$

広いpH範囲で安定な酸化物を生成する多くの金属が使用可能であり，MO_xが安定な場合には式(6.21)によりMO_x/M電極の電位はpHに依存し，一定のpHの環境では安定した参照電極として使用できる。実用例として，Ir，W，Biは電位のpH依存性が理論値である59 mV/pHにほぼ一致し，広いpH範囲で安定な電位を示す。とくにIrは$pH>2$では安定な電位を示すが，WおよびBiは低pHでは酸化物の溶解が無視できなくなる。これらの酸化物/金属電極では，市販のIr，Wの細線（Biの線材はない）を研磨・脱脂処理後，空気酸化による酸化物で安定な電位を計測することができる。また，SSEなどの参照電極が使用できる場合には，その電位差から簡便なpH指示電極としても使用可能である。

セラミックスあるいは焼結ガラスなどを液絡とする市販のSSEやLuggin管に寒天を詰めた液絡では，参照電極側から浸みだした溶液によって液膜側の溶液が汚染される。浸みだす溶液の量は多くはないが，被測定系の液膜の溶液も少量であるため，大きな濃度変化の要因になる場合がある。さらに，乾湿繰り返しの試験では，液絡の先端が乾燥し塩（多くの場合KCl）の析出が起こり，寒天の場合には再度湿潤状態に戻しても，乾いた寒天はもとに戻らず使用不可能となる。

筆者ら[27]は，乾燥に強い参照電極として｜半透膜｜飽和LiCl，AgCl｜AgCl｜Ag

電極を提案した。具体的には，ガラスまたは樹脂製円筒あるいはLuggin管の先端を半透膜（筆者らはセロハンを使用した）で確実に覆いシールする。円筒あるいはLuggin管に飽和LiCl溶液を満たし，粉末のLiClおよびAgClを添加する。温度によってLiClの溶解度が変化すること，濃厚塩化物溶液ではAgClの溶解度がかなり大きいことを考慮して，過剰のLiClとAgClを加えることが重要である。円筒またはLuggin管に塩化したAg線を挿入し，上端を樹脂等で封止する。このようにして作製した参照電極は，相対湿度20～30%の環境に長期間放置しても塩の浸み出しによる半透膜の外部への塩の析出はみられない。電極としてのインピーダンスがやや大きいこと，LiCl濃度や膜電位の差異などにより標準のSSEに対する電位が電極によりややばらつくことなどの問題はあるが，使用前後に標準のSSEによって校正を行えば，大気腐食試験や乾湿繰返し試験における腐食電位の測定には十分な精度が期待できる。

6.5.2　Kelvin法

Kelvin法（Kelvin probe）は，Load Kelvin（ケルビン卿）が異種金属の接触電位差を測定する方法[28]として提示した方法に基づくもので，その後Zisman[29]が現在用いられている周期振動と補償電圧により電流ゼロを検出して接触電位差を測定する方法として提案し,この方法が半導体などの仕事関数を求める振動容量法として定着した。その後，電極電位を標準水素電極（NHE）やほかの補助的な参照電極電位を基準とした相対電位ではなく，真空無限遠を基準とする物理的な電位（絶対電位）として測定する方法が検討され[30]，このKelvin法が注目されたが，Stratmannら[31]は溶液に非接触で電極電位の相対値が得られることに着目してこれを大気腐食の電気化学測定に応用した。

a.　接触電位差と振動容量法

図6-24は空気中におかれた金属M 1とM 2の静電ポテンシャル図を示すもので，E_{F1}，E_{F2}はM 1とM 2のFermi準位，φ_{M1}とφ_{M2}はそれぞれの仕事関数，V_{M1}とV_{M2}は表面電位である。両金属を導線により接続すると（図(b)），両者のFermi準位が等しくなり表面電位にΔV_0の電位差，すなわち接触電位差を生じる。

ここで,二つの金属を導線で接続したまま向い合せてコンデンサーを形成させると，その容量C_0には接触電位差ΔV_0に応じた電荷Q_0が蓄積される（図6-25(a)）。

$$Q_0 = C_0 \Delta V_0, \qquad C_0 = \frac{\varepsilon S_0}{d} \tag{6.22}$$

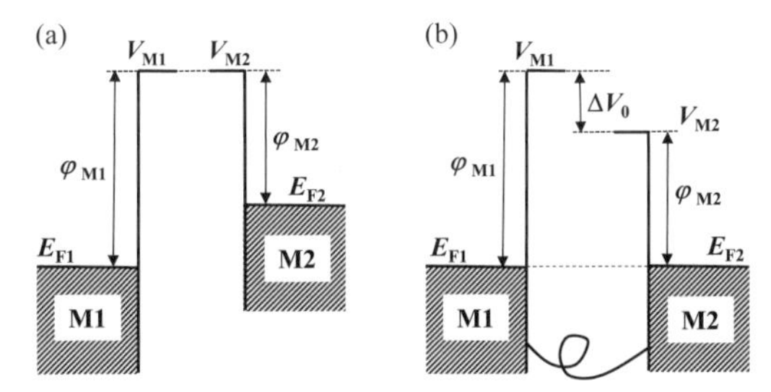

図 6-24 空気中におかれた二つの金属（M1，M2）の電位と静電ポテンシャル図(a)と空気中で金属 M1 と金属 M2 を電気的に接続したときの電位と静電ポテンシャル図(b)

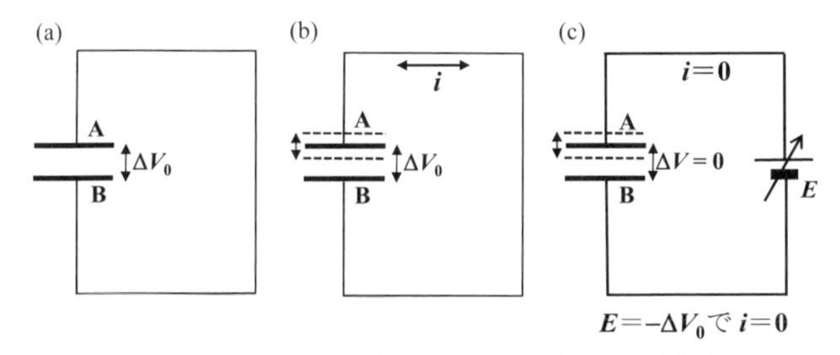

図 6-25 金属 A，B の接触電位差 ΔV_0 の測定原理（振動容量法）
（a）両金属を接続　（b）電極 A の振動により回路電流 i が流れる
（c）バイアス電圧 $E=-\Delta V_0$ のとき回路電流 $i=0$

ここで，ε は誘電率，S_0 は電極面積，d は電極間距離である。電極間の平均距離を d_0 として電極の一方を振幅 A_0（ただし，$d_0>A_0$），周波数 ω の正弦波で振動させると，コンデンサーの容量は $C=\varepsilon S_0/(d_0+A_0\sin\omega t)$ となる。このとき流れる回路電流 i は，次式となる。

$$i=\frac{\mathrm{d}Q}{\mathrm{d}t}=\Delta V_0\frac{\mathrm{d}C}{\mathrm{d}t}=\frac{-\Delta V_0\varepsilon S_0 A_0\omega\cos\omega t}{(d_0+A_0\sin\omega t)^2} \tag{6.23}$$

式 (6.23) から，電極面積が大きく，周波数が高いほど，また電極間の平均距離が小さいほど流れる電流が大きくなることがわかる。さらに，図(c) に示すように両電極にバイアス電圧 E を加えると ΔV が変化し，$E=-\Delta V_0$ のとき $i=0$ となることがわかる。すなわち，加えるバイアス電圧を変化させ $i=0$ の電圧から接触電位差を求めるもので，振動容量法ともよばれている。

b.　電極電位の測定

Gomer[30)]は振動容量法による電極電位の測定に関して，以下のように説明している。図6-26(a)は，溶液中に金属M1，M2を浸漬したときの電位，静電ポテンシャル図である。$\varepsilon_{\mathrm{Fj}}$はFermi準位，$V_{\mathrm{Mj}}$は溶液内の金属の表面電位，$\varphi_{\mathrm{Mj}}$は金属の仕事関数（表面電位$V_{\mathrm{Mj}}$とFermi準位$\varepsilon_{\mathrm{Fj}}$との差），$V_{\mathrm{S}}$は溶液の内部電位である（添え字jは金属1，2に対応）。それぞれの電極電位E_{Mj}は$E_{\mathrm{Mj}}=\varepsilon_{\mathrm{Fj}}-V_{\mathrm{S}}$で，溶液からみた金属$\mathrm{M_j}$の内部電位差（単極電位）に相当する（1.4節参照）。通常の電極電位測定では，M2に水素電極（$H^+/H_2/Pt$）を用いて$\varepsilon_{\mathrm{M2}}$をつねに一定（$E_{\mathrm{M2}}=0$）として，両金属のFermi準位差を電極電位$E_{\mathrm{cell}}=\varepsilon_{\mathrm{F1}}-\varepsilon_{\mathrm{F2}}$としている。次に，溶液に浸漬された金属Mと空気中の金属Rについて，両金属を導線で接続した場合を考える（図(b)）。接続によりFermi準位は等しくなり，金属Mの単極電位は$E_{\mathrm{M}}=\varepsilon_{\mathrm{FM}}-V_{\mathrm{S}}=\varepsilon_{\mathrm{FR}}-V_{\mathrm{S}}$となる。溶液の表面電位は$V_{\mathrm{SS}}$で表されるが，水溶液では$V_{\mathrm{SS}}-V_{\mathrm{S}}$はほぼ一定であり，簡単のためにこれを無視する（$V_{\mathrm{SS}}=V_{\mathrm{S}}$）。空気中の金属Rの表面電位を$V_{\mathrm{R}}$とし，溶液$V_{\mathrm{S}}$からみた$V_{\mathrm{R}}$との電位差を$\Delta V_{\mathrm{SR}}$とする。整理すると，以下のように表される。

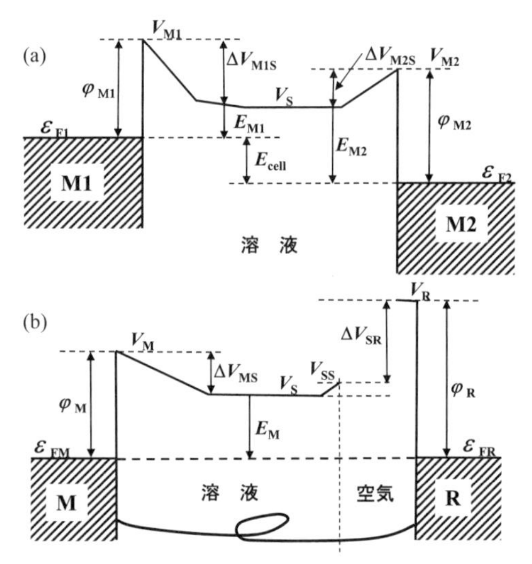

図6-26　溶液中におかれた金属M1，M2の電位と静電ポテンシャル図(a)と溶液中の金属Mと空気中の金属Rを接続した場合の電位と静電ポテンシャル図(b)

[R. Gomer, G. Tryson：*J. Chem. Phys*., **66**, 4431(1977)をもとに作成]

$$\varphi_R = \varepsilon_{FR} - V_R, \quad E_M = \varepsilon_{FR} - V_S, \quad \Delta V_{SR} = V_R - V_S$$

$$\Delta V_{SR} = (\varepsilon_{FR} - \varphi_R) - (\varepsilon_{FR} - E_M) = E_M - \varphi_R \tag{6.24}$$

これらの関係は図(b) からも明らかである。この式によって，溶液の表面電位と金属 R の表面電位の差 ΔV_{SR} を測定し φ_R がわかれば単極電位 E_M を知ることができ，φ_R がわからなくても φ_R が一定であれば ΔV_{SR} の測定から E_M の相対的変化を知ることができる。

c. 測定の実際

現在市販の装置が入手可能であるが，筆者ら[32~34]はロックインアンプとスピーカーによる振動電極によって装置を試作した。図 6-27 は Au を参照電極としてバイアス電圧（補償電圧）を変化させたときの電流値(a) と電極振動との位相差(b) をバイアス電圧に対してプロットしたものである。電流の極小値が現れ位相差がその電圧の前後でほぼ 180° 反転しているのがわかる。位相の反転は，コンデンサーの蓄積電荷の符号が $E = -\Delta V$ を境に反転するためであるが，電流値の極小値を求めるとともにこの位相差を観測することで電流値の極小点（$E = -\Delta V$）のバイアス電圧を確実に求める

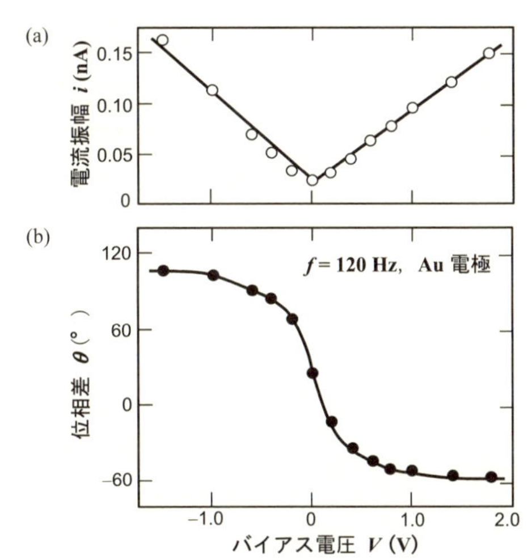

図 6-27 Au をプローブ電極として測定した振動電流と位相差のバイアス電圧依存性
(a) バイアス電圧を変化させたときの電流値
(b) 電極振動との位相差
［水流　徹，横山優子：腐食防食 '90 講演集，p.285，腐食防食協会（1990）］

ことができる[32]。

Kelvin 法を使用した分極曲線の例[33]を示す。図 6-28(a) は 1×10 mm の試料を埋め込み，両脇に液溜めと対極を配したセルで，試料極に対向してプローブ電極 (Au) を設置し，液溜めの試料極に近い位置に SSE の Luggin 管を設置した。図(b) は 1 M Na_2SO_4 溶液中 (液膜の厚さ数ミリメートル) で定電流カソード分極したときの Kelvin 法による電位 E (KP) と SSE による電位 E (SSE) をプロットしたもので，E (SSE) $= -0.848 + 1.028E$ (KP) となり，よい直線性と 1 対 1 対応を示すことがわかる。図(c) は液膜の厚さを 0.5 mm としたときの定電流による分極曲線で，Kelvin 法による電位は SSE 基準に換算してある。図より電流が大きくなると SSE による測定電位には液膜内の溶液抵抗による IR 誤差が大きくなっていることがわかる。この方法を利用して，液薄膜下での酸素還元電流の膜厚依存性などを測定することができる[34]。

なお，市販の装置については制御法や測定プログラムが標準化されていないため，操作法は装置に依存する。また，かなり複雑な制御・計測で測定データが得られるまでの過程が測定者にとって明らかでない場合もあるため，確実にわかっている系での試験などが必要であろう。また，測定装置を自作した場合などで生じる寄生容量によ

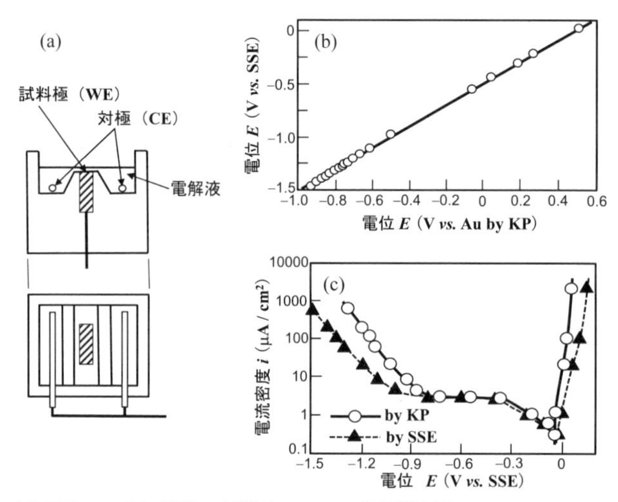

図 6-28　Na_2SO_4 溶液の水膜下での Cu の分極測定例
(a) 水膜下での分極測定用セル　(b) Kelvin 法による電位の SSE による校正　(c) 液膜下での定電流分極による Cu の分極曲線
○：Kelvin 法による電位，▲：SSE による電位 (Kelvin 法による電位は SSE 基準に換算)。

る誤差および簡便な測定法については，付録 C に記載している。

6.5.3　水膜系の交流インピーダンス

大量の溶液中に浸漬された電極では，対極の大きさや配置を十分考慮すれば端面部や電極の角部を除くと電極面はほぼ均一な電流分布となる。平面部あるいは円柱部の面積が十分に大きければ，これらの端面部や角部の影響はほぼ無視することができる。一方，大気腐食の場合には電極面は水膜で覆われており，電流は電極面に沿って水膜内を流れることになる。水膜の厚さがかなり小さい場合や溶液の比抵抗が大きい場合には，互いに相手側に近い部分に電流が集中し，遠くなるに従って電流が小さくなると予想される。以下では，このような水膜系での交流インピーダンスと電流の分布について考える。

図 6-17 の電極では，絶縁体のギャップを挟んで対称であることから，1 個の電極のみを考え，ギャップ側の電極端を $x=0$，ギャップからの遠い側の電極端を $x=l_0$ とし，電極の幅を w，溶液の比抵抗を ρ_{sol} とする。このような系の等価回路は図 6-29 で表すことができ，分布定数回路とよばれている。ここで，d_{wl} は水膜の厚さ，r_{sol} は微小距離 Δx の溶液抵抗で $r_{sol}=\rho_{sol}\Delta x/wd_{wl}$，$r_p$ と c_{dl} は微小長さ Δx の面積（$w\times\Delta x$）当たりの分極抵抗と電気二重層容量で，単位面積当たりの分極抵抗と電気二重層容量を R_p と C_{dl} とすると，$r_p=R_p/w\Delta x$，$c_{dl}=C_{dl}\cdot w\Delta_x$ である（以下では，電極の幅を単位の長さとして $w=1$ として扱う）。

この等価回路のインピーダンス Z_S と電流分布 $I(x)$ は（付録 D. a 項参照）それぞれ次式で表される。

$$Z_S=Z_T\frac{\exp(\gamma l_0)+\exp(-\gamma l_0)}{\exp(\gamma l_0)-\exp(-\gamma l_0)}=Z_T\coth(\gamma l_0) \tag{6.25}$$

$$I(x)=\frac{V_0}{Z_T}\cdot\left[\frac{\exp[\gamma(l_0-x)]-\exp[-\gamma(l_0-x)]}{\exp(\gamma l_0)+\exp(-\gamma l_0)}\right]=\frac{V_0}{Z_T}\cdot\frac{\sin h[\gamma(l_0-x)]}{\cos h(\gamma l_0)} \tag{6.26}$$

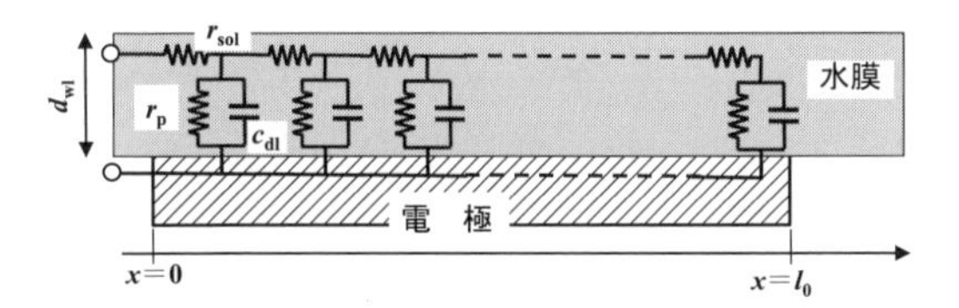

図 6-29　水膜で覆われた系の等価回路

$$\gamma=\sqrt{\frac{\rho_{\mathrm{sol}}}{d_{\mathrm{wl}}R_{\mathrm{p}}}\cdot(1+\mathrm{j}\omega C_{\mathrm{dl}}R_{\mathrm{p}})}, \qquad Z_{\mathrm{T}}=\sqrt{\frac{\rho_{\mathrm{sol}}R_{\mathrm{p}}/d_{\mathrm{wl}}}{1+\mathrm{j}\omega C_{\mathrm{dl}}R_{\mathrm{p}}}} \tag{6.27}$$

具体的な数値を代入し，電流分布を計算してみよう。

$\rho_{\mathrm{sol}}=20\ \Omega\mathrm{cm}$，$l_0=1$ cm，$d_{\mathrm{wl}}=0.01$ cm，$C_{\mathrm{dl}}=20\ \mu\mathrm{F/cm^2}$ で，$R_{\mathrm{p}}=10\ \mathrm{k\Omega cm^2}$ または $100\ \Omega\mathrm{cm}^2$，$f=0.1$ mHz，300 Hz，1 kHz における電流分布を求め，$x=0$ における電流値 i_0 で規格化したものが図 6-30 である。$R_{\mathrm{p}}=10\ \mathrm{k\Omega cm^2}$ で，ほぼ直流に近い $f=0.1$ mHz においては，R_{p} および C_{dl} による電流の漏洩が小さく，$x=l_0$ までほぼ直線的に電流が減少し，均一な電流分布となっている。$R_{\mathrm{p}}=100\ \Omega\mathrm{cm}^2$ の場合には，電流の漏洩が大きくなり電流は遠くまで届かず入力端に電流が集中する傾向がみられる。周波数が高くなると C_{dl} による電流の漏洩が加わるため，電流の入力端への集中がさらに大きくなることがわかる。図 6-31 は $R_{\mathrm{p}}=100\ \Omega\mathrm{cm}^2$ と $10\ \mathrm{k\Omega cm^2}$ の場合について各周波数での電流の分布を示すもので，縦軸は $f=0.1$ mHz での電流値で規格化している。$R_{\mathrm{p}}=100\ \Omega\mathrm{cm}^2$ では 300 Hz で電流が入力端側に集中しているが，$R_{\mathrm{p}}=10\ \mathrm{k\Omega cm^2}$ ではさらに入力端への電流の集中が大きくなっているのがわかる。言い換えると，周波数が高くなるほど，電極の入力端付近に電流が集中し，測定されるデータは入力端近傍の情報に限定されることを示している。

次に，インピーダンスについて同様の計算例を図 6-32 に示す。図(a) は水膜厚さが 0.01 cm で R_{p} が異なる場合で，図(b) は R_{p} が $100\ \Omega\mathrm{cm}^2$ で水膜厚さが異なる場合である。いずれの場合も，インピーダンスの複素平面表示において高周波数側ではイ

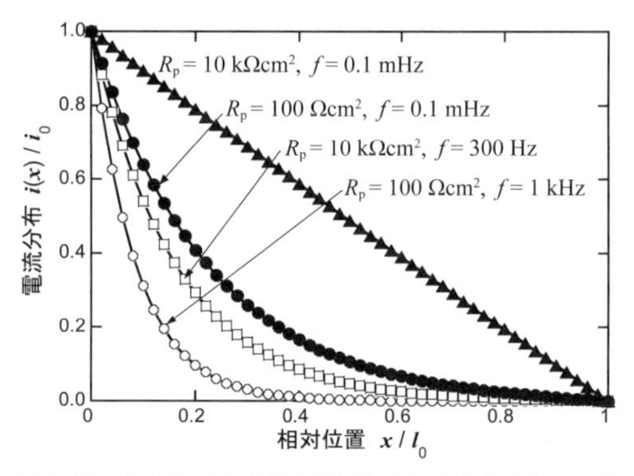

図 6-30　水膜系での電極の長さ方向の電流分布（$x=0$ での電流 i_0 で規格化）
$\rho_{\mathrm{sol}}=20\ \Omega\mathrm{cm}^2$，$d_{\mathrm{wl}}=0.01$ cm，$R_{\mathrm{p}}=10\ \mathrm{k\Omega cm^2}$，$100\ \Omega\mathrm{cm}^2$ で $f=0.1$ mHz, 300 Hz，1 kHz。

ンピーダンスが直線的に増加し，低周波数側では急速にインピーダンスの虚数部が減少して，最終的には実数軸に落ち着くのがわかる。ここで注目すべきは，d_{wl} が大きい場合を除いて，$\omega \to 0$ におけるインピーダンスが R_p よりもかなり大きな値となっていることである。

インピーダンス測定による腐食速度の推定では，$\omega \to 0$ でのインピーダンス $Z_{cell,\omega\to 0}$ を $R_p + R_{sol}$（三電極法）または $2R_p + R_{sol}$（二電極法）として R_p を求め，腐食速度を $i_{cor} = K/R_p$ により求めているが，水膜下で測定される $\omega \to 0$ でのインピーダンス $Z_{S,\omega\to 0}$ はバルクの溶液での R_p よりもかなり大きな値であり，腐食速度の推定に誤差を生じることとなる。同一形状の電極で，バルクの溶液中で求まるインピーダンス $Z_{cell,\omega\to 0}$ と水膜下で求まるインピーダンス $Z_{S,\omega\to 0}$ の比を k_c とすると，付録 D.2 項の式（D.12）より次式が成立する。

$$k_c = \frac{Z_{S,\omega\to 0}}{Z_{bulk,\omega\to 0}} = X_L \frac{1+\exp(-2X_L)}{1-\exp(-2X_L)}, \qquad X_L = \frac{l_0}{\sqrt{d_{wl}}} \cdot \sqrt{\frac{\rho_{sol}}{R_p}} \tag{6.28}$$

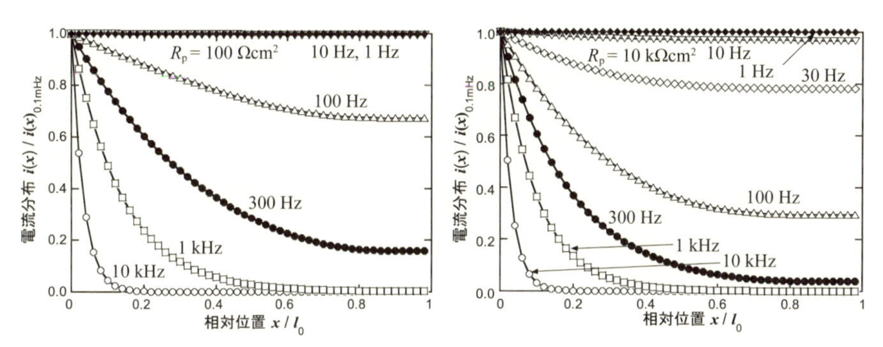

図 6-31 $\rho_{sol} = 20\ \Omega cm^2$，$d_{wl} = 0.01$ cm，$l_0 = 1$ cm で（a）$R_p = 100\ \Omega cm^2$，（b）$R_p = 10\ k\Omega cm^2$ での各周波数における電流の分布（$f = 0.1$ mHz での電流 $i(x)_{0.1\,mHz}$ に対する比率）

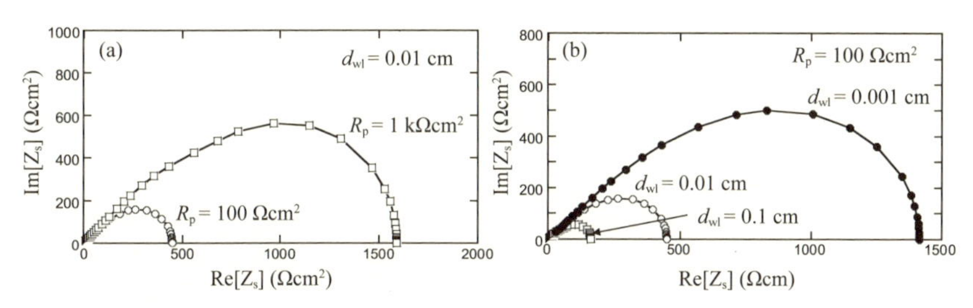

図 6-32 水膜下でのインピーダンス特性
（a）水膜厚さ $d_{wl} = 0.01$ cm での R_p による変化　（b）$R_p = 100\ \Omega cm^2$ での水膜厚さによる変化

ここで，X_L は電極の長さ l_0，水膜の厚さ d_{wl}，溶液の比抵抗 ρ_{sol} および単位面積当たりのバルク溶液中での分極抵抗 R_p による係数で，$1/k_c$ と X_L の関係は付図 D-2 に示している。k_c は水膜下という条件で求められる見かけの分極抵抗が実際の値よりどれほど大きいかを示しており，腐食速度はその逆数であることから，$1/k_c$ は腐食速度を実際よりもどの程度小さく見積もっているかに対応する。

各パラメータの具体的な数値を入れた計算例を図 6-33 に示す。図(a) は $\rho_{sol}=20$ Ωcm，$l_0=1$ cm で $R_p=10$ Ωcm² ～ 10 kΩcm² のときの $1/k_c$ の水膜厚さ d_{wl} への依存性を示したもので，ρ_{sol} に比べて R_p がかなり大きく水膜が厚い場合は誤差は小さいが，R_p が小さい場合や水膜が薄い場合には大きな誤差となることがわかる。図(b) は $\rho_{sol}=20$ Ωcm，$d_{wl}=0.01$ cm で $R_p=10$ Ωcm² ～ 10 kΩcm² のときの $1/k_c$ の電極の長さ l_0 への依存性を示したもので，l_0 が大きくなると $1/k_c$ が急速に減少し誤差が大きくなることを示している。実際の測定では，d_{wl}，R_p，ρ_{sol} を制御することはできないので，電極の長さ l_0 を可能な限り小さくすることが望ましいといえる。

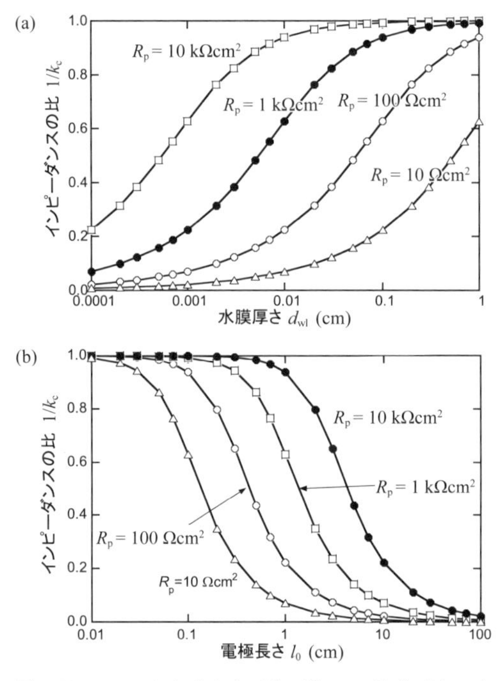

図 6-33　$\omega \to 0$ におけるインピーダンスの比 ($1/k_c$) の水膜厚さ d_{wl} (a) および電極長さ l_0 による変化 (b)

6.5.4　水晶振動子微量天秤法

水晶振動子微量天秤法（quartz crystal microbalance，QCM）は，振動子の質量変化 Δm に比例して水晶振動子の共振周波数 f_0 が変化するという Sauerbrey の式 に基づく方法で，真空蒸着などの膜厚モニターとして用いられてきた。周波数変化 Δf は次式で表される。

$$\Delta f = -\frac{2f_0^2}{\sqrt{\rho\mu}A}\Delta m \tag{6.29}$$

ここで，ρ は水晶の密度（2.648 g/cm^3），μ は水晶の剛性率（2.947×10^{11}g/cm s^2），A は振動子の金属電極の面積（cm^2）である。$\Delta f = -f_0\Delta m/(0.442\times10^6 A)$ となることから，電極面積 A＝0.5 cm^2，f_0＝6 MHz の水晶振動子の場合 Δf＝1 Hz が Δm＝6.14 ng に相当する。

QCM では，水晶振動子の電極面に吸着･付着した物質による質量増加で AT カット水晶の横ずり振動の共振周波数が低下する現象を利用しているため，液滴や液膜の厚さが大きくなり液全体の振動が水晶振動子の振動に追従できなくなると周波数が急変し，振動数変化と質量変化の対応関係が維持されなくなる。また，水晶振動子に印加する電圧の周波数を共振周波数の前後で掃引し，水晶振動子のアドミッタンスを解析することにより，溶液の粘性などを求める方法も提案されている（QCM アドミッタンス解析）。

QCM は ng オーダーの微量な質量変化を簡単に測定できる方法であり，今後この分野において新たな応用や解析法が展開されることが期待される。

6.6　孔食とすき間腐食

孔食およびすき間腐食に関して，それぞれの腐食現象についての電気化学的な特徴と測定法について検討する。

6.6.1　孔食発生の統計的性質

成長性の孔食発生電位，いわゆる孔食電位 E_{pit} について，柴田[35]は E_{pit} の測定値のばらつきは本質的なものであり，その分布はほぼ正規分布に従うこと，E_{pit} を決める場合には測定値を統計的に扱う必要があることを示した。

一方，Fe やステンレス鋼を Cl^- を含む溶液中で一定の電位に保持すると孔食発生に先立って電流に図 6-34(a) に示すようなアノード電流のスパイクがみられ，遅い速度で電位を掃引した場合にも図(b) に示すような孔食の発生・成長に伴う継続的な電流上昇の前にアノード電流のスパイクが観察される。また，Cl^-を含む溶液中にNO_2^-などの酸化剤を添加した場合，図(c)に示すような負の電位スパイクがみられる。これらのスパイクは，それぞれが孔食萌芽の発生・成長と再不働態化の過程を示すもので，繰り返されるこれらの過程中で 1 個あるいは複数個の萌芽が再不働態化せずに成長性の孔食として目に見えるサイズにまで成長する。

図 6-35 はCl^-を含む溶液中でのアノード分極曲線の模式図で，皮膜安定域，孔食核発生域，孔食成長域が示され，それぞれの電位領域に電位を保持した状態で溶液にCl^-を添加した場合の電流の時間的な変化を示している。

Hashimoto ら[36]は，$NaNO_2$を含む NaCl 溶液中で純 Fe の孔食萌芽の発生，再不働

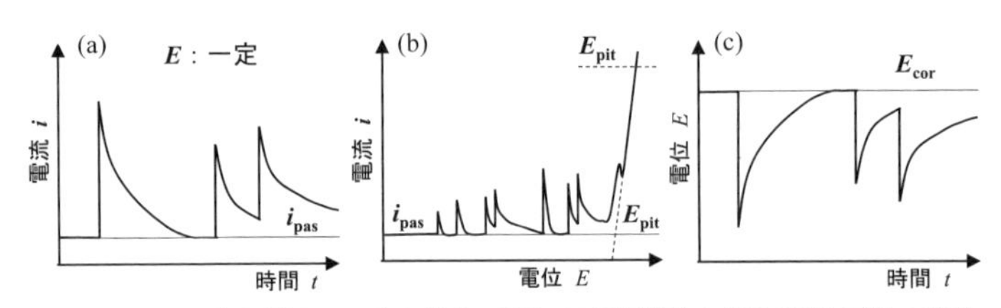

図 6-34　Cl^-を含む溶液での孔食萌芽の発生・再不働態化に伴う電流・電位の変動
(a) 定電位分極　(b) 電位掃引　(c) 酸化剤を含む溶液での腐食電位

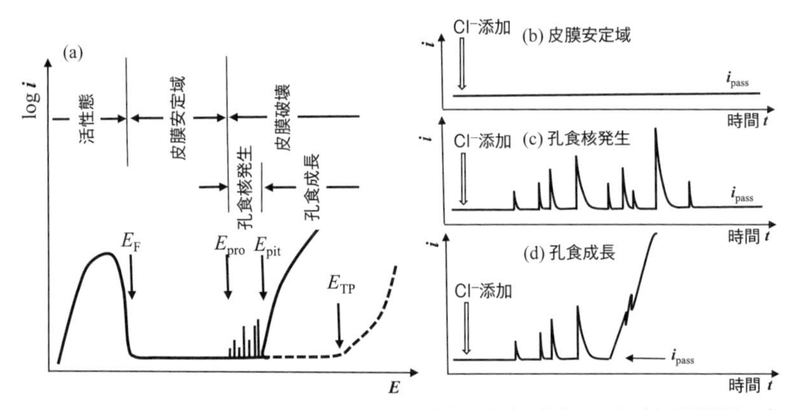

図 6-35　(a) Cl^-を含む溶液中でのアノード分極曲線と皮膜の状態，および各不働態域で定電位分極後，Cl^-を添加した後の電流の経時変化。(b) 皮膜安定領域で孔食核の発生なし，(c) 孔食核の不安定な領域で，孔食核の発生と消滅を繰り返す，(d) 孔食が安定して成長する。

態化過程を最大 0.1 V 程度の腐食電位の多数のスパイクから調べている。スパイクの発生間隔が指数分布に従うことから，皮膜破壊（孔食萌芽の発生）の現象は互いに独立に起こること，スパイクの振幅（孔食萌芽の再不働態化開始までの成長量）はガウス分布（正規分布）に従い，この現象も互いに独立に起こることを明らかにした。すなわち，これらのスパイクがそれぞれに独立の事象であり，Cl^- 濃度や酸化剤の濃度（電位に相当する）依存してランダムに生起する現象であるとしている。また，孔食萌芽の成長，再不働態化過程を定式化し，電位振動のパワースペクトルを実験値とシミュレーションについて比較している。

孔食萌芽の発生がランダムであり，そのうちで成長性孔食となりうるものもランダムであることから，とくに電位走査法による孔食電位の測定では電位が時間の関数となっているため，測定される孔食電位がばらつくことになる。ただ，それらが本質的にランダムであるため，多くの測定点を取れば正規分布に従うという柴田[35]の論点に一致する。

6.6.2 孔食発生と塩化物イオン濃度

孔食やすき間腐食の発生にはハロゲンイオン，とくに塩化物（Cl^-）の存在と濃度が大きく影響する。また，ステンレス鋼の孔食の場合には，表面に存在する非金属介在物，とくに MnS を起点に孔食萌芽が発生することが知られている。

孔食発生電位 E_p は Cl^- 濃度 $[Cl^-]$ に依存し，304 ステンレス鋼では以下の関係があり，20 ~ 80℃で $[Cl^-]=1$ ppm のとき定数 A は 0.75 ~ 0.5 V（*vs.* SCE），B は -0.15 V/dec と報告[37]されている。

$$E_p = A + B \log [Cl^-] \tag{6.30}$$

しかしながら，この電位と Cl^- 濃度との関係は明確な，たとえば熱力学から導かれる基準とはいえず，現在のところ多くの測定の統計的な平均値と考えるべきであろう。

6.6.3 食孔内およびすき間内の溶液化学

孔食やすき間腐食の腐食が進行する部位は，おもにカソード反応が進行する外部の自由表面に比べて物質移動，とくにイオンの拡散・泳動が制限された状態にあり，閉塞電池（occluded cell）とよばれている。このような物質移動の制限により，腐食部位では溶解した金属イオンの濃縮と加水分解による pH の低下およびイオンの泳動による Cl^- の濃縮が起こる。

筆者ら[38]は，閉塞電池の内部における金属イオン，Cl^-の濃縮と物質移動およびセル内のpHの変化を調べるために，図6-36に示すモデルセルを用いた実験を行った。閉塞電池を模擬するためにアクリル樹脂を加工し，直径7 mmの軟鋼，SUS 304鋼，5%，10%，15% Cr-Fe合金を樹脂に埋め込んだ試料極を下部から挿入した。閉塞セルの内容積は約0.66 cm^3で直径0.8 mm，長さ10 mmの外部連絡孔をもち，セル上部からpH測定用の極細ガラス電極，Cl^-濃度測定用のAg/AgCl電極および電位測定用のLuggin管を挿入した。モデルセルは170 mLの0.5 M NaCl溶液を入れたビーカーに浸漬し，試料極を定電流分極した。なお，Cr成分の過不働態でのクロメート溶解を避けるために，分極開始後3 hは100 μAで，その後は3 mAでアノード分極した。分極終了後，Ag/AgCl電極により錯体を形成していないフリーのCl^-濃度を測定し，セル内外の各種イオン濃度を原子吸光分析するとともに，全Cl^-濃度を電位差滴定により定量した。

イオンによる電流は拡散による項と泳動による項の和で表されるが，使用したモデルセルでは穴の内径に対してその長さが十分に長いため，拡散による電流は1% 以下であり，無視することができる。z_j価のjイオンによる電流をI_j，連絡孔中での泳動によるフラックスをJ_j，連絡孔の断面積をSとし，全（印加）電流をI_{total}とすると，

$$I_j = -z_j F J_j S, \qquad I_{total} = -\sum_j z_j F J_j S \tag{6.31}$$

イオンの移動度をu_j，その濃度をc_jとすれば泳動によるフラックスは，$J_j = -z_j u_j c_j d\phi/dx$で表されることから，jイオンの輸率$t_j$は次式となる。

$$t_j = \frac{I_j}{I_{total}} = \frac{z_j^2 u_j c_j}{\sum_j z_j^2 u_j c_j} \tag{6.32}$$

ある時間Tにおける輸率は式(6.33)となり，各時間におけるc_jが測定されれば輸率t_jを計算できることがわかる。

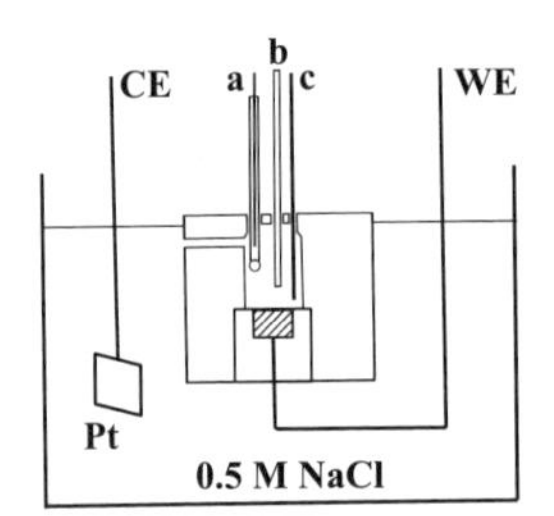

図6-36　局部腐食部を模したモデルセル
a：pH測定用ガラス電極，b：Luggin管，
c：Ag/AgCl電極（Cl^-濃度測定用）。

$$t_j=\frac{\int_0^T I_j\mathrm{d}t}{\int_0^T I_{\mathrm{total}}\mathrm{d}t}=\frac{z_j^2u_j\int_0^T c_j\mathrm{d}t}{\sum_j z_j^2u_j\int_0^T c_j\mathrm{d}t},\qquad \int_0^T c_j\mathrm{d}t=[c_j]_T-[c_j]_{T=0} \tag{6.33}$$

一方，モデルセルの内部と外部の各イオン濃度がわかれば，移動した各イオンの量がわかるため全電気量に対する割合から，実験的な輸率を求めることができる。

図 6-37(a) は，軟鋼を用いたモデルセルで測定された Fe^{2+}，Cl^-，Na^+の輸率を求めたもので，実線と白抜き印は実測値，破線と黒色印は計算値である。図より，実測の輸率は分極の初期に Cl^-の輸率がかなり大きく，Na^+の輸率は計算値よりもかなり小さいこと，Fe^{2+}の輸率は分極が進むに連れて増加するが，実測値は計算値ほどには増加しないことがわかる。図(b) は Ag/AgCl 電極で測定した錯体を形成していないフリーの Cl^-濃度と全 Cl^-濃度を示したもので，全体の 1/3 前後の Cl^-が錯体を形成していることとなる。Fe^{2+}との錯体で $FeCl_n^{2-n}(H_2O)_{6-n}$ と仮定して配位数 n を求めると分極のごく初期を除いて $n=1$ となった。また，セル内の $FeCl^+(H_2O)_5$ とフリーの Fe^{2+}を量を計算すると，Fe^{2+}は全 Fe^{2+}の 20%前後の値であった。このことは計算された Fe^{2+}の輸率よりも実測された輸率が小さかったことに対応している。

SUS 304 鋼の輸率の測定と計算結果を図 6-38 に示す。図(a) は Fe^{2+}，Cl^-，Na^+の輸率，図(b) は Cr^{3+}，Ni^{2+}の輸率のそれぞれ実測値と計算値である。Cl^-の実測の輸率は軟鋼の場合と同様に計算値よりもかなり大きく，Fe^{2+}については初期には実測値が小さいものの，後半には実測値と計算値はほぼ一致する。Cr^{3+}，Ni^{2+}の実測の輸率

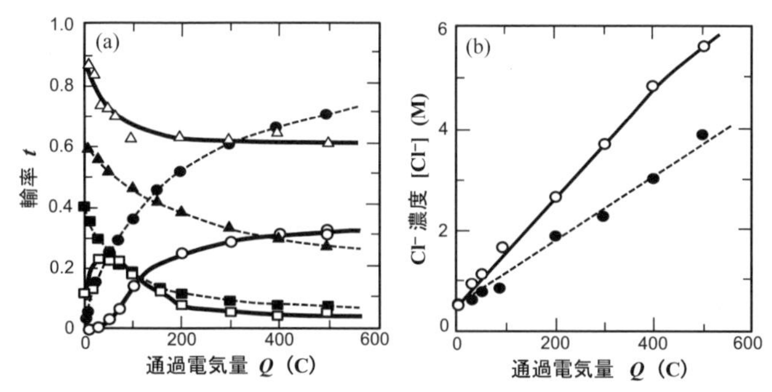

図 6-37　軟鋼のモデルセルにおける各イオンの輸率と Cl^-濃度の通過電気量による変化
(a) 各イオンの輸率，Fe^{2+}：○ (実測値)，● (計算値)，Cl^-：△ (実測値)，▲ (計算値)，Na^+：□ (実測値)，■ (計算値)
(b) Cl^-濃度，○ (全濃度)，● (フリーな Cl^-濃度)

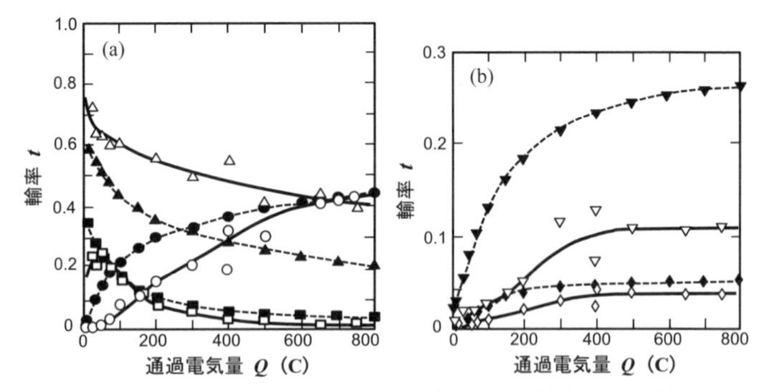

図 6-38　SUS 304 鋼のモデルセルにおける各イオンの輸率の通過電気量による変化
(a) Fe^{2+}：○（実測値），●（計算値），Cl^-：△（実測値），▲（計算値），Na^+：□（実測値），■（計算値）
(b) Cr^{3+}：▽（実測値），▼（計算値），Ni^{2+}：◇（実測値），◆（計算値）

はいずれも 0.1 以下と小さいが，Cr^{3+} の輸率の計算値は実測値の 2 倍以上でありその差が大きい。

一方，図 6-39(a) は SUS 304 鋼の場合のフリーの Cl^- と全 Cl^- 濃度の変化を示したもので，200 C を超えるあたりからフリーの Cl^- は増加しないにもかかわらず全 Cl^- 濃度はほぼ直線的に増加している。図 6-38(a) にみられたように，輸率の計算値と実測値の差は Fe^{2+} では初期に大きく，200 C をすぎると徐々に減少し 0 に近づく。一方，Cr^{3+} の場合には 200 C 前後まで急速に増加し，その後は徐々に増加していく。これは，分極の初期には Cl^- が Fe^{2+} に配位するものの，200 C 前後からは Cr^{3+} に配位する Cl^- が増加，最終的には Fe^{2+} の大部分は Cl^- との錯体から解放されフリーの Fe^{2+} として存在することを示唆している。しかしながら，錯形成する Cl^- のすべてが Cr^{3+} に配位するとして計算すると，最終的には配位数が 12 にまで達する計算となり，配位数の常識的な値である 6 を大幅に上回ってしまう。一方，セル内の pH は図 6-39(b) に示すように $Cr(OH)_3$ の加水分解反応を仮定した計算値とよく一致し，pH は 2 以下にまで低下する。一方，軟鋼の場合の pH は $Fe(OH)_2$ の加水分解反応で計算されるよりも著しく低い 4.5 程度であり，セル内の電位を平衡電位として計算される Fe^{2+} と Fe_3O_4 による平衡の pH よりやや低い値である。

なお，SUS 304 鋼の実験についてのその後の検討では，Ag/AgCl 電極によって測定されたフリーの Cl^- 濃度について誤差を生じていたことが推定された。たとえば，低 pH の濃厚塩化物溶液での AgCl の溶解度はかなり大きくなることから，電極から

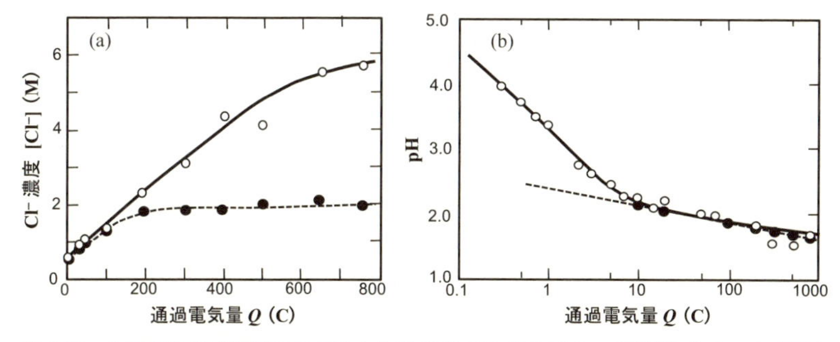

図 6-39 0.5 M NaCl 溶液中のモデルセルで SUS 304 鋼をアノード分極したさいのモデルセル内の錯体を形成していないフリーな Cl^- と全 Cl^- の濃度変化(a) とモデルセル内の pH の分極電気量による変化(b)

(b) の破線は Cr^{3+} の加水分解反応が起こるとして計算される pH 変化

［橋本浩二，水流　徹，春山志郎：第 31 回 腐食防食討論会予稿集，p.346，腐食防食協会 (1984)，T. Tsuru, K. Hashimoto, S. Haruyama：Critical Issues in Reducing the Corrosion of Steel (Nikko, 1986), p.110-120, NACE (1986)；*Mater. Sci. Forum*, **44 & 45**, p.289 (1989)］

AgCl が溶出して正確な電位 (Cl^- 濃度) が測定できていなかったことも考えられる。今後，これらを考慮した検討が進むことを期待している。

6.6.4 孔食電位と臨界孔食温度の測定

おもにステンレス鋼の孔食発生に関する指標となる孔食電位 E_{pit} および臨界孔食温度 T_{pit} については，4.5 節でその考え方などについて述べた。ここでは，これらの測定法を中心に説明する。

孔食電位の再現性の高い測定法については，日本では 1970 年代から多くの研究が行われてきたが，現在では JIS G 0577:2014(ステンレス鋼の孔食電位測定法) によって標準的な方法が規定されている。JIS では，30 ℃の 1 M NaCl または 3.5% NaCl 溶液中に試料を浸漬し，10 min 放置後に 20 mV/min またはそれに近い電位走査速度でアノード電流が 0.5 ~ 1 mA/cm² に達するまで分極する。アノード電流が 10 μA/cm² および 100 μA/cm² を超えるもっとも高い電位をそれぞれ $V'_{c,10}$ および $V'_{c,100}$ と規定し，実験後に拡大率 20 倍以上のルーペですき間腐食が発生していないことを確認し，すき間腐食がみられたデータは除外すること，少なくとも 2 回，できたら 5 回以上のデータを取ることを推奨している[39]。電流－電位曲線は模式的には図 4-47 に示したように描かれるが，実際の測定では安定した孔食の成長に先立って図 6-35 に示したような不規則な電流の振動 (孔食萌芽の発生・死滅に対応) がみられることが多いことから，規定された電流値を超えるもっとも高い電位を採用することとなっている。

一方，ASTMは一定の電位に保持して環境の温度を一定の速度で上昇させ，孔食が発生した温度を臨界孔食温度 T_{pit} とする方法を規定している[40]。この方法では，試料保持部ですき間腐食が発生するのを防止するため，試料と保持部の間に挟んだ沪紙から蒸留水を浸みださせるというアベスタ・セル（Avesta cell）またはフラッシュド・ポート・セル（flushed port cell）とよばれる試料保持具を使用している。山崎ら[41]はフラッシュド・ポート・セルを簡略化し試料面の温度追従性の高い保持具を開発し，その結果を報告している。図6-40は山崎らのフラッシュド・ポート・セルの試料保持部を示したもので，フッ素ゴム製のガスケットと試料の間に円環状の沪紙を挟んでアクリル樹脂製のホルダーに取りつけ，ガスケットの溝に蒸留水を循環させ，沪紙から約3

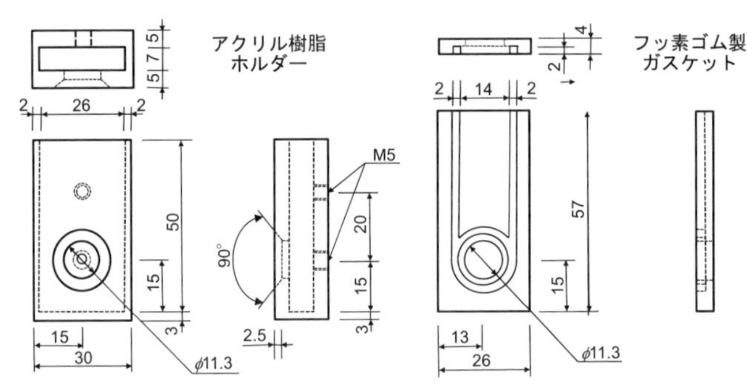

図6-40　山崎らが提案したフラッシュド・ポート・セル
アクリル樹脂製の試料ホルダーとフッ素ゴム製のガスケット（単位mm）。
［山崎　修，柴田俊夫：材料と環境，**51**, 30(2002)］

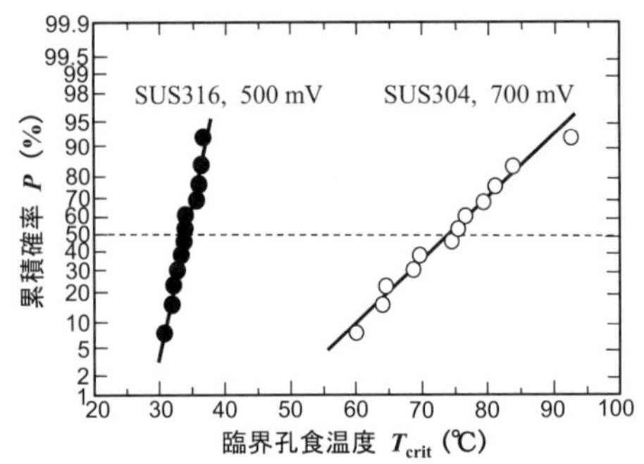

図6-41　1 M NaCl溶液中で湿式研磨したSUS 316鋼の0.5 V *vs.* SCEおよび50℃，30% HNO_3 中で1 h不働態化処理したSUS 304の0.7 V *vs.* SCEにおける臨界孔食温度の測定結果（$n=12$）
［山崎　修，柴田俊夫：材料と環境，**51**, 30(2002)］

mL/h の蒸留水が浸みだす構造である。このセルによってエメリー紙 #600 まで湿式研磨した SUS 316 鋼および 50 ℃ 30% HNO_3 に 1 h 浸漬の不働態化処理した SUS 304 鋼の 1 M NaCl 中で 500 mV および 700 mV に定電位保持した場合の臨界孔食温度の測定例を図 6-41 に示す。各温度での測定点は 12 で，いずれも正規確率紙へのプロットでよい直線性を示し，平均の臨界孔食温度はそれぞれ 34 ℃と 74 ℃と求められた。また，このセルを JIS に規定する孔食電位測定に使用した場合には，JIS に規定するすき間腐食防止の手順を行わなくても簡単に同等の実験結果が得られると報告[41] している。

4.5 節および図 4-48 に示したように，孔食電位は本質的にばらつきがみられる数値であることから，複数回（少なくとも 5 ～ 10 回）の測定点を正規確率紙にプロットしてその平均値と標準偏差を求めることが望ましい。

6.6.5 すき間腐食再不働態化電位の測定

一般に，金属材料の自由表面で孔食が発生しなくなるもっとも低い電位は JIS 法で測定される孔食電位 E_{pit} とほぼ等しいとされている。一方，すき間腐食の場合には，E_{pit} 測定法と同様に電位走査法によって求めたすき間腐食開始電位は，長時間一定電位に保持して求めたすき間腐食開始電位とは大幅に異なっている場合がある。久松と辻川は[42]，すき間腐食を十分に成長させた後，電位を卑方向に変化させた場合にすき間腐食の成長が止まる電位をすき間腐食再不働態化電位 $E_{R,CREV}$ として測定することによって，すき間腐食発生の下限界の電位を求められることを示し，その後多くの研究がなされ[43,44]，JIS による測定法が規定された[45]。

JIS による規定では，50 ℃の 200 ppm NaCl の脱気した溶液に，たとえば図 6-42 に示す金属 / 金属または金属 / 非金属のすき間構造をもつ試験片[45] を浸漬し，自然浸

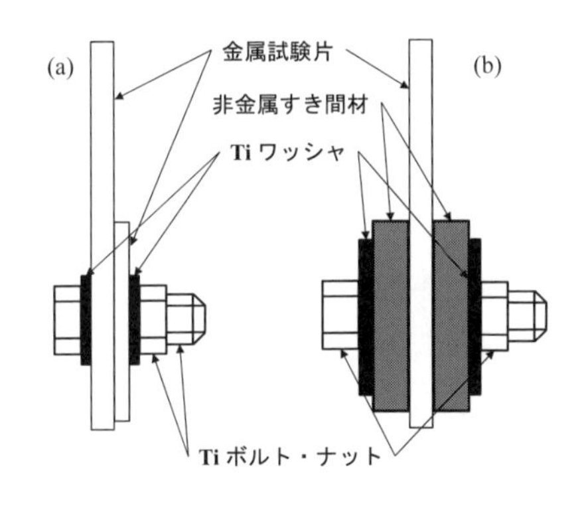

図 6-42 すき間付き試験片の例
（a）金属 / 金属間すき間，（b）金属 / 非金属すき間試験片の幅は 20 mm，長さ 40 mm 前後。
[JIS G 0592：2002（ステンレス鋼の腐食すきま再不動態化電位測定方法），p.7 をもとに作成]

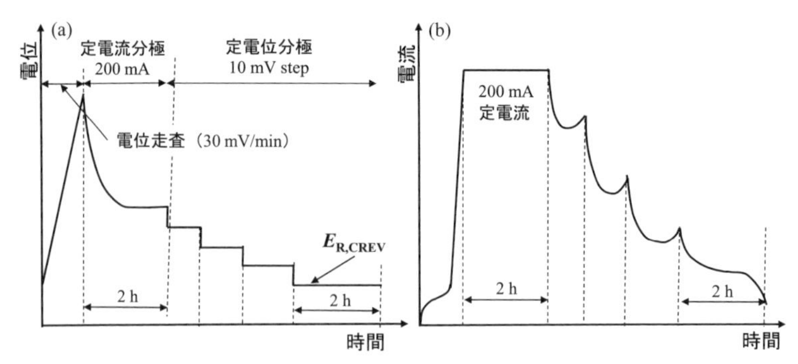

図 6-43　すき間腐食再不働態化電位 $E_{R,CREV}$ の測定における電位(a) および電流(b) の時間変化（模式図）
［辻川茂男，久松敬弘：防食技術，**29**, 37(1980)］

漬電位から 30 mV/min の電位走査速度でアノード分極する。電流値が 200 μA に達した電位で 200 μA の定電流分極に切り替えて 2 h 保持する。その後，定電位分極に切り替えて 10 mV 低い電位で分極し，図 6-43 に示すように電流に増加傾向が認められたらさらに電位を 10 mV 低下させる[42]。この 10 mV の電位ステップを繰り返し，2 h の電位保持でも電流の増加傾向が認めれなくなった電位をすき間腐食の再不働態化電位 $E_{R,CREV}$ とする。なお，試験後にすき間部以外で局部腐食が発生していないこと，およびすき間内部の最大腐食深さが 40 μm 以上であることを条件としている。

この測定法では，すき間腐食が 200 μA のアノード電流で安定に成長する電位まで分極すること，発生したすき間腐食を 200 μA×2 h（1.44 C，Fe 換算で約 0.42 mg）という十分な電気量まで成長させること，電位を低下させたときにすき間内でのアノード反応が再び加速されることがない電位を求めるという手順で，すき間腐食が確実に再不働態化する電位またはすき間腐食が再度活性化しない電位を確かめている。これによって，多数の試験片で長時間の定電位分極によって求めていたすき間腐食発生の下限電位を比較的短時間で求められ，パーソナルコンピュータによる自動測定も可能となった。

6.6.6　局部腐食の局所プローブによる電気化学測定

通常の電気化学測定によって得られる情報は，電極全体の平均情報である。もちろん，不働態化した表面で孔食が発生した場合に測定される電流のほとんどが食孔内部のアノード溶解電流であることから，測定された電流を孔食の電流とみなすことができる。しかしながら，より詳細に電流の分布や電位の分布あるいは表面状態との対応を調べるためには，電流，電位の局所的な分布や表面の局所的な状態を調べることが必要である。Oltra ら[46]はヨーロッパ腐食連盟（European Federation of Corrosion, EFC）から 16 編の関連論文と 1 編の総説からなる“Local Probe Techiniques for Corrosion Research（腐食研究の局所プローブ法）”を出版している。論文の多くは電気化学的測定法として走査振動電極（scanning vibrating electrode technique, SVET），電気化学走査顕微鏡法（scanning electrochemical microscopy, SECM），局所インピーダンス法（localised electrochemical impedance spectroscopy, LEIS），液滴セル走査（scanning droplet cell, SDC）法などによる結果が紹介されている。物理的な方法としては，大気および溶液環境で使用できる原子間力顕微鏡（atomic force microscopy, AFM），走査ケルビン力顕微鏡（scanning Kelvin probe force microscopy, SKPFM）などのが結果が報告されている。さらに，単一の測定法だけでなく，複数の方法を同時に適用する工夫や，実験後にオージェ電子分光法（Auger electron spectroscopy, AES）や走査オージェ顕微鏡法（scanning Auger microscopy, SAM）などの *ex situ* な方法との組み合わせなどが報告されている。ここでは，詳細については触れられないが，興味のある読者はぜひ参照してほしい。

6.7 粒界腐食，応力腐食割れ，腐食疲労

粒界腐食，応力腐食割れ，腐食疲労に関しては電気化学的な測定法はあまり使われていない。粒界腐食に関しては電気化学的再活性化（electrochemical potentiokinetic reactivation, EPR）法が粒界腐食感受性の判定試験法として ASTM, JIS に規定されているが，応力腐食割れ（sress corrosion cracking, SCC）や腐食疲労（corrosion fatigue, CF）に関しては一般的な測定法として普及している測定法はないのが現状である。以下では，EPR 法およびややマイナーな測定法について述べる。

6.7.1 粒界腐食試験

ステンレス鋼の粒界腐食は，製造，熱処理，加工・溶接の過程で生成する Cr 炭化物と Cr 欠乏層による腐食であり，ステンレス鋼の開発当初からの問題であった。これまでに多くの試験法が提案され規格化されてきたが，日本では表 6-2 に示す方法が現在 JIS 化されており，ASTM ではさらに細かな規定を設けている。それぞれの試験では，おもに Cr 欠乏層と Cr 炭化物を検出するものであるが，ストライカー試験およびヒューイ試験では σ 相の検出ができるとされている。各試験法については，

表 6-2　JIS に規定された粒界腐食試験法

試験法	(JIS 規格) 液組成，試験条件，評価
10% シュウ酸エッチ試験	(JIS G 0571：2003) 溶液：10% シュウ酸，20 ~ 50 ℃，(10% 過硫酸アンモニウム) 条件：1 A/cm^2×90 s 評価：組織判定
硫酸·硫酸第二鉄試験 (ストライカー試験)	(JIS G 0572：2006) 溶液：50% H_2SO_4＋25 g/600 mL $Fe_2(SO_4)_3$ 条件：沸騰 120 h (72 h) 評価：腐食度
65% 硝酸腐食試験 (ヒューイ試験)	(JIS G 0573：1999) 溶液：65% HNO_3 条件：沸騰 48 h×5 p 評価：腐食度
硫酸·硫酸銅腐食試験 (ストラウス試験)	(JIS G 0575：1999) 溶液：100 g $CuSO_4$·5 H_2O＋100 mL H_2SO4，水を加え 1000 mL，金属 Cu 添加 条件：沸騰 16 h 評価：曲げ試験
電気化学的再活性化率の測定 (EPR 法)	(JIS G 0580：2003) 溶液：0.5 M H_2SO_4＋0.01 M KSCN 条件：30 ℃，活性態域の往復アノード分極 評価：ピーク電流の比率

[金子　智：材料，**45**, 1061 (1996) をもとに作成]

金子による試験法の規格化の歴史についての解説[47]が参考になる。

図 6-44 は非鋭敏化 (固溶化)，鋭敏化ステンレス鋼および Cr 欠乏部の 1 M H_2SO_4 中でのアノード分極曲線を模式的に描いたものである。Cr 欠乏部では活性態のピーク電流が大きく，不働態域の電流も十分に低下しないが，過不働態域ではそれほどの電流増加はみられない。鋭敏化によって活性態－不働態遷移域の電流が増加し，不働態保持電流もやや大きくなる。ストラウス試験，ストライカー試験，ヒューイ試験ではそれぞれの溶液中の酸化剤の酸化還元電位に保持することによって，金属組織が試験法に特徴的な特性を表す。これらの試験法は常温あるいは沸騰の強酸を使用する点など取り扱いが難しい点がある。また，10% シュウ酸エッチ試験では，試料をほぼ過不働態域に分極することで，Cr 欠乏層の領域の溶解を加速させている。

一方，粒界腐食の電気化学的評価法としては EPR 法がある。これは，鋭敏化の程度 (Cr 欠乏層の発達の程度) によって，酸の中での活性態－不働態遷移のピーク電流が大きく異なることを利用したものである。

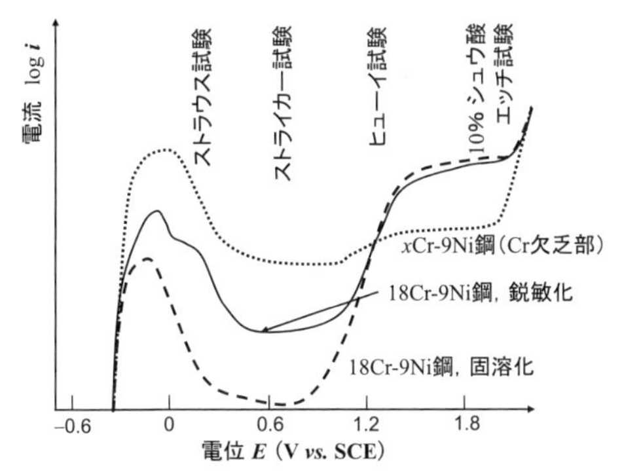

図 6-44　1 M H_2SO_4 溶液中におけるステンレス鋼（非鋭敏化，鋭敏化，Cr 欠乏部）のアノード分極曲線の模式図と JIS に規定された試験法の電位範囲
［金子　智：材料，**45**, 1061（1996）］

図 6-45 はシングルループ EPR 法の概要をまとめたもの[48]で，1 μm のダイヤモンドペーストで研磨した試料を 0.5 M H_2SO_4+0.01 M KSCN，30℃の溶液に浸漬し，腐食電位 E_{cor}（約−400 mV）で 2 min 保持後+200 mV（*vs*. SCE）に分極して 2 min 保持する。その後，6 V/h の走査速度で E_{cor} まで分極する（おおむね 6 min 程度）。この電位走査によって Cr 欠乏層の不働態皮膜は破壊されその部分で大きなアノード電流が流れることから，図にみられるような大きなアノード電流のループが得られる。このループのアノード電気量 Q（図のハッチ部の面積）は，不働態皮膜の破壊による再活性化に消費された電気量であり，鋭敏化の指標となる。

シングルループ EPR 法は結晶粒径を測定することが必要で，1 μm のダイヤモンド

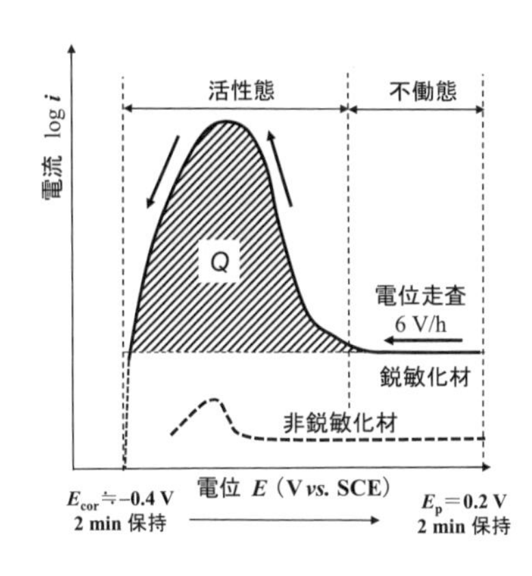

図 6-45　シングルループ EPR 法の概要
E_{cor} に 2 min 保持後，E_p=0.2 V *vs*. SCE に 2 min 保持，その後 6 V/h の電位走査速度で卑の方向に走査し電気量 Q を求める。

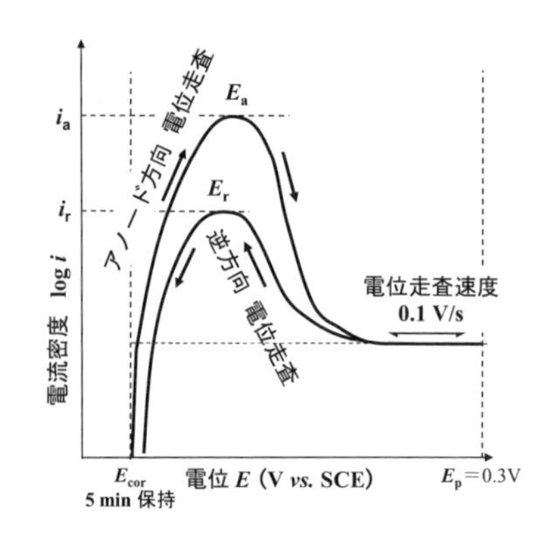

図 6-46　JIS に規定されたダブルループ EPR 法の概要
E_{cor} に 5 min 保持後，0.1 V/min の速度で電位走査し，E_p＝0.3 V で走査方向を逆転し，正・逆方向の走査のピーク電流 i_a と i_r の比を再活性化率 R_m とする。R_m(％)＝100×i_r/i_a

ペーストによる研磨など，現場での使用には大きな制限があった。ダブルループ EPR 法は，試料面の研磨を #100 SiC 研磨紙によるものとして，シングルループ EPR 法と同様の溶液で，6 V/h の電位走査速度で貴な電位 0.3 V *vs.* SCE まで走査後，E_{cor} まで逆方向の走査をするものである[49]。再活性化率 R_m はアノード方向の電位走査におけるピーク電流 i_a と逆方向の電位走査のピーク電流 i_r との比より，次式によって求める。

$$R_m\ (\%) = \frac{i_r}{i_a} \times 100 \tag{6.34}$$

なお，JIS では結晶粒度による補正を行うことになっている。

図 6-46 は JIS に規定された方法の概要を示したもので[50]，JIS 制定にあたっての試験結果が椙山らによって報告[51]されている。この方法では，ピーク電流 i_a に対する鋭敏化の影響は少なく，逆方向の電位走査におけるピーク電流 i_r には鋭敏化の影響が大きく表れる。SUS 304 鋼で鋭敏化していないときの i_r は 10^{-6} A/cm^2 程度であるの対して，鋭敏化材では 10^{-2} A/cm^2 程度まで増加する。この方法は低 Cr のフェライト系ステンレス鋼の鋭敏化評価にも使用され，SUS 405 鋼について脱気した 20 ℃の 0.1 M H_2SO_4＋0.4 M Na_2SO_4＋1000 ppm KSCN 溶液で 12 V/h の電位走査速度で実施されている。

6.7.2　応力腐食割れ試験

応力腐食割れ (SCC) は，材料の特性，応力条件，環境の腐食性の 3 条件が揃うことによって外部的に大きな損失を与える腐食損傷事故となる。

SCC 試験は，腐食環境中で定ひずみまたは定荷重の状態の試験片の割れ発生時間あるいは試料の破断時間を求めるもの，および一定のひずみ速度で引張試験を行うものに大別される。

定ひずみ試験におけるU字曲げ（U-bend）試験は，短冊状の試験片をU字形に曲げ加工しボルトまたは治具によって固定するもので，曲げ加工のスプリングバック力が印加応力となる。試験片の作製･加工が簡便であり，多くの試験片を同時に試験することができるなど利点が多い方法ではあるが，割れの進行に伴って印加応力が低下し，実際に印加されている応力の解析は困難である。板状の試験片に3または4個の支点で曲げ応力を印加する3点曲げ，4点曲げ試験片によるSCC試験も行われている。曲げ応力印加のための治具を準備する必要はあるが，U字曲げ試験では加工が難しい厚板の試験が可能であり，最大応力部での応力などを計算し，調節することが可能である。いずれも，電気化学的には腐食電位の経時変化を測定する場合があるが，電気化学と結びつけた研究は少ない。

定荷重試験は，線状の試験片にばねにより応力を加えるもの，あるいは板状，棒状の引張試験片をてこ式引張試験機などによって一定の荷重を与えるものが一般的である。定荷重試験では，割れの進行に伴って割れ部の有効断面積が減少するため，割れの進展に伴って破断部の負荷応力は急速に増大する。U字曲げ試験に比べて装置はやや大型になるが，割れ発生以後の伸びなどが記録できる場合もある。腐食電位の同時測定や定電位分極による電流の変化が測定されている。

引張試験機を用いた試験では，ひずみ速度が大きい場合には腐食の影響が表れにくくなることから，10^{-5}/s以下の極めて小さなひずみ速度で試験する場合が多く，低ひずみ速度引張（slow strain rate technique, SSRT）試験あるいはCERT（constant elongation rate tensil）試験とよばれる。この試験では，試料は最終的には破断に至るため確実に結果が得られるという利点はあるが，実際のSCC過程とは異なっていることに留意する必要がある。電気化学的測定との組み合わせは，腐食電位の測定や定電位分極による電流変化の測定が同時に行われて，変形あるいは割れに伴う新生面の出現と腐食電位の変化やアノード電流の増加などが観測されている。

JISに規定された試験法も単軸引張あるいはU字曲げ試験片を沸騰，42% $MgCl_2$溶液または80℃，30% $CaCl_2$溶液中で試験するものである[52]。試験法の利点および問題点は小若ら[53]によって表6-3のように整理されている。これらの方法は直接的に電気化学的計測や制御を含むものではないが，定ひずみ，定荷重あるいは低ひずみ速度引張試験において，腐食電位，活性態－不働態遷移域などの一定の電位に分極して電流の経時変化を測定する方法が多く用いられるようになっている。電位規制に

表 6-3　各種 SCC 試験法の比較

試験法	評価事項	長　所	短　所
定ひずみ法	1. 破断時間 2. 割れ深さ	1. スクリーニングに便利 2. 多数の試験片を同時に試験できる 3. 実環境の試験が容易	1. 力学条件が不明 2. 定量化が困難 3. 設計データしては使用困難
定荷重法	1. 破断時間 2. 限界応力値	1. 破断時間で評価できる 2. 力学条件が明確	1. き裂が入るとひずみ速度が増大し，割れ感受性を評価できない場合がある 2. 高価である
低ひずみ速度法	1. 最大応力のひずみ量 2. 最大応力値 3. 断面収縮率 4. 破面率	1. 短時間で評価できる 2. 伝播に関する情報が得られる	1. き裂発生過程を無視している 2. 多数の試験片を同時に試験できない 3. 割れ感受性の表示法が確立されていない
破壊力学法	1. き裂進展速度 2. 応力拡大係数 (K_{ISCC}) 3. 破面率	1. 伝播に関する情報が得られる 2. 力学的条件が明らか (K_{ISCC} などは強度設計に使える)	1. き裂発生過程について情報が得られない 2. 高価である

［山中和夫，小若正倫：日本金属学会報，**21**, 942(1982)］

よって，割れ発生の限界電位が求められ，また割れの発生･進展をアノード電流の増加としてとらえ，割れ機構の解明につなげることが行われている。なお，SCC はさまざまな環境，条件で発生するため，それぞれの条件に合わせた試験方法が試みられている。それぞれの条件に合わせた試験方法に関しては最近の論文を参照する必要がある。

6.7.3　腐食疲労試験

化学･原子力プラントにおける応力腐食割れ事故に比較して腐食疲労による事故の発生率はそれほど高くないことから，研究の量･質は前者が圧倒的に高いといえる。腐食疲労に対するアプローチの多くは機械的な作用を中心にするものであり，電気化学的計測法の適用は限られている。以下では，多田ら[54)]の例について簡単に述べる。

疲労試験では，試験片に対して正弦波状の繰返し応力を印加し最大応力，応力比と破断寿命 (繰返し数 N) との関係を求めている。多田らは孔食電位よりも卑な不働態域の電位に分極し，応力波形に対する分極電流波形を周波数解析することによって，電流波形に含まれる皮膜 / 鋼材の溶解あるいは割れ進展の電流成分を検出するとともに，応力波形を変えたときの電流応答から変形と溶解電流の関係を求めている。図

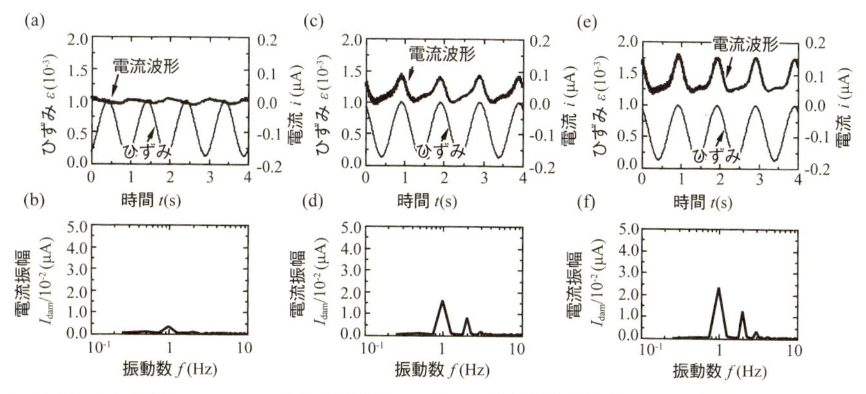

図 6-47　中性溶液中での Fe の腐食疲労試験における疲労き裂進展領域における損傷電流（(a), (c), (e)）とそのパワースペクトル（(b), (d), (f)）の変化
損傷電流は観測される電流から変形に伴う電気二重層容量の充・放電電流を差し引いたもの。

6-47 は微小な疲労き裂が発生・進展している段階で，観測された電流から変形に伴って増減する電気二重層容量の充･放電電流を差し引いて，損傷に伴う電流を抽出したもので，割れの進行に伴ってその電流が増加することがわかる。損傷電流のパワースペクトルには応力波の周波数 1 Hz に対して高調波の成分が含まれ，その比率は割れの進行とともに大きくなると述べている。さらに，尾山ら[55]は応力印加に伴う応答電流の高調波解析から，割れ発生に先立って電流波形の変化が起こることを見出し，割れ進展に伴う電流波形のシミュレーションを行っている。これらの研究は，繰返し応力とその応答電流の定常性に着目したユニークなアプローチといえるであろう。

6.8　水素脆化と水素侵入

エネルギー源および環境対策として水素が注目され，その幅広い利用についての開発が着実に進行しつつある。金属材料と水素の関係では，高圧水素ガスによる金属の水素脆化とおもに腐食に伴って発生する水素による高張力鋼の遅れ破壊が重要な課題である。ここでは，金属･鉄鋼材料に侵入した水素の検出･定量法をまとめ，電気化学的水素透過法の詳細とそれを利用した水素侵入のモニタリングについて述べる。なお，カソード分極や腐食に伴う水素の発生反応機構などの詳細については，付録 E にまとめてあるので参照してほしい。

6.8.1　侵入水素の検出とその定量

鋼材に侵入した水素がどこに存在し，どのように移動するのかという点は，材料の水素脆化の機構を考えるうえで重要な点である。また，鋼材中にどの程度の水素が存在しているか，表面の反応に伴ってそれがどのように変化するかを知ることも，鋼材の材料設計やその使用法を考えるうえで重要である。ここでは，侵入した水素の検出法および定量法について簡単に解説する。

(i)　オートラジオグラフィー　　水素原子 ^{1}H の放射性同位元素である ^{3}T（トリチウム）を用いて，表面近傍に存在する ^{3}T が放出する β 線により写真感光乳剤を感光させ水素の存在位置を知ろうとする方法で，材料内での β 線の走行距離が短いため，材料表面近傍の局所的な水素分布を知ることができる。この方法は，放射性元素を扱う危険性のほか，感度が低く露光に長時間要する点，強くトラップされた水素がおもに検出されている点など扱いにくい点が多く，最近ではほとんど用いられていない。

(ii)　水素マイクロプリント法　　鋼材の表面に写真乳剤の AgBr を塗布し，鋼材内部から拡散してきた水素の還元作用によって $H_{ad}+Ag^{+} \longrightarrow H^{+}+Ag$ の反応により Ag 粒子を析出させるもので，感度が高く微粒子の感光材を使用するなどの改良によって，水素の検出効率や空間分解能が高まっている。また，この方法は表面まで拡散してくる水素を検出するため，オートラジオグラフィーとは異なっている。亜共析鋼板で侵入･透過した水素の分布について析出した銀粒子を SEM により検出し，その分布からフェライト内部よりもフェライト / セメンタイト界面を水素が優先的に拡散･移動していると報告[56]されている。

(iii)　銀デコレーション法　　写真乳剤の代わりに少量の KCN を含む $AgNO_3$ 溶液に試料を浸すことによって，表面に存在･到達した水素原子が $H_{ad}+Ag^{+} \longrightarrow H^{+}+Ag$ の反応により Ag 粒子を析出させるもので，分解能は数十ナノメートルであるとされている。

(iv)　二次イオン質量分析法（SIMS）　　軽元素である水素は EPMA などの X 線を用いた表面分析法が適用できないことから，試料に Ar などのイオン（一次イオン）を高電圧で加速･照射し，放出される二次イオンを質量分析計によって定量するもので，感度は極めて高い。照射するイオンビームを試料面で走査することによって対象とする元素の二次元的な分布が得られるほか，一次イオンのスパッタ作用を用いれば深さ方向の分布を知ることもできる。二次元的な空間分解能はイオンビームの太さに依存し，数マイクロメートル程度である。

(v) 昇温脱離分析法 昇温脱離分析 (thermal desorption analysis または spectroscopy, TDA または TDS) 法は，キャリヤーガス流または高真空中で試料を一定の昇温速度で加熱し，試料に吸着･吸収された揮発成分をガスクロマトグラフまたは質量分析計により定量する方法である。現在は，高真空室におかれた試料を赤外線加熱器 (IR radiator) によって加熱し，四重極質量分析計 (quadrupole mass spectrometer, QMS または Q-Mass) によってイオン流を分析する装置が主流である。試料表面に吸着した水素あるいは試料中にトラップされた水素が放出する場合，表面およびトラップからの脱離速度および試料中の拡散速度が十分に大きければ，脱離ガスの温度スペクトルは試料の大きさや形状によらない。また，異なる昇温速度 β_i (deg/s) の TDS 測定において，一定量の脱離が進行した温度 T_i がわかれば，$\log \beta_i + 0.4567(E_a/kT_i) = \mathrm{const.}$ の関係によって $\log \beta_i \sim 1/T_i$ のプロットの傾きから脱離の活性化エネルギー E_a を求めることができる[57]。

6.8.2 電気化学的水素透過法[58]

この方法は Devanathan と Stachurski によって 1962 年に提案された方法[59]で，図 6-48 に示すように試料板 (箔) を二つの電解セルで挟み，一方の面をカソード分極して水素を発生･侵入させ，他方の面をアノード分極して試料中を拡散･透過してきた水素を水素イオンに酸化し，その電流を水素の透過量とするものである。水素検出側の電解液は試料の酸化，腐食を抑制するために 0.1 ～ 2 M NaOH または KOH が多く用いられ，検出側には薄い Pd めっきを施し，水素の検出感度の増加と残余電流の低減をはかる場合が多い。日本では，山川らの提案[60]で Pd に替わり Ni めっきが多く用いられている。

測定は，検出側を水素が十分に酸化される電位に定電位アノード分極し，アノード

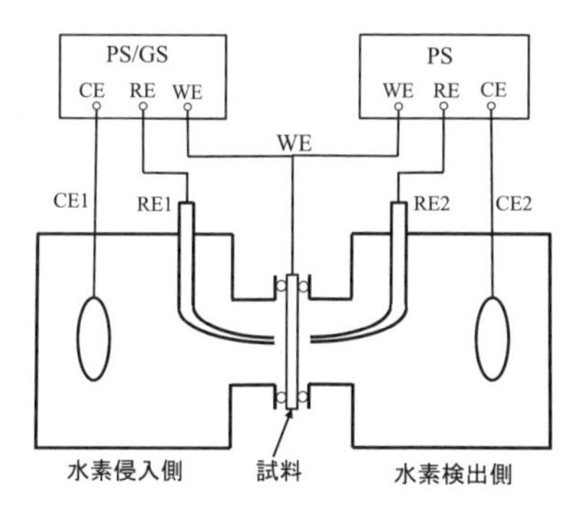

図 6-48 電気化学的水素透過法 (Devanathan-Stachursky 法) の測定系
WE：試料極，CE：対極，RE：参照極，PS：ポテンショスタット，GS：ガルバノスタット。

電流がほぼ一定値に落ち着いたのちに，侵入側を定電位または定電流でカソード分極する。カソード分極によって生成した吸着水素は鋼材に吸収され，鋼材中を拡散して検出側の表面に到達し，H^+に酸化される。侵入側の表面吸収濃度 C_{ab}^{S}（鋼材内の最表面の水素濃度）を一定として分極を続けた場合の鋼材内の濃度分布の変化を図 6-49 (a) に模式的に示す。拡散の進行によって試料中の濃度が増加し，検出側（$x=L$）での濃度がつねに 0 であれば，定常状態（t_∞）では図に示す直線的な濃度分布となり，水素のフラックス $J_{H,\infty}$ と検出電流 $i_{H,\infty}$ は Fick の式から次式で表される。

$$i_{H,\infty}=FJ_{H,\infty}=\frac{FD_{H,app}C_{ab}^{S}}{L} \tag{6.35}$$

ここで，$D_{H,app}$ は鋼材中での水素の見かけの拡散係数である。検出される電流の時間変化は図(b) に示すように，ある時間遅れの後に電流が増加しはじめその後一定値 $i_{H,\infty}$ となる。また，透過電流の積分値 Q はある時間遅れの後立ち上がり，その後一定の勾配で増加する。

図に示した透過電流～時間曲線の立ち上がり時間(曲線の変曲点からの接線の切片，t_b)，変曲点の時間 t_i，あるいは定常電流値の 0.63 倍の電流値に達する時間（または，積算透過量の直線を外挿した時間）t_L を用いて，見かけの拡散定数を計算することができる[61]。

$$t_b=\frac{0.5\,L^2}{\pi^2 D_{H,app}},\qquad t_i=\frac{0.94\,L^2}{\pi^2 D_{H,app}},\qquad t_L=\frac{L^2}{6\,D_{H,app}} \tag{6.36}$$

表面から侵入する水素のフラックスを一定にしたときの試料内の濃度分布は，侵入のフラックスが吸収された水素の侵入側における濃度勾配に対応するため，図 6-50 に示すように定常状態に至るまで鋼材の侵入側の表面近傍では水素濃度が増加し，そ

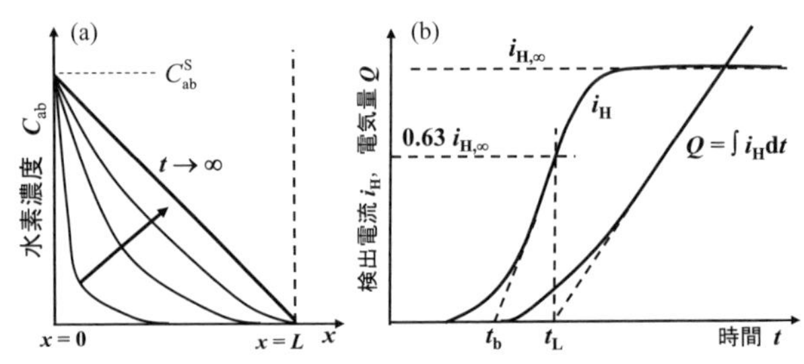

図 6-49　侵入側を一定表面水素濃度（≒定電位分極）にしたときの試料内の水素濃度分布(a) と検出側の電流（i_H）およびその積分値（Q）の時間変化(b)

の濃度勾配は一定になっている。この条件での t_b, t_i および t_L は次式で表されることから，見かけの拡散定数を計算することができる[61]。

$$t_b = \frac{0.76L^2}{\pi^2 D_{H,app}}, \quad t_i = \frac{1.65L^2}{\pi^2 D_{H,app}}, \quad t_L = \frac{L^2}{2D_{H,app}} \tag{6.37}$$

実際の実験では定電位による分極が表面濃度が一定の条件に，定電流による分極がフラックス一定の条件に近いと考えられるが，それほど単純ではなさそうである。

水素侵入における表面の水素濃度が一定の条件および水素侵入のフラックス一定の条件による水素の侵入は，吸着水素が鋼材に吸収される反応の速さが有限であることから実際には起こらず，時間とともに吸収速度が減少する。図 6-51 は表面濃度が一定（曲線(a)）の場合と侵入のフラックスが一定（曲線(b)）の場合とともに，侵入のフラックスが時間とともに減少する場合（曲線(c)）のフラックスの時間変化を示したもので，曲線(a) および (b) の条件は板厚が無限に小さい場合と無限に大きい場合の極限で成立するとされている[62]。

純鉄を定電位および定電流で分極したときの水素透過電流の実測値に対して，試料中に水素のトラップがないものとして表面濃度一定およびフラックス一定の場合の計算曲線をフィッティングさせると，いずれの場合も表面濃度一定の曲線にかなり近づくが，いずれも完全には一致しない[62]。水素透過電流の実験値と計算値が一致しない大きな理由に，鋼材内部での水素トラップの効果がある。水素トラップについては別項（付録 E. d 項参照）に簡単にまとめたものを示しているが，材料内の転位，空孔，結晶粒界，介在物・析出物などは水素との結合エネルギーが大きく，格子中を拡散する水素を捕捉する。水素透過実験の 1 回目の水素チャージではほとんどのトラップサ

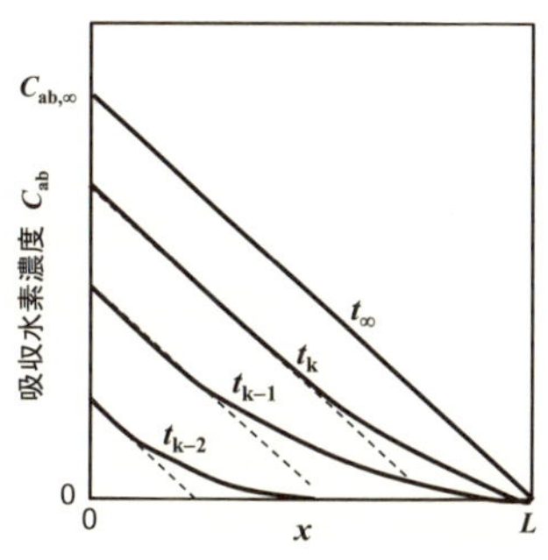

図 6-50　一定のフラックス（≒定電流分極）で水素が侵入するときの試料内の濃度分布

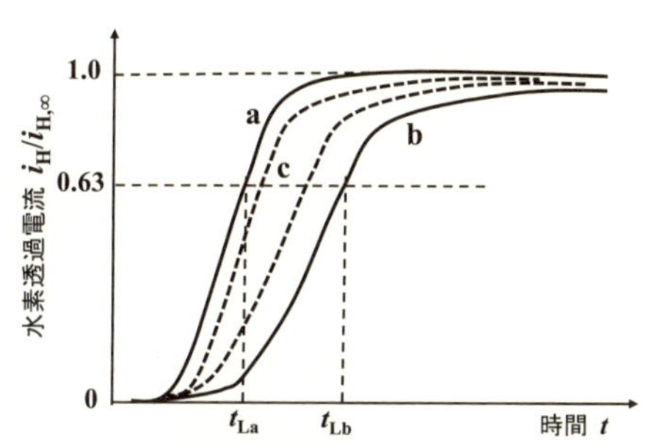

図 6-51　一定の表面濃度(a) と一定の侵入フラックス(b) およびフラックスが時間とともに減少する場合の水素透過電流 i_H(c)

イトが空席であり，これらを埋めるために移動する水素原子が消費され，検出側に到達する時間に遅れが生じる。定常的な透過電流に至るとトラップされた水素は格子内を拡散する水素と平衡することになる。水素チャージを止め水素の吸収が停止すると，格子内の水素はそのほとんどが試料外へ拡散・散逸し，トラップされた水素は時間的に遅れて徐々に散逸することになる。それゆえ，1回目と2回目以降の水素透過電流の差に相当する電気量がトラップされた水素量に対応すると考えることができる。純鉄およびFe-1.5 Tiを用いた1回目および2回目の水素透過曲線の比較から，純鉄でもかなりのトラップサイトがあること，Tiの添加でトラップ量が増加し拡散速度が遅くなることが報告されており，また，トラップサイトの増加は水素を引きつけるために水素の拡散速度を低下させるとされている[63]。さらに，純Niについて，十分に焼鈍したものと80%の冷間加工を施したものについての水素透過曲線では，fcc金属であるNiはbcc金属のFeに比べて水素の拡散係数が小さく，透過にかかる時間が全体に長くなり，冷間加工によって増加した転位や空孔などのトラップサイトの増加が，透過水素電流の立ち上がりを遅らせ，透過電流の定常値も小さくなると報告[64]されている。

6.8.3　水素透過電流の具体的な測定例

金属材料への腐食に伴う水素の侵入，あるいはカソード分極に伴う水素の侵入機構などに関しては，付録Eおよび解説[58]を参照してほしい。ここでは，カソード分極あるいは腐食に伴う水素侵入・透過の電気化学的評価の具体的な測定法について述べることとする。

金属に侵入した水素を定量評価する方法について，Devanathanらの方法はカソード分極または腐食している状態で連続的に水素の透過侵入量を測定できるというほかの物理的な方法にない大きな特徴がある。金属中の水素の拡散係数や侵入量を求める初期の研究では，精密で複雑な2槽式の電解セルが用いられたが，筆者らは，図6-52に示す縦型のアクリル樹脂製のより簡便な電解セルを用いて，カソード分極に伴う水素侵入の測定を行っている。また，このセルの上部を外して試料片を腐食させると，大気腐食に伴う水素侵入の時間変化を追跡することができる。

測定の手順は，試料の水素検出側（図の下側のセル）に100 ~ 500 nm程度のNiまたはPdめっきを行い，検出面をアノード分極したときの分極電流ができるだけ安定で小さな値になるようにする。試料を電解セルにセットし，水素検出側のセルに0.1 ~ 2 M KOHまたはNaOH溶液を注ぎ，電位が安定になるのを待つ。なお，検出側のセルの溶液は脱気した溶液が望ましいが，検出極の電位を酸素還元の電位よりも十分高く設定すれば誤差は大きくならない。浸漬電位が安定化した後，0.0 ～ 0.2 V *vs.* SSE の定電位でアノード分極を開始する。アノード電流は時間とともに減少するが，水素透過電流を精度よく測定するためには，水素透過がない状態でのアノード電流（残余電流）が小さいことが望ましい。Pd めっきの場合，20 h 以上の定電位酸化でアノード電流は数 10 nA/cm^2 以下にまで低下する。その後，水素侵入側（図の上側セル）に溶液を入れカソード分極あるいは大気腐食が起こる条件にする。縦型セルの場合，カソード分極で発生した水素ガス気泡が O リング周辺に残らないなどの利点もある。

大気腐食における水素侵入のモニタリングに関しては，山川ら[65]，櫛田ら[66]および大村ら[67]は図 6-53 に示すセルを用いてモニタリングを行った。このモニタリングセルでは，大気曝露における試料面温度の変化が残余電流を大きく変化させるため，試料面温度の上昇と水素侵入量の増加を区別することが困難である。筆者ら[68]は，図 6-54 に示す水素侵入のモニタリング用セルを開発した。モニタリングセルは 4 チャネルの水素検出セルを有し，その中の 1 チャネルは試料の鋼板表面をシーラントなどで腐食環境から絶縁し，残余電流の温度変化を測定する温度補正用のセルとした。長期間の大気腐食環境では，液漏れなどの事故によって計測ができなくなくなる可能性もあるため，5×5 cm^2 の試料内に 3 個の曝露面をもつことは長期間測定への安定性・信頼性を増すことができる。ジメチルスルホキシドなどの有機溶媒を添加して電解液の凍結を防止することにより，−20 ℃から 45 ℃までの広い温度範囲で安定した測定が可能

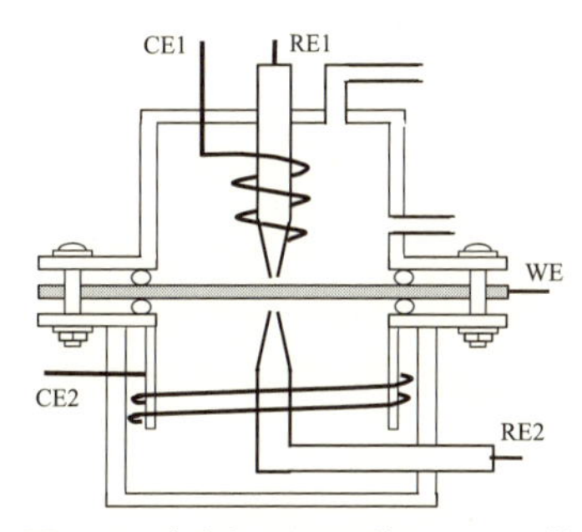

図 6-52 水素侵入量の評価のための縦型の電解セル
上部の侵入側セルを開放または取り外すことによって，大気腐食における水素侵入量を計測できる。

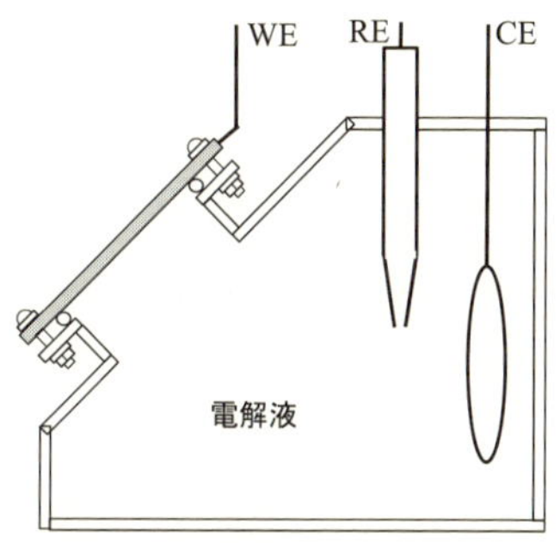

図 6-53 大気腐食によって侵入する水素のモニタリング用セル
［山川宏二：“遅れ破壊解明の新展開”，p.77，日本鉄鋼協会（1997）］

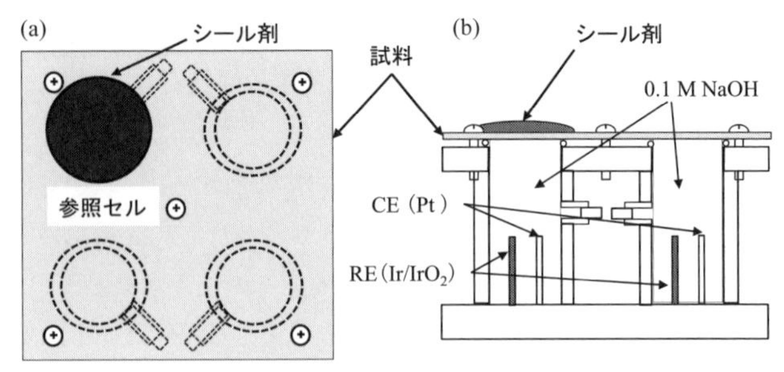

図 6–54　4チャネルの水素検出セルを有し，そのうちの1チャネル (参照セル) を温度補正用とする大気腐食での水素侵入量モニタリングセル
(a) 平面図　　(b) 側面図
[多田英司，鄭傳波，西方　篤，水流　徹，大塚真司，中丸裕樹，杉本芳春，藤田　栄：*CAMP-ISIJ*, **25**, 509 (2012)]

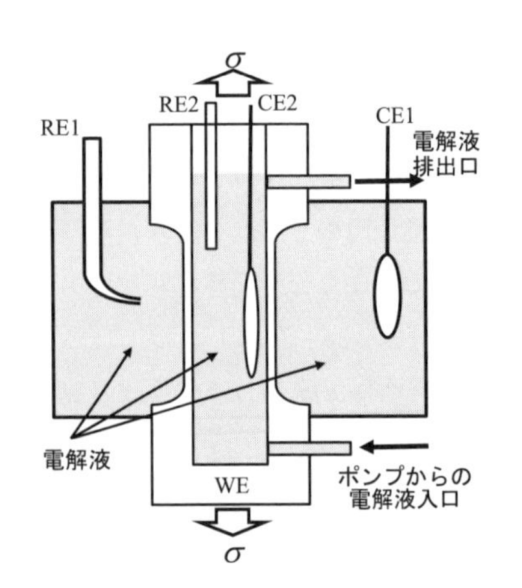

図 6–55　引張試験片の円柱平行部の内部をくり抜いて水素検出極とした水素透過用引張試験片
平行部の円筒の外径は 10 ～ 15 mm，肉厚は 0.5 ～ 1 mm。
[Y. Huang, A. Nakajima, A. Nishikata, T. Tsuru：*ISIJ Intn'l*, **43**, 548 (2003)]

である。このモニタリングセルを搭載した自動車による水素侵入量モニタリング試験は，国内の閉鎖地域 (工場敷地) 内および国外の公道において実施されている[69]。

機械的変形に対する侵入した水素の影響や機械的な変形が水素の侵入や拡散･透過に与える影響を調べるためには，水素の侵入･透過の実験と機械的な変形を同時に行う必要がある。Devanathan 法によって，板または箔状の試験片に変形を加える実験は行われてきたが，実験上の制約が多かった。筆者ら[70]は，図 6–55 に示すような円柱状の通常の引張試験片の内部をくり抜き，試験片の平行部が肉厚 0.5 ～ 1 mm の円筒とし，円筒内部に Pd めっきを施して水素検出極とする試験片を作製し，引張試験機による変形と水素侵入の関係を調べる実験を行っている。

6.9 塗装の劣化の評価法

有機物を主成分とする塗膜は，使用期間中に曝される環境によっていろいろな形で劣化する。紫外線を含む太陽光によって高分子鎖を結びつけていた架橋が壊れ，分子鎖も切断され，擦ると指が白くなるチョーキングは塗膜を構成する高分子が劣化する典型的な例である。一方，塗膜そのものの外見上の変化はほとんどなく，塗膜と下地金属との密着性が失われ何らかのきっかけで広範囲の塗膜が剥がれるのは，塗膜下での腐食や過防食などに起因するカソード剥離の例である。以下では，塗膜そのものの劣化と塗膜下での腐食について，その評価法を概観する。なお，付録 F には塗膜劣化過程についてまとめてある。

6.9.1 塗膜の吸水過程

塗膜は有機高分子鎖が三次元的に絡み合って架橋することによって安定な膜を形成する。この三次元的な網目構造には大小のすき間が存在し，そこに水分子やイオンが侵入し，内部へと浸透する。内部に侵入する水の量と浸透の速度は塗膜を形成する高分子の種類によって異なり，たとえばフッ素系樹脂ではその量，速度ともにかなり小さい。吸水に伴って有機物膜は膨潤し，架橋の切断などによる塗膜の劣化が起こる。多くの有機物はその誘電率 ε が 2 ～ 5 であるのに対して，水の誘電率は約 80 であることから，吸水によって塗膜の見かけの誘電率が増加する。Kingsbury[71] は，水を含まない塗膜の静電容量と水を含む塗膜の静電容量をそれぞれ C_{f0} と C_f としたとき，塗膜中の水の体積分率 X_v (%) が次式で与えられるとした。

$$X_v\ (\%) = \frac{\log (C_f/C_{f0})}{\log 80} \times 100 \qquad (6.38)$$

周波数が 1 ～ 10 kHz のインピーダンスはほぼ容量成分のみであることから，これらの静電容量の変化を測定することは難しくない。

一般に塗膜の吸水・脱水の実験は，溶液に接することによって吸水過程を，塗膜を空気中で乾燥させることによって脱水過程を行ってきたが，乾燥による脱水ではその過程をインピーダンスの測定から連続的に追跡すること困難であった。西方ら[72] は，塗膜に接する水溶液の水の活量 a_{H_2O} を変えることによって水溶液中での吸水・脱水過程を追跡した。図 6-56 は塗装鋼板の吸水・脱水実験用のセルを示すもので，塗装面は O リングを介して水溶液に接し，Pt 電極との間の 1 kHz におけるインピーダンスから静電容量および式 (6.38) から吸水量を求めた。

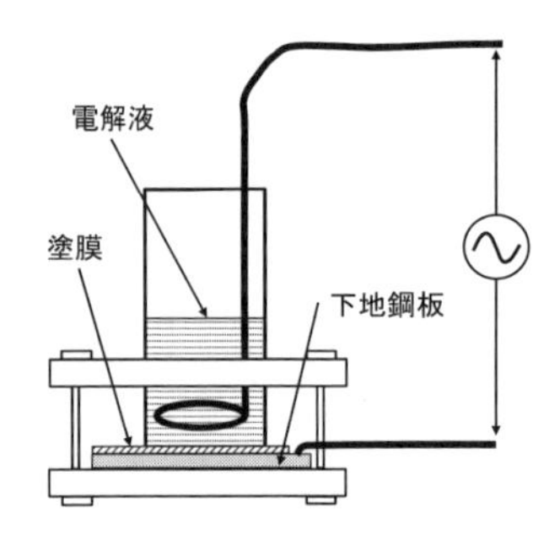

図 6-56　水の吸水・脱水過程における塗膜静電容量の測定セル吸水時には 0.01 M LiCl，脱水時には 10 M LiCl の溶液を使用。
［A. Nishikata, H. Ooshige, J. H. Park, T. Tsuru：Proc. Int'l Symp. on Marine Corrosion and Control, p.372, (2000)］

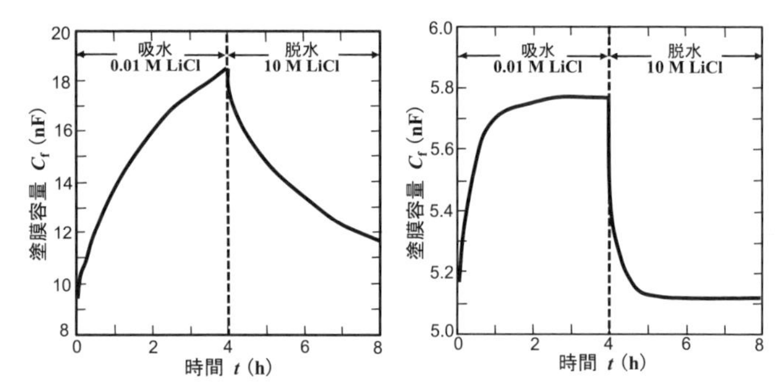

図 6-57　エポキシ系塗装鋼板の 1 回目の吸・脱水(a) とウレタン系塗装鋼板の 2 回目の吸・脱水過程における塗膜の静電容量の時間変化(b)
［A. Nishikata, H. Ooshige, J. H. Park, T. Tsuru：Proc. Int'l Symp. on Marine Corrosion and Control, p.372(2000)］

水溶液には $a_{H_2O}=1$ の 0.01 M LiCl 溶液と $a_{H_2O}\fallingdotseq 0.15$ の 10 M LiCl 溶液を交互に使用した。図 6-57 は静電容量の時間変化を示すもので，吸水では約 4 h で飽和に近づき，脱水過程はより短い時間でもとの静電容量にまで戻っているのがわかる。吸・脱水の速度および可逆性は塗料の有機物の種類に依存し，また吸･脱水を繰り返すとその速度は速くなり飽和に達する時間は短くなる傾向がある。

吸・脱水の実験は，塗膜に与えるダメージが少なく非破壊的な試験法といえる。現在多用されつつある厚膜系の重防食塗装では，温度勾配を与えるなどの加速を行っても実験室試験の期間では十分な腐食に至らない場合が多い。吸・脱水における物質移動速度などの解析によって，これらの塗装系の劣化の解析に適用されることが期待される。

6.9.2 塗膜下腐食の電気化学的評価法

塗装鋼板の劣化，塗膜下腐食の評価法としてさまざまな研究がなされてきた。電気化学的な方法だけでも，tanδ 法（誘電損失係数法），分極曲線法，カレント・インターラプター法，交流インピーダンス法，電流分布測定（SVET）法，電位分布測定（Kelvin）法などがあげられる。ここでは，それぞれの方法の特徴と長・短所について検討する。なお，交流インピーダンス法については，別項で述べる。

a. tanδ 法（誘電損失係数法）

誘電損失（tanδ）はコンデンサーの特性を表すもので，実際のコンデンサーを理想コンデンサーの容量 C_{ideal} に漏洩抵抗 R_{loss} が並列接続されたものとしたとき（図6-58），このコンデンサーに交流電圧を印加すると電流は理想的な位相差（90°）から δ だけ位相が遅れ，tanδ が熱として消費される（通常の電気学での電流と電圧の位相差は図中の θ を用いていることに注意）。tanδ は印加周波数が f (Hz) のとき次式で表される。

$$\tan\delta = \frac{1}{\omega C_{ideal} R_{loss}} = \frac{1}{2\pi f C_{ideal} R_{loss}} \tag{6.39}$$

塗膜が劣化してその絶縁性が低下することは R_{loss} が低下することにほかならないため，一定の周波数で tanδ の時間変化から塗膜の劣化を評価できる。岡本ら[73]は，200 Hz ～ 2 kHz の交流を使用して評価を行い，塗膜下での腐食が進行している場合の等価回路を用いて塗装鋼板の劣化を評価できるとしている。この方法は，電気・電子回路の計測に使用されている簡便な装置で測定できわかりやすい方法であったが，塗装系によって判定の基準が異なる場合があり，あまり普及はしなかった。

b. カレント・インターラプター法

塗装系を一定の電流で分極した定常状態で，印加電流を急に0にしたときの過電圧の時間変化から塗膜系の C_{film}，R_{film}，塗膜 / 鋼材界面の C_{dl}，R_{cor} を求めようとするも

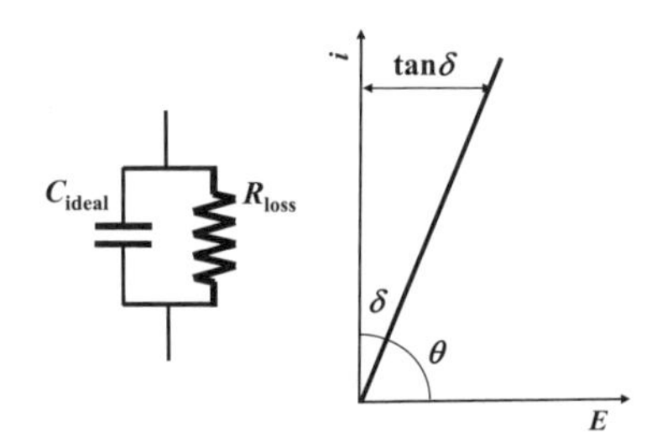

図 6-58 コンデンサーの理想容量 C_{ideal} と漏洩抵抗 R_{loss} および交流における損失角 δ（誘電損失 tan δ）

のである[74]。塗装鋼板の等価回路を図 6-59 に示すように簡略化して表したとき，一定の電流 i_{st} で分極しているときの過電圧は $\eta_{total}=\eta_{sol}+\eta_{film}+\eta_{inter}$ で表され，二つのコンデンサーはそれぞれの過電圧で充電されている。また，定常状態ではコンデンサーの充電電流は流れないためそれぞれの過電圧は $\eta_{st,film}=i_{st}\cdot R_{film}$，$\eta_{st,inter}=i_{st}\cdot R_{cor}$ となる。ここで電流 i_{st} を 0 にすると，$\eta_{sol}=i(t)\cdot R_{sol}=0$ となり，C_{film} に充電されていた電荷は R_{film} を通して放電し，C_{dl} に充電されていた電荷は R_{cor} を通して放電される。一般に，初期電圧 η_{st} で充電されていた CR 回路の放電に伴う電圧の変化 $\eta(t)$ は次式に従って減衰し，その速さは時定数 τ に依存する。

$$\eta(t)=\eta_{st}\exp\left(\frac{-t}{\tau}\right),\qquad \tau=RC \tag{6.40}$$

C_{film} を $10^{-9}\sim10^{-10}$ F，R_{film} を $10^{6}\sim10^{7}\,\Omega$ とすると時定数は数ミリ秒のオーダーとなり，一方，C_{dl} を 10^{-5} F 前後，R_{cor} を $10^{5}\,\Omega$ 前後とするとその時定数は数秒のオーダーとなる。それゆえ，電流切断後の電位変化を速い時間領域と遅い時間領域に分けると次式となり，$\log\eta(t)\sim t$ のプロットの勾配から $R\cdot C$ が，$t\to0$ の切片から $\eta_{st}=i_{st}\cdot R$ より R がそれぞれの時定数の領域で求まることとなる。

$$\log\eta(t)=\log\eta_{st}-\frac{t}{RC} \tag{6.41}$$

カレント・インターラプター法は二つの時定数が分離できればそれぞれの構成要素を求めることができ，R_{sol} が大きくても原理的にはその影響を受けないため優れた方法であるといえる。また，過電圧を大きくしてアノード，カソードの Tafel 係数を求める方法なども提案されている。しかしながらあまり普及していないのは，測定上に難しさがあるのかもしれない。

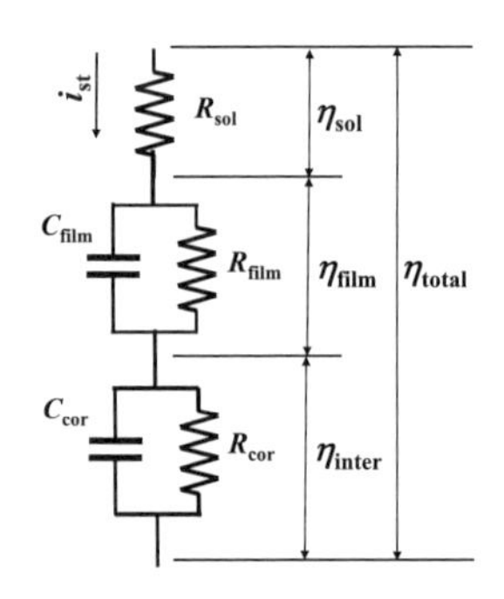

図 6-59　カレント・インターラプター法における各部の過電圧

c.　電流分布測定法

走査振動電極法（scanning vibrating electrode technique，SVET）は，電極面に対して上下に振動する電極の上端と下端での電位差から溶液内のイオン電流を求め，その二次元分布を測定する方法で，Isaacs ら[75]によって考案され孔食や局部腐食における電流分布の測定に応用された。

図 6-60 は塗装亜鉛めっき鋼板に傷をつけ水道水に浸漬したときの溶液中の電流分布を表したもので，傷部にアノード電流が集中しその近くにカソード電流が流れ，カソードの分布はアノードよりも広い範囲にわたっていることがわかる[76]。この方法は，電流の分布が視覚的に捉えられることから説得性の高いデータとなる。溶液内の電流が同一の場合でも，溶液の比抵抗 ρ および電極の振動の振幅 $d_{a\text{-}b}$ が大きいほど測定される電位差 $V_{a\text{-}b}$ が大きくなり，電流の分解能が向上する。さらに，試料極に近いほど電流が大きいことから，振動電極をできるだけ試料に近づける必要がある。電位測定用の電極には白金黒を施した Pt の小球や Pt 線が用いられている。電位測定用電極の大きさにもよるが，二次元的な空間分解能は 100 μm 程度でそれほど高くはない。

d.　電位分布測定法（Kelvin 法）

古くから半導体の仕事関数を測定する方法として Kelvin 法（容量振動法）の電気化学，とくに大気腐食への応用についてはすでに述べた。Stratmann ら[77]は塗装系の大気腐食にもこの方法を応用した。

Kelvin 法の測定原理についてはすでに述べたが，プローブとの間の容量を C_{Kv} とすると金属の試料を液膜が覆った状態では，図 6-61 上の等価回路に示すように，

$$\frac{1}{C_{meas}}=\frac{1}{C_{dl}}+\frac{1}{C_{Kv}}\approx\frac{1}{C_{Kv}} \tag{6.42}$$

$C_{dl}\gg C_{Kv}$ が満足されているため，C_{Kv} の変化のみとして扱える。しかしながら，液膜が塗装膜で覆われた状態（図の下側）では等価回路に塗膜の容量 C_f が直列接続される

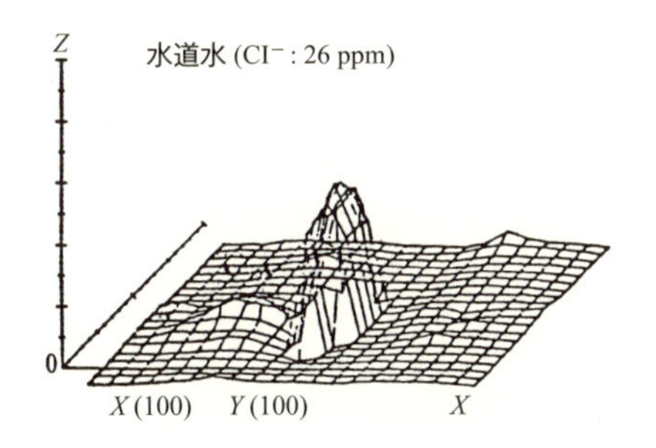

図 6-60　塗装亜鉛めっき鋼板に傷を与え水道水中に浸漬したときの電流分布
［柴田俊夫，藤本慎司（関根　功 編）：“防食塗膜の最新評価法”，6 章，槇書店（1991）］

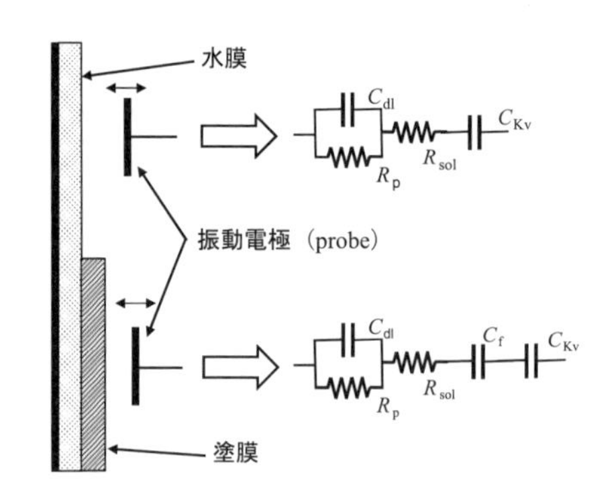

図 6-61　液膜，劣化した塗装膜がある場合の Kelvin 法の模式図と等価回路

ために，次式で表される。

$$\frac{1}{C_{meas}}=\frac{1}{C_{dl}}+\frac{1}{C_f}+\frac{1}{C_{Kv}}\approx\frac{1}{C_f}+\frac{1}{C_{Kv}},\quad C_f=\frac{\varepsilon_f S}{4\pi d_f},\quad C_{Kv}=\frac{\varepsilon_{air} S}{4\pi d_{air}}\tag{6.43}$$

ここで，ε_f と ε_{air} は塗膜と空気の誘電率で，d_f は塗膜の厚さ，d_{air} は塗膜とプローブとの間隔である。測定において，C_f の影響を無視するためには $C_f \gg C_{Kv}$ を満足させる必要がある。C_f がやや大きな薄い塗膜ではこの方法による測定は可能であるが，膜厚が大きくなると C_f はかなり小さくなることから，プローブと試料との距離を大きくして C_{Kv} を小さくする必要があり，この条件では測定される電流が微少になり測定精度を保つことが難しく，さらに付録 C の寄生容量の影響も大きくなるため，測定がいっそう難しくなる。

筆者らは，塗膜剥離におけるアコースティック・エミッション（AE）法や光音響法（PAS 法）による劣化部の非破壊検査法などを試みている。興味のある読者は参考文献[78]を参照してほしい。

6.9.3　交流インピーダンス法による塗装鋼板の劣化の評価

塗装鋼板の劣化を評価するために交流インピーダンス法を適用する試みは長く続けられてきたが，従来は測定周波数範囲が 10 Hz ～ 10 kHz の測定が最大限であり，測定精度も低いものであった。1970 年代後半に Epelboin のグループ[79]は周波数応答解析装置（FRA）を用いて数ミリヘルツ～ 10 kHz の広い周波数範囲にわたるインピーダンス測定を行い，塗装鋼板の劣化過程でインピーダンス特性が大幅に変化することを報告した。

図 6-62(a) はインピーダンスの経時変化を模式的に示すもので，初期に複素平面プロットでは極端に大きな半径の半円がみられ，浸漬時間の経過とともに半径が小さ

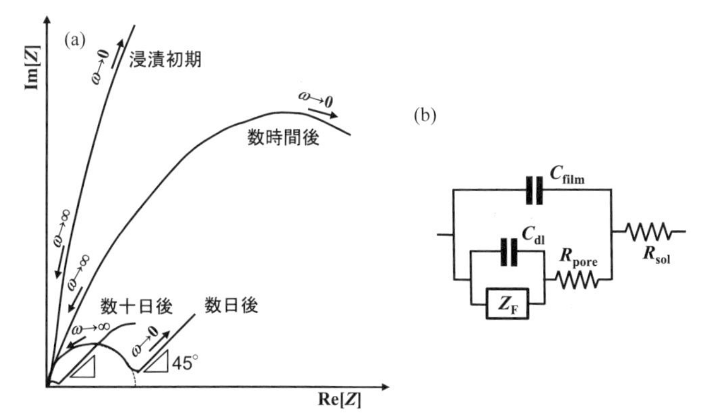

図 6-62 劣化しつつある塗装鋼板のインピーダンス特性の時間変化（模式図）(a) と Epelboin らが提案した劣化した塗装鋼板の等価回路モデル(b)
[L. Beaunier, I. Epelboin, J. C. Lestrade, H. Takenouti：*Surf. Technol.*, **4**, 237(1976)]

くなり，長期間の浸漬では小さな半円と拡散の Warburg インピーダンスが合わさった特性になるとしている。これらの結果をもとに，図(b) に示す電気的等価回路モデルを提案した。その後，多くの研究者によって Epelboin らと同様な広い周波数範囲のインピーダンス特性が測定され，それぞれに特徴のある等価回路モデルが提案され，解釈が行われてきた。本項では，塗装鋼板の劣化機構とインピーダンスとの関係に重点を置いて現象とモデルとの関係を整理し，塗膜剥離とふくれの評価法として提案された折れ点周波数 (breakpoint freqeuncy) 法について説明する。

a. 塗装鋼板の劣化の進行とインピーダンス特性

2 枚の塗装鋼板の間に電流を流し，それぞれをアノード，カソード分極したときのインピーダンス特性の変化を図 6-63 に示す[80]。初期にはほとんど電流は流れなかったが，時間とともに電流は増加し 6 日後 (144 h) には約 0.15 μA/32 cm^2 となりその後はほぼ一定の電流値であった。電流の印加によりアノード，カソードともに低周波数でのインピーダンスの低下がみられるが，アノード分極では低下の度合いが小さく，カソード分極では 4 桁以上のインピーダンス低下となる。図(a) はカソード分極した試料のインピーダンスの変化を示しており，分極・浸漬開始から 1 h 後には低周波数のインピーダンスが 2 桁以上低下し，その後も徐々に低下する。一方，高周波数側に現れる容量性のインピーダンスは分極によってもほとんど変化がみられない。試料面の観察では，アノード分極では半日後には直径 1 mm 以下の緑色のふくれを生じ，数日後には複数のアノードふくれが観察された。カソード分極では数時間後から塗膜の

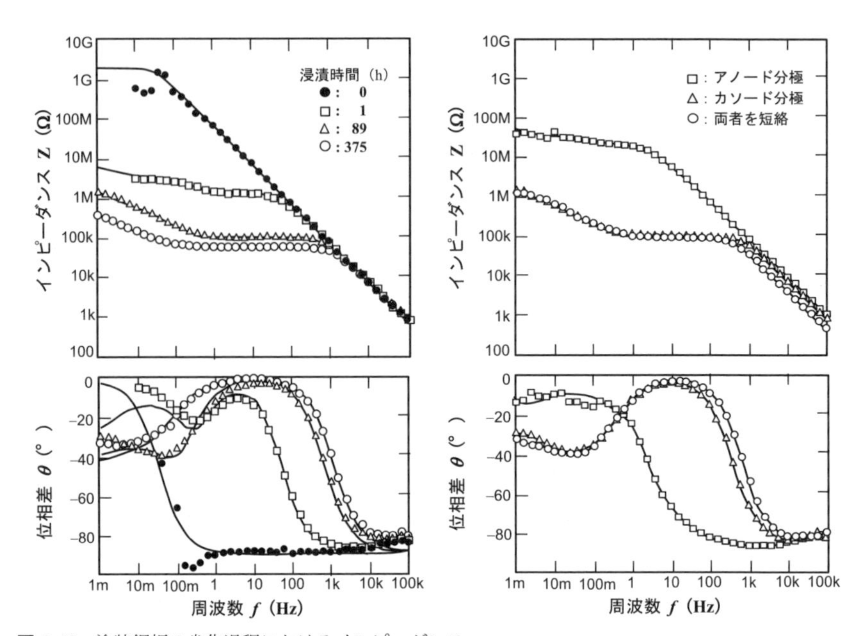

図 6-63　塗装鋼板の劣化過程におけるインピーダンス
(a) 0.5 M NaCl カソード分極した場合，(b) 同一の電流密度でアノード分極，カソード分極した試料と両者を並列に短絡した状態で測定されたインピーダンス。

剥離がみられ，6日後にはカソード剥離の面積は約 2.5 cm^2 となり，アノードふくれの約30倍の面積であった。

図(b) に，長時間 (375 h) のアノードおよびカソード分極した試料のインピーダンスと，両試験片を並列接続 (短絡) したときのインピーダンスを示す。カソード分極による低周波数側での大幅なインピーダンス低下に比べて，アノード分極ではそれほどの大きなインピーダンスの低下はみられない。また，高周波数側の容量性のインピーダンスにはほとんど差異はなく，短絡したことにより測定される電極面積が2倍になることによって容量がやや大きくなっているのがわかる。また，短絡した場合のインピーダンス特性はほぼカソード分極した試料のインピーダンスに一致するといえる。

通常の塗膜劣化では1枚の試料内にアノードとカソードが共存する。アノード分極とカソード分極した試料を短絡した測定結果から，通常の腐食試験 (自然浸漬試験など) で測定されるインピーダンスはそのほとんどがカソード部の特性を反映しているといえる。

b. 劣化している塗装鋼板の等価回路と折れ点周波数法

以上の結果をもとに筆者らは図 6-64 の図中に示した等価回路を提案した[80,81]。ここで，C_f は塗膜健全部の塗膜の静電容量，R_f は塗膜剥離・ふくれ部の塗膜抵抗で塗膜のポアの抵抗も含まれる。C_{dl} は剥離・ふくれ部の溶液 / 鋼材界面の電気二重層容量で，R_c はそこでの反応抵抗，Z_W はそこでの拡散の Warburg インピーダンスである。測定系の溶液抵抗 R_{sol} を加えた全体のインピーダンス Z は次式で表され，その典型的なインピーダンス特性の Bode 線図の計算例を同図に示した。

$$Z = R_{sol} + \cfrac{1}{j\omega C_f + \cfrac{1}{R_f + \cfrac{1}{j\omega C_{dl} + \cfrac{1}{R_c + Z_W}}}} \tag{6.44}$$

Warburg インピーダンス Z_W は次式によって表されるが，条件によって現れないこともあり，低周波数の破線で示したものは $Z_W = 0$ の場合である。

$$Z_W = \frac{\sigma}{\sqrt{\omega}} - j\frac{\sigma}{\sqrt{\omega}}, \qquad \sigma：\text{Warburg 係数} \tag{6.45}$$

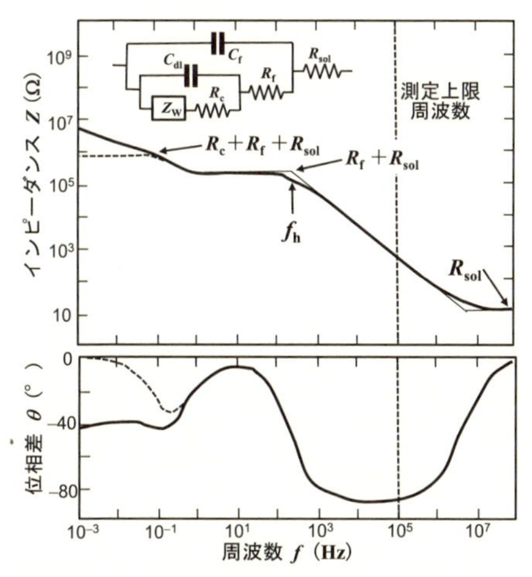

図 6-64 劣化した塗装鋼板について提案された等価回路と計算されたインピーダンス特性
f_h は折点周波数。
[浅利満頼，水流　徹，春山志郎：防食技術，**36**, 134 (1987)]

図 6-64 より，一般の測定範囲では溶液抵抗 R_{sol} は現れず，高周波数での周波数低下に伴うインピーダンス増加は C_f に対応し，その後 $R_f+R_{sol}≒R_f$ に対応するほぼ一定のインピーダンスとなり，さらに周波数が低くなると C_{dl} に対応するインピーダンスの増加，$R_c+R_f+R_{sol}≒R_c+R_f$（または $≒R_c$）に対応する一定のインピーダンスが現れることとなる。R_f が極めて大きい場合には中間の周波数範囲の一定値が大きくなり低周波数側に移動するため，それ以下の周波数の挙動が隠されてしまう。また，R_c が極めて大きい場合にも測定される周波数範囲に R_c に対応する一定のインピーダンスがみられなくなる。ここで，図中 f_h で示した周波数はインピーダンス特性が変化する点で，折れ点周波数（breakpoint frequency）とよばれ，典型的な特性では位相差も $\theta=45°$ となる。等価回路から計算すると次式になる。

$$f_h=\frac{1}{2\pi C_f R_f} \tag{6.46}$$

測定されたインピーダンス特性に先の等価回路モデルを用いてカーブフィッティングすることによって，等価回路の各回路定数を求めることができ，図 6-65 はこれらの回路定数をカソード通過電気量に対してプロットしたものである。付録 F の付図 F-2(b) に示すように，カソード剥離の面積はカソード分極の電気量とよい相関関係を示すことから，通過電気量をカソード剥離面積率 s（$=S/S_0$，S：剥離面積，S_0：試料面積）に対応する量と考えることができる。図 6-65 より，広い範囲で剥離面積率との対応関係が良いのは C_{dl} であるが，その値を求めるにはカーブフィッティングを行う必要があり，剥離面積率の推定法としての実用性は低い。一方，折れ点周波数 f_h

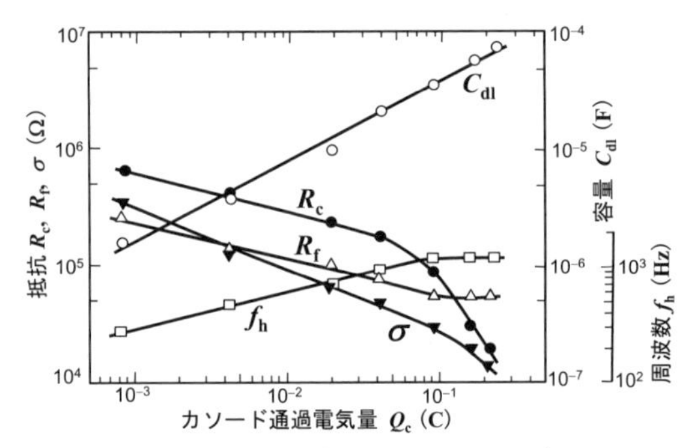

図 6-65　測定されたインピーダンスへのカーブフィッティングによって決定された回路定数のカソード分極に伴う変化

［浅利満頼，水流　徹，春山志郎：防食技術，**36**, 134(1987)］

は高い剥離率で直線からのずれがやや大きくなるものの，計算によらずにインピーダンス特性から求めることができる。

折れ点周波数についてより詳細に検討をしてみよう[82)]。単位面積当たりの塗膜の容量を c_f，塗膜の抵抗を r_f，また剥離部で腐食している単位面積当たりの電気二重層容量を c_{dl}，反応の抵抗を r_c として，剥離面積率が s のとき等価回路から求められる C_f，R_f，C_{dl}，R_c はそれぞれ次式で表される。

$$C_f = c_f(S_0 - S),\quad R_f = \frac{r_f}{S} \tag{6.47}$$

$$C_{dl} = c_{dl}S,\qquad R_c = \frac{r_c}{S} \tag{6.48}$$

式 (6.46) から，

$$f_h = \frac{1}{2\pi C_f R_f} = \frac{1}{2\pi c_f r_f} \cdot \frac{S}{(S_0 - S)} \tag{6.49}$$

塗膜の誘電率を ε_f，膜厚を d_f，その比抵抗を ρ_f とすれば，$c_f = \varepsilon_f / d_f$，$r_f = \rho_f d_f$ で表されることから，剥離率が小さい場合には $S_0 - S \fallingdotseq S_0$ とみなすことができ，式 (6.50) により折れ点周波数が剥離率に比例することが導かれる。

$$f_h = \frac{1}{2\pi} \cdot \frac{d_f}{\varepsilon_f} \cdot \frac{1}{\rho_f d_f} \cdot \frac{S}{S_0} = \frac{s}{2\pi \varepsilon_f \rho_f} \tag{6.50}$$

（なお，剥離部の面積が大きくなった場合の剥離部の皮膜容量は $C'_f = c'_f \times S$ で表されるが，$C_{dl} \gg C'_f$ であることから，高周波数での容量成分 C_{high} は C_f と C'_f の並列和となる。剥離部と健全部の塗膜の静電物性 (ε_f) が大きく変わらない場合，$C_{high} = C_f + C'_f = c_f(S_0 - S) + c'_f S \fallingdotseq c_f S_0$ となり，式 (6.50) が成立する）。この式における ε_f と ρ_f は塗膜の劣化過程での物理定数であり，これらが大幅に変化しなければ，折れ点周波数から剥離率 s を求められること，また膜厚にも依存しないことに注目すべきである。

c.　測定上の工夫

実験室における塗膜の評価では，たとえば図 6-56 に示したように下地鋼板に電気的接続を取ることは難しくない。しかしながら，実際の構造物に施された塗膜の劣化を診断しようとする場合には，塗装を剥がして電気的な接続を取ることができな場合がある。図 6-66 は二つの同一形状のセルを塗装鋼板に押し付け，その間のインピーダンスを測定するもので，それぞれのセルでのインピーダンス特性に大きな差がない場合には，測定されたインピーダンス Z_{meas} は単一のセルのインピーダンス Z_{cell} の直列和となり，$Z_{meas}/2$ によってインピーダンスを解析すればよい。実際の測定では，

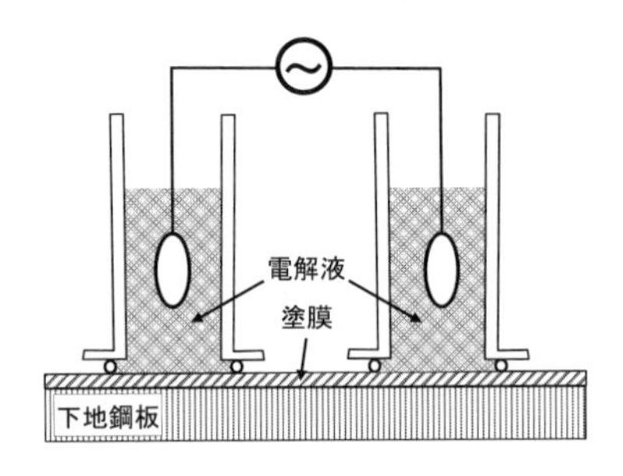

図 6–66　塗膜を傷つけずにインピーダンスを測定する例

セルの密着性の確保，溶液の漏洩の防止，2枚の対極の面積を十分大きくすることなどいろいろな問題点はあるが，状況に応じた工夫が必要な場面である。

d.　tanδ法および評価法の適用上の課題

200 Hz ～ 2 kHz 前後の交流測定から誘電損失を求める tanδ 法は，測定されたインピーダンス特性と照らし合わせるとインピーダンスの位相差が 90° から腐食に伴い 0° へと変化する周波数領域にあたる。この領域のインピーダンス変化は，カソード剥離面積の増加に伴うもので，塗膜の誘電率そのものの変化を反映しているわけではないが，塗装鋼板の劣化を表す指標としては使うことができる。たとえば，使用する塗装系で使用限界の剥離率を決めその折れ点周波数 f_h を求めておけば，その周波数での tanδ を監視して tan$\delta \to 1$（$\theta \to 45°$）で塗膜の使用限界に近づいたことを知ることができる。tanδ 法は測定装置，測定法が簡便であることから，今後このような利用法が広がることが期待される。

6.10　土 壌 腐 食

土壌腐食には自然状態での腐食と迷走電流による腐食がある。自然状態での腐食は土壌の含水量，通気性，含有塩濃度，pH，土壌比抵抗，微生物等により影響を受ける。とくに，酸素の供給量の影響が大きく，土壌の含水率の増加で腐食速度が急増し，飽和含水量の 10%以上になると腐食速度は漸減し，飽和に近くなると腐食速度は減少する。一般に土壌比抵抗が小さい土壌の腐食性が高いとされているが，含有する塩の種類などにも依存し一概にはいえないようである。

迷走電流による腐食（電食とよばれている）では，原因として電気鉄道のレールからの漏れ電流によるものと外部電源式のカソード防食電流によるものとがある。図 6–67 はレールに並行または近接する埋設管などにレールの漏れ電流が流入し，帰電

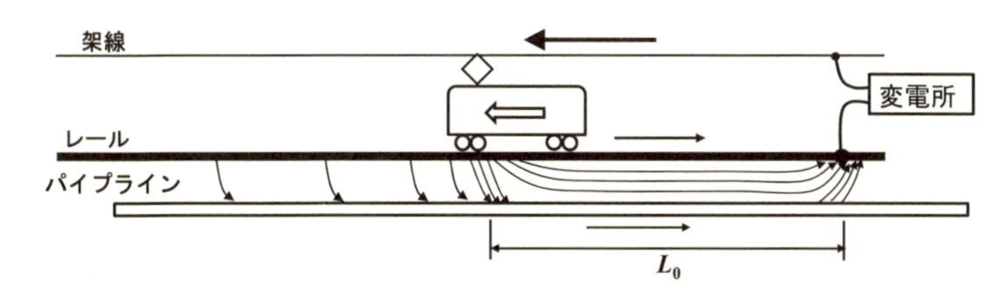

図 6-67 レールからの漏れ電流によるパイプラインの腐食

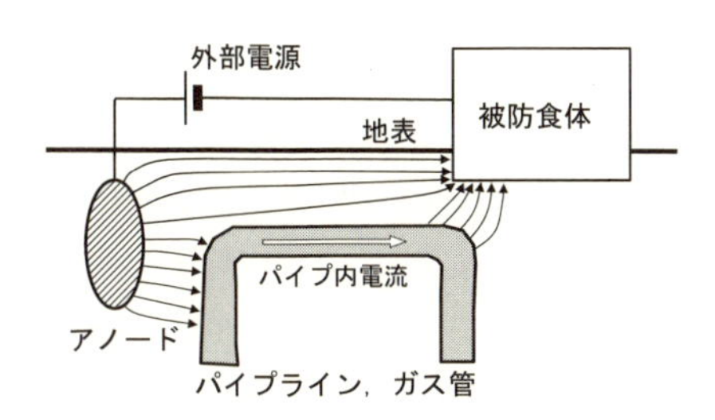

図 6-68 外部電源方式によるカソード防食電流によるパイプラインなどの腐食

点近くで電流の流出が起こりその部分で腐食が起こる。また，図 6-68 に示す埋設物の外部電源方式によるカソード防食で防食対象物以外の構造物に電流が流れる場合にも，電流の流出点で腐食が発生する。電気鉄道の場合には，レールと大地間（レール対地）および配管と大地間（管対地）の電位を参照電極（銅硫酸銅電極が多く用いられる）に対してそれぞれ測定し，管対地電位が鉄道の影響がないときの電位よりも正に振れるときに腐食が発生する。最近では複線化などによって影響は複雑化しているのが実情であるが，鉄道側でもコンクリート道床や枕木などの絶縁性の高いものが採用されつつある。

電気防食の漏洩電流による腐食の場合には，防食電流の断続による管対地電位の変動の有無を調べるのが確実である。埋設配管や地下構造物に電気的接続がとれない場合には，二つの参照電極を使用して，対地の電位勾配を測定することも行われている。なお，迷走電流腐食の測定に関する詳細は，文献[83]を参照してほしい。

最近，迷走電流腐食（電食）に関して，“パイプラインからレールに向かう電流は存在しない”“マクロセル電流は土中ではなく金属内を流れる”などの間違った解説・入門書が出版されている。媒質中を流れる電流により導体に誘起される電流および導体を流れる電流により媒質に漏れ出す電流に関しては，付録 G において検討しているので参照してほしい。

6.11　微小電極，走査電気化学顕微鏡，溶液フローセル

近年の計測技術，とくに nA 以下のごく微少電流な電流を精密に測定する技術，微細な電極を加工する技術および電極等の位置を精密に制御する技術の進歩によって，試料表面の微小な領域での電極特性を測定することができるようになってきた。腐食への応用についてはそれほど容易ではないものの，6.6.6 項で紹介したような先駆的な試みが多く行われている。本節で取り上げる以外にも多くの野心的なアプローチがなされているので，読者の挑戦を期待したい。

微小電極は直径数マイクロメートルの電極を絶縁性の樹脂，ガラスなどに埋め込んで平面に削り出したもので，電極面積は極端に小さい。このような電極では図 6-69 に示すように，電極界面に形成される拡散層はほぼ半球状になる。通常の円盤状電極では，電極の半径 r が拡散層の厚さ δ より十分に大きければ，端面での電流をほぼ無視でき，拡散限界電流 I_{lim}（以下では電流密度ではなく全電流で表す）は次式となる。

$$I_{\mathrm{lim}}=\frac{nFDC^{\mathrm{bulk}}}{\delta}\times\pi r^2 \tag{6.51}$$

一方，微小電極での拡散限界電流は次式となる。

$$I_{\mathrm{lim}}=4\,nFDC^{\mathrm{bulk}}r \tag{6.52}$$

微小電極では，局所的な分析が可能で拡散限界電流に達する時間が速く，容易に定常電流が得られ高速での測定が可能である[84]。

微小電極を応用し電極反応を仲介する物質によって表面の電気化学特性を調べようとするのが走査電気化学顕微鏡（scanning electrochemical microscope, SECM）で，その概念図を図 6-70 に示す。溶液中に容易に酸化還元反応を起こす物質（メディエーター）を入れた場合（図6-70(a)）の微小電極の電流は式（6.52）に示したように，ほぼ一定である。絶縁体（導体で酸化還元反応が起こらない電極電位にある場合を含む）

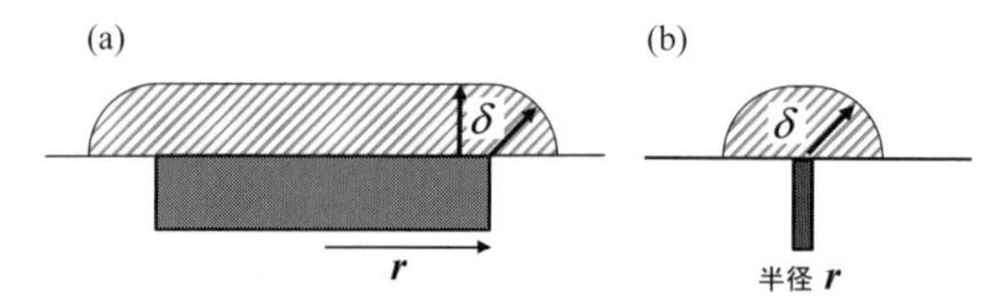

図 6-69　通常の円盤電極（$r\gg\delta$）(a) と微小電極（$r<\delta$）に形成される拡散層(b)

に微小電極を近づける（図(b)）と反応物質の供給が減少するため，プローブと対象物の距離 d が小さいほどプローブの電流は減少する。一方，酸化還元反応が起こる導体の場合(図(c))にはプローブ電極で反応するメディエーターがすぐに供給されるため，電極間距離 d が小さいほどプローブの電流が増加する。できるだけ微細な電極を使用し，電極間距離を小さくして対象物を走査すれば，酸化還元反応を起こしうる電極表面の像を得ることができる。また，プローブ電極で溶解するイオン（たとえば，Fe^{2+}）をプローブ電極で $Fe^{2+} \longrightarrow Fe^{3+} + e^-$ の反応で検出すれば，電極表面の溶解特性の違いをマッピングすることが可能となる。

電極反応が起こる範囲を制限する方法として，伏見ら[85]は二重管からなる液滴型のフローセルを使って電極反応の検討，めっき反応などを行っている。図 6-71 の概念図に示すように，キャピラリー先端の液滴を対象電極に近づけ，セルとの間に液滴が形成・維持されるように距離と溶液の供給・排出量を制御するもので，セルの製作，位置および流量の制御など非常に難しい操作になると思われるが，おもしろいアイデアである。

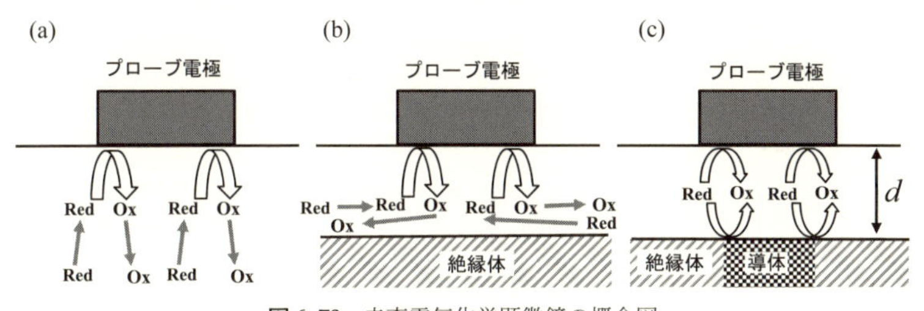

図 6-70　走査電気化学顕微鏡の概念図

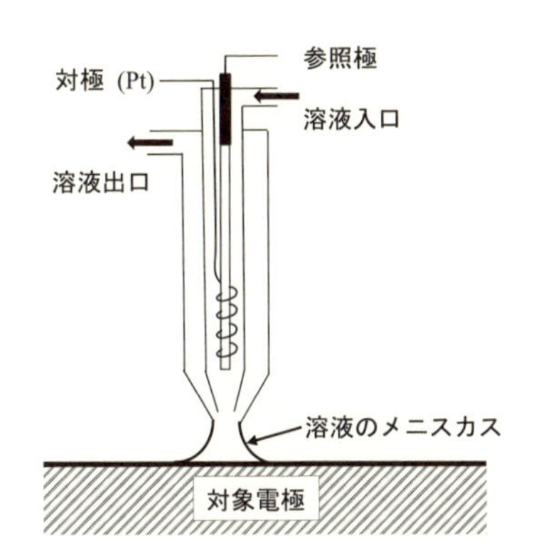

図 6-71　液滴型フローセルの概念図

引用文献

1）JIS G 0579：2007(ステンレス鋼のアノード分極曲線測定方法)
2）F. Masfeld, Z. Sun, E. Speckert, C. H. Hsu：CORROSION/2000, No.418, NACE (2000).
3）H. Xiao, F. Mansfeld：*J. Electrochem. Soc.*, **141**, 2332 (1994), U. Bertocci, Gabrielli, F. Fuet, M. Keddam：*J. Electorchem. Soc.*, **144**, 31 (1997), U. Bertocci, Gabrielli, F. Fuet, M. Keddam, P. Rousseau：*J. Electorchem. Soc.*, **144**, 37 (1997).
4）柳沼　基，西方　篤，水流　徹：材料と環境，**54**, 275 (2005).
5）井上博之：材料と環境，**54**, 444 (2003)，宮沢正純：材料，**49**, 585 (2000).
6）T. Tsuru：*Mater. Sci. Eng.*, **A 146**, 1 (1991)，水流　徹：表面科学，**15**, 446 (1994).
7）K. Aoki, K. Tokuda, H. Matsuda：*J. Electroanal. Chem.*, **195**, 229 (1985).
8）M. S. El-Basiouny, S. Haruyama：*Corros. Sci.*, **17**, 405 (1977).
9）M. Okuyama：*Electrochim. Acta*, **30**, 757 (1984).
10）佐伯雅之，西方　篤，水流　徹：電気化学，**64**, 891 (1996).
11）佐伯雅之，西方　篤，水流　徹：電気化学，**65**, 208；**65**, 580 (1997).
12）杉本克久 (堂山昌男，小川恵一，北田正弘 監修)：“材料学シリーズ．金属腐食工学”，内田老鶴圃 (2009).
13）原　信義，山田　朗，杉本克久：日本金属学会誌，**49**, 640 (1985).
14）T. Tsuru, S. Haruyama：*Corros. Sci.*, **13**, 275 (1973)；**16**, 623 (1976)，水流　徹，春山志郎：日本金属学会誌，**39**, 1098 (1975)；**40**, 1172 (1976).
15）K. Azumi, K. Iokibe, T. Ueno, M. Seo：*J. Surf. Finish. Soc. Jpn.*, **54**, 224 (2003).
16）水流　徹，春山志郎：防食技術，**27**, 573 (1978)；S. Haruyama, T. Tsuru：Electrochemical Corrosion Testing, ASTM STP 727, p.167, ASTM (1981).
17）T. Tsuru, A. Nishikata, J. Wang：*Mater. Sci. Eng.*, **A 198**, 161 (1995).
18）西條康彦，西方　篤，水流　徹：材料と環境 ’99 講演集，p.9，腐食防食協会 (1999).
19）片山英樹：*J. Jpn. Soc. Colour Mater.*, **78**, 205 (2005).
20）A. Nishikata, T. Kojima, T. Kitaguchi, T. Tsuru：Proc. 3rd Intn’l Symp. on Marine Corrosion and Control (Qingdao, 2006), pp.1-10, (2006).
21）P. J. Sereda：*ASTM Bulletin*, **228**, 53 (1958)；**246**, 47 (1960).
22）N. D. Tomashov：“Atmospheric Corrosion of Metals,” pp.36-398, MacMillan (1966).
23）F. Mansfeld, J. V. Kenkel：*Corrosion*, **33**, 13 (1977).
24）元田慎一，鈴木陽之助，篠原　正，児島洋一，辻川茂男，押川　渡，糸村昌裕，福島敏郎，出雲茂人：材料と環境，**43**, 550 (1994).
25）押川　渡，糸村昌裕，篠原　正，辻川茂男：材料と環境，**51**, 398 (2002).
26）押川　渡，佐々木裕也，篠原　正：第 52 回 材料と環境討論会，p.53，腐食防食協会 (2005).
27）原田宏紀，河野崇史，梶山浩志，水流　徹：特開 2017-3378.
28）Load Kelvin：*Philos. Mag.*, **46**, 82 (1898).
29）W. A. Zisman：*Rev. Sci. Instrum.*, **3**, 367 (1932).
30）R. Gomer, G. Tryson：*J. Chem. Phys.*, **66**, 4431 (1977).
31）M. Stratzmann, H. Streckel：*Corros. Sci.*, **30**, 681, 697 (1990).
32）水流　徹，横山優子：腐食防食 ’90 講演集，p.285，腐食防食協会 (1990).

33）水流　徹，横山優子，王　佳：第 39 回 腐食防食討論会講演集，p.47，腐食防食協会(1992).

34）J. Wang, T. Tsuru：腐食防食 '93 講演集，p.93，腐食防食協会 (1993)；T. Tsuru, A. Nishikata, J. Wang：*Mater. Sci. Eng.*, **A 198**, 161(1995).

35）柴田俊夫，竹山太郎：防食技術，**26**, 25, 71(1978).

36）M. Hashimoto, S. Miyajima, T. Murata：*Corros. Sci.*, **33**, 885, 905(1992).

37）J. H. Wang, C. C. Su, Z. Szklarska-Smialowska：*Corrosion*, **44**, 732(1988).

38）橋本浩二，水流　徹，春山志郎：第 31 回 腐食防食討論会予稿集，p.346，腐食防食協会 (1984)，T. Tsuru, K. Hashimoto, S. Haruyama：Critical Issues in Reducing the Corrosion of Steel (Nikko, 1986), p.110-120, NACE (1986)；*Mater. Sci. Forum*, **44 & 45**, 289(1989).

39）JIS G 0577：2014(ステンレス鋼の孔食電位測定方法).

40）ASTM G 150-99：Annual Books of ASTM Standards, Vol.03.02, p.638(1999).

41）山崎　修，柴田俊夫：材料と環境，**51**, 30(2002).

42）辻川茂男，久松敬弘：防食技術，**29**, 37(1980).

43）明石正恒，辻川茂男：材料と環境，**45**, 106(1996).

44）深谷祐一，明石正恒，佐々木英次，辻川茂男：材料と環境，**56**, 406(2007).

45）JIS G 0592：2002(ステンレス鋼の腐食すき間再不働態化電位の測定方法).

46）R. Oltra Ed., V. Maurice, R. Akid, P. Marcus："Local Probe Techniques for Corrosion Research", EFC Publications No.45, Woodhead Publishing (2007).

47）金子　智：材料，**45**, 1061(1996).

48）Standard Test Method for Electrochemical Reactivation (EPR) for Detecting Sensitization of AISI Type 304 and 304 L Stainless Steels, ASTM G 108-94, (2010).

49）A. P. Majidi, M. A. Streicher：CORROSION/84, No. 261, NACE (1984).

50）JIS G 580：2003(ステンレス鋼の電気化学的再活性化率の測定方法).

51）椙山正孝，金子　智，梅村文夫：防食技術，**34**, 685(1985).

52）JIS G 0576：2001(ステンレス鋼の応力腐食割れ試験方法).

53）山中和夫，小若正倫：日本金属学会報，**21**, 942(1982).

54）多田英司，野田和彦，熊井真二，水流　徹：日本金属学会誌，**61**, 1249(1997)；**62**, 276(1998)；**63**, 1075(1999)；*ISIJ Intn'l.*, **37**, 1189(1997)；*Corros. Sci.*, **46**, 1549(2004).

55）尾山由紀子，西方　篤，水流　徹：日本金属学会誌，**66**, 690(2002).

56）K. Ichitani, M. Kanno, S. Kuramoto：*ISIJ Inrtn'l.*, **43**, 496(2001).

57）南雲道彦："水素脆性の基礎"，p.60，内田老鶴圃 (2008).

58）水流　徹：材料と環境，**63**, 3(2014).

59）M. A. V. Devanathan, Z. Stachurski：*Proc. Roy. Soc. London*, Ser. A, **270**, 90(1962).

60）吉沢四郎，鶴田孝雄，山川宏二：防食技術，**24**, 511(1975).

61）B. Pound (M. Stratmann, G. S. Frankel eds.)："Encyclopedia of Electrochemistry", Vol.4, Chap. 2.2, p.124, Wiley-VCH (2003).

62）P. H. Pumphrey：*Scr. Metall.*, **14**, 695(1980).

63）I. M. Bernstein：Environmental Sensitive Fracture of Metals and Alloys, Proc. Office Naval Research, Washington (1985) [Principles and Prevention of Corrosion, 2nd Ed., p.337, Prentic Hall (1996) に引用]

64）R. M. Latanision, M. Kurkela：*Corrosion*, **39**, 174（1983）.
65）山川宏二：“遅れ破壊解明の新展開”，p.77，日本鉄鋼協会（1997）.
66）櫛田隆弘，大村朋彦：構造材料の環境脆化における水素の機能に関する研究－V，p.101，日本鉄鋼協会（2003）.
67）大村朋彦，櫛田隆弘，工藤赳夫，中里福和，渡辺　了：材料と環境，**54**, 61（2005）.
68）多田英司，鄭　傳波，西方　篤，水流　徹，大塚真司，中丸裕樹，杉本芳春，藤田　栄：*CAMP-ISIJ*, **25**, 509（2012）；大塚真司，中丸裕樹，杉本芳春，藤田　栄，西方　篤，水流　徹：*CAMP-ISIJ*, **25**, 511（2012）.
69）S. Ootsuka, Y. Sugimoto, S. Fujita, E. Tada, A. Nishikata, T. Tsuru：Proc. Eurocorr 2012,（Istanbul, 2012）#1182（2012）, S. Ootsuka, S. Fujita, A. Nishikata, T. Tsuru：*Corros. Sci.*, **98**, 430（2015），大塚真司，多田英司，西方　篤，藤田　栄，水流　徹：鉄と鋼，**103**, 27（2017）.
70）Y. Huang, A. Nakajima, A. Nishikata, T. Tsuru：*ISIJ Intn'l*, **43**, 548（2003）.
71）D. M. Brasher, A. H. Kingsbury：*J. Appl. Chem. USSR*, **4**, 62（1954）.
72）A. Nishikata, H. Ooshige, J. H. Park, T. Tsuru：Proc. Int'l Symp. on Marine Corrosion and Control,（Qingdao, 2000）, p.372（2000）；S. Yamamoto, M. Hattori, A. Nishikata, T. Tsuru：Proc.4th Intn'l Symp. on Marine Corrosion and Control,（Tokyo, 2008）, p.127（2008）.
73）岡本　剛，諸住　高：電気化学，**23**, 15（1955）；**24**, 69（1956），岡本　剛，諸住　高，山科俊郎：工業化學雑誌，**61**, 291（1958）.
74）田辺弘住（関根　功 編）：“防食塗膜の最新評価法”，3章，槇書店（1991）.
75）石川雄一，H. S. Isaacs：防食技術，**33**, 147（1984）.
76）柴田俊夫，藤本慎司（関根　功 編）：“防食塗膜の最新評価法”，6章，槇書店（1991）.
77）M. Stratmann, H. Streckel：*Corros. Sci.*, **30**, 681（1990）.
78）水流　徹（関根　功 編）：“防食塗膜の最新評価法”，5章，槇書店（1991）.
79）L. Beaunier, I. Epelboin, J. C. Lestrade, H. Takenouti：*Surf. Technol.*, **4**, 237（1976）.
80）水流　徹，浅利満頼，春山志郎：金属表面技術，**39**, 2（1988）；浅利満頼，水流　徹，春山志郎：防食技術，**36**, 134（1987）.
81）S. Haruyama, M. Asari, T. Tsuru（M. W. Kendig, H. Lidheiser, eds.）：“Corrosion Protection by Organic Coatings”, p.197. Electrochem. Soc.（1987）.
82）水流　徹（関根　功 編）：“防食塗膜の最新評価法”，4章，槇書店（1991）.
83）電気学会・電食防止研究委員会 編：“電食防止・電気防食ハンドブック”，オーム社（2011）.
84）渡辺　正 編著，金村聖志，益田秀樹，渡辺正義：“基礎化学コース. 電気化学”, p.95，丸善（2001）.
85）伏見公志，坂入正敏，幅先浩樹：表面技術，**59**, 863（2009）；坂入正敏，村田拓哉，菊池竜也，伏見公志：防錆管理，**53**, 361（2009）.

付　録

A　ディジタル・フーリエ積分によるインピーダンスの演算

B　拡散が関与するインピーダンスの導出

C　Kelvin 法と寄生容量

D　水膜系のインピーダンス

E　金属中への水素の侵入

F　塗膜の劣化過程

G　媒質から導体に誘起される電流と導体から媒質への漏洩電流の分布

付録A　ディジタル・フーリエ積分によるインピーダンスの演算

角周波数 ω_0 の交流電圧 $e(t)=E_0 \sin \omega_0 t$ を測定系に印加したとき，交流電流 $i(t)$ が流れたとする。

$$i(t)=A \sin \omega_0 t+\mathrm{j}B \cos \omega_0 t, \quad \mathrm{j}=\sqrt{-1} \tag{A.1}$$

三角関数の直交性より，

$$\begin{aligned} \frac{2}{nT}\int_0^{nT} i(t) \cos \omega t \mathrm{d}t &= \begin{Bmatrix} 0, \ \omega=m\omega_0, \ m\neq 1 \\ A, \ \omega=\omega_0 \end{Bmatrix}, \\ \frac{2}{nT}\int_0^{nT} i(t) \sin \omega t \mathrm{d}t &= \begin{Bmatrix} 0, \ \omega=m\omega_0, \ m\neq 1 \\ \mathrm{j}B, \ \omega=\omega_0 \end{Bmatrix} \end{aligned} \tag{A.2}$$

ここで，$T=2\pi/\omega_0$ は周期で n は周期の繰返し数で m とともに整数である。これより，$\omega=\omega_0$ とおいて積分すれば，与えた周波数成分 ω_0 のみの実数部 A と虚数部 B が求められ，測定電流に ω_0 と異なる周波数成分が含まれていても無視できることがわかる。

$$A=\mathrm{Re}\,[I(\omega_0)]=\frac{2}{nT}\int_0^{nT} i(t) \cos \omega_0 t \mathrm{d}t, \quad B=\mathrm{Im}\,[I(\omega_0)]=\frac{2}{\mathrm{j}nT}\int_0^{nT} i(t) \sin \omega_0 t \mathrm{d}t \tag{A.3}$$

$|I(\omega_0)|=\sqrt{\mathrm{Re}^2\,[I(\omega_0)]+\mathrm{Im}^2\,[I(\omega_0)]}$，　$Z(\omega)=\left|\dfrac{E(\omega)}{I(\omega)}\right| \exp\,[-\mathrm{j}\theta(\omega_0)]$，

$\theta(\omega_0)=\tan^{-1}\left(\dfrac{\mathrm{Im}\,[Z(\omega_0)]}{\mathrm{Re}\,[Z(\omega_0)]}\right)$ によって，各周波数でのインピーダンスの絶対値 $|Z(\omega_0)|$ と位相差 θ が求まる。また，測定間隔 Δt で測定された $i_0(t)$ については，積分を積和に置き換えて次式により計算できる。

$$\begin{aligned} \mathrm{Re}\,[I(\omega_0)] &= \frac{2}{nT}\sum_{k=0}^{nT/\Delta t} i_0(t_k) \cos(\omega_0 k\Delta t)\Delta t, \\ \mathrm{Im}\,[I(\omega_0)] &= \frac{2}{\mathrm{j}nT}\sum_{k=0}^{nT/\Delta t} i_0(t_k) \sin(\omega_0 k\Delta t)\Delta t \end{aligned} \tag{A.4}$$

A/D 変換器を通して電流と電位の時間変化をコンピュータに取り込み，n 周期分のデータについて式(A.4) の演算を行うことによってインピーダンスを計算することができる。

付録B　拡散が関与するインピーダンスの導出

交流法によって求められる分極抵抗 R_p は，その周波数が無限に小さくなれば直流法によって求めた分極抵抗に収束するはずである。一般に，直流法による測定では，拡散の効果を厳密に問題にしなくても有限の分極抵抗が求められる場合が多い。ところが交流法においては，拡散による Warburg インピーダンスがある場合には，Nyquist 図において傾き45°の直線が周波数の低下に従ってインピーダンスが無限に増加すると考えられている。この直観に基づく矛盾はどこから生じているのであろうか？

腐食系はアノード，カソード反応がそれぞれ i_{cor} の電流によって分極された系であるといえる。そこでまず，拡散の影響をより受けやすいと考えられるカソード反応のみを取り出して考えることとする。

腐食状態におけるカソード電流 i_c は次式となる。C^S，C^{bulk} はそれぞれ電極表面濃度と溶液のバルク（沖合）の濃度である。

$$i_c = -i_{cor} = -i_{0,c}\frac{C_{ox}^S}{C_{ox}^{bulk}}\exp\frac{-(1-\alpha_c)n_cF(E_{cor}-E_c^\circ)}{RT},\qquad C_{ox}^S = C_{ox}(0,t),\quad C_{ox}^{bulk} = C_{ox}(\infty,t) \tag{B.1}$$

電位に $E = E_{cor} + \Delta\eta(t)$ の変分を与え，電流と表面濃度に $\Delta i(t)$，$\Delta C^S(t)$ の変化があるとすると，次式が成り立つ。

$$i_c + \Delta i(t) = -i_{0,c}\frac{C_{ox}^S + \Delta C_{ox}^S(t)}{C_{ox}^{bulk}}\exp\frac{-(1-\alpha_c)n_cF(E_{cor}-E_c^\circ)}{RT}\exp\frac{-(1-\alpha_c)n_cF\Delta\eta(t)}{RT} \tag{B.2}$$

$\Delta\eta(t)$ に関する指数項を展開し，二次以上の項を無視すると，

$$\Delta i(t) = \frac{(1-\alpha_c)n_cF|i_c|\Delta\eta(t)}{RT} - \frac{\Delta C_{ox}^S(t)}{C_{ox}^{bulk}}\cdot|i_c| \tag{B.3}$$

$\Delta C^S(t)$ については，Fick の拡散方程式を解けばよい。

a.　半無限拡散の場合

たとえば，撹拌や対流が起こらない完全に静止した液体や固体の場合のように，拡

散による濃度変化が電極表面からバルクに向かって無限に広がる場合（半無限拡散とよぶ）について考える。拡散方程式および境界，初期条件は（以下では添え字の ox を省略する），

$$\frac{\partial C(x,t)}{\partial t}=D\left(\frac{\partial^2 C(x,t)}{\partial t^2}\right) \tag{B.4}$$

$$\frac{\Delta i(t)}{n_c F}=-D\left(\frac{\partial C(x,t)}{\partial x}\right)_{x=0},\quad C(0,0)=C^{\text{bulk}},\quad [C(x,t)]_{x\to\infty}=C^{\text{bulk}} \tag{B.5}$$

式(B.4)，式(B.5) を t に関してラプラス変換すると，

$$s\tilde{C}(x,s)-C(x,0)=D\frac{\mathrm{d}^2\tilde{C}(x,s)}{\mathrm{d}x^2}$$

$$\frac{\mathrm{d}^2\tilde{C}(x,s)}{\mathrm{d}x^2}-\frac{s}{D}\tilde{C}(x,s)=\frac{C(x,0)}{D} \tag{B.6}$$

$$\left(\frac{\partial\tilde{C}(0,s)}{\partial x}\right)_{x=0}=-\frac{\Delta I(s)}{n_c FD} \tag{B.7}$$

ここで，s はラプラス変換の変数，$\tilde{C}(x,s)$，$\Delta I(s)$ は $C(x,t)$，$\Delta i(t)$ のラプラス変換である。微分方程式 $y''-k^2 y=0$ の一般解は $y=A\exp(-kx)+B\exp(kx)$ であることから式(B.6) は，式 (B.8) のように表される。

$$\tilde{C}(x,s)=\frac{C(x,0)}{D}+A\exp\left(-\sqrt{\frac{s}{D}}x\right)+B\exp\left(\sqrt{\frac{s}{D}}x\right) \tag{B.8}$$

$x\to\infty$ で有限であるためには $B=0$ である。式(B.8) を x で微分し式(B.7) を代入すると，

$$\left(\frac{\partial\tilde{C}(x,s)}{\partial x}\right)=-A\sqrt{\frac{s}{D}}\exp\left(-\sqrt{\frac{s}{D}}x\right)=-\frac{\Delta I(s)}{n_c FD}$$

$x=0$ であることを考慮すると $A=\dfrac{\Delta I(s)}{n_c F\sqrt{Ds}}$。$A$ を式(B.8) に代入し $x=0$ とおくと，

$$\tilde{C}(0,s)=\frac{C(0,0)}{D}+\frac{\Delta I(s)}{n_c F\sqrt{Ds}}$$

表面 ($x=0$) での濃度変化のみを取り出すと，式 (B.9) が成立する。

$$\Delta\tilde{C}(0,s)=\frac{\Delta I(s)}{n_c F\sqrt{Ds}} \tag{B.9}$$

ここで，$\Delta\eta(t)$ のラプラス変換を $\Delta H(s)$ として，式(B.3) をラプラス変換すると，

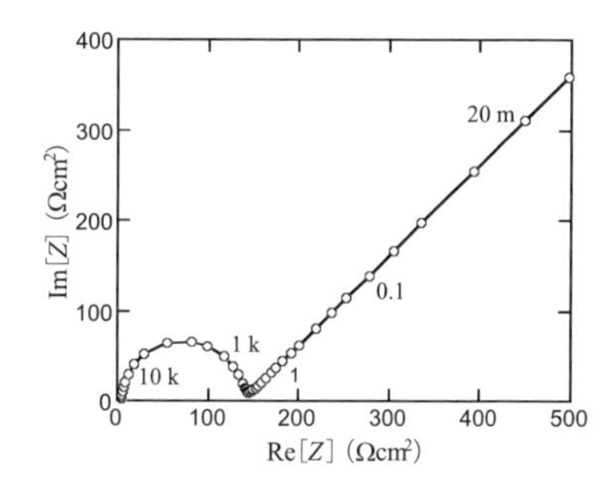

付図 B-1　拡散による濃度変化が電極表面から無限長まで起こるとしたときのインピーダンス特性　図中の数字は周波数 (Hz)。計算に用いた数値は本文を参照。

$$\Delta I(s)=\frac{(1-\alpha_c)n_cF|i_c|\Delta H(s)}{RT}-\frac{\Delta\tilde{C}(0,s)}{C^{bulk}}\cdot|i_c| \tag{B.10}$$

式(B.9) を代入し，インピーダンス関数 $Z(s)$ の形に整理すると，

$$Z(s)=\frac{\Delta H(s)}{\Delta I(s)}=\frac{RT}{(1-\alpha_c)n_cF\cdot|i_c|}+\frac{RT}{(1-\alpha_c)n_c^2F^2C^{bulk}\sqrt{Ds}} \tag{B.11}$$

ラプラス変換で表示されたインピーダンスの周波数関数を求めるには変数 s を $j\omega$ で置き換えればよい。式(5.68) も考慮して式(B.11) を書き換えると，式(5.62)，式(5.63) で示したように次式が求まる。

$$Z(\omega)=R_{pc}+\frac{RT}{(1-\alpha_c)n_c^2F^2C^{bulk}\sqrt{D}}\cdot\frac{1}{\sqrt{j\omega}}=R_{pc}+\frac{\sigma}{\sqrt{\omega}}-j\frac{\sigma}{\sqrt{\omega}},\quad \frac{1}{\sqrt{j}}=\frac{1}{\sqrt{2}}(1-j) \tag{B.12}$$

$$\sigma=\frac{RT}{\sqrt{2}(1-\alpha_c)n_c^2F^2C^{bulk}\sqrt{D}}=\frac{R_{pc}\cdot|i_c|}{\sqrt{2}n_cFC^{bulk}\sqrt{D}} \tag{B.13}$$

σ は Warburg 係数とよばれる。式(B.12) から，カソード反応のインピーダンスは周波数の低下に従って増加し，式(5.66) で示したように Nyquist 図では 45° の直線で増加することがわかる。

付図 B-1 は，$R_{pc}=134\ \Omega\text{cm}^2$，$C_{dl}=20\ \mu\text{F/cm}^2$，$R_{sol}=5\ \Omega\text{cm}$，$D_{Ox}=5\times10^{-6}\ \text{cm}^2/\text{s}$ として，$C_{Ox}^{bulk}=2.5\times10^{-7}\ \text{mol/cm}^3$（溶存した O_2 濃度の 8 ppm に相当）の条件で計算したインピーダンス特性である。高周波数部では電荷移動反応に対応する半円が，低周波数部では Warburg インピーダンスによる 45° の直線がみられる。

b.　Nernst の拡散層が成立する場合

通常の溶液系では拡散層の厚さが無限に大きくなることはなく，Nernst の拡散層の厚さ δ_N を越える範囲では濃度の変化は起こらないとして取り扱っている。すなわち，$x>\delta_N$ では $C(x)=C^{bulk}$ とおくことができる。拡散方程式において境界条件を

$\Delta C(x)_{x>\delta_N}=0$ とおいて解けばよい。$x<\delta_N$ では，

$$\Delta\tilde{C}(x,s)=\frac{\Delta I(s)}{n_c F\sqrt{Ds}}\tanh\left(\sqrt{\frac{s}{D}}\delta_N\right)\cosh\left(\sqrt{\frac{s}{D}}x\right)-\frac{\Delta I(s)}{n_c F\sqrt{Ds}}\sinh\left(\sqrt{\frac{s}{D}}x\right) \tag{B.14}$$

表面での濃度変化は $x=0$ とおいて，

$$\Delta\tilde{C}(0,s)=\frac{\Delta I(s)}{n_c F\sqrt{D\,s}}\tanh\left(\sqrt{\frac{s}{D}}\delta_N\right)$$

カソード側のインピーダンスは前と同様の計算により，

$$Z(\omega)=R_{pc}+\frac{\sigma'}{\sqrt{\omega}}-j\frac{\sigma''}{\sqrt{\omega}} \tag{B.15}$$

$$\sigma'=\frac{\dfrac{\sinh(\delta_N\sqrt{2\,\omega/D})+\sin(\delta_N\sqrt{2\,\omega/D}\,)}{\cosh(\delta_N\sqrt{2\,\omega/D})+\cos(\delta_N\sqrt{2\,\omega/D}\,)}RT}{(1-\alpha_c)n_c^2F^2C^{bulk}\sqrt{2\,D}},$$
$$\sigma''=\frac{\dfrac{\sinh(\delta_N\sqrt{2\,\omega/D})-\sin(\delta_N\sqrt{2\,\omega/D}\,)}{\cosh(\delta_N\sqrt{2\,\omega/D})+\cos(\delta_N\sqrt{2\,\omega/D}\,)}RT}{(1-\alpha_c)n_c^2F^2C^{bulk}\sqrt{2\,D}} \tag{B.16}$$

周波数 ω が小さくなる，すなわち $\beta=\delta_N\sqrt{2\,\omega/D}\rightarrow 0$ では，

$$\lim_{\beta\to 0}\sinh\beta=\beta,\quad \lim_{\beta\to 0}\sin\beta=\beta,\quad \lim_{\beta\to 0}\cosh\beta=1,\quad \lim_{\beta\to 0}\cos\beta=1$$

であることから，

$$\lim_{\omega\to 0}\sigma'=\frac{RT}{(1-\alpha_c)n_c^2F^2C^{bulk}\sqrt{2\,D}}\cdot\sqrt{\frac{2\,\omega}{D}}\delta_N=\frac{RT\delta_N\sqrt{\omega}}{(1-\alpha_c)n_c^2F^2C^{bulk}D},\quad \lim_{\omega\to 0}\sigma''=0 \tag{B.17}$$

式(B.15) に代入すると次のように表される。

$$\lim_{\omega\to 0}Z(\omega)=R_{pc}+\frac{RT\delta_N}{(1-\alpha_c)n_c^2F^2C^{bulk}D} \tag{B.18}$$

このことは，拡散が Nernst の拡散層で近似できる（拡散限界電流が現れる）場合には，周波数が低くなるに従って拡散に伴うインピーダンスが現れるが，半無限拡散の場合には $\omega\rightarrow 0$ でインピーダンスの実数部，虚数部ともに $1/\sqrt{\omega}$ に従って増加するのに対して，Nernst の拡散層モデル（有限拡散モデル）の場合には $\omega\rightarrow 0$ によって虚数部は 0 に近づき，最終的には実数軸に収まることを示している。さらに，拡散層の厚さ δ_N が小さくなるほど低周波数部分に現れるインピーダンスが小さくなることがわか

る。

また，拡散限界電流を $i_{c,\mathrm{lim}}$ としたとき，バルクの濃度 C^{bulk} は次のように $i_{c,\mathrm{lim}}$ で表されることから，拡散インピーダンスの低周波の実数部の極限は次式でも表すことができる。

$$C^{\mathrm{bulk}}=\frac{i_{\mathrm{c,lim}}\delta_{\mathrm{N}}}{n_{\mathrm{c}}FD},\quad \lim_{\omega\to 0}\frac{\sigma'}{\sqrt{\omega}}=\frac{RT\delta_{\mathrm{N}}}{(1-\alpha_{\mathrm{c}})n_{\mathrm{c}}^{2}F^{2}C^{\mathrm{bulk}}D}=\frac{RT}{(1-\alpha_{\mathrm{c}})n_{\mathrm{c}}Fi_{\mathrm{c,lim}}} \tag{B.19}$$

ここで，拡散限界電流が現れる場合で，カソード分極によるインピーダンスを計算する。式(B.15) のインピーダンスに電気二重層容量 C_{dl} と溶液抵抗 R_{sol} を接続した状態のインピーダンスを $Z_{\mathrm{cell}}(\omega)$ とすると次式となり，σ'および σ''は式(B.16) を用いて計算する。

$$Z_{\mathrm{cell}}(\omega)=R_{\mathrm{sol}}+\frac{1}{\dfrac{1}{Z(\omega)}+\mathrm{j}\omega C_{\mathrm{dl}}}=R_{\mathrm{sol}}+\frac{1}{\mathrm{j}\omega C_{\mathrm{dl}}+\dfrac{1}{R_{\mathrm{pc}}+\dfrac{\sigma'}{\sqrt{\omega}}+\mathrm{j}\dfrac{\sigma''}{\sqrt{\omega}}}} \tag{B.20}$$

計算の条件は，$n=2$，$R_{\mathrm{sol}}=10\ \Omega\mathrm{cm}^2$，$C_{\mathrm{dl}}=20\ \mu\mathrm{F/cm}^2$，$D=10^{-5}\ \mathrm{cm}^2/\mathrm{s}$，$C^{\mathrm{bulk}}=1\times 10^{-6}\ \mathrm{mol/cm}^3$，$\delta_{\mathrm{N}}=0.02\ \mathrm{cm}$，$R_{\mathrm{pc}}=128.5\ \Omega\mathrm{cm}^2$ とする（この条件での拡散限界電流は $96.5\ \mu\mathrm{A/cm}^2$ である）。

付図 B-2 は計算結果を示すもので，周波数は 0.01 mHz ～ 100 kHz の範囲で計算されている。高周波数の部分では R_{pc} と C_{dl} による半円がみられ，ほぼ 1 Hz 以下の周波数で拡散の影響による 45°の直線部分（図中の破線）がみられる。さらに低い周波数では，インピーダンスの虚数部が小さくなり，最終的には実数軸に収まることがわかる。また，付図 B-3 はカソード反応の拡散限界電流密度 $i_{\mathrm{c,lim}}=24.1\ \mu\mathrm{A/cm}^2$ とした

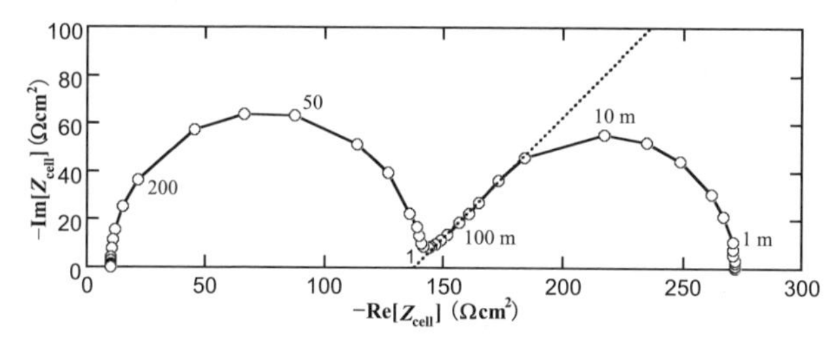

付図 B-2　拡散による濃度変化が電極表面から Nernst の拡散層 δ_{N} までに制限される（拡散限界電流がみられる）場合のインピーダンス特性の計算値
図中の数字は周波数（Hz）。計算に用いた数値は本文を参照。

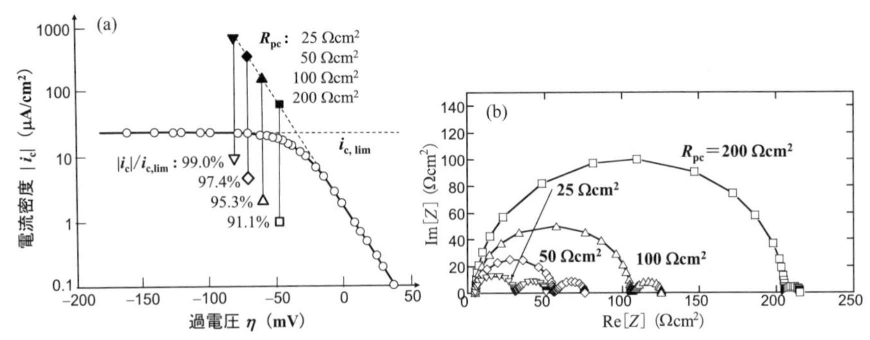

付図 B-3　カソード電流が拡散限界電流を示す分極曲線(a) と拡散限界電流に近い値までカソード分極した状態 ($|i_c|/i_{c,lim}$: 91.1 ~ 99.0%) でのインピーダンス特性(b)
カソード反応の分極抵抗 R_{pc} は (a) の黒塗りの点に対応。

ときの分極曲線で，図(a) 中に示す縦線の電位に分極した場合にはカソード電流 i_c が拡散限界電流密度 $i_{c,lim}$ の 91.1 ~ 99.0%に対応し，拡散の影響がない場合の電荷移行の電流値と対応するカソード反応の分極抵抗 R_{pc} を黒塗りの印で示した。図(b) はそれぞれのカソード電流におけるインピーダンス特性を計算したもので，カソード電流密度 i_c が拡散限界電流密度に近づくに従って電荷移行の抵抗 R_{pc} が減少するとともに，インピーダンス特性における拡散の効果が割合として大きくなることがわかる。

以上の結果より，拡散層の厚さが有限である場合のカソード側の拡散のインピーダンスは，低周波数では必ず実数軸に収束し，その最大値は式(B.19) に示したように拡散限界電流密度に依存することがわかる。腐食のアノード反応の抵抗が並列に接続されているため，測定されるインピーダンスは図 5-40 および図 5-41 に示したように式(B.18) よりも小さくなる。また，これらの解析結果は，直流測定の分極抵抗が無限大に発散しないことにも対応する。

腐食の交流インピーダンス測定で拡散による Warburg インピーダンスが含まれる場合であっても，Nyquist 図上で 45° の直線が無限に伸びるわけではないこと，および通常の腐食系ではアノード，カソード反応ともに半無限拡散というごく稀な条件を除いては $\omega \to 0$ のインピーダンスは $R_{pc} \leqq Z_F(j\omega \to 0) \leqq R_{pa}$ の範囲に収まることがわかる。

付録C　Kelvin 法と寄生容量

Kelvin 法では試料極とプローブ極との間に形成される容量（コンデンサー）を変動させることによって，交流電流を得て測定する。ここで，装置の Kelvin 電流が流れる回路系を考えると，付図 C-1(a) に示すような回路を描くことができる。プローブ電極 A と試料極 B が形成する容量 C_{Kv}，プローブ電極 A と装置の金属部分 C とが形成する寄生容量（浮遊容量）C_{ps1} および電極への配線部分 D，E が形成する寄生容量 C_{ps2} からなる。プローブ電極による振動では D–E 間の容量 C_{ps2} は変化しないので，振動による電流への寄与はない。一方，振動による電流は式(6.22) に示したように面積 S，電極間の平均距離 d_0 に大きく依存する。A–B 間の距離 d_0 を変化させたときの Kelvin 電流のバイアス電圧依存性は図(b)の破線のように E_{AB} で極小値を示すが，d_0 の増加で全体に減少する。一方，平均距離 d_0 を変えても，プローブと装置のほかの金属部分 C との距離はほとんど変化しないが全体的に面積 S が大きいことから電流値は大きいので，図(b) の実線のようになる。それゆえ，d_0 を変えて観測される電流は実線と破線の合成値であることから，図(c) のように E_{AB} で交わる直線となる。これらのことから，寄生容量の寄与が排除できない測定系では，本来の電位 E_{AB} からずれた点で極小値が観測されて誤差を生じるとともに，測定ごとに電極間距離が変動

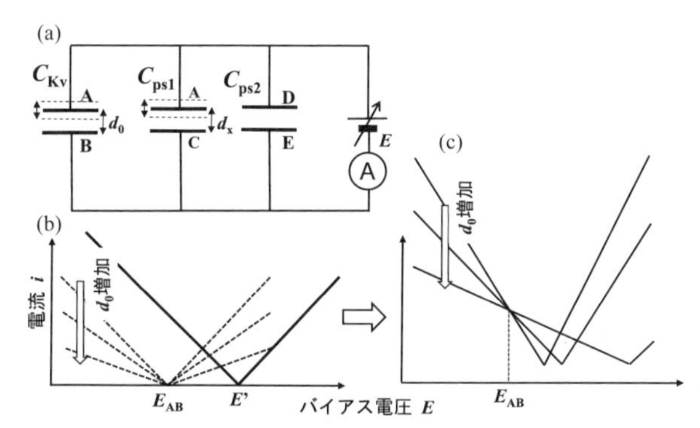

付図 C-1　(a) 寄生容量がある測定系の回路（A：プローブ電極，B；試料極，C：装置の金属部分，D, E：配線等の容量），(b) A–B 間の平均距離 d_0 を変化させたときの A–B 間の電流（破線）と A–C 間の電流（実線），(c) (b)で実際に観測される電流。

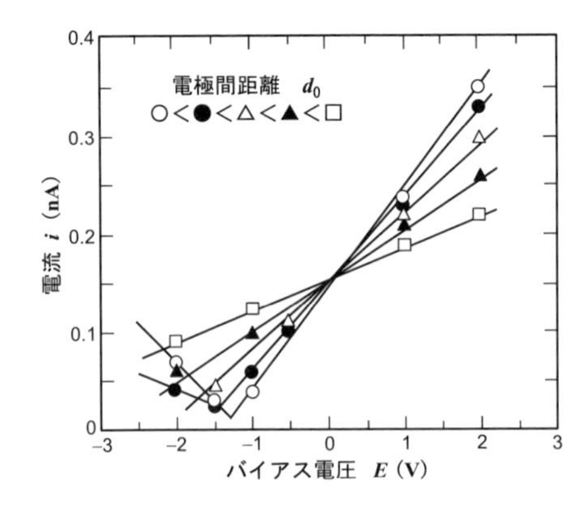

付図 C–2　寄生容量の大きな装置でプローブ－試料間の距離を変化させたときの Kelvin 電流

する場合には正確な測定をすることができなくなる。付図 C–2 は寄生容量の大きな系で，電極間距離を変えて Kelvin 電流を測定した例で，d_0 の増加で極小値の位置が変化するが，交点の位置は変わらないことがわかる[1)]。一方，この性質を利用すれば E_{AB} を挟む二つのバイアス電圧で d_0 を変えて Kelvin 電流を測定すれば，二つの直線の交点が E_{AB} を与えることとなり，測定を簡略化することができる。

塗装系などの測定では，プローブと試料極との間に高絶縁性（小容量）の塗膜が挟まれるため，プローブ－試料極間の全体の容量が極端に小さくなり，寄生容量による誤差の寄与が相対的に大きくなる。この影響をみるためには，電極間距離を変えて電位を測定し距離によって電極電位が系統的に変化するかどうかを確認する必要がある。

引用文献

1）水流　徹，横山優子，王　佳：第 39 回腐食防食討論会講演集，pp.47–50（1992）.

付録D　水膜系のインピーダンス

a.　伝送線回路のインピーダンスと電流分布

分布定数回路の一つである伝送線回路の解析は，古くは海底ケーブルなどを使用した長距離の有線電信や商用電力の送電線の問題，最近では無線などの高周波数を扱う機器，とくに携帯電話をはじめとする小型機器での配線などで扱われており，二つの並行する導体にパルスまたは高周波数の信号を流したとき，信号の伝達方向に存在す

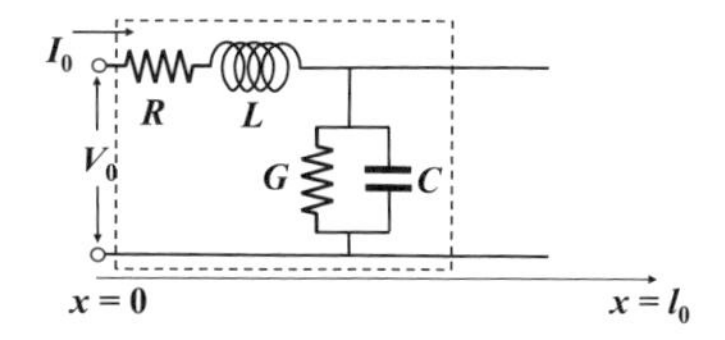

付図 D-1　伝送線回路の Δx 当たりの単位素子と等価回路

る導体の抵抗成分とインダクタンス成分による信号の減衰や遅れ，導体間に存在する容量成分や漏れ抵抗成分による信号の減衰を解析するものである。

伝送線回路は，付図 D-1 の破線で囲んだ回路成分をユニットとして，信号の伝達方向に無限に，あるいは距離 l_0 まで続く回路で，分布定数回路の一つである。ここで，R は回路の抵抗，L はインダクタンス，G は導体間の漏れ抵抗 R_g に対応するコンダクタンス（$G=1/R_g$），C は導体間のキャパシタンスで，いずれも導体の単位長さ当たりの量である。

距離 x における電圧を $V(x)$，電流を $I(x)$ とすると，$x+\Delta x$ における電圧と電流は，

$$\begin{cases} V(x+\Delta x)=V(x)-(R+\mathrm{j}\omega L)\Delta x I(x) \\ I(x+\Delta x)=I(x)-(G+\mathrm{j}\omega C)\Delta x V(x) \end{cases}$$

$$\begin{cases} \dfrac{V(x+\Delta x)-V(x)}{\Delta x}=-(R+\mathrm{j}\omega L)I(x) \\ \dfrac{I(x+\Delta x)-I(x)}{\Delta x}=-(G+\mathrm{j}\omega C)V(x) \end{cases}$$

$\Delta x\to 0$ とすると次式となり，これらは伝送方程式ともよばれる。

$$\frac{\mathrm{d}V(x)}{\mathrm{d}x}=-(R+\mathrm{j}\omega L)I(x) \tag{D.1}$$

$$\frac{\mathrm{d}I(x)}{\mathrm{d}x}=-(G+\mathrm{j}\omega C)V(x) \tag{D.2}$$

式(D.1) を x で微分し式(D.2) に代入すると，次式で表される。

$$\frac{\mathrm{d}^2V(x)}{\mathrm{d}x^2}=-(R+\mathrm{j}\omega L)\frac{\mathrm{d}I(x)}{\mathrm{d}x}=(R+\mathrm{j}\omega L)(G+\mathrm{j}\omega C)V(x)$$

$$\frac{\mathrm{d}^2V(x)}{\mathrm{d}x^2}-\gamma^2V(x)=0,\quad \gamma=\sqrt{(R+\mathrm{j}\omega L)(G+\mathrm{j}\omega C)} \tag{D.3}$$

ここで，γ は伝搬定数とよばれる。式(D.3) を解くと，V_1 と V_2 を定数とする式(D.4) となりそれを x で微分して式(D.1) に代入すると電流 $I(x)$ が求まる。

$$V(x)=V_1\exp(-\gamma x)+V_2\exp(\gamma x) \tag{D.4}$$

$$I(x)=\frac{-1}{R+\mathrm{j}\omega L}\cdot\frac{\mathrm{d}V(x)}{\mathrm{d}x}=\frac{-1}{R+\mathrm{j}\omega L}\cdot(-\gamma V_1)\exp(-\gamma x)+\frac{-1}{R+\mathrm{j}\omega L}\cdot(\gamma V_2)\exp(\gamma x)$$

$$=\sqrt{\frac{G+\mathrm{j}\omega C}{R+\mathrm{j}\omega L}}[V_1\exp(-\gamma x)-V_2\exp(\gamma x)]$$

$$I(x)=\frac{1}{Z_{\mathrm{T}}}[V_1\exp(-\gamma x)-V_2\exp(\gamma x)],\quad Z_{\mathrm{T}}=\sqrt{\frac{R+\mathrm{j}\omega L}{G+\mathrm{j}\omega C}} \tag{D.5}$$

ここで，Z_{T} は特性インピーダンスとよばれる。

$R=G=0$ の状態，すなわち信号の伝送方向に抵抗がなく，信号線間の直流的な漏れ抵抗が無限大の場合には，特性インピーダンス Z_{T} は周波数に依存せず，$Z_{\mathrm{T}}=\sqrt{L/C}$ となる。テレビのアンテナからの同軸ケーブルや平行線フィーダーの 50 Ω や 300 Ω というインピーダンス表示はこの特性インピーダンスを表している。

さて，水膜の場合 x 方向の終端（$x=l_0$）では負荷などは接続されておらず，終端開放として扱える。式(D.5) で，$x=l_0$ で $I(l_0)=0$ であることから $V_2=V_1\exp(-2\gamma l_0)$，入力端（$x=0$）で $I(0)=I_0$ より $V_2=V_1-I_0Z_{\mathrm{T}}$ であることから，

$$V_1\exp(-2\gamma l_0)=V_1-I_0Z_{\mathrm{T}},\quad I_0=\frac{V_1[1-\exp(-2\gamma l_0)]}{Z_{\mathrm{T}}}$$

一方，式(D.4) では $x=0$ で $V(0)=V_0=V_1+V_2$ より，

$$V_0=V_1[1+\exp(-2\gamma l_0)]$$

入力端からみたインピーダンス Z_{S} は入力端での電圧と電流の比であらわされるので，上の 2 式を用いると，

$$Z_{\mathrm{S}}=\frac{V_0}{I_0}=Z_{\mathrm{T}}\frac{1+\exp(-2\gamma l_0)}{1-\exp(-2\gamma l_0)}=Z_{\mathrm{T}}\frac{\exp(\gamma l_0)+\exp(-\gamma l_0)}{\exp(\gamma l_0)-\exp(-\gamma l_0)}=Z_{\mathrm{T}}\coth(\gamma l_0) \tag{D.6}$$

次に信号伝達方向への電流の分布を考える。式(D.5) に V_1 と V_2 を代入すると次式が得られる。

$$I(x)=\frac{V_0}{Z_{\mathrm{T}}}\cdot\left[\frac{\exp(-\gamma x)-\exp(\gamma x)\exp(-2\gamma l_0)}{1+\exp(-2\gamma l_0)}\right]$$

$$=\frac{V_0}{Z_{\mathrm{T}}}\cdot\left[\frac{\exp(-\gamma x)\exp(\gamma l_0)-\exp(\gamma x)\exp(-\gamma l_0)}{\exp(\gamma l_0)+\exp(-\gamma l_0)}\right]$$

$$=\frac{V_0}{Z_{\mathrm{T}}}\cdot\left[\frac{\exp[\gamma(l_0-x)]-\exp[-\gamma(l_0-x)]}{\exp(\gamma l_0)+\exp(-\gamma l_0)}\right]=\frac{V_0}{Z_{\mathrm{T}}}\cdot\frac{\sinh[\gamma(l_0-x)]}{\cosh(\gamma l_0)} \tag{D.7}$$

ここまでの導出では，伝送線のモデルの回路素子をそのまま用いてきたが，水膜の場合には，図 6-29 に示したようにインダクタンスは無視できるので $L=0$ とすることができる。さらに，距離 Δx 当たりの溶液抵抗 r_{sol} は，バルクの溶液の比抵抗を ρ_{sol} (Ωcm)，電極の幅を w とすると，水膜の厚さ d_{wl} の場合，$r_{sol}=\rho_{sol}\ \Delta x/w\ d_{wl}$ となる。単位面積当たりの分極抵抗を R_p (Ωcm^2)，電気二重層容量を C_{dl} (F/cm^2) とすると，x 方向の距離 Δx 当たりの分極抵抗 r_p と電気二重層容量 c_{dl} は，$r_p=R_p/w\Delta x$ と $c_{dl}=C_{dl}\cdot w\Delta x$ と表される。ここで，モデルの回路素子 R，G，C はそれぞれ単位長さ当たりに取っていることから，$\Delta x=1$ とおけば，$R=\rho_{sol}/wd_{wl}$，$G=1/r_p=w/R_p$，$C=C_{dl}\cdot w$ と書き換えることができる。それゆえ，式(D.3)，式(D.4) は次式となり，これらを式(D.6), 式(D.7)に代入してインピーダンスおよび電流分布を計算することができる。

$$\gamma=\sqrt{(R+j\omega L)(G+j\omega C)}=\sqrt{RG\left(1+j\omega\frac{C}{G}\right)}=\sqrt{\frac{\rho_{sol}}{d_{wl}R_p}\cdot(1+j\omega C_{dl}R_p)} \qquad (D.8)$$

$$Z_T=\sqrt{\frac{R+j\omega L}{G+j\omega C}}=\sqrt{\frac{R/G}{1+j\omega C/G}}=\sqrt{\frac{\rho_{sol}R_p/d_{wl}}{1+j\omega C_{dl}R_p}} \qquad (D.9)$$

(なお，式(D.6) および式(D.7) の Z_S と $I(x)$ については，$\coth\alpha$，$\sinh\alpha$，$\cosh\alpha$ での表示のほうがすっきりとしているが，Excel で数値計算をする場合にはこれらの双曲線関数の複素数計算はサポートされていないため，指数関数の形での複素数計算をする必要がある。)

b.　水膜下の腐食速度の推定誤差

インピーダンスによる腐食速度の推定では，二電極法による腐食モニタリングでは式(6.18) に示したように低周波数のインピーダンス $Z_{cell,\omega\to0}=2R_p+R_{sol}$ と高周波数のインピーダンス $Z_{cell,\ \omega\to\infty}=R_{sol}$ を用いて $R_p=(Z_{cell,\ \omega\to0}-Z_{cell,\ \omega\to\infty})/2$ により，三電極法では $Z_{cell,\ \omega\to0}=R_p+R_{sol}$ であることから，$R_p=(Z_{cell,\ \omega\to0}-Z_{cell,\ \omega\to\infty})$ によりそれぞれ R_p を求め，腐食速度 $i_{cor}=K/R_p$ を推定する。しかしながら，水膜下で測定されるインピーダンスは図 6-32 でみたように，水膜の厚さ d_{wl}，電極の長さ l_0，溶液の比抵抗 ρ_{sol}，バルクの溶液中での単位面積当たりの分極抵抗 R_p に依存し，$\omega\to0$ での水膜下のインピーダンス $Z_{S,\ \omega\to0}$ は R_p よりもかなり大きくなる。

以下では，電極の幅 w，長さ l_0 のときのバルク溶液中でのインピーダンス $Z_{bulk,\ \omega\to0}$ に対する水膜下での $Z_{S,\ \omega\to0}$ について，上記四つのパラメータ (d_{wl}，l_0，ρ_{sol}，R_p) の影響を検討する。

バルクの溶液中でのインピーダンスは，$Z_{bulk,\ \omega\to0}=R_p/wl_0$ で電極の幅 w を単位長さ

とすれば $Z_{\mathrm{bulk},\ \omega\to 0}=R_{\mathrm{p}}/l_0$ となる。一方，水膜下でのインピーダンスは，式(D.6)，式(D.8)，式(D.9) より，次式が求まる。

$$Z_{\mathrm{S}}=Z_{\mathrm{T}}\frac{1+\exp(-2\gamma l_0)}{1-\exp(-2\gamma l_0)}=\sqrt{\frac{\rho_{sol}R_{\mathrm{p}}/d_{\mathrm{wl}}}{1+\mathrm{j}\omega C_{\mathrm{dl}}R_{\mathrm{p}}}}\cdot\frac{1+\exp\left\{-2l_0\cdot\sqrt{\frac{\rho_{\mathrm{sol}}(1+\mathrm{j}\omega C_{\mathrm{dl}}R_{\mathrm{p}})}{d_{\mathrm{wl}}R_{\mathrm{p}}}}\right\}}{1-\exp\left\{-2l_0\cdot\sqrt{\frac{\rho_{\mathrm{sol}}(1+\mathrm{j}\omega C_{\mathrm{dl}}R_{\mathrm{p}})}{d_{\mathrm{wl}}R_{\mathrm{p}}}}\right\}} \tag{D.10}$$

$\omega\to 0$ では，式(D.11) となり，バルクの溶液と水膜下でのインピーダンスの比を k_{c} とすると，式(D.12) が成り立つ。

$$Z_{\mathrm{S},\omega\to 0}=\sqrt{\frac{\rho_{\mathrm{sol}}R_{\mathrm{p}}}{d_{\mathrm{wl}}}}\cdot\frac{1+\exp\left\{-2l_0\cdot\sqrt{\rho_{\mathrm{sol}}/d_{\mathrm{wl}}R_{\mathrm{p}}}\right\}}{1-\exp\left\{-2l_0\cdot\sqrt{\rho_{\mathrm{sol}}/d_{\mathrm{wl}}R_{\mathrm{p}}}\right\}} \tag{D.11}$$

$$k_{\mathrm{c}}=\frac{Z_{\mathrm{S},\omega\to 0}}{Z_{\mathrm{bulk},\omega\to 0}}=\frac{\sqrt{\rho_{\mathrm{sol}}R_{\mathrm{p}}/d_{\mathrm{wl}}}}{R_{\mathrm{p}}/l_0}\cdot\frac{1+\exp\left\{-2l_0\cdot\sqrt{\rho_{\mathrm{sol}}/d_{\mathrm{wl}}R_{\mathrm{p}}}\right\}}{1-\exp\left\{-2l_0\cdot\sqrt{\rho_{\mathrm{sol}}/d_{\mathrm{wl}}R_{\mathrm{p}}}\right\}}$$

$$=X_{\mathrm{L}}\frac{1+\exp(-2X_{\mathrm{L}})}{1-\exp(-2X_{\mathrm{L}})},\quad X_{\mathrm{L}}=l_0\cdot\sqrt{\frac{\rho_{\mathrm{sol}}}{d_{\mathrm{wl}}R_{\mathrm{p}}}} \tag{D.12}$$

ここで，X_{L} は l_0，R_{p}，ρ_{sol}，d_{wl} の四つのパラメータを含む係数である。

付図 D-2 は，$1/k_{\mathrm{c}}$ を X_{L} に対してプロットしたもので，X_{L} が 0.3 ~ 0.5 より小さくなると $1/k_{\mathrm{c}}$ はほぼ 1 となり，X_{L} が 0.5 より大きくなると急速に 0 に近づく。言い換えると，$X_{\mathrm{L}}<0.5$ では水膜下で測定されるインピーダンス $Z_{\mathrm{S},\ \omega\to 0}$ はバルクで測定される R_{p} とほぼ同じであるが，$X_{\mathrm{L}}>0.5$ では $Z_{\mathrm{S},\ \omega\to 0}$ から推定される分極抵抗は R_{p} よりも大きく，腐食速度を小さく見積もることとなる。X_{L} に含まれる各因子では，l_0 は一次であることからその効果は大きく，ρ_{sol} と R_{p} の比および水膜厚さ d_{wl} の逆数のそれ

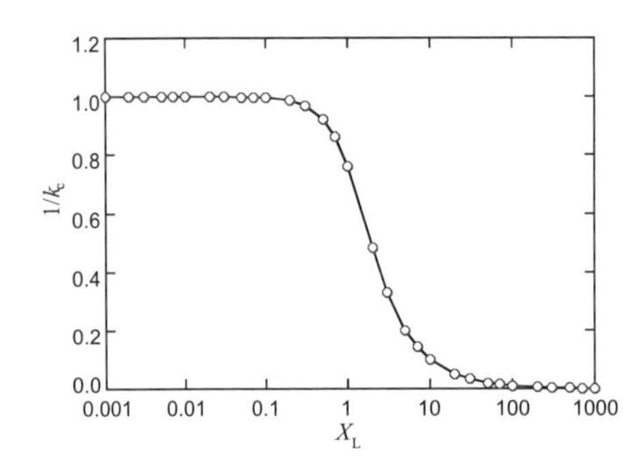

付図 D-2　式(D.12) により計算された低周波数におけるインピーダンス比の X_{L} への依存性

ぞれ 1/2 乗に依存することがわかる。また，R_p，ρ_{sol}，d_{wl} は測定条件によって動かすことができない定数である場合が多いため，電極の長さ l_0 を可能な限り小さくすることが重要である。

付録E　金属中への水素の侵入

a.　水素の吸着・吸収と平衡

鋼材に吸収された水素が鋼材中を拡散し，応力集中部や転位，空孔あるいは介在物にトラップされ鋼材の延性低下，脆性破壊へとつながっていく。ここでは，まず水素の吸収の前提となる吸着について検討する。

ガス相の水素分子 (H_2) が水溶液などに分子として吸収（溶解）する場合の反応は，$H_2(g) \rightleftarrows H_2(l)$ で表され，ガスの吸収と脱離の速度 v_{abs} と v_{des} は平衡状態では等しくなる。気相の水素分圧を p_{H_2}，吸収した水素の濃度を C_{H_2}，反応の速度定数を k_{abs}，k_{des} とおくと，

$$v_{abs}=k_{abs}p_{H_2},\quad v_{des}=k_{des}C_{H_2}$$

平衡状態では，次式となり，溶解した水素濃度は気相の水素分圧に比例する。

$$C_{H_2}=\frac{k_{abs}}{k_{des}}p_{H_2}=Kp_{H_2} \tag{E.1}$$

一方，金属の液体や固体への水素の吸収（溶解）は原子状であり，$H_2(g) \rightleftarrows 2\,H$ (s または l) となる。分子状の吸収と同様に溶解水素の濃度を C_H とすると次式が成り立つ。

$$v_{abs}=k'_{abs}p_{H_2},\quad v_{des}=k'_{des}C_H^2$$

平衡状態では次式となり，Sievert 則 (Sievert's law) とよばれ，K_S は Sievert 定数である。

$$C_H^2=K'p_{H_2},\quad C_H=K_S\sqrt{p_{H_2}} \tag{E.2}$$

金属に水素が吸収する過程では，水素分子が金属上で原子状に解離・吸着して，金属内部へと吸収される。付図 E-1 は，金属と分子状水素 (H_2，図(a))，原子状水素 (2H，図(b)) の相互作用のエネルギー $U(Z)$ を両者の距離 Z の関数として表すもので，

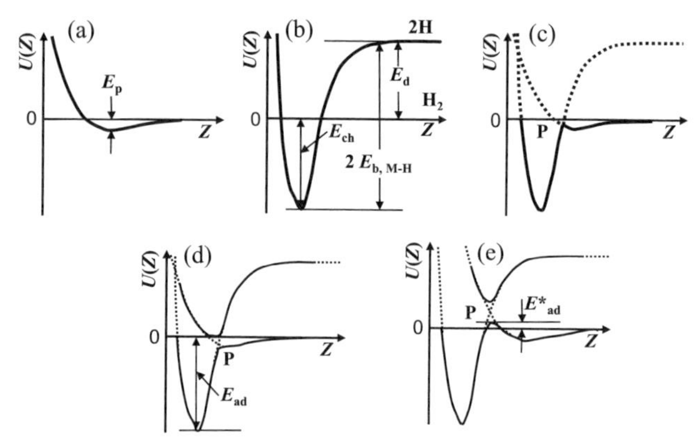

付図 E-1　H_2 分子，H 原子と金属の相互作用エネルギー $U(Z)$
(a) H_2 分子，(b) 解離した 2 H 原子，(c) H_2 および 2 H に対する $U(Z)$ の関係，(d) 自発的解離吸着，(e) 活性化 (E^*_{ad}) を伴う解離吸着。
[深井　有，田中一英，内田裕久："材料学シリーズ．水素と金属"，p. 130，内田老鶴圃 (2002)]

H_2 ではファンデルワールス力による引力で引きつけられる浅いエネルギーの谷 (E_p) があり，物理吸着として表面にトラップされる。原子状に解離した水素は基準の H_2 分子より高いエネルギーをもっているが，表面との化学結合によって安定に吸着する (化学吸着 E_{ch})。水素分子が解離して原子状で吸着するためには大きな解離エネルギー E_d を必要とするが，図 E-1(c) に示すように金属の触媒作用がある場合には両曲線の交点 P を越えて解離吸着する。交点の位置によって物理吸着から大きなエネルギーを必要とせずに化学吸着する自発的解離吸着 (図(d)) と活性化エネルギー E^*_{ad} が必要な活性化解離吸着 (図(e)) の経路があり，経路や活性化エネルギーの大きさは金属の種類によって異なる[1)]。

水溶液から水素が鋼材に吸収される場合にも，吸収反応は吸着水素原子が鋼材に吸収 (溶解) することによって進行する。水溶液の場合には，電極反応によって水素ガスの発生，水素原子の吸着が起こり，その量と速度は電極電位によって容易に制御できるため，より詳細な解析が可能である。

酸性溶液と中性・アルカリ性溶液中での水素ガス発生反応は，次のように書かれる。

$$2\,H^+ + 2\,e \longrightarrow H_2 \qquad (\text{酸性溶液}),$$

$$2\,H_2O + 2\,e \longrightarrow H_2 + 2\,OH^- \qquad (\text{中性・アルカリ性溶液})$$

これらの反応は，以下の素反応から成り立つとされている。

$$H^{+}+e \underset{v_{-,\mathrm{Vol}}}{\overset{v_{+,\mathrm{Vol}}}{\rightleftarrows}} H_{ad}, \qquad H_2O+e \underset{v_{-,\mathrm{Vol}}}{\overset{v_{+,\mathrm{Vol}}}{\rightleftarrows}} H_{ad} \qquad \text{：Volmer 反応}$$

$$H_{ad}+H_{ad} \underset{v_{-,\mathrm{Taf}}}{\overset{v_{+,\mathrm{Taf}}}{\rightleftarrows}} H_2, \qquad H_{ad}+H_{ad} \underset{v_{-,\mathrm{Taf}}}{\overset{v_{+,\mathrm{Taf}}}{\rightleftarrows}} H_2 \qquad \text{：Tafel 反応}$$

$$H_{ad}+H^{+}+e \underset{v_{-,\mathrm{Hey}}}{\overset{v_{+,\mathrm{Hey}}}{\rightleftarrows}} H_{ad}, \quad H_{ad}+H_2O+e \underset{v_{-,\mathrm{Hey}}}{\overset{v_{+,\mathrm{Hey}}}{\rightleftarrows}} H_2+OH^{-} \qquad \text{：Heyrovsky 反応}$$

水素発生反応機構の詳細については次節で述べるが，電極反応による水素ガス発生反応は吸着水素 H_{ad} を生成して進む反応であり，この吸着水素についても気相からの吸収の場合と同様に取り扱うことができる。付図 E-2 に示すように，電極反応で生じた H_{ad} の大部分は H_2 分子として溶液中に溶解または気泡を形成して溶液外に散逸し，H_{ad} の一部が金属に吸収され金属内部へ拡散する。金属への吸収反応について，吸着原子 H_{ad} の表面濃度を C_{ad}，その飽和吸着濃度を C_{ad}^{sat}，被覆率を θ とし，吸収した金属表面の直下の吸収水素濃度を C_{ab}^{S} とすると，吸収反応が平衡状態にあるとき次式となる。

$$K=\frac{C_{ab}^{S}}{C_{ad}}, \quad C_{ad}=\theta C_{ad}^{sat}, \quad C_{ab}^{S}=KC_{ad}=K\theta C_{ad}^{sat} \qquad \text{(E.3)}$$

C_{ab}^{S}（以下，吸収表面濃度という）は H_{ad} の被覆率 θ に依存することがわかる。

付図 E-3(a) は H_2 分子が金属表面に吸着し表面下のサイトを経て結晶内へ拡散するときのポテンシャルエネルギーを示すもので，破線は次に述べる表面再構成が起こる場合のものである。通常の吸着では最表面の金属原子の 2 個，3 個，4 個が接する点に水素は吸着するが，図(b) の断面図に示すように fcc の (110) 面では最表面の下の金属原子に直接吸着することができる。吸着原子が多い場合（＞1.0 mono-layer）には，Pd や Ni，Co などで最表面の金属原子がこのように再配列する場合があり，表面再構成とよばれる。表面再構成が起こる場合には，表面から結晶内へ移行する活性

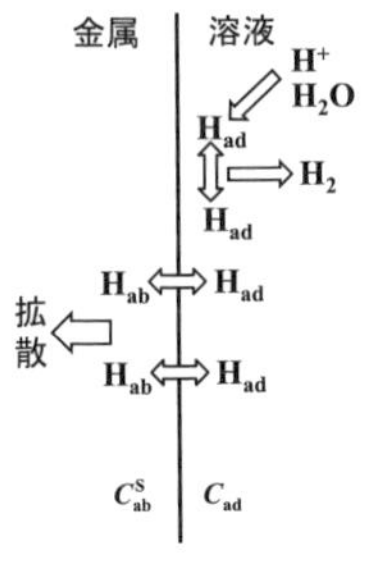

付図 E-2　水溶液からの水素発生反応に伴う吸着原子 H_{ad} の生成と金属への吸収過程

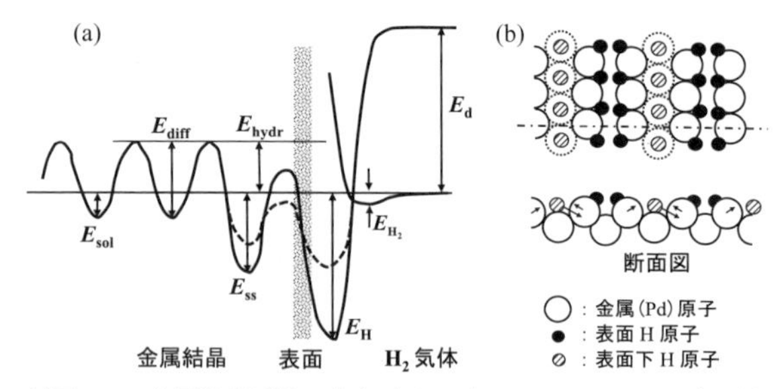

付図 E-3　金属結晶近傍の水素原子のポテンシャルエネルギー(a)と結晶表面での H 原子の位置(b)
［深井　有，田中一英，内田裕久："材料学シリーズ．水素と金属"，p. 130，内田老鶴圃 (2002)］

化エネルギーが低くなるため，水素の吸収･脱離が起こりやすくなる。吸着サイトから表面下に移った水素は $E_{ss}+E_{hydr}$ の活性化エネルギーを得て格子内に移り，格子内拡散の活性化エネルギー E_{diff} 以上のエネルギーをもつ水素原子が金属中へ拡散することとなる。

b.　水素電極反応の反応パラメータの導出[2)]

酸性溶液および中性･アルカリ性溶液中での水素発生反応機構は，上に述べた Volmer 反応，Tafel 反応，Heyrovsky 反応の組み合わせで進行する。これらの組み合わせで反応に関与するパラメータ（Tafel 勾配，水素イオンの反応次数，被覆率の電位･pH 依存性など）については，次節にまとめる。ここでは，議論を進めるために酸性溶液中で Volmer 反応→Tafel 反応の経路で Tafel 反応が律速段階（RDS）である場合についてを例として取り上げる。

Volmer 反応：　$H^+ + e \rightleftarrows H_{ad}$　[1]

Tafel 反応　：　$H_{ad} + H_{ad} \longrightarrow H_2$　[2]

反応 [1] について，正，逆方向の反応速度 $v_{+,\mathrm{Vol}}$，$v_{-,\mathrm{Vol}}$ は H_{ad} の被覆率を θ，その飽和吸着濃度を C_{ad}^{sat} とすると，

$$v_{+,\mathrm{Vol}} = k_{+,\mathrm{Vol}}(1-\theta)a_{H^+} \exp\left\{\frac{-(1-\beta_{\mathrm{Vol}})F\eta}{RT}\right\} = k'_{+,\mathrm{Vol}}(1-\theta) \quad (E.4)$$

$$v_{-,\mathrm{Vol}} = k_{-,\mathrm{Vol}}\theta C_{ad}^{sat} \exp\left\{\frac{\beta_{\mathrm{Vol}}F\eta}{RT}\right\} = k'_{-,\mathrm{Vol}}\theta \quad (E.5)$$

$$k'_{+,\mathrm{Vol}}=k_{+,\mathrm{Vol}}a_{\mathrm{H}^+}\exp\left\{\frac{-(1-\beta_{\mathrm{Vol}})F\eta}{RT}\right\},\quad k'_{-,\mathrm{Vol}}=k_{-,\mathrm{Vol}}C_{\mathrm{ad}}^{\mathrm{sat}}\exp\left\{\frac{\beta_{\mathrm{Vol}}F\eta}{RT}\right\} \tag{E.6}$$

式(E.4) で $1-\theta$ の項は吸着していない部分の面積比に相当し，吸着が起こるのは電極の未吸着部のみで起こることによる。RDS が反応 [2] であることから，反応 [1] は平衡とみなすことができ，$v_{+,\mathrm{Vol}}=v_{-,\mathrm{Vol}}$ より次式となる。

$$k'_{+,\mathrm{Vol}}(1-\theta)=k'_{-,\mathrm{Vol}}\theta,\quad \theta=\frac{k'_{+,\mathrm{Vol}}}{k'_{+,\mathrm{Vol}}+k'_{-,\mathrm{Vol}}} \tag{E.7}$$

反応 [2] について反応速度と電流は次式となり，式(E.9) は式(E.10) となる。

$$v_{+,\mathrm{Taf}}=k_{+,\mathrm{Taf}}(\theta C_{\mathrm{ad}}^{\mathrm{sat}})^2=k'_{+,\mathrm{Taf}}\theta^2,\quad k'_{+,\mathrm{Taf}}=k_{+,\mathrm{Taf}}C_{\mathrm{ad}}^{\mathrm{sat}} \tag{E.8}$$

$$i=2Fv_{+,\mathrm{Taf}} \tag{E.9}$$

$$i=\frac{2Fk'_{+,\mathrm{Taf}}}{\left(1+\dfrac{k'_{-,\mathrm{Vol}}}{k'_{+,\mathrm{Vol}}}\right)^2}=\frac{2Fk'_{+,\mathrm{Taf}}}{\left\{1+\dfrac{k_{-,\mathrm{Vol}}C_{\mathrm{ad}}^{\mathrm{sat}}}{k_{+,\mathrm{Vol}}a_{\mathrm{H}^+}}\exp\left(\dfrac{F\eta}{RT}\right)\right\}^2} \tag{E.10}$$

過電圧が小さく，($\eta\fallingdotseq 0$) 分母の第 2 項が十分に小さいとき次式となる。

$$i=2Fk'_{+,\mathrm{Taf}}=2Fk_{+,\mathrm{Taf}}C_{\mathrm{ad}}^{\mathrm{sat}} \tag{E.11}$$

一方，過電圧が大きい場合は分母内の 1 が無視でき，次式と表される。

$$i=2Fk_{+,\mathrm{Taf}}C_{\mathrm{ad}}^{\mathrm{sat}}\left(\frac{k_{+,\mathrm{Vol}}a_{\mathrm{H}+}}{k_{-,\mathrm{Vol}}C_{\mathrm{ad}}^{\mathrm{sat}}}\right)^2\exp\left(\frac{-2F\eta}{RT}\right)=2Fk'a_{\mathrm{H}+}^2\exp\left(\frac{-2F\eta}{RT}\right) \tag{E.12}$$

$$k'=\frac{k_{+,\mathrm{Taf}}k_{+,\mathrm{Vol}}^2}{k_{-,\mathrm{Vol}}^2C_{\mathrm{ad}}^{\mathrm{sat}}} \tag{E.13}$$

Tafel 勾配 b_{c} と水素イオンの反応次数 r_{H}, 電流の pH 依存性については次式が求まる。

$$b_{\mathrm{c}}=2.3\times\left(\frac{\partial\eta}{\partial\log i}\right)=\frac{2.3RT}{-2F}=-0.03\ (\mathrm{V/dec}) \tag{E.14}$$

$$r_{\mathrm{H}}=\left(\frac{\partial\log i}{\partial\log a_{\mathrm{H}^+}}\right)=2,\quad \left(\frac{\partial\log i}{\partial\mathrm{pH}}\right)=-2 \tag{E.15}$$

さらに，θ については式(E.7) より次式となる。

$$\theta=\frac{k'_{+,\mathrm{Vol}}}{k'_{+,\mathrm{Vol}}+k'_{-,\mathrm{Vol}}}=\frac{1}{1+\dfrac{k'_{-,\mathrm{Vol}}}{k'_{+,\mathrm{Vol}}}}=\frac{1}{1+\dfrac{k_{-,\mathrm{Vol}}C_{\mathrm{ad}}^{\mathrm{sat}}}{k_{+,\mathrm{Vol}}a_{\mathrm{H}^+}}\exp\left(\dfrac{F\eta}{RT}\right)} \tag{E.16}$$

過電圧が小さく分母の第 2 項がほぼ等しいときには $\theta\to 0.5$，過電圧が大きい場合には次式となり，過電圧および水素イオン濃度との関係は以下のようになる。

$$\theta = \frac{k_{+,\mathrm{Vol}} a_{\mathrm{H^+}}}{k_{-,\mathrm{Vol}} C_{\mathrm{ad}}^{\mathrm{sat}}} \exp\left(\frac{-F\eta}{RT}\right) \tag{E.17}$$

$$\left(\frac{\partial \eta}{\partial \log \theta}\right) = \frac{2.3\,RT}{-F} = -0.06\ (\mathrm{V/dec}),\quad \left(\frac{\partial \log \theta}{\partial \log a_{\mathrm{H^+}}}\right) = 1 \tag{E.18}$$

かなり煩雑な式の導出を行ったが，水素発生反応機構については，先に示した三つの反応の組み合わせによって，① Volmer 反応（律速）→ Tafel 反応，② Volmer 反応 → Tafel 反応（律速），③ Volmer 反応（律速）→ Heyrovsky 反応，④ Volmer 反応 → Heyrovsky 反応（律速）の四つの組み合わせと，それぞれの反応の速度がほぼ等しい混合律速（coupled reaction）である，⑤ Volemer 反応 → Tafel 反応（混合）と⑥ Volmer 反応 → Heyrovsky 反応（混合）について考慮する必要がある。

これらの反応経路については，たとえば①は Pt，Rh で，③は Hg，Pb，Cd で，④は Ni，W，Au でみられるとされているが，溶液の pH やアニオン種，その濃度などでも変化するため，実際の系での反応機構を確実に押さえて議論することが必要になる。

前節の議論で，吸着水素と吸収水素（吸収表面濃度）との間に平衡が成立するとき，$C_{\mathrm{ab}}^{\mathrm{s}}$ は水素の表面被覆率 θ に依存することが示された。たとえば，長時間一定のカソード分極を行い被覆率を一定に保つことができれば，鋼材内部の水素濃度は均一となりその濃度は $C_{\mathrm{ab}}^{\mathrm{s}}$ に等しくなるはずである。それゆえ，酸性溶液中で水素発生反応機構が Volmer → Tafel の経路で，Tafel 反応が律速であれば，式(E.18) は鋼材内部に吸収される水素濃度を一定の pH では電位により，一定の電位では pH により制御できることを示している。ただし，酸性溶液と中性・アルカリ性溶液では反応パラメータの一部の pH 依存性が異なるため，十分に注意する必要がある。酸性溶液中における過電圧と被覆率との関係は，反応経路によって異なり，①で −15 mV/dec，②で −60 mV/dec，③で 0 mV/dec，④で −60 mV/dec と計算される。

c. 水素発生反応の律速段階と反応のパラメータ[2)]

簡単のために酸性溶液を考え，電流などは単位面積で考える。

Volmer 反応	：	$H^+ + e \rightleftharpoons H_{ad}$	[1]
Tafel 反応	：	$H_{ad} + H_{ad} \rightleftharpoons H_2$	[2]
Heyrovsky 反応	：	$H_{ad} + H^+ + e \rightleftharpoons H_2$	[3]

① **Slow Discharge　I（放電律速）　Volmer 反応（律速）→ Tafel 反応**

反応 [1] の正・逆反応の速度を v_1，v_{-1} とすると，

$$v_1 = k_1(1-\theta)a_{H^+} \exp\left\{\frac{-(1-\beta_1)FE}{RT}\right\} \tag{E.19}$$

$$v_{-1} = k_{-1}\theta C_{ad}^{sat} \exp\left\{\frac{\beta_1 FE}{RT}\right\} \tag{E.20}$$

θ は H_{ad} の表面被覆率，β_1 は電極反応 [1] の対称因子（$0<\beta_1<1$），k_1，k_{-1} は正・逆反応の速度定数（なお，以下で飽和吸着量 C_{ad}^{sat} は一定として，省略する）。反応 [2] は十分に速く，H_2 がすみやかに除去されれば，その逆反応は無視できる。

$$v_2 = k_2\theta^2 \tag{E.21}$$

反応 [1] の正味の反応で 1 個の H_{ad} が生成するので，$v_1 - v_{-1} = 2v_2$。観測される正味の電流 i は，反応 [1] の電子数が 1 であるので，

$$i = F(v_1 - v_{-1}) = 2Fv_2 \tag{E.22}$$

ここで，$k_1{}' = k_1 a_{H^+} \exp\left\{\frac{-(1-\beta_1)FE}{RT}\right\}$，$k_{-1}{}' = k_{-1} \exp\left\{\frac{\beta_1 FE}{RT}\right\}$ とおくと，

$$v_1 = k_1{}'(1-\theta), \qquad v_{-1} = k_{-1}{}'\theta \tag{E.19′, E.20′}$$

式(E.22) に代入すると，$k_1{}'(1-\theta) - k_{-1}{}'\theta = 2k_2\theta^2$。$\theta$ に関する二次式となり，

$$\theta = \frac{-(k'_1 + k'_{-1}) + \sqrt{(k'_1 + k'_{-1})^2 + 8k'_1 k_2}}{4k_2} \tag{E.23}$$

反応 [1] が律速であることから，$k_2 \gg k'_1$，k'_{-1} であるとすれば，式(E.23) は次式となる。

$$\theta = \sqrt{\frac{k'_1}{2k_2}} \tag{E.24}$$

式(E.21)，式(E.22) より，

$$i = 2Fk_2\left(\frac{k'_1}{2k_2}\right) = Fk_1 a_{H^+} \exp\left\{\frac{-(1-\beta_1)FE}{RT}\right\} \tag{E.25}$$

$E = E_{eq} + \eta$ とおくと（E_{eq}：平衡電位，η：過電圧），

$$i = Fk_1 a_{H^+} \exp\left\{\frac{-(1-\beta_1)FE_{eq}}{RT}\right\} \exp\left\{\frac{-(1-\beta_1)F\eta}{RT}\right\} \tag{E.26}$$

Tafel 勾配 b_{sd} は，　$b_{sd}=2.3\left(\dfrac{\partial\eta}{\partial\ln i}\right)=2.3\times\dfrac{RT}{(1-\beta_1)F}=\dfrac{-0.059}{(1-\beta_1)}=-0.118$ (V/dec)

水素反応次数 r_{sd} は，　$r_{sd}=\left(\dfrac{\partial\log i}{\partial\log a_{H^+}}\right)=1$

② **Slow Combination　(結合律速)　　Volmer 反応 → Tafel 反応 (律速)**

反応 [1] の正・逆反応が速く，反応 [2] の逆反応は無視できる。

反応 [2] が律速であることから，式(E.22) において $v_2 \fallingdotseq 0$，すなわち $v_1=v_{-1}$ と考えられる。

式(E.19′)，式(E.20′) より，

$$k_1'(1-\theta)=k_{-1}'\theta$$

$$\theta=\frac{k_1'}{k_1'+k_{-1}'} \tag{E.27}$$

式(E.21)，式(E.22) に代入すると，

$$i=\frac{2Fk_2}{\left(1+\dfrac{k'_{-1}}{k'_1}\right)^2}=\frac{2Fk_2}{\left\{1+\dfrac{k_{-1}}{k_1a_{H^+}}\exp\left(\dfrac{FE}{RT}\right)\right\}^2} \tag{E.28}$$

ここで，分母の第 2 項が 1 に比べて十分に小さいときは，$i=2F\,k_2$ となり反応 [2] の反応速度のみで電流が決まる。

一方，十分な過電圧がかかる場合には分母の 1 が無視でき，

$$i=2Fk_2\frac{k_1^2}{k_{-1}^2}a_{H^+}^2\exp\left(\frac{-2FE}{RT}\right) \tag{E.29}$$

Tafel 勾配 b_{sc} は，　$b_{sc}=-2.3\times\dfrac{RT}{2F}=\dfrac{-0.059}{2}=-0.03$ (V/dec)

水素反応次数 r_{sc} は，　$r_{sc}=2$

③ **Slow Discharge II (放電律速)　　Volmer 反応 (律速) → Heyrovsky 反応**

反応 [3] の正反応の速度 v_3 は (逆反応は無視できる)，

$$v_3=k_3\theta a_{H^+}\exp\left\{\frac{-(1-\beta_3)FE}{RT}\right\}=k_3'\theta$$

$$k_3'=k_3a_{H^+}\exp\left\{\frac{-(1-\beta_3)FE}{RT}\right\} \tag{E.30}$$

①の場合と同様に，反応［1］の正味反応で 1 個 H_{ad} が生成し，反応［3］が進行する。

$$v_1 - v_{-1} = v_3$$

観測される電流は，$\frac{1}{2}i = F(v_1 - v_{-1}) = Fv_3$ (E.31)

一方，式(E.19′)，式(E.20′) および式(E.30) より，$k_1'(1-\theta) - k_{-1}'\theta = k_3\theta$

$$\theta = \frac{k_1'}{k_1' + k_{-1}' + k_3'} \tag{E.32}$$

$$\frac{i}{2} = Fk_3'\theta = \frac{Fk_1'k_3'}{k_1' + k_{-1}' + k_3'} \tag{E.33}$$

Volmer 反応が律速であるので，$k_3' \gg k'_1$，k'_{-1}

$$i = 2Fk_1' = 2Fk_1 a_{H^+} \exp\left\{\frac{-(1-\beta_1)FE}{RT}\right\} \tag{E.34}$$

これは式(E.25) と同じであり，Tafel 勾配は，$b_{scII} = -0.118$ (V/dec)
水素反応次数 $r_{scII} = 1$。

④ **Slow Electrochmical(電気化学律速)　Volmer 反応 → Heyrovsky 反応(律速)**

②の場合と同様に，反応［1］の正・逆反応が速く，反応［3］の逆反応は無視できる。反応［3］の正反応が遅いことから，式(E.32) において，k'_1，$k'_{-1} \gg k'_3$。

$$\theta = \frac{k'_1}{k'_1 + k'_{-1}} \tag{E.35}$$

式(E.30)，式(E.31) より，

$$\frac{i}{2} = Fk'_3\theta = Fk'_3\frac{k'_1}{k'_1 + k'_{-1}} = \frac{Fk_3 a_{H^+} \exp\left\{\frac{-(1-\beta_3)FE}{RT}\right\}}{\left\{1 + \frac{k_{-1}}{k_1 a_{H^+}} \exp\left(\frac{FE}{RT}\right)\right\}} \tag{E.36}$$

ここで，過電圧が小さく，分母の第 2 項が 1 に比べて無視できる場合には，

$$i = 2Fk_3 a_{H^+} \exp\left\{\frac{-(1-\beta_3)FE}{RT}\right\} \tag{E.37}$$

式(E.37) は式(E.25) と同様になる。

過電圧が大きい場合には，分母の 1 が無視でき，

$$i = 2Fk_3 \frac{k_1}{k_{-1}} a_{H^+}^2 \exp\left\{\frac{-(2-\beta_3)FE}{RT}\right\} \tag{E.38}$$

Tafel 勾配 b_{se} は，$b_{se} = -2.3\frac{RT}{(2-\beta_3)F} = \frac{-0.059}{(3/2)} = -0.04$（V/dec）

水素反応次数 $r_{se} = 2$。

ここまでは，水素発生反応機構を Volmer 機構，Tafel 機構，Heyrovsky 機構の組み合わせとして，Volmer → Tafel および Volmer → Heyrovsky の二つの経路を考え，それぞれ経路で前後の反応のいずれかが律速するとして，四つに分類して反応パラメータを計算した。しかしながら，前段または後段の反応が律速で，ほかの反応は極めて速いという前提が成立しない場合，すなわち前段と後段の反応速度がほぼ等しい場合（混合律速）には，反応パラメータは異なってくる。以下に Volmer → Tafel および Volmer → Heyrovsky が混合律速である場合の反応パラメータを計算する。

⑤ Volmer 機構 → Tafel 機構で混合律速

Volmer 反応 [1] の右向きの反応速度を v_1，反応速度定数を k_1，過電圧を η，吸着水素 H_{ad} の被覆率を θ とすると次式となる。

$$v_1 = k_1 a_{H^+}(1-\theta)\exp\left(\frac{-(1-\beta_1)F\eta}{RT}\right) \tag{E.39}$$

Tafel 反応 [2] の右向きの速度を v_2，反応速度定数を k_2 とすると式（E.21）と同じく，

$$v_2 = k_2\theta^2 \tag{E.40}$$

混合律速であるため，$v_1 = 2v_2$ で，電流 i は次式となる。

$$i = Fv_1 = 2Fv_2 \tag{E.41}$$

式(E.39) において被覆率 θ が小さい場合は $(1-\theta) \fallingdotseq 1$ とおけるので，電流は次式で求まる。

$$v_1 = k_1 a_{H^+}(1-\theta)\exp\left(\frac{-(1-\beta_1)F\eta}{RT}\right) \tag{E.42}$$

θ については，次式で表される。

$$k_1 a_{H^+} \exp\left(\frac{-(1-\beta_1)F\eta}{RT}\right) = 2k_2\theta^2$$

$$\theta^2 = \frac{k_1 a_{H^+}}{2k_2}\exp\left(\frac{-(1-\beta_1)F\eta}{RT}\right) \text{ または } \theta = \sqrt{\frac{k_1 a_{H^+}}{2k_2}}\exp\left(\frac{-(1-\beta_1)F\eta}{2RT}\right) \quad \text{(E.43)}$$

Tafel 勾配は $\left(\frac{\partial\eta}{\partial\log i}\right) = -2.3\times\frac{RT}{(1-\beta_1)F} = -0.12$ (V/dec) となり，θ の電位依存性は式(E.43) より，$\left(\frac{\partial\eta}{\partial\log\theta}\right) = -2.3\times\frac{2RT}{(1-\beta_1)F} = -0.24$ (V/dec)，電流依存性は式(E.40)，式(E.41) より，$i = 2Fk_2\theta^2$ から $\left(\frac{\partial\log\theta}{\partial\log i}\right) = \frac{1}{2}$ となる。

⑥ Volmer 機構 → Heyrovsky 機構で混合律速

Heyrovsky 反応 [3] の右向きの反応速度を v_3，反応速度定数を k_3 とおくと，

$$v_3 = k_3 a_{H^+}\theta\exp\left(\frac{-(1-\beta_3)F\eta}{RT}\right) \quad \text{(E.44)}$$

混合律速であることから，$v_1 = v_3$ で，カソード電流は次式となる。

$$\frac{1}{2}i = Fv_1 = Fv_3 \quad \text{(E.45)}$$

$$i = 2k_1 F a_{H^+}(1-\theta)\exp\left(\frac{-(1-\beta_1)F\eta}{RT}\right) = 2k_3 F a_{H^+}\theta\exp\left(\frac{-(1-\beta_3)F\eta}{RT}\right) \quad \text{(E.46)}$$

式(E.46) より θ と過電圧 η の関係は，θ が小さく，$\beta_1 = \beta_3$ とおくことができるとき，$k_1(1-\theta) = k_3\theta$ となり，$\theta = k_1/k_3 = K$ と定数になる。各パラメータは，

$\left(\frac{\partial\eta}{\partial\log i}\right) = -2.3\times\frac{RT}{(1-\beta_1)F} = -0.12$ (V/dec)，$\left(\frac{\partial\eta}{\partial\log\theta}\right) = \infty$，$\left(\frac{\partial\log\theta}{\partial\log i}\right) = 1$ となる。

(i)　被覆率 θ の水素イオン濃度，過電圧依存性　水素発生反応に伴う水素侵入機構を考えるとき，吸着水素 H_{ad} の濃度（吸着水素の被覆率 θ に対応）の pH および過電圧に対する依存性を知ることが重要である。上記で求めた式を使って各律速段階におけるこれらを求めると，以下のようになる。

① の場合：

式(E.24) より，$\theta = \sqrt{\frac{k'_1}{2k_2}} = \sqrt{\frac{k_1 a_{H^+}}{2k_2}}\exp\left\{\frac{-(1-\beta_1)FE}{2RT}\right\}$ となり，$\theta \sim a_{H^+}^{1/2}$，$\ln\theta \sim \eta$ が期待できる。

② の場合：

式(E.27) より，$\theta = \frac{1}{1+\frac{k'_{-1}}{k'_1}} = \frac{1}{1+\frac{k_{-1}}{k_1 a_{H^+}}\exp\left(\frac{FE}{RT}\right)}$，

$\eta \gg 0$ では $\theta = \dfrac{k_1}{k_{-1}} a_{H^+} \exp\left(\dfrac{FE}{RT}\right)$ より，$\theta \sim a_{H^+}$，$\ln\theta \sim \eta$ が期待される。

③ の場合：

$$式(E.32) より，\theta = \frac{k'_1}{k'_3} = \frac{k_1 a_{H^+} \exp\left\{\dfrac{-(1-\beta_1)FE}{RT}\right\}}{k_3 a_{H^+} \exp\left\{\dfrac{-(1-\beta_3)FE}{RT}\right\}} = \frac{k_1}{k_3} \exp\left\{\frac{(\beta_1-\beta_3)FE}{RT}\right\}$$

$\beta_1 \fallingdotseq \beta_3$ のときは，指数項内が 0 となり，θ は a_{H^+}，η に依存しない。

④ の場合：

$$式(E.35) より，\theta = \frac{k'_1}{k'_1 + k'_{-1}}$$ となり，②と同様の結果となる ($\theta \sim a_{H^+}$，$\ln\theta \sim \eta$)。

(ii) 中性・アルカリ性溶液における水素発生反応機構　中性，アルカリ性溶液では H^+ 濃度が低くなるため，H^+ の直接放電は起こりにくくなり，十分大きなカソード過電圧では水の還元による水素発生反応が起こる。水の還元においても H^+ の放電の場合と同様の反応機構が考えられている。

Volmer 反応	：	$H_2O + e \longrightarrow H_{ad} + OH^-$	[1′]
Tafel 反応	：	$H_{ad} + H_{ad} \longrightarrow H_2$	[2′]
Heyrovsky 反応	：	$H_{ad} + H_2O + e \longrightarrow H_2 + OH^-$	[3′]

反応機構の解析と律速段階などについては，H^+ の直接放電の場合と同様に扱うことが可能である。しかしながら，反応パラメータの pH 依存性については，反応系に H^+ が含まれず，生成系に OH^- が含まれているため，律速段階の取り方によってパラメータの pH 依存性が H^+ の直接放電の場合と異なるので，注意が必要である。

付表 E-1 に，酸性溶液および中性・アルカリ性溶液中での水素発生反応のパラメータをまとめた表を示す。

d. 水素の侵入，透過（拡散），トラップ

水素の金属への溶解度は温度に依存するが，Ti，Ta，V，Pd などの溶解度が温度上昇で低下する金属は溶解熱が負で溶解度も大きく，Ni，Fe，Cu，Pt などの温度上昇で溶解度が増す金属の溶解熱は正で全体に溶解度は小さい。金属の種類によって溶解度とその温度依存性が大幅に異なることに注意すべきである。金属中に侵入（溶解）した水素原子は金属の結晶格子のすき間に配置する。fcc, hcp, bcc の結晶格子では，それぞれの八面体位置（O-サイト）および四面体位置（T-サイト）が比較的広いすき

付表 E-1　酸性，中性･アルカリ性水溶液中での水素発生反応のパラメータ

	水素発生反応機構	$\left(\frac{\partial \eta}{\partial \log i}\right)_{pH}$ (mV/dec)	$\left(\frac{\partial \log i}{\partial pH}\right)_{\eta}$	$\left(\frac{\partial \log \theta}{\partial \log i}\right)$	$\left(\frac{\partial \eta}{\partial \log \theta}\right)$ (mV/dec)	$\left(\frac{\partial \log \theta}{\partial pH}\right)$
A-1	Volmer (RDS) → Tafel	−120	−1	0.5	−240	−0.5
B-1		−120	0	0.5	−240	0
A-2	Volmer → Tafel (RDS)	−30	−2	0.5	−60	−1
B-2		−30	−2	0.5	−60	−1
A-3	Volmer (RDS) → Heyrovsky	−120	−1	1	−	0
B-3		−120	0	1	−	0
A-4	Volmer Heyrovsky (RDS)	−40	−2	1	−60	−1
B-4		−40	−1	1	−60	−1
A-5	Volmer → Tafel (Coupled)	−120	−1	0.5	−240	−0.5
B-5		−120	0	0.5	−240	0
A-6	Volmer → Heyrovsky (Coupled)	−120	−1	1	∞	0
B-6		−120	0	1	∞	1

A：酸性溶液中，B：中性･アルカリ性溶液中。
［多田英司，水流　徹：ふぇらむ，**17**, 573(2012)］

間となっている。付図 E-4 はそれぞれの格子の O-および T-サイトの位置を示したものである。

fcc の O-サイトは単位格子の金属原子 1 個当たり 1 個の O-サイトがあり，サイトの広さ（半径 R の金属球で空間を満たしたときの内接球の半径）は 0.414 R となり，bcc では O-サイトは 3 個，T-サイトは 6 個あり，それぞれの内接球の半径は 0.155 R と 0.291 R となる[3)]。bcc はすき間の多い構造ではあるが，fcc の O-サイトは bcc の O-および T-サイトよりもかなり大きなすき間になっていることがわかる。さらに，格子内の水素原子は金属原子との斥力によって結晶格子にひずみを生じさせるが，空孔子点や転位線に格子ひずみが存在する場合には水素原子が入り込むことによってひずみが緩和され，水素原子も安定化する。

水溶液からの水素侵入において，付図 E-5 に示すように溶液中に少量存在することによって金属への水素の侵入を促進する効果を示す元素･化合物があり，これらを水素侵入の促進剤（promotor）とよんでいる。周期律表の 15 族（Vb 族：P，As，Sb），16 族（VIb 族：S，Se，Te）の元素を含む化合物，CN^-，SCN^-，I^- あるいは CS_2，CO，CSN_2H_4 などの化合物が促進剤としてよく知られている。水素侵入の促進

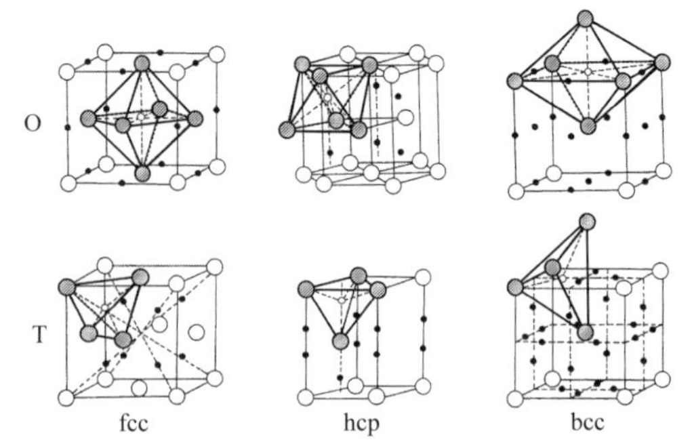

付図 E-4 fcc, hcp, bcc 格子の八面体位置 (O) と四面体位置 (T)
小さな●は H 原子が入り得る等価な位置で，小さな○は O-サイトおよび T-サイトの中心に位置する H 原子。

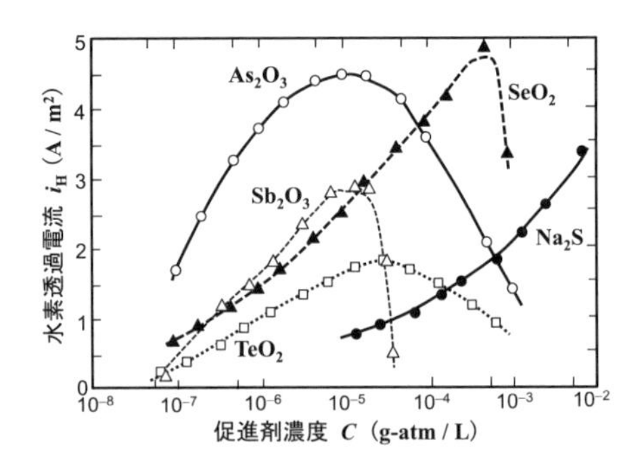

付図 E-5 水溶液からの水素侵入･透過に対する促進剤濃度の影響
$H_2SO_4-Na_2SO_4$(pH 2.6) 溶液中で Fe を 22.5 A/m^2 の電流でカソード分極。
[T. Zakroczymski："Hydrogen Degradation of Ferrous", (R. A. Oriani, J. P. Hirth, M. Smialowski, eds.), p.215, Noyes Publication (1985)]

機構については不明な点が多く，いくつかの説明が提案されている。

(1) M-H_{ad} の吸着エネルギーを増加させる：H_{ad} の再結合が阻害され，表面の H_{ad} の濃度が増加する。

(2) M-H_{ad} の吸着エネルギーを低下させる：H_{ad} の金属への侵入･溶解を加速する。

(3) H_{ad} の再結合反応を阻害する：表面の H_{ad} 濃度を増加させる。

(4) H_{ad} の吸着サイトを占有する：表面の H 原子が増加し，H 原子からの侵入･溶解が増加する。

いずれにしても，それぞれの元素や化合物によって促進の機構は異なっていることが考えられる。これらの促進剤において，15，16 族の元素の促進効果はかなり低い電位で顕著であり，15 族では酸性，アルカリ性溶液で，16 族は酸性でのみ有効であるが，これはそれらの水素化物の安定性に依存している。さらに，促進剤の効果の濃度依存性の多くは一定の濃度で極大を示し，それ以上の濃度では効果が減少する。この現象は化合物の加水分解や二次的な反応によってこれらが沈殿・析出するためである。

水素原子は金属原子に比べてその寸法が小さいため，正規格子中をかなり速く拡散・移動することができる。たとえば，バナジウム中の H，C，V の拡散係数は[4]，かなり小さな原子サイズの C に比べても H は圧倒的に大きな拡散係数である。

金属中での水素の拡散係数の温度依存性は，bcc，fcc 金属ともにアレニウスプロットが直線を示し，拡散は熱活性過程に支配されている。また，bcc 金属と fcc 金属中での水素の拡散速度はかなり異なっており，室温における Fe (bcc) 中の拡散係数は 10^{-4} ～ 10^{-5} cm^2/s であり，fcc 金属の Ni の 10^{-9} cm^2/s，Pd の 10^{-7} cm^2/s に比べてかなり大きく，水溶液中のイオンの拡散係数と同程度である。拡散の場合の t 時間における移動距離 λ は $\sqrt{Dt}$ で表されることから，bcc の場合には常温でも 100 s で $\lambda \fallingdotseq 1$ mm というかなり大きな移動距離になることに注意が必要であろう。

金属の正規格子中にある水素原子は安定な位置から次の位置へ移動のための活性化エネルギー E_m 以上のエネルギーを得て移動（拡散）する。付図 E-6 に模式的に示すように，金属中にエネルギーのより低い位置（トラップサイト）があると，その位置に捕捉されて安定化する。図の E_b がトラップと水素原子の結合エネルギーに相当し，トラップサイトを離脱するには $E_a = E_b + E_m$ の活性化エネルギーが必要となる。言い換えれば，E_b が大きいほど水素原子は安定にトラップされていることになる。

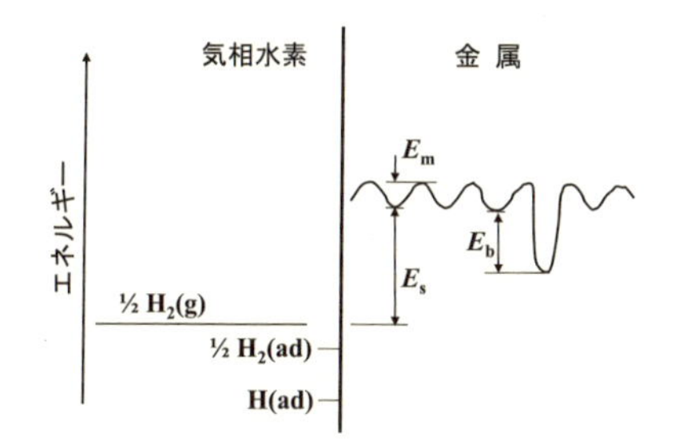

付図 E-6　金属中の水素原子のエネルギーの模式図
E_s：固溶のエネルギー，E_m：移動のエネルギー，E_b：トラップとの結合エネルギー。

α-Fe 中の格子間の水素原子の結合エネルギー（正規格子のすき間，このエネルギーが移動のエネルギーに相当する）は 3 ~ 10 kJ/mol とされ，転位では 24 ~ 30，空孔では 38 ~ 48，介在物（TiC）では 86 ~ 96 kJ/mol とされている[5)]。格子間の原子に比べて転位，空孔のとの結合エネルギーは大きく，介在物では水素原子との化学結合が起こる場合もあってきわめて大きなエネルギーとなっている。転位については，刃状転位では転位線に沿って格子ひずみの列が形成され，線状のトラップサイトとなるが，らせん転位には静水応力成分を生じないため転位との相互作用は刃状転位に比べて小さいと考えられている。

水素原子の原子空孔によるトラップでは，水素原子が空孔の位置そのものに入るとは限らず，空孔のまわりの O-サイト，T-サイトにも入りうることから，空孔と水素原子が 1：1 の対応をするとは限らない。Fe の場合には，水素原子と空孔の結合エネルギーは転位との結合エネルギーよりも大きくなるとされている[6)]。さらに，空孔には 1 個の水素原子のみがトラップされるとは限らず，複数個の水素がトラップされる場合にはトラップされる水素原子数が増加するに従って結合エネルギーが減少し，多くの水素原子をトラップした空孔からは小さな活性化エネルギーでも容易に水素原子が放出される[7)]。

最後に，昇温脱離分析（TDS）の結果について簡単に述べる。パーライト組織である共析鋼について，Fe_3C の界面に水素原子が集積することは Ichitani ら[8)]による結果でも示されている。しかしながら，付図 E-7 の 0% の曲線が示すように加工のない状態では約 350 ℃（600 K）付近のピークは現れず，ほかの実験でも焼き戻しに伴う

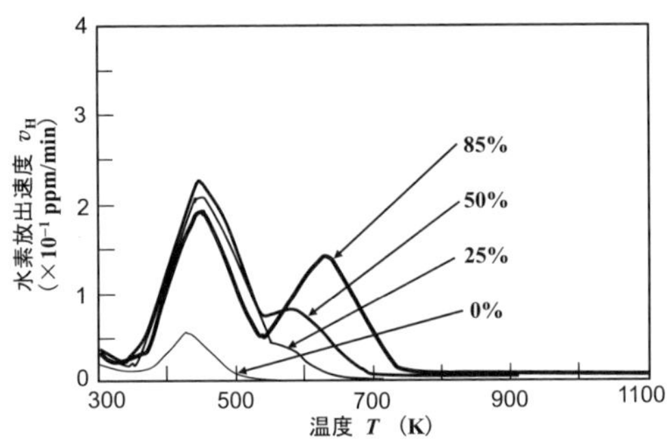

付図 E-7 冷間伸線し，水素を添加した共析鋼の水素の昇温脱離曲線
図中の数字は伸線加工の断面減少率。
［高井健一，山内五郎，中村真理子，南雲道彦：日本金属学会誌，**62**, 267(1998)］

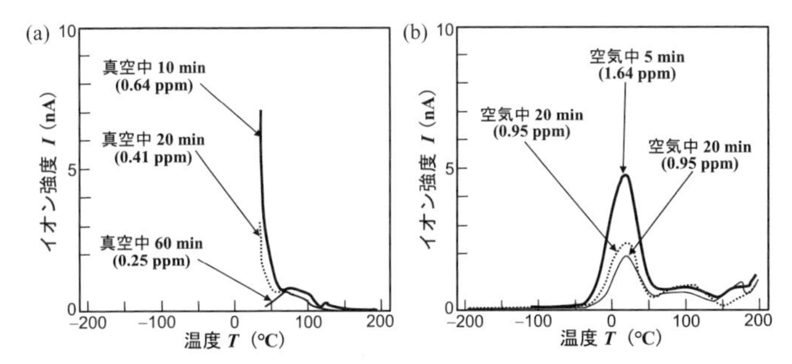

付図 E-8　50 ℃，20％ NH_4SCN 溶液に 24 h 浸漬して水素侵入させた純鉄を真空中に 10 ～ 60 min 放置した場合(a) と空気中に 5 ～ 60 min 放置し－196 ℃から昇温脱離分析したときの水素放出曲線(b)
［佐藤勇太，藤田　圭，鈴木啓史，高井健一，萩原行人，前島邦光，宮林延良：*CAMP-ISIJ*, **21**, 1375(2008)］

Fe_3C に起因するピークを分離できていない。この試料を冷間伸線によって加工すると，低温（100 ℃前後）のピークとともに高温側にピークが現れ，加工度の増加に伴ってピークの高さが増加し，塑性変形によってより安定なトラップサイトが増加したことを示している[9]。このような，析出物や塑性変形に伴うトラップサイトの量と結合エネルギーおよびそれらと塑性変形能や脆化の関係については，最近精力的に検討されているので，最近の結果に注目してほしい。

また，高井ら[10]は室温またはそれ以下の温度で移動・放出される水素について報告している。付図 E-8(a) は純鉄を 50 ℃の 20％ NH_4SCN 溶液に 24 h 浸漬して水素を侵入させた後，真空中で 60 min まで放置した後に測定された昇温脱離曲線である。50 ℃以下にみられた水素放出のピークは常温におくことによって 60 min までにすべて消失するが，50 ～ 100 ℃の放出ピークはほとんど影響を受けていない。一方，付図 E-8(b) は空気中で放置し，液体窒素温度（－196 ℃）からの昇温分析を行ったもので，水素の脱離は－50 ℃付近からはじまり 10 ℃付近でピークを示す。分析される水素量も低温からの測定のほうが多いと述べている。これらの常温以下で放出される水素は，常温では蓄積されず散逸するが，常温で動きうる水素原子の量を示すものとして注目される。

引用文献

1）深井　有，田中一英，内田裕久：“材料学シリーズ．水素と金属”，p.130，内田老鶴

圃 (2002).
2）多田英司，水流　徹：ふぇらむ，**17**, 573(2012).
3）文献 1)，p.56.
4）深井　有：“ 拡散現象の物理 ”，p.89，朝倉書店 (1988).
5）文献 1)，p.196.
6）南雲道彦：“ 水素脆性の基礎 ”，p.25，内田老鶴圃 (2008).
7）Y. Takeyama, T. Ohno：*ISIJ Intn'l.*, **43**, 573(2003).
8）K. Ichitani, M. Kanno, S. Kuramoto：*ISIJ Intn'l.*, **43**, 496(2001).
9）高井健一，山内五郎，中村真理子，南雲道彦：日本金属学会誌，**62**, 267(1998).
10）佐藤勇太，藤田　圭，鈴木啓史，高井健一，萩原行人，前島邦光，宮林延良：*CAMP-ISIJ*，**21**, 1375(2008).

付録 F　塗膜の劣化過程

a.　塗装鋼板の劣化過程

塗膜の劣化に関してはこれまでにも多くの研究が報告され，検討されてきた。最近では塗料のベースとなる有機樹脂の進歩が著しく，それぞれの耐食性や劣化特性に大きな特徴がみられる。ここでは，やや古いものではあるが，Funke の提案した塗装劣化機構[1]について概説し，その後，塗膜の劣化過程を検討する。

Funke はいくつかの条件における塗膜劣化機構を提案している。まず，塗膜に下地鋼板に達する微細な欠陥（細孔，ポア）がある場合には，細孔の鋼板側に非透過性または半透過性の腐食生成物が沈殿し，塗膜を透過した酸素と水によるカソード反応と Fe の溶解のアノード反応が進行し，ふくれを生じる。ナイフなどによる巨視的な傷が塗膜にある場合にも，傷部がアノードとなり溶出した Fe^{2+} が傷上部で空気酸化により Fe^{3+} に酸化されて沈殿するとともに，傷部からやや離れた塗膜下がカソードとなり，剥離やふくれを生じる。このような巨視的な欠陥部を安定した腐食生成物膜でつねに覆うことは難しいので，沈澱膜は破壊を繰り返すことになる。糸状腐食（filiform corrosion）は，空気中の高湿度（65 ～ 95% RH）環境で塗膜の透水性が大きく，塗膜に欠陥がある場合に発生する。糸状腐食の先端部と後半部がカソードであるように描かれる場合があるが，先端部がアノードでカソード反応は主に腐食跡の後半部分であるとされている[2]。また，糸状に伸びる腐食のフィラメントは，Fe では交差することはないが，Al では交差，枝分かれすると報告されている[3]。また，Funke は，塗膜に欠陥がない場合にも，塗料中に残存する有機溶媒を希釈するために水の浸透圧による水分の侵入，ふくれ･剥離さらに腐食の進行に至るとしている。

b.　塗膜 / 鋼材界面の水膜形成

塗膜を透過した水分子は塗膜 / 鋼材界面に到達する。金属表面に数個の水分子が存在するだけでは，金属イオンの水和は起こらず，アノード反応も起こり得ない。一方，界面にごみ，付着物，酸化物（さび），塗料に残存する可溶性成分などがあるところでは，鋼材と塗膜の密着性が十分でなく，接着不良部となっている。このような部分に到達した水分子は水膜または水分子のクラスターを形成し，ここでは電極反応が起こりうる。

有機物膜を透過するガス（酸素）については，信頼性のある実験結果は少ないが，一般には水と同程度の浸透が起こると考えられており，界面に水膜または水のクラスターが形成されたところでは，腐食反応が進行する条件が整ったことになる。しかしながら，このような水膜が後で述べる塗膜剥離や膨れにつながる巨視的なものになるか否かは，次に述べるアノードとカソードの分離が起こるか否かが大きく影響する。

c.　アノードとカソードの分離

初期の水膜が生成している状況について，付図 F-1 に示す三つのケースについて考えてみよう。図(a) は塗膜にミクロまたはマクロポアが存在する場合で，ポアが物質移動の経路となるため，外部からの水，酸素の供給と腐食に伴う溶出金属イオンの外部への拡散が継続的に起こり，このままでも腐食が継続する。しかしながら，次に述べる図(c) の場合と同様に，このような欠陥部が多数存在する場合には，近接する欠陥の間で多少の電位差を生じるとアノード反応，カソード反応の優勢なものがいずれかで生じ，両者の間に腐食電流が流れてアノードとカソードの分離が進行する。図(b) は塗膜に下地鋼板に達する欠陥や傷がある場合で，傷の部分ではアノード反応，カソード反応ともにかなりの大きさで進行する。傷のない塗膜下の水膜部では酸素の供給によりカソード反応が起こるが，アノード電流は傷部で起こるアノード反応でまかなわれる。塗膜の傷以外の部分では，塗膜下に水膜があるほとんどの部分はカソー

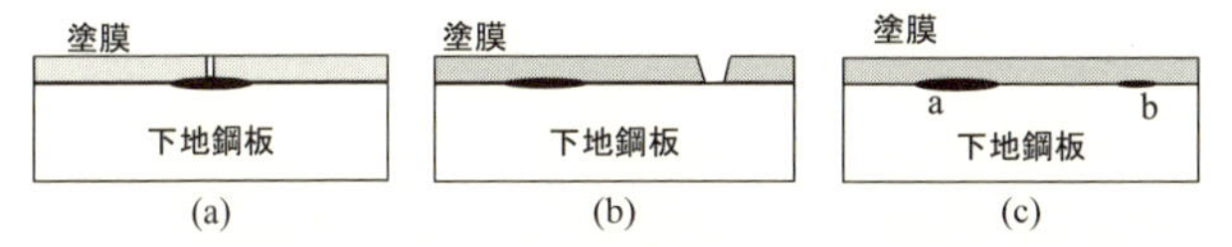

付図 F-1　塗膜 / 鋼材界面での水膜形成とアノードとカソードの分離
(a) ミクロ / マクロポアがある場合，(b) 下地鋼板に達する巨視的な傷がある場合，(c) 複数の水膜部が近接して存在する場合。

ドとなる。図 F-1(c) はいくつかの塗膜下の水膜部が近接して存在する場合で，それぞれが独立して腐食反応が進行するが，それぞれの間にわずかな電位差があると外部溶液を介して電流が流れ，アノードとカソードの分離が促進される。塗膜の抵抗に比べて溶液の抵抗は桁違いに小さいため，溶液に浸漬された状態ではかなり広範囲にアノードとカソードのカップルを形成することができる。塗膜の抵抗と溶液の抵抗の関係は大気腐食や水膜下の腐食の場合はさらに顕著で，塗膜に X-カットを施した試験や塗装鋼板端部の未塗装部が腐食する場合，液膜の抵抗が大きい大気腐食や乾湿繰返し試験ではカソードを形成する範囲 (塗膜剥離，ふくれの距離) が傷部から近い位置にあるのに対して，液相内や常に厚い水膜が形成されている塩水噴霧試験では傷部からかなり離れた位置でもカソードふくれが現れることに対応している。

d. 塗膜の剥離，ふくれの成長と物質移動[4, 5)]

自然浸漬の状態でもアノード部とカソード部を生じて塗膜の劣化と塗膜下腐食は進行するが，より加速した状態でそれぞれの部分の腐食の過程を調べることが必要である。塗装鋼板を溶液に浸漬または面積を限定して接触させ，アノードまたはカソードに分極してその質量変化や塗膜 / 鋼材界面の溶液を調べることによって塗膜剥離・ふくれの状況を検討することができる。

透明エポキシ系塗膜による塗装鋼板 (接水面積 32 cm^2) を 0.5 M NaCl 溶液に 27 h

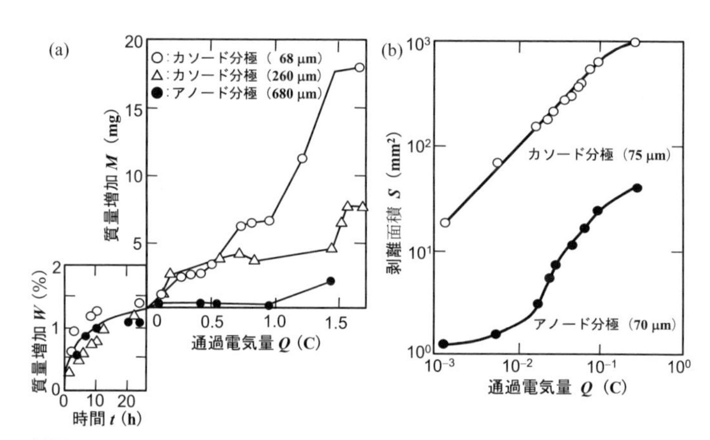

付図 F-2 0.5 M NaCl に 27 h 自然浸漬したときの質量増加と定電流でアノード，カソード分極したときの質量増加(a) とアノードおよびカソード分極に伴う剥離面積の変化(b)
図中の数値は塗膜の厚さ。
[水流 徹，浅利満頼，春山志郎：金属表面技術，**39**, 2(1988)]

浸漬したときの質量変化を付図F-2(a)の左下に示す。各試料はほぼ24 hで塗膜の吸水が飽和に達することを示している。その後，高圧乾電池（90 V）と高抵抗で電流を制御しながら最大で3 μA/32 cm^2の電流値まで徐々に電流値を増加させながら定電流でのアノード，カソード分極を行い，それぞれの質量変化を測定した。図より，アノード分極では質量の増加は小さいが，カソード分極では通過電気量にほぼ比例して質量が増加し，増加速度は膜厚が薄いほど大きい。また，図(b)は透明塗膜の光の反射,屈折の違いから各電気量における剥離部の面積の変化を示すもので,アノード部,カソード部ともに通過電気量とほぼ比例して剥離面積が増加するが，カソード剥離の面積がアノード剥離より20～30倍大きく，試料によっては100倍以上大きなものもあった。

分極した試料の塗膜/鋼材界面に存在するイオン量を定量するために，分極試験後の塗膜を洗浄，剥離し，界面の溶液のFe^{2+}（塗膜，鋼材表面の酸化物も溶解し定量した），Na^+およびCl^-の定量分析を行った。付図F-3より，アノード分極ではFe^{2+}，Cl^-量が通過電気量にほぼ比例して増加するがNa^+量の増加は起こらず，カソード分極ではNa^+が増加するがやがて一定値になる。また,Fe^{2+},Cl^-量は増加しない。図(a)中の破線はアノード分極においてファラデーの法則に従って100%の電流効率でFe^{2+}として溶解した場合のFe^{2+}量の変化を示しており，溶出量のほぼ60%が界面に存在したことになる。図(b),(c)の破線はCl^-またはNa^+の輸率が1の場合のそれぞれの存在量の通過電気量による変化を示すもので，アノード分極のCl^-では約50%（輸率0.5）を示しているが，Na^+ではカソード分極の初期に輸率が約0.5になっているが，

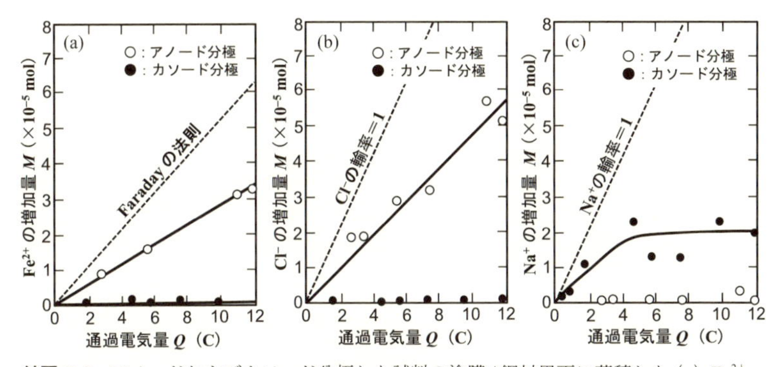

付図F-3　アノードおよびカソード分極した試料の塗膜/鋼材界面に蓄積した(a) Fe^{2+}，(b) Cl^-，(c) Na^+量の通過電気量による変化

［水流　徹，浅利満頼，春山志郎：金属表面技術，**39**, 2(1988)；浅利満頼，水流　徹，春山志郎：防食技術，**38**, 429(1989)］

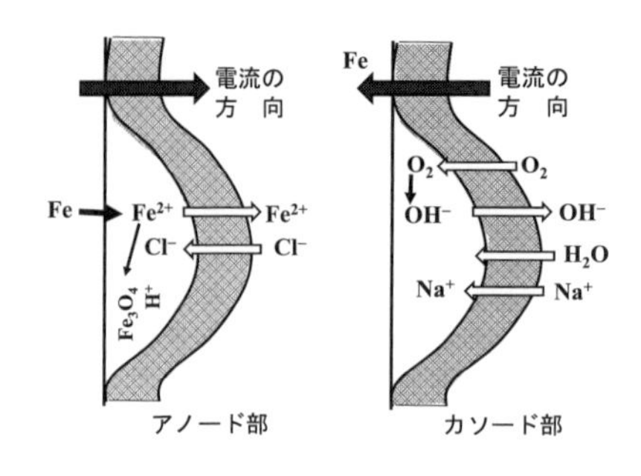

付図 F-4 アノード部，カソード部の塗膜剥離，ふくれにおける物質移動

その後 Na^+ はほとんど移動しないことがわかる。

これらの結果は，付図 F-4 の模式図によって塗膜を介しての物質移動として説明される。アノード部ではアノード溶解により Fe^{2+} が生じるが，塗膜を通して電流が流れるためには Fe^{2+} の塗膜外への移動と Cl^- の塗膜内への移動が起こる。界面の溶液量が少ないことから，Fe^{2+} の飽和濃度に達すると $Fe(OH)_2$，Fe_3O_4 の沈殿形成により H^+ が生成し，その塗膜外への移動によっても電荷が運ばれる。一方，カソード部では塗膜を通過した O_2 の還元によるカソード反応が起こり，OH^- 濃度の増加が起こる。電荷は Na^+ の塗膜内への移動によるものと OH^- の塗膜外への移動により運ばれる。分極が進むと OH^- による移動が増加し，Na^+ 量の増加はほぼ停止することになる。

カソード分極において測定された質量増加を水の量の増加として，Na^+ 量から界面の溶液の Na^+ 濃度を計算すると，膜厚の厚いほうが濃度が高い傾向にあるがほぼ 0.5 ～ 1.5 mol/L であり，pH 試験紙でのチェックで得た $pH > 12.5$ の結果と一致する。さらに，浸漬する溶液の塩の種類をアルカリ金属塩化物とアルカリ土類金属塩化物に変えると，アルカリ土類金属塩では剥離がほとんど進行せず，アルカリ金属では $Cs > K \fallingdotseq Na > Li$ の順に剥離の起こりやすさが低下する。この関係はそれぞれの金属の水酸化物の飽和濃度の大きさの序列にほぼ一致している[5)]。

以上の結果から，カソード分極による塗膜剥離，ふくれにおいてはカソード電流に伴う溶液中のカチオン（通常は Na^+）の塗膜 / 鋼材界面への移動と酸素の還元反応に伴う OH^- により，濃厚なアルカリ溶液が形成される。アルカリ土類金属イオンでは，その水酸化物の飽和溶解度が小さいため移動してきた金属イオンは沈殿してしまうが，アルカリ金属イオンの場合には，その水酸化物の飽和溶解度が高いため容易に沈殿せず，濃度上昇が継続する。さらに，このような濃厚溶液においては水の活量 a_{H_2O} が低下するため，塗膜外の水との活量差に伴う浸透圧 ΔP による水の透過が加速する。膜厚 L，塗膜内の水の拡散係数 D_{H_2O}，塗膜内の水の濃度 C_{H_2O}，水の部分モル体積

V_{H_2O}, a_{in} と a_{out} を塗膜内外の水の活量としたとき，浸透圧による水の流束 J_{H_2O} は次式で表される。

$$J_{H_2O}=\frac{D_{H_2O}C_{H_2O}V_{H_2O}\Delta P}{LRT}=\frac{D_{H_2O}C_{H_2O}\ln(a_{out}/a_{in})}{L} \quad (F.1)$$

実際，カソードふくれで想定される NaOH の飽和溶液（C_{NaOH} = 27 mol/L）における水の活量は約 0.07 であり，アノードふくれに存在すると考えられる $FeCl_2$ の飽和における水の活量約 0.4 とは大きな違いがある。このことが，カソード剥離，ふくれでの水の吸収がアノード部に比べて大きいことの一因であると思われる。

引用文献

1） W. Funke：*Prog. Org. Coatings*, **9**, 29(1981).
2） G. Grundmeier, A.Simoes (M. Stratmann, G. S. Frankel, eds.)："Encyclopedia of Electrochemistry, vol.4", p.500, Wiley-VCH (2003).
3） G. M. Hock："Locarized Corrosion", (R. W. Staehle, B. F. Brown, J. Kruger, eds.,) p.134, NACE (1974).
4） 水流　徹，浅利満頼，春山志郎：金属表面技術，**39**, 2(1988).
5） 浅利満頼，水流　徹，春山志郎：防食技術，**38**, 429(1989).

付録G　媒質から導体に誘起される電流と導体から媒質への漏洩電流の分布

a.　媒質中を流れる電流により導体に誘起される電流

図 6-67 に示したように，カソード防食によって土壌中に電流が流れている場合に，電流の流れる方向に沿って埋設された金属などの導体を電流がバイパスする。具体的にはどのような電流の分布になるのかを考えてみよう。

問題を単純化するために，以下の付図 G-1 の例で考える。付図 G-1 は単位断面積で長さが 2 l_1 の溶液柱の両端に 2 枚の電極（Ele-1，Ele-2）を配置し，液柱の一つの面に長さ 2 l_0 の電極（Ele-0，たとえば，Pt）を貼りつけたものである。溶液中に十分な濃度の酸化還元対（レドックス対）が存在する場合には付図 G-2(a) に示すように，溶液の内部電位 ϕ_{sol}，Ele-0 の内部電位 $\phi_{Ele\text{-}0}$ は場所によらず一定で，Ele-0 の電極電位 $E_{Ele\text{-}0}$ はそれぞれの内部電位の差 $E_{Ele\text{-}0}=\phi_{Ele\text{-}0}-\phi_{sol}$ となり（ここでは，簡単のために照合電極の分は省略してある。また，内部電位は相対値として扱えるので，$\phi_{sol}=0$ とし

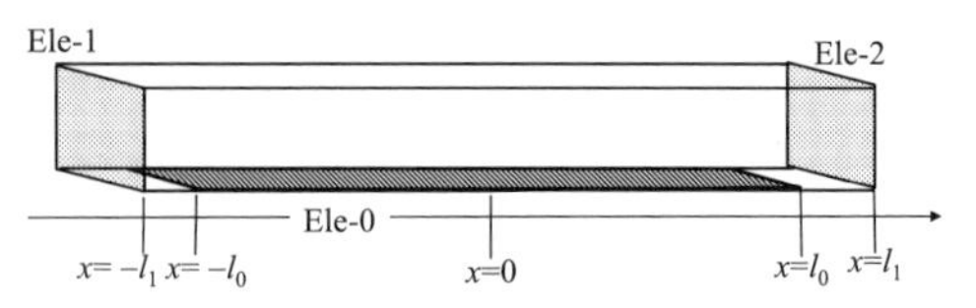

付図 G–1　単位断面積の長さ 2 l_1 の酸化還元系を含む溶液柱の両端に Ele-1, Ele-2 の 2 枚の電極を配置し，液柱の 1 面に長さ 2 l_0 の電極を貼りつけたもの

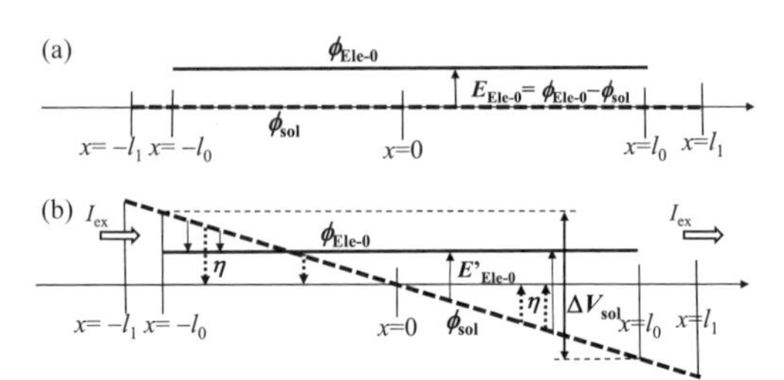

付図 G–2　(a) 溶液内に十分な濃度の酸化還元対が存在し，溶液内に電流が流れていない場合。溶液の内部電位 $\phi_{sol}=0$，Ele-0 の内部電位を $\phi_{Ele\text{-}0}$ としたときの電極電位 $E_{Ele\text{-}0}$。
(b) Ele-0 で反応が起こらない状態で，Ele-1 と Ele-2 間に電流を流した場合。V_{sol} は印加電流 I_{ex}，溶液の比抵抗 ρ_{sol} のとき $V_{sol}=2l_0\ \rho_{sol}I_{ex}$。$E'_{Ele\text{-}0}$ は電極電位で，η は $E_{Ele\text{-}0}$ からの過電圧。

て図示した)，酸化還元系の平衡電位となる。

次に，Ele-1 と Ele-2 の間に電流 I_{ex} を印加する。Ele-0 上で電極反応が起こらない (Ele-0 との間で電流の流出入がない) と仮定したときの溶液内にはオーム降下による電位分布を生じ，付図 G–2(b) の太い破線で示すように溶液の内部電位 ϕ_{sol} は直線的に変化する。溶液の比抵抗を ρ_{sol} としたとき，$x=-l_0$ と $x=l_0$ の位置での電位差は $V_{sol}=2l_0\rho_{sol}I_{ex}$ となる。この場合の電極電位 (平衡電位ではない) $E'_{Ele\text{-}0}$ は，図中の黒の細い矢印で示されるように場所によって変化する。溶液の内部電位の変化分 (図中の太い点線の矢印) が平衡電位からのずれ，すなわち過電圧 η を表している。この場合，過電圧 η は $x=0$ で 0 となり，電流の流入側で負，流出側で正となっている。直感的にいって，Ele-0 の両端で過電圧が大きいことから Ele-0 に流入・流出する電流の絶対値が大きくなること，中央部付近では Ele-0 への電流の流入・流出は少なくなることがわかる。さらに，溶液の比抵抗が大きいほどオーム降下が大きくなり，ϕ_{sol} の直線の勾配が大きくなることから，Ele-0 への電流の流入・流出が大きくなることが直感的にわかる。

次に，Ele-0への電流の流入・流出に伴う電極反応の単位面積当たりの反応抵抗（界面抵抗）をr_pとして，電流の分布の計算を試みる（電極Ele-0内の抵抗は溶液抵抗に比べて小さいので，ここでは無視する）。

付図G-3は付図G-1の系を表す等価回路を示すもので，印加電流I_{ex}が直流であれば，“付録D”のa.項で計算した伝送線回路のLおよびCを除いて抵抗だけから構成される単純化した回路であることがわかる。ここで，付図G-2(b)で示したように，電極の各位置によって過電圧ηが変化するため，厳密にはr_pも位置によって変化するが，ここでは一定値として扱う。伝送線回路の位置xにおける電圧$V(x)$と電流$I(x)$は付録Dのa.項に示したように式(D.4)と式(D.5)で表された。

$$V(x)=V_1\exp(-\gamma x)+V_2\exp(\gamma x) \tag{D.4}$$

$$I(x)=\frac{1}{Z_T}[V_1\exp(-\gamma x)-V_2\exp(\gamma x)] \tag{D.5}$$

ここで，$L=C=0$より次式となり，V_1とV_2は係数である。

$$\gamma=\sqrt{(R+j\omega L)(G+j\omega C)}=\sqrt{R\cdot G}=\sqrt{r_{sol}/r_p}, \quad Z_T=\sqrt{\frac{R+j\omega L}{G+j\omega C}}=\sqrt{\frac{R}{G}}=\sqrt{r_{sol}\cdot r_p} \tag{G.1}$$

Ele-0電極の端部，すなわち$x=-l_0$および$x=l_0$において電流はI_{ex}であることから，式(D.5)より，

$$x=-l_0: \quad I(-l_0)=I_{ex}=\frac{1}{Z_T}[V_1\exp(\gamma l_0)-V_2\exp(-\gamma l_0)]$$

$$x=l_0 \quad : \quad I(l_0)=I_{ex}=\frac{1}{Z_T}[V_1\exp(-\gamma l_0)-V_2\exp(\gamma l_0)]$$

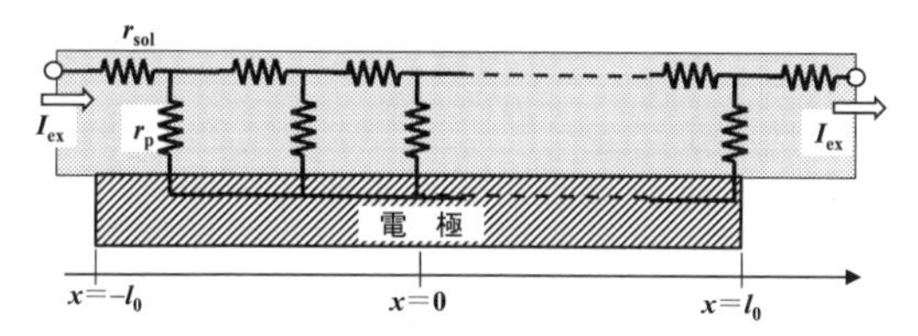

付図G-3　溶液と並行する電極に電流が流入・流出する系の等価回路
I_{ex}はEle-1とEle-2の間に印加される電流。

これらから，$V_1=-V_2$ となり，上式にもう一度代入すると V_1 は，

$$V_1=\frac{I_{\mathrm{ex}}\cdot Z_{\mathrm{T}}}{\exp(-\gamma l_0)+\exp(\gamma l_0)}$$

以上より電流および電位の分布は次式で表される。

$$I(x)=\frac{1}{Z_{\mathrm{T}}}[V_1\exp(-\gamma x)-V_2\exp(\gamma x)]=\frac{V_1}{Z_{\mathrm{T}}}[\exp(-\gamma x)+\exp(\gamma x)]$$

$$=I_{\mathrm{ex}}\cdot\frac{\exp(-\gamma x)+\exp(\gamma x)}{\exp(-\gamma l_0)+\exp(\gamma l_0)} \qquad \text{(G.2)}$$

$$V(x)=V_1\exp(-\gamma x)+V_2\exp(\gamma x)=V_1[\exp(-\gamma x)-\exp(\gamma x)]$$

$$=I_{\mathrm{ex}}\cdot Z_{\mathrm{T}}\frac{\exp(-\gamma x)-\exp(\gamma x)}{\exp(-\gamma l_0)+\exp(\gamma l_0)} \qquad \text{(G.3)}$$

式(G.1) より，γ および Z_{T} は r_{sol} および r_{p} の関数であることから，これらをパラメータとして，溶液内の電流の分布と電位の分布を計算することができる。

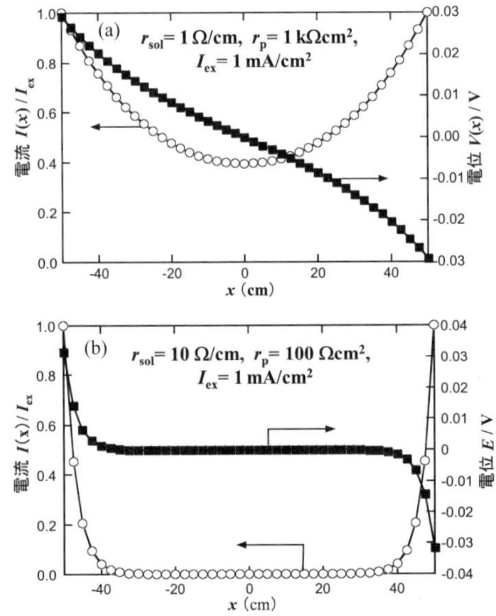

付図 G-4 r_{p} および r_{sol} を変化させたときの溶液内の電流分布と Ele-0 と溶液との電位差
(a) 溶液抵抗 r_{sol} が小さく，界面の抵抗 r_{p} が大きい場合，(b) 溶液抵抗 r_{sol} が大きく，界面の抵抗 r_{p} がやや小さい場合。

付図 G-4 は r_{sol} と r_p を変化させて計算したもので，左の縦軸は印加電流 I_{ex} に対し，溶液内の各位置で溶液中を流れる電流 $I(x)$ の割合を示している。図(a) は r_{sol} に対し r_p が 1000 倍のとき，図(b) は 10 倍のときの計算値である。先に直感的に述べたように r_p に比べて r_{sol} が小さければ溶液内を流れる電流の割合が大きくなり，逆の場合には電流のほとんどが電極 Ele-0 内を流れ電極の両端での電流の流入・流出が大きくなることがわかる。■印で示す電位 $V(x)$ は Ele-0 と溶液との電位差を表している。なお，ここでは計算の単純化のために，単位断面積の長さ 1 m の溶液中を電流が流れるものとして計算したが，ほとんどの場合は媒質（溶液，土壌など）は広がりをもっているため，Ele-0 の単位長さに対応する r_{sol} は格段に小さくなることに留意する必要がある。

b.　レールから土壌に漏洩する電流

大地などの無限大の媒質に接地された 2 点間の電気抵抗については，電気学では接地抵抗を使って表している。すなわち，付図 G-5 に示すように，地表に半径 a および b の半球状の導体 A，B を距離 d だけ離して設置したときの A-B 間の抵抗 R は，d が a，b に比べて十分大きいとき次式で表され，R_{earth} は接地抵抗とよばれる[1]。

$$R=\frac{\rho}{2\pi}\left(\frac{1}{a}+\frac{1}{b}-\frac{2}{d}\right)\approx\frac{\rho}{2\pi a}+\frac{\rho}{2\pi b}=R_{A,earth}+R_{B,earth} \tag{G.4}$$

レールの単位長さ当たりの接地抵抗を r_{earth}，単位長さ当たりのレール抵抗を r_{rail} とすれば，付図 G-6 の等価回路となり付図 G-3 で行ったと同様の解析が行うことができる。付図 G-7 はレール抵抗 $r_{rail}=0.04\ \Omega/\text{km}$，レール長 $L=2l_o=2$ km として，接地

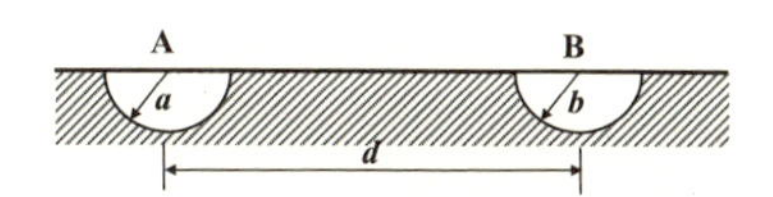

付図 G-5　半径 a，b の半球状の導体 A，B を距離 d 離して接地する
地面の抵抗率（比抵抗）ρ は一定とする。

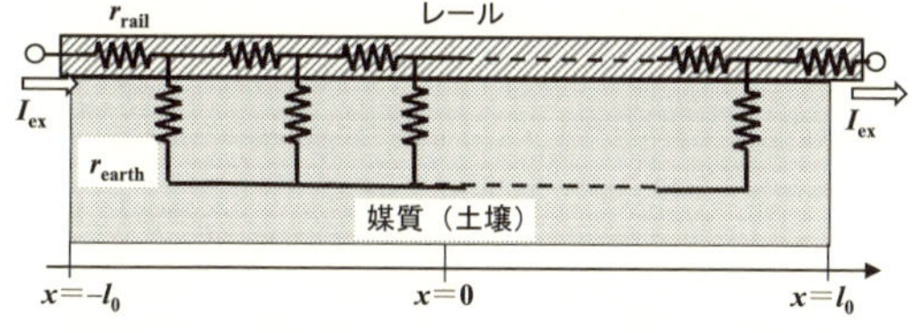

付図 G-6　大地に設置されたレールと媒質（土壌）との等価回路
r_{rail}：レールの単位長さのレールの抵抗，r_{earth}：レールの単位長さ当たりの接地抵抗。

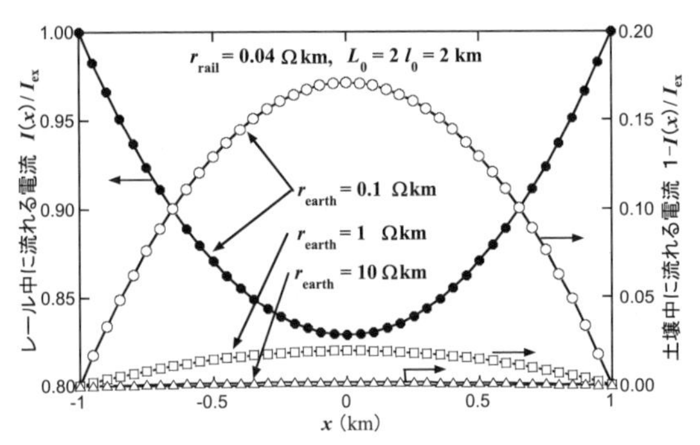

付図 G–7 レールの単位長さ当たりの接地抵抗 r_{earth} が異なる場合にレール中を流れる電流（左軸）と土壌中を流れる電流（右軸）の印加電流 I_{ex} に対する割合

抵抗 r_{earth}＝0.1 Ωkm のときの印加電流 I_{ex} に対するレール電流および土壌中の電流の割合，および r_{earth}＝1 Ωkm，10 Ωkm のときの土壌電流の割合を示すものである。図より，接地抵抗が小さい場合にはかなりの割合で土壌中に電流が流れることを示しており，たとえばレール電流が 100 A の場合の 1% の漏れ電流は 1 A となり，かなり大きな電流が土壌中を流れていることとなる。そのため，最近の電気鉄道などではコンクリートの床盤や枕木などによって接地抵抗を高めることが行われているが，市内電車などでは十分に対策が取れない場合も多い。

電気鉄道などによる迷走電流腐食（電食）は，付図 G–7 で示したようにレールからの漏洩電流が媒質（土壌）中を流れている場合に，前節で述べた付図 G–1 のように媒質中に埋め込まれた導体に電流が流入・流出することによって生じる腐食であるといえる。

引用文献

1）金原寿郎：“基礎物理学選書（12A）. 電磁気学（I）”，p.218，裳華房（1972）.

参考図書

「電気化学」

- 渡辺　正 編：“基礎化学コース．電気化学”，丸善 (2011)．
- 春山志郎：“表面技術者のための電気化学 第2版”，丸善 (2005)．
- A. J. Bard, L. R. Faulkner：“Electrochemical Methods, Fundamentals and Applications”, John Wiley (1980).
- 逢坂哲彌，小山　昇，大坂武男：“電気化学法——基礎測定マニュアル”，講談社サイエンティフィック (1989)．
- 藤嶋　昭，相澤益男，井上　徹：“電気化学測定法，上下”，技報堂出版 (1984)．
- 電気化学会 編：“電気化学測定マニュアル 基礎編･実践編”，丸善 (2002)．
- 電気化学会 編：“Q & A で理解する電気化学の測定法”，みみずく舎 (2009)．

「腐食全般」

- 腐食防食協会 編：“材料環境学入門”，丸善 (1993)．
- 杉本克久：“材料学シリーズ．金属腐食工学”，内田老鶴圃 (2009)．
- 腐食防食協会 編：“金属の腐食･防食 Q & A コロージョン 110 番”，丸善 (1988)．
- 腐食防食協会 編：“金属の腐食･防食 Q & A 電気化学入門編”，丸善 (2002)．
- D. A. Jones：“Principles and Prevention of CORROSION, 2nd Ed. ”, Prentice Hall (1996).
- K. R. Trethewey：“CORROSION for Science and Engineering”, Longman (1995).

「やや専門的」

- M. Stratmann, G. S. Frankel eds.：“Encyclopedia of Electrochemistry, vol.4”, Corrosion and Oxide Films, Wiley-VCH (2003).
- F. Marcus, ed.：“Corrosion Mechanisms in Theory and Practice, 2nd Ed.”, Marcel Dekker (2002).
- 南雲道彦：“水素脆性の基礎——水素の振るまいと脆化機構”，内田老鶴圃 (2008)．
- 板垣昌幸：“電気化学インピーダンス法 第2版”，丸善出版 (2016)．
- A. J. Sedriks：“Corrosion of Stainless Steels, 2nd Ed.”, JohnWiley (1996).

索　引

さ 行

た 行

な　行

は　行

著者略歴

水 流　 徹（つる　とおる）

東京工業大学理工学部金属工学科卒業，同大学院博士課程修了．東京工業大学工学部助手，助教授，教授を経て，名誉教授．腐食防食協会，国際腐食評議会（ICC）会長などを歴任．米国電気化学会フェロー．

腐食の電気化学と測定法

平成 29 年 12 月 30 日　発　行

著作者　水　流　　徹

発行者　池　田　和　博

発行所　丸善出版株式会社

〒101-0051 東京都千代田区神田神保町二丁目17番
編集：電話(03)3512-3261 ／ FAX(03)3512-3272
営業：電話(03)3512-3256 ／ FAX(03)3512-3270
http://pub.maruzen.co.jp/

組版印刷・製本／藤原印刷株式会社

ISBN 978-4-621-30242-2　C 3058　　Printed in Japan